U0142860

Business Management

企業管理 _{第二版}

榮泰生 著

五南圖書出版公司 印行

本書簡介

　　企業管理（business management）是集合數人的力量完成單獨個人所不能完成的活動，以有效地達成企業目標。社會要靠某些特定的企業來提供產品和服務。這些企業是由管理者所經營。他們必須秉持著道德觀，盡社會責任，有效地分配資源，運用職權有效領導，肩負責任，擬定企業的營運方針及目標，並付諸實現。

　　本書以管理功能（management functions）為經，以企業功能（business functions）為緯建構而成。本書可做為大專院校「企業管理學」、「企業管理概論」、「管理學」的教科書，以及各高級課程的參考書。本書融合了美國的暢銷教科書的觀念精華，並輔之以作者多年在教學研究及實務上的經驗撰寫而成。企業負責人、各企業功能主管、業務人員，亦將發現本書是啟發管理思考、充實管理理論基礎、管理知識及技能的有用工具。本書各章的練習題收錄了近年來國內企管所管理學的入學試題，以加強讀者的實戰能力。

作者序

企業管理（business management）是集合多數人的力量完成單獨個人所不能完成的活動，以有效地達成企業目標。企業管理學融合了社會學、心理學、人類學、自然科學等有關理論，已經儼然成為一門獨立的學科。

社會要靠某些特定的企業來提供產品和服務。這些企業是由管理者所經營。他們必須秉持著道德觀，盡社會責任，有效地分配資源，運用職權有效領導，肩負責任，擬定企業的營運方針及目標，並付諸實現，以對其利益關係者（stakeholders，如股東、員工、債權人等）負責，並進而謀社會大眾之福，使得整個社會成長茁壯。要想成為成功的企業管理者，就必須仔細地、深入地研讀企業管理學，體會管理的精義，將所理解的觀念、所熟悉管理技術有效地落實在企業管理實務中。

不論對組織、團體或個人，管理者都必須為達成目標而肩負責任。那麼如何達成企業目標呢？首先，管理者必須具備管理的能力，也就是規劃、組織化、激勵、領導及控制的能力。不管是何種行業，不論是屬於哪一個組織階層、哪一個功能部門，管理者都須具備這些管理能力或是功能（management functions）。

另外，企業為達成目標必須採取若干重要的活動。這些重要的活動稱為企業功能（business functions），包括行銷（marketing）、生產與作業（production & operation）、財務（finance）、人力資源（human resource）、資訊（information），以及研究發展（research & development）。

本書共分參篇15章，將詳細討論以上的管理功能及企業功能。各篇的內容簡述如下：第壹篇——「基本觀念」，包括組織、管理與管理者、管理理論與演進、企業倫理與社會責任、企業環境；第貳篇——「管理功能」，包括規劃與決策、組織化、激勵與增強、領導、控制；第叁篇——「企業功能」，包括行銷管理、生產及作業管理、財務管理、人力資源管理、資訊管理、研究發展管理。

近年來，國內各大專院校的商學院或企管學院紛紛實施學程制

（program），讓學生能依自己的興趣及前程規劃做課程選擇。企業管理學常成為商學院或企管學院的核心課程，或企管模組（module）的重要課程。本書在內容設計及安排、深淺程度的拿捏上，均經過輔大數位企管學者的廣泛討論。因此，本書可做為大專院校「企業管理學」、「企業管理概論」、「管理學」的教科書，以及各高級課程的參考書。從事實務工作的人也將發現本書是啟發管理思考、充實管理理論基礎、管理知識及技能的有用工具。本書各章的練習題，收錄了近年來國內企管所管理學的入學試題，以加強讀者的實戰能力。

本書得以完成，要感謝五南圖書出版公司的支持與鼓勵。筆者在波士頓大學（Boston University）的恩師Ronald Curhan及Kevin Clancy教授，及政治大學的師友，在觀念的啟發及知識的傳授方面使筆者銘感五內。吳秉恩博士（輔大企管系教授、前副校長，主修人力資源管理）、許培基博士（輔大企管系教授、副院長，主修財務管理）、黃榮華博士（輔大企管系副教授、前管研所所長，主修生產與作業管理）等人對本書有關章節的斧正及提供寶貴意見，特致謝忱。父母的養育之恩、家兄魯青的卓見、舍妹后東、愛妻素秋的支持，以及吾兒得傑的潤字，更是我由衷感謝的。

本書的撰寫雖秉持戒慎恐懼的精神，力求嚴謹，然千慮一失，在所難免，期盼海內外各位先進不吝指教是幸。

願在你追求「真、善、美」的過程中，具有克服挑戰的毅力與智慧，使人生充滿著欣悅！

榮 泰 生（Tyson Jung）
輔仁大學管理學院

目　錄

企業管理

第壹篇

基本觀念

第一章

組織、管理與管理者

本章重點：

1. 組織是什麼

2. 管理功能

3. 組織階層

4. 管理者角色

5. 策略層級

6. 企業功能

7. 標竿競爭

8. 21世紀管理

第一節 組織是什麼

　　組織（organization）是具有共同目標的二人（或以上）的集合體。如果組織沒有目標，則沒有存在的必要。組織可分為營利組織（如企業等）及非營利組織（如基金會、學校、社團、家庭等）。在人生的各階段中，我們都隸屬於某種組織。

　　不同的組織有不同的目的與技術。學校、醫院、銀行、電信局、民營企業、餐廳都是有著不同的目的與需求的組織，而這些組織都有一個共同點——對輸入因素加以處理後，產生輸出。

　　組織從較大的系統（外部環境）中，獲得資源的輸入，而在內在環境中，處理這些資源，再以不同形式的輸出，回饋到外部環境。

　　企業有二種主要輸入因素：人力與非人力的資源。人力的輸入來自在公司內工作的人群，他們對組織貢獻出時間及精力，以換得薪資及其他有形及無形報酬（地位象徵、榮譽等）。非人力資源包括原料及資訊，這些資源在被人力資源利用之後，會轉變成其他的資源及成品。鋼鐵製造廠的人員會利用熔鐵爐，再以及其他的工具和機器，把鐵礦轉變成鋼及鋼製產品。汽車廠會使用鋼、橡皮（輪胎）、塑膠、布，再加上人員、工具及設備來製成汽車。大學會使用各種資源來教導學生求知識、做研究、培養健全的人格，以及經由教育過程提供「成品」給社會；其輸入因素便是學生、才能與金錢，而成品則是「有用的人」。醫院的輸入因素便是專業人員、幕僚人員、補給品和病人，這些病人經由醫生的專業知識及診療之後，便可望恢復病人以往的健康。

　　管理者必須調和整個系統（組織）的活動，或者是組織內的許多次系統（部門）中的活動。

一、爲什麼需要組織

　　組織是文明生活中不可或缺的重要因素，因為組織可以做到以下的事情：

　　1.社會提供產品及服務，使人們的生活更美好、更安全；享受到物美價廉的產品及更舒適的生活。

　　2.它能夠完成個人永遠無法完成的事情。想一想印製本書所需的紙張是怎麼來的？伐木工人、鋸木廠、各種設備及供應品的製造商、卡車司機、造紙廠、配銷商、電話及電力公司、郵局、銀行及金融機構等，在達成目標（產生紙張）的過程

中，扮演了重要的角色。個人是無法完成這些工作的（即使可以，個人也不會這麼有效率地完成）。

　　3.它能夠保存知識。例如：故宮博物院、科學博物館、國立美術館保存了珍貴的文化資產及知識。

　　4.它是個人事業生涯的重要媒介。組織向其成員提供生計之餘，還能夠讓個人發展事業生涯，使他們能夠獲得滿足感和肯定，豐富了他們的人生。

二、企業組織形式

　　企業組織可分為三種主要的形式：(1)獨資（sole proprietorships）；(2)合夥（partnerships）；以及(3)公司（corporations）。除了這三種主要的形式之外，還有其他的混合形式（hybrid forms）。以廠商的數目而言，80%的企業是以獨資的形式經營，剩下的20%則是合夥及公司形式各占一半。以銷貨的金錢價值（dollar value of sales）或銷售額的多寡來看，則前80%的企業是以公司形式來經營，而13%是屬於合夥形式，7%屬於公司及混合形式。（註①）

(一)獨資

　　顧名思義，獨資是由個人獨自出資經營。獨資有三個重要的優點：(1)相對容易成立且開辦成本相對不高；(2)受政府管制程度較少；(3)可以不繳交公司營業稅。

　　然而，獨資也有三個重要的缺點：(1)不易獲得大量的資本；(2)獨資者對於企業的負債須付無限的個人責任；(3)事業的生命等於創始者的生命（人亡企業亦亡）。由於有這些缺點，獨資企業大多是小型企業，但是在商業實務中，由獨資漸漸地演變成公司的個案，也是屢見不鮮。

(二)合夥

　　二人（或以上）形成非公司式的事業，謂之合夥。在合夥經營的事業中，有的比較非正式化，溝通多以口頭溝通為主，但有的卻是相當地正式化，一切事務均按照規章辦理。合夥的最大優點是建立事業的成本較低且相對容易，其缺點與獨資相當類似：(1)無限的責任；(2)有限的組織生命；(3)所有權轉移不易；(4)不易籌措大量資本。

　　在無限責任方面，在合夥的有關法律規定，任何一位合夥者對於事業負債須負擔無窮的責任，甚至包括未投資在事業上的個人資產。

（三）公司

公司是一個法人實體（legal entity），它不專屬於其所有者或管理者。這種所有權和經營權分離的體制，使公司具有三個主要的優點：(1)無限生命（unlimited life），即使創始人（所有者）、管理者死亡，公司仍能永續經營；(2)所有權的利益容易轉移（easy transferability of ownership interest），亦即所有者的利益可以透過有效率的資本市場來轉移，其方便程度較獨資或合夥高出甚多；(3)有限責任（limited liability）。如果你投資1萬美元於合夥事業，又假如此合夥事業經營不善虧損超過100萬美元，你就必須負擔除100萬美元外的額外債務（如果你的合夥人無法償還這些債務），但是如果你向某公司投資1萬美元，則你的債務僅限於這1萬美元。由於以上三個原因，使得公司比獨資或合夥更易籌措資金。

基於以上的說明，我們可以了解公司比獨資或合夥具有更多的優點，但公司仍有二個明顯的缺點：(1)公司盈餘必須負擔雙重課稅，也就是說，公司的盈餘會被課以公司稅，股東的股息收入又要被課個人所得稅；(2)公司的成立必須歷經繁瑣的手續。

（四）混合形式

近年來，組織的形式除了傳統的獨資、合夥與公司外，許多混合形式的組織也廣受歡迎。這些混合形式包括：(1)有限合夥（limited partnership），組織中指定至少一人稱為一般合夥人（general partner），負擔無限清償責任，而其他只出資不涉入經營的人，稱為有限合夥人（limited partner），只依其出資額負擔有限清償責任；(2)有限責任合夥（limited liability partnership, LLP），亦即允許所有的合夥人只負擔有限的清償責任（負債）；(3)專業公司（professional corporation, PC），亦即由專業人士（如醫師、律師、會計師等）所組成的公司，其有限清償的本質與公司相同，成員必須負擔專業疏失的責任（professional or malpractice liability），但不必負擔無限責任；(4)S公司（S corporation），即所謂的單人公司（single corporation），亦即雖以公司形式成立，但是課稅的類型，可以選擇與獨資或合夥相同。

三、現代組織特性

在面對改變急遽、全球競爭激烈、高科技的環境，許多新型態的組織應運而生。這些組織有許多名稱：後企業家組織（post-entrepreneurial organization）、資

訊導向組織（information-based organization），以及後現代化組織（post-modern organization）。不論名稱如何，這些型態的組織都有一個共同的特性，亦即反應性（responsiveness）。

我們在觀察了許多著名的卓越公司之後，發現「新式管理」（new management）應具有以下特性：縮減規模、無疆界組織結構、員工賦能、組織扁平化、工作團隊的建立、權力基礎的改變、知識導向、強調願景及價值觀，管理者必須是「改變的媒介」，管理者朝向領導者的改變，領導力將益形重要。

(一)縮減規模

愈來愈多的人自行創業，而許多公司（如GM、IBM）會縮減規模，或分解成幾個較小型的公司。大型企業（如ABB，具有215,000名員工的瑞士公司）已將其營業單位分割成幾個小型的、自給自足的小單位（self-contained small unit）。

但組織規模過於龐大，會減緩對環境改變的因應，進而阻礙了創新。人事精簡的小型企業在因應環境上，會有非常靈敏的反應。

(二)無疆界組織結構

例如：在AT&T內，新成立的組織會強調跨功能團隊（cross-functional teams）及部門間溝通（interdepartmental communication）。在做決策方面，也不再強調必須堅守指揮鏈。奇異公司的董事長威爾許（Jack Welch）曾提出無疆界組織（boundaryless organization）的觀念，他認為員工不必再認同（或隸屬於）某個部門，而是與工作夥伴互相合作完成該完成的事情。

(三)員工賦能

要有效的完成工作，員工必須不斷地學習、高階思考（"high-level" thinking，如水平式思考及垂直式思考），以及對工作有所承諾。這樣的話，員工才會有能力來做事情。學者阿爾勃瑞特（Karl Albrecht）甚至提出組織上下顛倒（upside down）的看法，他認為，今日的組織應將顧客放在第一優先，公司的所有行動必須要以滿足顧客的需要為首要考慮。要做到這點，管理者必須培養第一線人員（如飯店的櫃檯人員、空服員、裝配場作業人員）相當的能力，並賦予他們相當的職權，以便及時滿足顧客的需要。

企業管理

（四）組織扁平化

在傳統上具有六、七個管理階層的金字塔型組織（pyramid-shaped organization）將會式微，取而代之的是具有三、四個階層的扁平組織（flat organization）。在扁平的組織內，某一階層管理者所掌握的人數較多；他們比較不會干預部屬的事情，因此使得部屬有更多的自主性。

（五）工作團隊的建立

工作本身是以團隊及過程來集結，而不是專業功能。例如：在工廠內，某工人不再是整天重複地裝門把、鎖螺絲，而是多功能團隊（multifunction team）的一員，這些團隊各自掌管自己的預算，並自行控制品質。

（六）權力基礎的改變

在新式組織內，領導者不能再依靠其正式的職權來完成事情。相反地，領導者必須不斷找出新構想的來源，並決定要透過怎樣的合作關係才能夠落實這些構想。簡言之，新式領導者在權力的取得及運用方面，皆與以前大不相同。杜拉克（Peter Drucker）認為：「你必須在沒有命令職權的情況下，學習如何管理」。（註②）換言之，管理者必須從具有高度訓練及能力的員工那裡，贏得尊敬和承諾。

（七）知識導向

新式組織是知識導向（knowledge-based）的，就像今日的顧問公司、醫院一樣。受過專業訓練及高級教育的專業人員以自治自律的態度，運用他們的知識來解決客戶的問題。

這也表示管理者的重要角色將著重於員工的訓練及指導上，以及剔除任何可能的障礙，提供他們所需的資源以完成事情。

這也突顯了新舊管理者之間的不同。老一輩的管理者自視為「老闆」、「管理別人的人」，而新一代的管理者自視為主辦人、團隊領導者、內部顧問；老一輩的管理者自掌大權、獨自做決策，而新一代的管理者會移樽就教，和部屬共同決定事情；老一輩的管理者會保留資訊以建立個人權力，而新一代的管理者會與人分享資訊。

(八)強調願景及價值觀

建立員工所承諾的願景及價值觀，是管理者責無旁貸的工作。管理者必須將什麼是重要的、什麼是不重要的，以及員工所該做的、不該做的價值觀，清楚地傳遞給員工。

今日的組織是由一群專業人員及自律的員工所組成，所以，他們所需要的是能夠付諸行動的、清楚的、單純的、共同的目標。換言之，他們需要一個能夠指明公司走向的願景，即使在無人監督的情況下，也能夠在公司願景及價值觀的引導下，順利完成事情。

(九)管理者必須是「改變的媒介」

管理者不能安於現狀，為了目前的一些表現而沾沾自喜。反之，他們要成為觸動改變的動力及媒介，因為他們隨時要面對新的國外競爭者、顧客偏好的改變，以及科技的突破。如果不能快速地適應環境，必然會被淘汰。

(十)領導力將益形重要

培養有能力的員工、讓他們了解所從事的是服務性質的工作，以及讓員工像企業所有者一樣的思考事情，要達到這些要求，必須對管理者的「領導」這部分做新的詮釋及要求。了解如何與人共事，如何透過人來完成事情，以及如何運用行為科學的觀念及技術，是非常重要的事情。

第 二 節　管理功能

任何管理者，不論他（她）所管理的是企業、機構、家庭或學校等，都需要具備規劃、組織、領導、控制這些管理功能（management function）。這些管理功能又稱為管理程序（management process），因為管理者必須有系統地、有次序地去實現這些活動。（註③）

　・規劃：規劃（planning）是決定未來要做什麼事情。在本質上，規劃包括了為未來決定目標及其達成此目標的方法，而其結果是一份詳細指出預定行動方針的說明書。規劃的活動，包括對目標、決定達成目標的方法、計畫的執行，以及資源的運用、控制的擬定。

企業管理

‧組織：組織（organizing）是將工作、職權以及資源安排、分配到組織成員上，以使得他們有效地達成組織的目標。換言之，組織化就是集結必要的活動，並透過有效的管理（如分工）去達成共同的目標。管理者必須要有職權（authority），才能監管部屬執行這些活動。（註④）因此，組織化基本上是分工及授權的過程，適當的組織能使資源達到更佳的運用。

‧領導：領導涉及到如何指揮、影響、激勵部屬去完成重要的工作。上述的二個功能（規劃及組織）是有點抽象的，但是領導卻是非常明確的、具有實質性的。

‧控制：控制是跟隨著規劃而來的，它可使企業確信是否達成目標。規劃涉及對目標、策略及方案的擬定，而控制涉及對實際績效與預期績效（目標）的比較，並提供回饋以使管理者採取矯正的活動。控制的過程，包括：(1)決定要衡量的標的物；(2)建立績效標準；(3)衡量實際績效；(4)比較實際的與標準的績效；(5)採取矯正行動。

四個管理功能是緊密結合在一起的。例如：在控制及規劃方面，控制機能可對計畫與決策發生偏離時提出警訊。在組織及領導方面，如果員工不知道自己的角色是什麼（不知道自己該做什麼），或者沒有規範可資依循，則管理者的領導也無法發揮功能。在組織與規劃方面，在員工集結成各群體時，如果缺乏整體規劃（如規劃如何集結各活動），則群體必定是一盤散沙。

第 三 節　組織階層

大部分的組織至少有三個界定清楚的階層，每一個階層均有不同的管理重點，所強調的也不同。（註⑤）

一、組織的三個階層

組織可分為三個階層：(1)策略階層（strategy level，又稱策略規劃階層）；(2)管理階層（management level，又稱管理控制階層）；(3)作業階層（operations level，又稱作業控制階層），如圖1-1所示。Henry Mintzberg（1973）認為，未來的組織會像圖1-1的右邊一樣。（註⑥）

圖1-1　組織階層

(一)策略階層

每一個組織都是在廣大的社會環境中運作。身為環境的一分子，組織對於環境同時也負有責任。策略階層必須確信管理階層是在社會規範內運作。既然組織是社會的一分子，它就必須以社會所允許的方式來提供產品和服務。因此，策略階層必須決定組織的長程目標和方向；換言之，也就是決定組織要如何和它的環境互動（交互影響）。（註⑦）同時，組織可能透過遊說、廣告策略或是針對社會成員的教育計畫，來影響其環境。

(二)管理階層

當組織的規模增加時，有些人就必須協調在作業階層的活動，以及決定製造何種產品或提供何種服務。

這些問題就是管理階層的重心所在。例如：大學的系主任必須處理學生對系務的抱怨；銷售經理必須幹旋在顧客和推銷員之間；製造經理必須為汽車製造廠的生產線規劃產品排程（scheduling）及生產數量。

在這一階層，管理者的任務是雙重性的：(1)如何使得作業能順利進行；(2)如何做好介於產品製造者（或服務提供者）及使用者（如顧客）之間的橋梁。換言之，為了使作業階層工作得順利，管理者必須確定它有正確的原料，並且確信產品具有相當的市場，並能滿足顧客的需要。

(三)作業階層

不論組織是生產實質的產品或提供無形的服務，均須具有一種能提高效率的作

業。（註⑧）以製造實質的產品而言，組織必須有物料的流程及對作業的監督。大學必須確定有明確的註冊、排課和教學計畫。銀行必須注意支票處置得當，財務交易能正確及迅速地進行。這些都是組織的作業階層所應做的事。

二、工作內容與資訊特性

如上所述，策略階層的工作是決定組織目標以及達成該目標的廣泛策略（broad strategies）。管理階層的工作是以有效能、有效率的方式來執行該策略；（註⑨）作業階層的工作是確信能夠以有效能、有效率的方式執行某些特定任務。

策略階層、管理階層及作業階層的管理者可依著重規劃、著重控制、時間幅度、活動範圍、活動特性、複雜程度、工作衡量方式（即績效考評方法）、活動結果、所需資訊類型、心智屬性（mental attributes）、部門或事業單位的互動等特性來加以區分，如表1-1所示。

表1-1　組織階層的工作內容

組織階層 / 工作內容	策略階層	管理階層	作業階層
著重規劃	非常著重	中度著重	低度著重
著重控制	中度著重	非常著重	非常著重
時間幅度	一至五年	一年	每日
活動範圍	所有的企業功能	某一企業功能	企業功能的子功能
活動特性	不具結構化	中度結構化	高度結構化
複雜程度	非常複雜	較不複雜	單純
工作衡量	困難	必較不困難	相對容易
活動結果	產生計畫、政策	執行的進度表	最終產品
所需資訊來源	外界的	內部的	內部的
心智屬性	創造性的	反應的	講求效率
部門或事業單位的互動	事業單位之間	部門間	部門內

來源：Robert Anthony, *Management Control Systems* (Homewood, IL.: Richard D. Irwin, Inc., 1972).

策略階層之管理者的職責所在，係為策略性規劃的擬定及實施。策略性規劃（strategic planning）的主要目的，在於規劃公司的主要策略及未來發展方向，也就是說，規劃未來的企業營運、市場及產品策略；以及規劃為了達到這些策略目標所需的設備、人力、技術以及財力；並且明訂績效衡量的標準，例如：利潤、收

益、投資報酬率、資產報酬率、市場占有率等。這些目標可再以產品線或作業單位為基礎加以細分。

管理階層的管理者所擬定的年度作業計畫，即是以策略性規劃為基礎，訂定其目標及策略。作業階層的管理者是依照年度作業計畫為基礎，擬定其目標及策略。

策略階層、管理階層及作業階層的管理者由於在工作內容上的不同，因此，他們在做決策時所需要的資訊特性也會不同。我們以資訊來源、範圍、整合程度、時間幅度、及時性、所需正確度、使用頻率、數量，以及類型這些項目來比較其不同點，如表1-2所示。

表1-2　組織階層所需資訊的特性

組織階層 資訊特性	作業階層	管理階層	策略階層
來源	內部的 ←	→	外部的
範圍	界定清楚的、狹窄的 ←	→	廣泛的
整合程度	詳細的 ←	→	整合的
時間幅度	歷史性的 ←	→	未來的
及時性	高度的 ←	→	過時的
所需正確度	高度的 ←	→	低度的
使用頻率	高度的 ←	→	低度的
數量	大量的 ←	→	少量的
類型	定量的 ←	→	定性的

三、管理者類型和組織階層

管理者（manager）是負責資源分配決策、具有正式職權的個人。對以上所述的三種管理階層有所了解之後，管理者就可以決定在組織中不同階層管理者的活動。在經營實務中廣泛被使用的術語，包括高階管理者、中階主管及基層主管。一般而言，高階管理者和策略階層對應，中階主管與管理階層對應，基層主管與作業階層對應。

然而，這些術語（高級、中階、基層主管）可能並不是絕對的和上述三階層相對應，同時在不同組織階層管理者的實際名詞會因組織的不同而異。「管理者」這術語涵蓋了全部三階層——從高階管理者到基層主管，只是他們的活動重點不同。

監督者、董事長和專案經理的活動是類似的，儘管在實務上，他們的名稱不

同。在大學的系主任可能要以個人身分花大部分的時間來和教職員互動。同樣地，總統、國務卿會花大部分的時間關心國家，以不辜負納稅者的期望，當我們在確認管理者工作的共同點時，我們也必須了解其相異點也是存在的。這些相異點產生是因為每一個組織的獨特性和他們所面對的環境的不同所致。（註⑩）

　　功能管理者（functional managers）亦稱職能管理者、企業功能管理者，是執行組織中某一種活動的管理者。這些活動包括：生產及作業管理、行銷管理、人力資源管理、資訊管理、研發管理、財務管理。

四、組織階層與管理者技能

　　管理者不論在組織中所處的管理階層為何，都必須具備一般的技能，才能獲得好的管理績效。管理者有三個基本技能：技術性、人際關係、觀念化，這些是所有管理者所必須具備的。（註⑪）這些技能的組合，則會依組織階層的不同而異，如圖1-2所示。

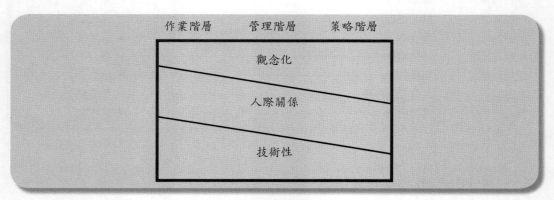

圖1-2　組織階層與管理者技能

　　技術性技能（technical skills）是指使用工具、提供專業諮詢及服務的能力。會計師、工程師、護士、內科醫生以及音樂家，均須在各自的特殊領域裡具有專業技術。管理者必須擁有足夠的專業技術，才能完成其所負責的工作。人際關係技能（interpersonal skills）是指與他人工作和了解他人的能力。為了有效地領導部屬，管理者必須能夠與人相處、共事。觀念化技能（conceptual skills）是指了解組織所有的活動與利益所在的能力。就整體而言，觀念化技能包括了解組織如何運作，和部門間如何彼此相互依賴或相互關聯的能力。

　　這三種技能對管理績效的獲得很重要，是無庸置疑的，但是對某位特定的管理

者而言，其相對重要性是依其在組織中的階層而定。技術性技能在組織較低階層是很重要的，但是對高階管理者而言，便顯得較不重要了。一個生產線上的領班和一個護理長，需要比公司和董事長或者醫院院長更多的專業技術，因為他們在製造或看護時，必須處理每天發生的問題。

另一方面，當一個人在管理階層中晉升時，觀念化技能的重要性將會增加。在組織中階層的職位較高，其所做的決策影響組織中許多部門或整個組織的程度也愈高，因此，觀念化技能對高層管理者而言是最重要的。

雖然人際關係技能在每個管理階層都是很重要的，但對策略階層的管理者而言，它或許是最重要的，因為絕大多數的管理者與環境、部屬的互動都發生在這個階層上。

除了以上的三種技能之外，自我認知技能（self-awareness skills）是各階層管理者、員工所必須具備的共同技能。希臘大哲學家蘇格拉底曾說過：「要成功的經營人生，必須要從自我認知開始。」我們每個人都有一些特別的長處、弱點、偏見、需求、期望，了解自己的個性可以幫助我們適應別人，或至少了解自己的行為、自己最適合從事的工作。了解自己，可使我們避免輕率判斷、趨吉避凶、掌握機會、發揮所長。

第四節 管理者角色

廣義而言，角色（role）是在一個社會環境內，個人被期待的行為模式。Mintzberg（1973）曾花費了五週的時間，對五位企業高階管理者做深度的觀察，結果發現，典型的管理者並不是有系統的人；他並不會按部就班地執行管理功能。事實上，管理者工作常受到許多干擾，他所做的決策是基於有限的資料。他常會改變工作的優先次序；將大多數的時間花在會議、非正式討論上；繁重的工作、快速的工作步調使他無暇反顧。Mintzberg利用「結構化觀察法」追蹤記錄高階管理者的活動，並歸納出高階管理者在從事每日活動時所扮演的十種角色。每一個角色的重要性及扮演每個角色的時間投入，會依工作性質的不同而異。這十種角色可分為三類：（註⑫）

1.人際角色（扮演頭臉人物、領導者及連絡者的角色）。

2.資訊角色（扮演監督者、傳播者、發言人的角色）。

企業管理

3.決策角色（扮演企業家、干擾處理者、資源分配者、協調者的角色）。

茲將這些角色分述如下。

一、三種角色

（一）人際角色

人際角色（interpersonal roles）所著重的是人際關係。頭臉人物、領導者及連絡者這三種角色來自於正式的職權，這個角色扮演得恰當，管理者便可扮演資訊角色，進而成為決策角色。

頭臉人物（figurehead）是法律上及形式上的代表。所有管理者的工作需要擔負一些在本質上具有象徵性及儀式性的責任。諸如參加慶典、婚喪喜慶、主持退休人員的晚宴、參加社區活動、代表公司簽訂契約等──這些都是頭臉人物的角色。

領導者（leader）角色是指對部屬加以激勵、發展及引導，對用人、訓練的情形加以監督。在扮演領導者角色時，高階管理者會做為一個角色模範，創造一個具有挑戰性的環境，提供員工方向感等。

連絡者（liaison）角色使得高階管理者必須建立命令管道之外的人際關係，包括組織內外的連繫與接觸，以便獲得必要的資訊及協助。在組織之內，管理者必須和許多其他的管理者和組織成員互動。高階管理者亦必須與組織以外的重要人物打交道。我們不難了解，管理者通常會花一半以上的時間扮演連絡者的角色。

（二）資訊角色

資訊角色（information roles）使得管理者成為接收和傳遞非例行性資訊的中心焦點。透過監督者、傳播者及發言人的角色，管理者便可建立接觸網（network of contact），人際接觸可幫助管理者扮演資訊接收的監督者角色，以及資訊傳遞的傳播者及發言人角色。

監督者（monitor）角色涉及到對環境的檢視，以蒐集有關改變、機會及威脅的資訊。高階管理者好像是企業的神經樞紐──他要評估副總經理呈上來的現況報告、檢視企業績效的主要指標、瀏覽有關的商業報導等。

傳播者（disseminator）角色涉及到提供重要、機密的資訊給其他高階管理者或企業中的關鍵人物，例如：主持高級幕僚會議、傳播政令與經建計畫等。

在發言人（spokesperson）的角色中，高階管理者代表著整個組織，將訊息傳

播給環境中的主要成員,例如:向股東提供年報、與經濟部官員交換意見、向媒體宣布公司的政策、參與廣告宣傳等。

(三)決策角色

雖然發展人際關係和蒐集資訊的角色很重要,但是高級管理者並不是僅扮演這二個角色。事實上,有些人認為這些決策角色(decision roles,包括企業家、干擾處理者、資源分配者和協調者)是高級管理者最重要的責任。

扮演企業家(entrepreneur)角色的目的,就是使組織獲得更有效的變革。高階管理者必須在企業內及環境中尋找發展的機會,以改善產品、製程、品質、作業程序及結構,並監督這些活動的設計及執行。例如:他會引進成本降低計畫、巡視各事業單位、改變預測技術、以外包制度來減輕員工的負擔、重組企業等。

在干擾處理者(disturbance handler)的角色中,高階管理者會做決策及採取矯正的行動來解決各種干擾。例如:親自與主要債權人、利益團體、政府官員、工會領袖交談;設立調查委員會;修改組織目標、策略及政策等。

資源分配者(resource allocator)的角色是高階管理者決定誰會得到什麼資源(包括金錢、人力、時間和設備)。由於資源總是不夠的,所以,管理者必須有效地分配這些有限的資源於各種可行方案之中。職是之故,資源分配是管理者的決策角色中最關鍵性的任務。例如:檢討預算、修改方案的時程、促成策略規劃、調整規劃人員的工作負荷、設定目標等。

高階管理者在扮演協調者的角色時,他必須代表公司與其他企業進行諮商,以便為其企業爭取更多的利益。高階管理者可能要和工會代表、主要債務人、供應商及顧客等進行磋商,並解決事業單位對管轄範圍的紛爭。

二、管理階層和管理角色

管理者在組織中的階層,會影響到他所應強調的角色。顯然地,高階管理者所扮演的頭臉人物角色必然比基層主管更多。高級和中級管理者的連絡角色,牽涉到組織以外的個人和團體,然而,基層主管的連絡角色扮演是在該單位之外。但是在這組織之內,高階管理者會監視可能影響到整個組織的環境改變;中階經理會監視可能影響他們所負責之特殊功能(例如:行銷)的環境改變;而基層主管只關心會影響其單位的事情。管理者在扮演不同角色所花的時間縱使有所不同,而且在每一個角色所進行的活動或許也不相同,但都必須扮演人際角色、資訊角色,以及決策角色。

第 五 節　策略層級

　　典型的大型複合式組織（具有許多事業單位的組織）具有三個策略層級：總公司策略（或稱公司策略）、事業單位策略（或稱競爭策略），以及功能策略（註⑬）。

　　總公司策略（corporate strategy）所涉及的是，替企業的許多活動發展出一個有利的「組合策略」（portfolio strategy）的方法。總公司的決策包括：（註⑭）

　　1.決定企業的未來發展及應跨進哪些行業。

　　2.決定財務及其他資源如何在事業單位之間流動。

　　3.決定公司與重要環境元素的關係。

　　4.決定如何增加公司的投資報酬率。

　　事業策略（business strategy）是由策略事業單位（Strategic Business Unit, SBU）所擬定。它所著重的是在特定的產業或市場區隔中，如何增加產品及服務的競爭地位。高階管理者常將策略事業單位視為一個半自主性的單位（semi-autonomous unit），並在總公司的目標及策略規範之下，允許其有相當的自由度去發展他們自己的策略。事業單位的策略所強調的是，如何增加產品及服務的利潤邊際，並且也涉及各種企業功能活動（如行銷、財務、生產等）的整合。

　　事業單位的策略通常亦稱為競爭策略（competitive strategy），它包括了成本領導策略（cost leadership strategy）、差異化策略（differentiation strategy）及集中策略（focus strategy）。（註⑮）

　　功能策略（functional strategy）又稱企業功能策略（business function strategy），其重點在於使資源的生產力獲得極大化。（註⑯）在總公司策略及事業策略的規範下，功能部門（例如：行銷部門）會集結各種活動及能力來發展其策略，以達成績效目標。例如：行銷部門會專注在定價、產品、促銷、配銷策略的擬定，以提升銷售業績。以市場發展的功能性策略為例，行銷部門會企圖以目前的產品向既有市場的不同消費者，或是向新的地理區域的新顧客，進行行銷的活動。又如研發的功能性策略包括了技術跟隨策略（technological follower）及技術領導策略（technological leadership）。

　　以上三個策略的類型，構成了策略的層級。這三類策略是互動的，因此，必須加以有效的整合，才能獲得企業的整體績效。圖1-3說明了上一層級的策略形成下一層級之策略的環境情形。

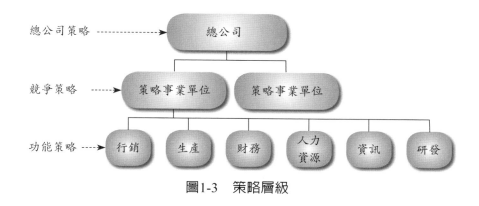

圖1-3 策略層級

第 六 節 企業功能

企業功能（business functions）是組織為達成目標所採取的重要活動，包括：行銷（marketing）、生產及作業（production & operations）、財務（finance）、人力資源（human resource）、資訊（information），以及研究發展（research & development）等重要活動。對於這些活動的有效管理，稱為企業管理（business management）。

一、行銷管理

我們不妨以世界各地的網球選手（或是打網球的人）所用的網球拍為例來說明行銷。網球拍並不會無中生有，而且網球選手也不會自己去製造網球拍。網球拍是由威爾森（Wilson）、斯伯丁（Spaulding）、戴維斯（Davis）、海得（Head），以及王子（Prince）這些公司所製造的。

乍看之下，大多數的網球拍在外觀上都很相似。雖然網球選手都用它們做同樣的事情——打住球、越過網——但是網球選手可從各種產品配置（product assortment）中，挑選他們所喜歡的網球拍。這些球拍有不同的形狀、材質、重量、握把及網線等。你可以花15美元買一支網球拍，或是花上250美元只買一支網球框。由於網球拍有不同的尺寸及材質，因此，網球拍的製造及銷售變得更為複雜。網球拍製造商在製造前及製造後，所應考慮及執行的事情如下：

1.分析打網球的人的需要，不同的消費者是否需要不同的網球拍？

2.預測不同打網球的人所需要的網球拍形式（形狀、材質、重量、握把及網

線），並且決定要滿足哪一類人的需要。

3.估計未來幾年，這些人之中有多少人會打網球，以及他們會買多少網球拍。

4.正確地估計這些打網球的人，去買網球拍的時間（時機）。

5.決定這些打網球的人買網球拍的地點。

6.估計他們願意出的價錢，並估計以這樣的價錢銷售給他們，是否會有利潤。

7.決定要採取哪一種促銷方式，以便將公司所製造的網球拍告訴給潛在顧客。

8.估計有多少競爭者，他們分別製造多少網球拍，製造何種形式的網球拍，賣多少錢。

以上各種活動，所涉及的不只是生產（實際製造產品、提供服務）的問題；它們是行銷的主要功能。行銷指引了生產的方向，並且確信生產的方向是正確的；行銷並能透過各種適當的方式，將產品或服務交予或提供給最終消費者。

上述網球拍的例子告訴我們：行銷不僅是銷售及廣告而已。以下各章將分別說明這些活動。到目前為止，我們可以了解，行銷在提供消費者所需的產品及服務方面，扮演著一個關鍵性的角色。

行銷管理（marketing management）是一個規劃、組織、執行及控制行銷活動的過程，其目的在於有效能地、有效率地使得交易活動更為便捷。交易活動的效能（effectiveness），是指交易活動如何能協助組織達成其目標的程度，交易活動的效率（efficiency），則指組織為獲得某一種程度的交易活動，所投入資源的最小化。

值得注意的是，行銷者的所有行銷思考均應胸懷全球視野（global vision）、以倫理（ethics）為基礎；所有的行銷策略及行動均應以資訊科技（information technology）為輔助工具。

二、生產及作業管理

生產及作業管理（production and operations management, POM）所涉及的不僅是製造業，它也可以應用在像銀行、運輸公司、醫院及診療所、學校、保險公司等服務業。任何生產有形產品（如汽車、刮鬍刀）以及無形服務（如電腦程式的諮詢、美容等）的組織，均須應用有效的生產及作業管理。（註⑰）

將輸入因素轉換成財貨及服務的過程稱為「生產功能」（production function）。這個「輸入—轉換—財貨及服務」的過程，會受到非預期性的隨機事件所影響。在進行有效的轉換過程時，生產及作業經理應特別注意設計（design）

與生產（production）這二項功能。(註⑱) 在設計方面，生產及作業經理應考慮的問題包括：製程選擇、產能規劃、布置、工作設計、地點決策。在生產方面，生產及作業經理的責任，包括：整體規劃、存貨管理、物料需求計畫、生產排程，以及品質管理。

三、財務管理

財務部門經理的工作是對於資金的來源、使用及控制做有效的管理。他（她）必須從內部或（及）外部來源中獲得現金，並且分配於不同的用途。公司內資金的流通，必須有效地加以監督。所有的這些任務，都必須能夠輔助及支援總公司的整體策略。

四、人力資源管理

人力資源管理（human resource management, HRM）為工作組織的一種價值活動，旨在藉助「計畫、執行與考核」的管理程序，運用於人力活動，發揮「適時適地、適質適量與適才適所」的人力供應效果，達到提升組織成員現有績效及未來發展潛力，進而強化組織的競爭優勢。(註⑲)

人力資源管理活動的開端就是人力資源規劃（human resource planning）。所謂人力資源規劃，乃指在配合未來發展的需要，運用定量、定性分析，藉以適時適地、適質適量、適職適格與適才適所的配置人力，促進組織目標的達成，永續發展。人力資源規劃必須偵測外界環境的變遷，保有敏感性，才能夠對外界人力供應掌握有效來源。而企業發展目標及內部企業文化、資源條件的限制亦須考慮，方能充分估算未來人力需求。

人力資源規劃只是人力資源管理的開端，後續活動的配合（如人力招募、調遷晉升、培訓發展等）應該一致，才能達到人力供需平衡、才能發揮適時適地、適質適量與適才適所的最終目的。

企業的人力活動是人力資源部門的職責。值得注意的是，每一個企業組織內的功能部門，也必須參與人力活動。人力活動可分為：選才、用才、育才、晉才、留才等。

五、資訊管理

資訊科技的發展一日千里，不論個人、企業，甚至整個社會無不受到資訊科技的影響，在這資訊導向的企業環境中，企業欲獲得經營的效率、作業的合理化、決策的有效性以及競爭優勢，資訊主管必須有效地管理資訊部門，運用資訊資源，發揮資訊科技的策略影響力。準此，資訊部門主管必須了解及發揮管理的功能（規劃、組織功能、組織設計、角色與領導、激勵、控制）以及團體與工作團隊、溝通與團體決策、權力、衝突與政治行為這些有關課題，以做到有效的資訊部門管理；必須了解有關資訊資源的獲得、資訊資源的管理、專案管理、資訊系統安全的課題，以便對於資訊資源做有效運用。

同時，資訊部門主管必須了解資訊科技在增加競爭優勢中所扮演的關鍵性角色，以及如何利用策略資訊系統、電子資料交換以及組織間的資訊連線作業，來增加企業經營的效能。

六、研發管理

研發經理不僅有義務鼓勵新產品發展，並且必須發展出一套制度以確保技術能夠商業化。為了要達成這些目標，研發經理必須要做好環境偵察、形成研發策略，並有效執行研發策略。

第 七 節　標竿競爭

標竿競爭（benchmarking）即發掘為什麼競爭者在品質、速度及成本績效方面做得比本公司好的原因，進而去模仿他們，甚至超越他們。俗語說：「見賢思齊」、「見賢思過（超過）」，就是這個意思。這些做為標竿的競爭者，不限於本公司所處產業的競爭者，還包括其他產業的世界級廠商。（註⑳）

戰後的日本企業可以說是在標竿競爭方面孜孜不倦的實踐者，他們秉持著劍及履及的精神，以美國卓越公司的產品及管理實務為模仿對象。1979年，全錄公司在美國首度發起大規模的標竿競爭專案。全錄公司想要了解為什麼日本公司能夠製造出價廉物美的影印機。透過逆向工程（reverse engineering）加以仔細分析及研究之後，全錄公司在降低成本、改善品質方面有了重大的突破。

另一個徹底實踐標竿競爭的公司就是福特汽車公司。在銷售業績遠遠落後於日本及歐洲汽車公司之後，福特公司彼時的董事長Don Peterson責成其工程師及設計師須製造出一個具有400種新功能（這些功能都是消費者認為最重要的功能）的新款汽車。如果Saab的座椅被認為是最好的，那麼福特就要見賢思齊，甚至見賢思過。他要求工程師要「精益求精，止於至善」。當這款新車（也就是空前成功的Taurus）完成之後，Peterson說道：「我們不僅是模仿競爭者，我們已超越了他們！」

今天在美國許多知名的績優公司，如AT&T、IBM、Kodak、Du Pont、Motorola等，其所選擇做為標竿的對象，並不只是他們本身所處產業的佼佼者，還包括了世界上各產業的卓越公司。

標竿競爭的實現包括以下七個步驟：

1.決定要學習什麼功能或特性。

2.認明要加以衡量的主要績效變數。

3.認明要模仿的卓越公司。

4.衡量該卓越公司的績效。

5.衡量本公司的績效。

6.擬定行動方案，透過方案的實施，使得本公司與卓越公司的差距減到最低。

7.執行方案並監督結果。

公司如何確認要學習的對象？可從顧客、供應商及配銷商著手。詢問他們以其交往的對象來看，誰是特別值得稱道的。也可以接觸坊間的顧問公司或研究機構，因為他們建有大量的資料庫，對於績效卓越的公司也做過分析。

為了要減低成本，公司在標竿競爭上要專注於幾個關鍵因素。這些關鍵因素就是影響顧客滿意、公司成本及績效的重大因素。

第八節　21世紀管理

今日企業所面臨的是，充滿著機會與挑戰的詭譎多變環境。能夠掌握機會、克服挑戰的企業，才能在競爭洪流中立於不敗之地，甚至獲得競爭優勢。這樣的企業所需要的是卓越的管理。在競爭日趨白熱化的產業，許多企業不是失去龍頭寶座，就是被淘汰出局。例如：克萊斯勒（Chrysler）在汽車業的優勢地位已被日本汽車所取代。英特爾的總經理Andy Grove看到個人電腦市場的優勝劣敗，曾預言：「在

500家製造商中，將有450家會關門大吉。」（註㉑）銀行為了求生存，被迫合併的個案也是屢見不鮮。在美國，許多航空公司（如Eastern、Braniff、USAir、Pan Am）不是被迫合併，就是宣告破產。而如新興的達康公司（.com，也就是網站）半年不到就宣布倒閉的情況，也比比皆是。

組織績效絕大部分取決於資源如何分配，以及管理者對於環境改變的適應能力。在21世紀成功的組織內，管理者會善待員工，而且也會以有效能、有效率的方式來善用資源。成功的企業必須兼具效能及效率。效能（effectiveness）是指達成目標、維持企業的競爭優勢。效率（efficiency）是指對員工、金錢、實體設備、技術的最佳利用。具有效目標的企業，仍可能因為無效率而嘗到失敗的苦果。為什麼？這個企業可能用人不當、技術老舊過時、做了錯誤的投資決策，因而使投資者喪失信心。如果企業不能達成目標，進而維持其競爭優勢，就是無效能。21世紀績效卓越的企業不僅能獲得效率（把事情做對），也能獲得效能（做對的事情）。

一、影響因素

21世紀企業經營深受三個因素所影響：變革管理、顧客服務、企業倫理。

(一)變革管理

組織的管理者每天必須應付、適應層出不窮的改變，改變會帶來不確定性與風險。競爭者數目、產品數目已是數倍於往昔，全球化使得企業必須在國內、國際市場接受競爭者的挑戰。許多產品（例如：軟體）可能在數年（甚至在數月）之內變得過時，迫使企業必須不斷創新，否則只有面臨被淘汰一途。21世紀的管理者必須有效地面對技術、法律、文化、組織改變（如組織精簡、重組、合併）的挑戰。

(二)顧客服務

企業必須滿足顧客的需求，以便讓他們成為長期的忠誠顧客。「顧客」一詞現在有更廣泛的詮釋。顧客是指從本公司員工獲得服務的任何人，可分為內部顧客與外部顧客。內部顧客（internal customer）是指依賴公司內管理者決策或績效的其他管理者或員工；外部顧客（external customer）是指使用公司產品、享受公司服務的目前及潛在消費者。對大多數成功的企業而言，顧客代表著公司所有活動的起始點及結束點。換句話說，所有的策略思考均應以顧客為主軸，而以顧客滿足為依歸。

(三)企業倫理

倫理（ethics）是滿足員工、利益關係者、社會集體利益的標準及價值觀。曾經有關WorldCom、Tyco、General Dynamics、Enron、Arthur Andersen在詐欺、哄騙、掏空公司、散布不實財務資訊的事件上，鬧得沸沸揚揚。長期而言，這些違法事件會對其公司管理者、員工、顧客造成極為不利的影響。

二、特色

21世紀的企業經營環境最明顯的特色是：科技創新（technological innovation）、全球化（globalization）、自由化（deregulation，亦稱解除管制）、政治制度的改變、新的全球人力、人力資本（human capital，更多的服務導向工作，以及對知識工作的重視）。

(一)科技創新

科技進步，一日千里。資訊高速公路（information highway）、網際網路（Internet）、微處理器及自動化工廠已經主宰、改變了企業的經營方式。

結合電腦與通訊的資訊科技，對企業造成了極大的影響。在工作上，工作者可利用辦公室自動化科技來增加工作效率及決策效能。在網際網路的應用上，「企業對企業」（business to business, B2B）及「企業對消費者」（business to consumer, B2C）的應用，也如雨後春筍般地蓬勃起來。而透過網際網路連結了供應商、企業及經銷商的供應鏈（supply chain），更使得企業經營有如虎添翼之效。（註⑫）

1980、90年代沃爾瑪（Wall-Mart）由於利用電子資料交換（electronic data interchange, EDI）的資訊科技與供應商連線，使得競爭優勢大為提升。其對手K-Mart由於沒有建立在速度及成本上具有優勢的這套系統，這幾年雖力圖迎頭趕上，但直至目前為止，仍瞠乎其後。李維·史特勞斯（Levi Strauss & Co.）隨時都可知道各型牛仔褲的存貨狀況，並做立即的補貨。

(二)全球化

全球化就是將製造及行銷作業延伸到海外新市場的做法，全球化已儼然成為一種趨勢。

1980年代早期，在美國照明製造業執牛耳的奇異公司（General Electric, GE）猛然發現，其相對弱勢的競爭者西屋公司（Westing House）將其座燈事業出讓給

荷蘭的飛利浦電子公司（Philip Electronics）後，整個的競爭態勢改變了。飛利浦的某位高階管理者說道：「突然之間，我們必須面對更強大、更厲害的競爭者。它們已侵入我們的地盤，但我們還是文風不動。我們是處於被動的防守地位」。（註㉓）

奇異公司並沒有坐視市場占有率的被侵蝕。旋踵之間，它就購併了匈牙利Tungstram電子公司，並透過與日立公司結盟進軍亞洲市場。1990年，奇異海外照明設備的銷售額，占總銷售額的20%；1993年，此比例增加到40%；1996年，則增加到50%。

生產作業也已經全球化了！全球的製造商都在最有利的地方進行製造活動。例如：許多人都認為「顯然」是百分之百日本車的豐田CAMRY，是在肯德基州喬治城的工廠所製造的。該車的零件有80%是美國製的。同樣地，通用汽車公司的Pontiac Lemans有2/3的零件是國外製造的。

全球化的行銷及製造是非常重要的，因為它可增加企業的競爭力。揆諸全球，各企業（包括航空公司、汽車製造商及銀行等）漸漸體認到，不僅必須和國內廠商競爭，也必須面對來自全球的競爭壓力。

在此新的國際環境下，有些企業能夠順應潮流，求新求變，但有些企業仍然抱持鴕鳥心態，故步自封。瑞典的家具製造商IKEA在紐澤西州建立其家具超級商店之後，其新穎的樣式及優異的管理制度，吸引了無數的消費者，搶奪了大量的市場占有率，迫使地區性的本土家具公司瀕臨倒閉的厄運。

全球競爭是利弊參半的。例如：福特、通用汽車公司在歐洲擁有大量的市場占有率；而IBM、微軟公司、蘋果公司也在全球市場爭得一席之地。但是將全球整合成一個單一的、廣大的市場的結果，會增加製造業、服務業的競爭密度。

(三)自由化

各國的各企業由政府提供的保護傘也漸漸解除了。美國的各大航空公司，如Eastern People's Express、Braniff及Piedmont，不是被購併，就是被迫宣布破產。政府的管制解除之後，無效率、反應遲鈍的企業便無所遁形，遭受到無情的打擊。1996年美國政府解除了長途、短途電話不得聯營的禁令，造成AT&T（經營長途電話的公司）與貝爾電話公司（經營地區性、短途的電話公司）互搶地盤，侵蝕對方的市場。（註㉔）臺灣的通訊業在解除管制之後，對業者（尤其是長期以來，穩坐霸主地位的業者）也造成了莫大的衝擊。

(四)政治制度的改變

當菲律賓、阿根廷、俄羅斯、智利等國相繼加入民主陣營之後,其中央集權式的共產主義已消失在歷史的灰燼之中。資本主義征服了共產主義之後,這二個經濟意識形態的競爭便畫下了一個句點。馬列主義的推翻,意味著自由、平等花朵的綻放,也開啟了經濟自由化、資本主義及競爭的大門。「強權」是以經濟實力來定義的,並不是以武力、所占領的地區或其他傳統力量來衡量的。

政治制度的改變,造成了新市場的出現。從俄羅斯到智利擁有數百萬人的市場陸續開放,市場機會增加了,緊接著競爭也更為激烈了!

(五)新的全球人力

2000-2005年期間,在美國企業的勞動人口中,西裔勞工占29%,亞裔勞工占11%,在這期間,美國白人的勞工比例不過15%。在臺灣,每年都引進一定數目的外勞。

勞動人口比例的改變,表示管理方式也必須跟著調整。各企業也陸續推出「差異管理方案」(diversity-management programs)、落實就業機會平等法,並實施訓練計畫,以使文化背景不同的員工能夠融入新的組織文化。

同時,許多大企業也將經營作業轉移到國外,不只是利用當地廉價的勞工,而且也善用當地的技術人士。今日,許多多國公司(multinational corporation, MNC)在海外建立工廠,除了搶得灘頭堡之外,還可善用當地的專業人才。

對管理者而言,利用海外的勞動人口是兩面刃。一方面,他們可以善用許多專業人士及技術工人,但在另一方面,他們必須面對「在地理分歧的情況下,如何管理員工」的這項挑戰。

(六)人力資本

企業面臨的另外一個重大改變,就是對人力資本的重視。人力資本是指員工的知識、訓練、技術及專業。

重視員工教育及人力資本的結果,造成了企業環境中的幾個重要趨勢。其中之一就是服務性工作益形蓬勃發展。在美國,約有2/3的工作涉及到服務的提供,例如:零售、諮詢、教學及法律等。服務性的工作比起傳統工作需要更多的員工教育及知識。智慧(intellect)是產生及提供服務的關鍵核心因素。

在今日,人力資本更形重要。因為製造性的工作也已改觀。製造密集工作

（manufacturing-intensive jobs），如鋼鐵、汽車、紡織工廠內的工作，已逐漸地被知識密集（knowledge-intensive）產業；如航空、電腦及通訊所取代。在許多現代化工廠內，每個工作站都裝有電腦，協助工人控制機械、傳輸資料。事實上，電腦已是現代化企業經營中不可或缺的工具。

在激烈的競爭環境下，企業不創新就滅亡。創新（innovation）就是以價廉物美的方式創造新產品、新服務。創新需要具有高度技術的員工。創新已成為各企業最迫切關心的課題。這就是說，企業愈來愈必須依靠員工的創造力及技術，因此，對員工腦力（brainpower）的要求也愈來愈迫切。專利權的獲得、製程的改善、管理技術的提升、技術的突破、對顧客及供應商的資訊獲得等，無不需要腦力。這些腦力或知識稱為智慧資本（intellectual capital）。

知識工作（knowledge work）主要的內容是取得、創造、組合或者應用知識。知識工作包括研究、產品開發、廣告、教育等活動，以及法律、會計、諮詢等專業服務。

知識工作者（knowledge worker）與體力工作者（manual worker）是相對的；知識工作較偏重於思考，利用資訊來做決策。易言之，知識工作者是使用並詮釋知識以擬定決策的人。

知識工作者雖然包羅萬象，但主要還是指研究人員、軟體工程師、會計人員、顧問、行銷人員、外科醫師、飛行員等專業人員或學有專精的人士。

知識工作者的工作都涉及到思考、處理資訊、分析及使用資訊以做決策、解決問題，這些資訊來自於企業、其周遭的環境、或者是知識工作者的經驗等。

知識工作並不是一個新的職位，而是指工作的結構性，及在工作上要求知識的程度。例如：倉庫職員的工作可以是高度結構化（highly structured），因此，他在工作上所被要求的知識是有限的，然而銀行出納經理的工作卻是具有高度的知識性。

在人力資本方面，管理者所面臨的挑戰如何？首先，對知識工作者的管理應有別於上一世代的員工。管理者不能對這些知識工作者採取威權式的領導、嚴密的監控；反之，要採取人性管理方式，重視管理的心理面及行為面。

三、21世紀管理者

(一)挑戰

在今日詭譎多變、競爭白熱化的經營環境中，管理者面臨著前所未有的挑戰。其中之一就是面臨著來自於國外的競爭壓力；國外的競爭者以物美價廉的產品及服務進入本國市場。因此，管理者必須放眼全球，胸懷世界。

同時，由於近年來環保意識的高漲，消費者主義的抬頭，管理者必須重新塑造他們的價值觀，並且心懷管理倫理，善盡社會責任。

由於環境變化急遽，知識及技術水準的不斷提升，管理者必須時時充實自己——閱讀有關的企業管理學教材（如本書）、有關的雜誌及期刊、參與研討會及個案研討等，才能夠擬定有效的策略，進而獲得企業的競爭優勢。

(二)心態與準備

要成為「胸懷萬里、放眼全球」的21世紀管理者，應有什麼心態及準備？

首先，要打好語文（尤其是英文）基礎；並透過英語文了解各國的歷史、文化。一個值得「全球人」關心的課題是美國麻省理工學院知名經濟學教授克魯曼發表的一篇文章，他指出國民的英語能力關係國家的經濟力，國家想經濟成長，必須提升國民的英語能力，並舉出四項理由證明英語是經濟成長的關鍵。這種「英語至上主義」的言論，已引起非英語系國家的爭議。克魯曼首先指出，日本為首的亞洲各國、德國、俄羅斯、中南美國家等非英語系國家都面臨經濟危機。相反地，美國、英國、愛爾蘭、澳洲、加拿大等五個英語系國家的經濟卻順利成長。於是，克魯曼提出四個理由，證明為什麼講英語的國家得以經濟持續成長。第一項理由為所謂「葛林斯班理論」，即英語系國家中，負責經濟營運的官員，大多如美國聯邦準備理事會主席葛林斯班一樣，和學術界淵源深厚，這批學者出身的官員在變動激烈的時代中，比固守教條主義、官僚體系出身的政治家更能掌握時代脈動；第二項理由為所謂「柴契爾理論」，即1980年代以柴契爾政權下的英國為首，各英語系國家都成功的重視市場機能，減少政府對市場的干預，但是其他非英語系國家卻沒有做到；第三項理由為「全球化理論」，即在國際化的趨勢中，英語成為商業貿易的共同語言，英語能力即商貿能力；第四項理由為所謂的「網路理論」，即世界資訊大多以英語傳遞。因此，克魯曼在文章結論中指出，說英語的人正處於一個有利的時代。但日本人顯然對克魯曼的觀點不以為然，大藏省的一名官員就認為克魯曼在牽

強附會。克魯曼在數年前，亞洲金融風暴尚未發生時，就著書指出亞洲經濟成長奇蹟只不過是幻想而為國際所重視，但也遭到亞洲各國領袖和學界的圍剿。（聯合報編譯組，1999.5.3）

　　同時，要開闊胸襟，了解並關懷國際政治、經濟、社會文化、科技現象。四海之內皆兄弟也（All men are brethren.），不在小圈圈內打轉，不採取本位主義。覺得自己渺小，但總是盡力「造千萬人之福，服千萬人之務」。

　　發揮「人飢己飢，人溺己溺」的仁愛精神，企業欲落實全球化的市場、生產及人力實務，就必須培養全球管理者（global manager）。全球管理者，像奇異公司的威爾許（Jack Welch），其國家觀念是非常薄弱的；他們以全球性的視野來檢視市場及製造，並以全球性的基礎來達成公司利潤的最大化。全球管理者必須隨遇而安，而且是以四海為家的（cosmopolitan）。《韋氏字典》對「四海為家」所下的定義是：「屬於世界，不屬於某個國家；不拘泥於某個政治、社會、商業及智慧環境；不局限於某一地區性、某一省或某一國家的理念；沒有偏見，也不過度依戀某件事情。」管理者對國際企業的觀念，以及其所具有的種族導向，會影響其全球化的意願。種族主義（ethnocentric）色彩濃厚的管理者，將只會著重其本國市場。具有多種族主義（polycentric）的管理者，會將其公司的營運局限在幾個個別的國外市場。具有地區主義（regiocentric or geocentric，如美洲地區）的管理者，則會建立地區性的行銷及生產作業。

　　由南加大的行為科學家針對21國的838位各階層主管所做的研究發現，具有高潛力的國際主管，具有以下個人特質：對文化差異的體認及對不同文化的尊重；商業知識；勇於表明立場；成人之美；公正廉明；具有眼光（洞察力）；對成功有所承諾；勇於冒險；反省檢討；勇於體驗不同的文化；尋找學習機會；樂於接受批評；願意聽別人的意見或評論；適應力。這些特質正是要做個「胸懷萬里、放眼全球」的全球人所應有的心態及準備。

重要名詞

組織

組織是具有共同目標的二人（或以上）的集合體。如果組織沒有目標，則沒有存在的必要。組織可分為營利組織（如企業等）及非營利組織（如基金會、學校、社團、家庭等）。在人生的各階段中，我們都隸屬於某種組織。

管理功能

管理功能（management function）是指規劃、組織、領導、控制。這些管理功能又稱為管理程序（management process），因為管理者必須有系統的、有次序的去實現這些活動。任何管理者，不論他（她）所管理的是企業、機構、家庭或學校等，都需要具備管理功能。

規劃

規劃（planning）是決定未來要做什麼事情。在本質上，規劃包括了為未來決定目標及其達成此目標方法，而其結果是一份詳細指出預定行動方針的說明書。規劃的活動，包括對目標、決定達成目標的方法、計畫的執行，以及資源的運用、控制的擬定。

組織

組織（organizing）是將工作、職權、資源安排及分配到組織成員身上，以使得他們有效達成組織的目標。換言之，組織化就是集結必要的活動，並透過有效的管理（如分工）去達成共同的目標。管理者必須要有職權（authority），才能監管部屬執行這些活動。因此，組織化基本上是分工及授權的過程，適當的組織能使資源達到更佳的運用。

領導

領導涉及到如何指揮、影響、激勵部屬去完成重要的工作。規劃及組織二個功能是有點抽象的，但是領導卻是非常明確的、具有實質性的。

控制

控制是跟隨著規劃而來的，它可使企業確信是否達成目標。規劃涉及對目標、策略及方案的擬定，而控制涉及對實際績效與預期績效（目標）的比較，並提供回饋以使管理者採取矯正的活動。控制的過程，包括：(1)決定要衡量的標的物；(2)建立績效標準；(3)衡量實際績效；(4)比較實際的與標準的績效；(5)採取矯正行動。

組織階層

大部分的組織至少有三個界定清楚的階層，每一個階層均有不同的管理重點，所強調的也不同。組織可分為三個階層：(1)策略階層（strategy level，又稱策略規劃階層）；(2)管理階層（management level，又稱管理控制階層）；(3)作業階層（operations level，又稱作業

控制階層）。

策略階層

策略階層必須確信管理階層是在社會規範內運作。既然組織是社會的一分子，它就必須以社會所允許的方式來提供產品和服務。因此，策略階層必須決定組織的長程目標和方向，換言之，也就是決定組織要如何和它的環境互動（交互影響）。同時，組織可能透過遊說、廣告策略或是針對社會成員的教育計畫，來影響其環境。

管理階層

當組織的規模增加時，有些人就必須協調在作業階層的活動，以及決定製造何種產品或提供何種服務。這些問題就是管理階層的重心所在。例如：大學的系主任必須處理學生對系務的抱怨；銷售經理必須斡旋在顧客和推銷員之間；製造經理必須為汽車製造廠的生產線規劃產品排程（scheduling）以及生產數量。在這一階層，管理者的任務是雙重性的：(1)如何使得作業能順利進行；(2)如何做好介於產品製造者（或服務提供者）及使用者（如顧客）之間的橋梁。換言之，為了使作業階層工作得順利，管理者必須確定它有正確的原料，並確信產品具有相當的市場，且能滿足顧客的需要。

作業階層

不論組織是生產實質的產品或提供無形的服務，均須具有一種能提高效率的作業。以製造實質的產品而言，組織必須有物料的流程以及對作業的監督。大學必須確定有明確的註冊、排課和教學計畫。銀行必須注意支票處置得當，財務交易能正確及迅速的進行。這些都是組織的作業階層所應做的事。

管理技術

管理者不論在組織中所處的管理階層為何，都必須具備一般的技術，才能獲得好的管理績效。管理者有三個基本技術：技術性的、人際關係的、觀念化的能力，這些是所有管理者所必須具備的。這些技術的組合，則會依組織階層的不同而異。

技術性的能力是指使用工具、提供專業諮詢及服務的能力。會計師、工程師、護士、內科醫生以及音樂家均須在他們的特殊領域裡具有專業技術。管理者必須擁有足夠的專業技術才能完成其所負責的工作。人際關係的能力是指與他人工作和了解他人的能力。為了有效的領導部屬，管理者必須能夠與人相處、共事。觀念化的能力是指了解組織所有的活動與利益所在的能力。就整體而言，觀念化能力，包括了解組織如何運作和部門間如何彼此相互依賴或相互關連的能力。

雖然這三個能力（或稱技術）對管理績效的獲得是很重要的，但是對某位特定的管理者而言，其相對重要性是依其在組織中的階層而定。專業化的技術在組織較低階層是很重要的，但是對高階管理者而言，便顯得較不重要了。一個生產線上的領班和一個護理長需要

比公司和董事長或者醫院的院長更多的專業技術，因為他們在製造或看護時，必須處理每天發生的問題。

另一方面，當一個人在管理階層中晉升時，觀念化能力的重要性將會增加。在組織中階層的職位較高，其所做的決策影響組織中許多部門或整個組織的程度也愈高，因此，觀念化的能力對高階層管理者而言是最重要的。

雖然人際關係技術在每個管理階層是很重要的，但對策略階層的管理者而言，它或許是最重要的，因為絕大多數管理者與環境、部屬的互動都發生在這個階層上。

管理者角色

廣義而言，角色（role）是在一個社會環境內，個人被期待的行為模式。Mintzberg（1973）曾花費了五週的時間，對五位企業高階管理者做深度的觀察，結果發現，管理者扮演著十種不同但卻密切相關的角色。每一個角色的重要性及扮演每個角色的時間投入，會依工作性質的不同而異。這十種角色可分為三類：人際角色（扮演頭臉人物、領導者及連絡者的角色）；資訊角色（扮演監督者、傳播者、發言人的角色）；決策角色（扮演企業家、干擾處理者、資源分配者、協調者的角色）。

人際角色

人際角色所著重的是人際關係。頭臉人物、領導者及連絡者這三種角色來自於正式的職權，這個角色扮演得恰當，管理者便可扮演資訊角色，進而成為決策角色。頭臉人物是法律上及形式上的代表。所有管理者的工作需要擔負一些在本質上具有象徵性及儀式性的責任。諸如參加慶典、婚喪喜慶、主持退休人員的晚宴、參加社區活動、代表公司簽訂契約等——這些都是頭臉人物的角色。

領導者角色是指對部屬加以激勵、發展及引導，對用人、訓練的情形加以監督。在扮演領導者角色時，高階管理者會做為一個角色模範，創造一個具有挑戰性的環境，提供員工的方向感等。

連絡者角色使得高階管理者必須建立命令管道之外的人際關係，包括組織內外的連繫與接觸，以便獲得必要的資訊及協助。在組織之內，管理者必須和許多其他的管理者、組織成員互動。高階管理者亦必須與組織以外的重要人物打交道。我們不難了解，管理者通常會花一半以上的時間，扮演連絡者的角色。

資訊角色

這一組的角色使得管理者成為接收和傳遞非例行性資訊的中心焦點。透過監督者、傳播者及發言人的角色，管理者便可建立接觸網（network of contact），人際接觸可幫助管理者扮演資訊接收的監督者角色，以及資訊傳遞的傳播者與發言人角色。

監督者角色涉及到對環境的檢視，以蒐集有關改變、機會及威脅的資訊。高階管理者好像

是企業的神經樞紐——他要評估副總經理呈上來的現況報告、檢視企業績效的主要指標，瀏覽有關的商業報導等。

傳播者角色涉及到提供重要的或是機密的資訊給其他高階管理者或企業中的關鍵人物，例如：主持高級幕僚會議，傳播政令與經建計畫等。

在發言人的角色中，高階管理者代表著整個組織，將訊息傳播給環境中的主要成員，例如：向股東提供年報、與經濟部官員交換意見、向媒體宣布公司的政策、參與廣告宣傳等。

決策角色

雖然發展人際關係和蒐集資訊的角色很重要，但是高級管理者並不是僅扮演著這二個角色。事實上，有些人認為這些決策角色（包括企業家、干擾處理者、資源分配者和協調者）是高級管理者最重要的責任。

扮演企業家角色的目的就是使組織獲得更有效的變革。高階管理者必須在企業內及環境中尋找發展的機會，以改善產品、製程、品質、作業程序及結構，並監督這些活動的設計及執行。例如：他會引進成本降低計畫、巡視各事業單位、改變預測技術、以外包制度來減輕員工的負擔、重組企業等。

在干擾處理者的角色中，高階管理者會做決策及採取矯正的行動來解決各種干擾。例如：親自與主要債權人、利益團體、政府官員、工會領袖交談；設立調查委員會；修改組織目標、策略及政策等。

資源分配者的角色是高階管理者決定誰會得到什麼資源（包括金錢、人力、時間和設備）。由於資源總是不夠的，所以管理者必須有效的分配這些有限資源於各種可行方案之中。職是之故，資源分配是管理者的決策角色中最關鍵性的任務。例如：檢討預算、修改方案的時程、促成策略規劃、調整規劃人員的工作負荷、設定目標等。

高階管理者在扮演協調者的角色時，他必須代表公司與其他企業進行諮商，以便為其企業爭取更多的利益。高階管理者可能要和工會代表、主要債務人、供應商及顧客等進行磋商，並解決事業單位對管轄範圍的紛爭。

總公司策略

總公司策略（corporate strategy）所涉及的是，替企業的許多活動發展出一個有利於「組合策略」（portfolio strategy）的方法。總公司的決策包括：(1)決定企業的未來發展及應跨進哪些行業；(2)決定財務及其他資源如何在事業單位之間流動；(3)決定公司與重要環境元素的關係；(4)決定如何增加公司的投資報酬率。

事業單位策略

事業策略（business strategy）是由策略事業單位（Strategic Business Unit, SBU）所擬定。它所著重的是在特定的產業或市場區隔中，如何增加產品及服務的競爭地位。高階管理者

常將策略事業單位視為一個半自主性的單位（semi-autonomous unit），並在總公司的目標及策略的規範之下，允許其有相當的自由度去發展他們自己的策略。事業單位的策略所強調的是，如何增加產品及服務的邊際利潤，並且也涉及各種企業功能活動（如行銷、財務、生產等）的整合。

事業單位的策略通常亦稱為競爭策略（competitive strategy），它包括成本領導策略（cost leadership strategy）、差異化策略（differentiation strategy）及集中策略（focus strategy）。

功能策略

功能策略（functional strategy）又稱企業功能策略（business function strategy），其重點在於使資源的生產力獲得極大化。在總公司策略及事業策略的規範下，功能部門（例如：行銷部門）會集結各種活動及能力來發展其策略，以達成績效目標。例如：行銷部門會專注在定價、產品、促銷、配銷策略的擬定，以提升銷售業績。以市場發展的功能性策略為例，行銷部門會企圖以目前的產品向既有市場的不同消費者，或是向新的地理區域的新顧客，進行行銷的活動。又如研發的功能性策略，包括技術跟隨策略（technological follower）以及技術領導策略（technological leadership）。

企業功能

企業功能（business functions）是組織為達成目標所採取的重要活動，包括：行銷（marketing）、生產及作業（production & operations）、財務（finance）、人力資源（human resource）、資訊（information），以及研究發展（research & development）等重要活動。對於這些活動的有效管理，則稱為企業管理（business management）。

效能

是指達成目標、維持企業的競爭優勢。

效率

是指對員工、金錢、實體設備、技術的最佳利用。

內部顧客

是指依賴公司內管理者決策或績效的其他管理者或員工。

外部顧客

是指使用公司產品、享受公司服務的目前及潛在消費者。

標竿競爭

標竿競爭（benchmarking）即發掘為什麼競爭者在品質、速度及成本績效方面做得比本公司好的原因，進而去模仿他們，甚至超越他們。俗語說：「見賢思齊」、「見賢思過（超過）」，就是這個意思。這些做為標竿的競爭者，不限於本公司所處產業的競爭者，還包括其他產業的世界級廠商。

企業管理

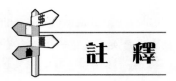

註　釋

①許培基博士（國立政治大學企管博士，主修財務）對本節提供了資料及觀念的澄清，特致謝忱。

②Peter Drucker, "The Coming of the New Organization," *Harvard Business Review*, January-February 1988, p.45.

③R. Stewart, "A Model for Understanding Managerial Jobs and Behavior," *Academy of Management Review*, January 1982, pp.7-13.

④Henry Koontz, "The Management Theory Jungle," *Journal of the Academy of Management*, December 1961, pp.174-88.

⑤Henry Mintzberg, *The Nature of Managerial Work* (New York: Harper & Row, 1973).

⑥Henry Mintzberg, *The Nature of Managerial Work* (New York: Harper & Row, 1973), pp.54-94. 相關的詳細討論，見本書第6章。

⑦G. Pay, *Analysis for Strategic Market Decisions* (St. Paul, Minn. : West Publishing, 1986).

⑧V. G. Reuter, "Trends in Production Management Education," *Industrial Management*, May-June 1983, pp.1-3.

⑨效能（effectiveness）是指將事情做得對；效率（efficiency）是指將事情做得快。

⑩M. Nash, *Managing Organization Performance* (San Francisco: Jossey-Bass, 1983).

⑪R. L. Katz, "Skills of an Effective Administrator," *Harvard Business Review*, September-October 1974, pp.90-102.

⑫Henry Mintzberg, "The Manager's Job, Folklore and Fact," *Harvard Business Review*, July-August 1975, pp. 49-61.

⑬K. R. Andrews, *The Concepts of Corporate Strategy*, 3rd ed. (Homewood, Ill.: Irwin,1987), p.13.

⑭讀者如欲對總公司策略、事業單位策略等進一步了解，可參考：榮泰生編著，《策略管理學》（臺北：三民書局，2006年）。

⑮Michael Porter, *Competitive Strategy: Techniques for Analyzing Industries and Competitors* (The Free Press,1980).

⑯C. W. Hofer and D. Schendel, *Strategy Formulation: Analytical Concepts* (St. Paul, Minn.: West Publishing Company, 1978), p.29.

⑰K. Jarvis and K. Flint, "Productivity Programs," *Credit*, October 1984, pp.23-25.

⑱R. Wild, "Survey Report-The Responsibilities and Activities of UK Production Managers," *International Journal of Operations and Production Management* .4, no.1, 1984, pp.69-74.

⑲吳秉恩，《分享式人力資源管理》（臺北：翰蘆圖書出版公司，1999年），頁43。筆者認為這是一本很用心寫的書。讀者如欲深入了解人力資源管理的精義，應仔細閱讀、深入思考。

⑳Robert C. Camp, Benchmarking: *The Search for Industry - Best Practices That Lead to Superior Performance* (White Plains, NY.: Quality Resource, 1989).; Stanley Brown, "Don't Innovate - Imitate," *Sales and Marketing Management*, January 1995, pp.24-25.

㉑Katherine Arnst, "This is Not a Fun Business to Be In Now," *Business Week*, 6, July 1992, p.68.

㉒讀者如欲對B2B、B2C、供應鏈、EDI等詳加了解，可參考：榮泰生著，《網路行銷》，三版（臺北：五南圖書出版公司，2006年），第9章。

㉓Thomas Stewart, "Welcome to the Revolution," *Fortune* 13, December 1993, p.66.

㉔Amy Barrett, Peter Elstrom, and Catherine Arnst, "Vaulting the Walls with Wireless," *Business Week*, 20, January 1997, pp.85-88.

自我評量

1. 組織是什麼？如何以系統的觀點來看組織？
2. 為什麼需要組織？
3. 企業組織有哪些形式？
4. 現代組織有哪些特性？
5. 何謂管理功能？何謂企業功能？試詳述之。
6. 1999年9月的921大地震對臺灣（尤其是中部）造成了莫大的傷害。試說明政府當局在面對自然災害、賑災行動中所應發揮的管理功能。
7. 有人認為，以企業功能別來建立各部門的企業已經不合時宜。你同意嗎？為什麼？
8. 試評論以下敘述：總公司策略及事業單位策略如欲有效實施，必須要有有效的功能策略來配合。例如：一旦高階管理者決定購併一家公司，他就必須決定如何獲得必要的資金。一個相當普遍的財務策略就是槓桿收購（leverage buyout），也就是所需資金大都由舉債而來，並以所收購的企業所產生的營運資

金來償還。

9. 以下是有關組織階層的問題：

　　(1)組織具有哪三個階層？

　　(2)這三個階層的工作內容有何不同？

　　(3)這三個階層的資訊特性有何不同？

　　(4)管理者類型和組織階層有什麼關係？

　　(5)這三個階層所需的管理技能有何不同？

10.Mintzberg認為，未來的組織會由傳統的三角形變成葫蘆形（參考本章圖1-1）。你同意嗎？為什麼？對你有何特殊涵義？

11.試描述大學校長、行銷經理、基金會董事長、父親、母親所應扮演的角色，並說明其間有無相通之處。

12.試說明不同的策略層級所面對的環境及策略重心。

13.試說明以下功能部門經理的工作重點：

　　(1)行銷經理。

　　(2)生產及作業經理。

　　(3)財務經理。

　　(4)人力資源經理。

　　(5)資訊經理。

　　(6)研發經理。

14.試說明管理者的挑戰，以及管理者如何應付這些挑戰？

15.試列出幾個對提升企業管理知識有幫助的管理期刊、雜誌及研討會。

16.為什麼標竿競爭的觀念及實踐如此重要？試以若干個臺灣企業的例子說明標竿競爭。

17.試闡述影響21世紀管理的重要因素。

18.請問全球化對管理者所帶來的挑戰，及管理者如何因應。

19.試說明要做個「胸懷萬里、放眼全球」的全球人所應有的心態及準備。

第二章

管理理論與演進

本章重點：

　　人類利用規劃、組織、領導及控制活動之技術以完成重大工程建設（例如：中國的萬里長城、埃及的金字塔、羅馬帝國的供水系統）的情形，已有數千年的歷史。一個金字塔的建造要動用十萬人花上二十年的時間才能完成。（註①）誰指示每個工人該做什麼？誰必須確保在適當的堆砌地點有充分的石頭供應？這些問題都涉及到管理（management）。姑且不論在彼時負責工程的建造者是否被稱為管理者，但總是有人必須規劃所要做的事、如何將人員及物料組織起來完成計畫、如何領導及組織工人，並且執行一些控制功能，使得每一件事皆能依計畫行事。

　　《聖經》上也提到有關管理的概念。梅約的岳父對他說：「你這樣做不對，這不但使你自己疲乏，而且也使同你在一起的百姓疲勞，因為這事超過你的力量，你獨自一人是不能勝任的……」，（註②）這些事充分說明了在大型組織中，管理者授權的重要性，以及例外管理原則（管理者只要檢視部屬無法解決的、例外的、不尋常問題）。

　　羅馬天主教中也有許多值得我們學習的管理實務。天主教目前的結構，事實上是西元二世紀所建立的。天主教會的目標及教義界定得非常嚴謹。所有決策權均決定於羅馬總堂，其所建立的職權層級（authority hierarchy，依序為教宗、樞機主教、紅衣主教、主教、神父、修士）歷經兩千年仍維持原貌。

　　這些例子顯示，組織（organization）及管理早已存在數千餘年。然而，在過去數百年，尤其是19世紀，管理才有系統的被加以研究，進而正式成為一門學科。

　　20世紀初，工業革命（industrial revolution）曾對管理造成了莫大的衝擊。機器代替人力的結果，使得生產力大為增加，以及生產成本大幅降低。但是由於機器的引進，工廠的經營非得靠管理技術不可。除此之外，管理者還必須尋找市場、預測需求量、確信原料能適時適地的供應、將工作指派給工人去做、指揮他們每日的活動、協調不同的工作、確信機器能正常的運作、能夠維持產品的產出標準等。簡言之，管理者必須執行規劃、組織、領導及控制這些必要的管理功能。

　　1950年代以前是管理思潮最分歧的時代。科學管理（scientific management）是以「如何增加作業人員的效率（efficiency，把事情做得快）」這個觀念來看企業經營，而擁護一般管理（general management）的學者，則以整個組織效能（effectiveness，把事情做得對）的觀點來看組織管理。人力資源（human resource）學派的學者所強調的是人力資源，或管理的「人性面」。數量學派（quantitative approach）的學者則專注於數量模式的發展及運用。接下來，我們將分別討論各種學派，以及晚近的企業管理觀念，並將說明未來組織的情形。

　　值得一提的是，有些所謂的「老」觀點，至今還是在某種程度上被當代企業所

沿用，例如：科學管理學派所強調的效率、科層管理所重視的規章及規則等。軍方機構也都是行政管理的擁護者及採用者。你會發現，許多高科技公司（如戴爾）的管理方式是採取人力資源學派。你也不難發現，至今還有許多企業採取馬其維利的領導風格，也就是透過恐懼、處罰、高壓手段，來達到控制的目的。

第 一 節　早期的管理思想

　　管理藝術及實務早在幾世紀前就已經存在。上述重大工程建設的設計及建造，都需要對管理有深刻的了解。許多世紀以來，管理被視為是藝術，經過口耳相傳，一代傳一代，很少有文書記載。上世紀有一些思想家，其思想奠定了古典及行為學派的基礎。這些思想家有：中國的孫子、義大利的馬其維利，及大不列顛的亞當・史密斯。

　　有些比較早期的管理觀念出現在2500年前的《孫子兵法》中。《孫子兵法》中所謂的「不戰而屈人之兵」，就是認為欺敵遠比暴力及破壞來得有效。聯盟與協議可使將領擴張版圖，不需犧牲兵力與資源，也不需攻城掠地。他主張攻擊敵人的弱點，發揮自己的長處，其「知己知彼」的觀念，至今已成為策略管理的圭臬。

　　馬其維利（Nicolo Machiavelli, 1469-1527）於16世紀的文藝復興時代在義大利的佛羅倫斯寫下《君王論》（*The Prince*）。（註③）君王論是最早有關領導的著作。在戰時，馬其維利曾擔任政府官吏，目睹宮廷中的爾虞我詐，對於人性產生了一種偏激的看法，認為人是自私自利的動物。

　　馬其維利曾告誡領導者或君王，讓人心生畏懼比受人喜愛更為有效。因為喜愛是捉摸不定的情緒，而恐懼是持續不變的感覺。換句話說，生存是人的本能，比其他情緒更能支配人的行為。馬其維利也認為，如果對社會有利，則領導者的詐欺行為是情有可原的。領導者必須公平而嚴厲，嚴懲不忠之士，以收殺雞儆猴之效。馬其維利認為隨侍在君王周邊的貴族，對於君王總是虎視眈眈，欲奪其位，故必須利用詐欺及陰謀，讓他們彼此之間相互猜忌，以便相互掣肘。因此，他警告領導者不要相信任何人。他認為，有效的領導者應聯合次要敵人，打擊主要敵人。

　　馬其維利的領導哲學是「為達目的，不擇手段」。我們現在會稱專橫的、自利的領導者為「馬其維利式」領導者。雖然許多當代的高階管理者及領導者認為馬其維利式的領導者過於偏激、不切實際，但是我們看到高度政治化的組織、家族企業

中，權力傾軋、工於心計、兄弟鬩牆、明爭暗鬥的情形，多少也會佩服馬其維利的敏銳洞察力吧！

1776年，亞當‧史密斯（Adam Smith）在其《國富論》（*The Nature and Cause of the Wealth of Nations*）一書中，提及分工（division of labor）對組織及社會所帶來的經濟利益。亞當‧史密斯是格拉斯哥（Glasgow）大學的哲學及倫理學教授，他是提出製程中分工原理的鼻祖。

分工是將通才變成專才（專門的技師、工匠等），而每位專才都不斷地重複做同樣的工作，如此在時間及知識的運用上便可獲得最高的效率，同時總產量也會提高。詳言之，分工可造成生產力增加的原因是：(1)可增加每個工人的技巧及技術；(2)可節省因為必須更換工作所耗費的時間；(3)可創造節省勞工的機具。今日相當風行的工作專業化（job specialization）觀念，事實上是源自於二百餘年前史密斯所提出的分工觀念。亞當‧史密斯的思想奠定了科學管理學派的基礎。

第二節 科學管理學派

泰勒（Frederick Taylor, 1856-1915）的《科學管理原則》（*Principle of Scientific Management*）一書出版以來，一時洛陽紙貴，被管理者視為圭臬。這個在當代管理理論史上畫下一個起始點的名著，闡述了科學管理的基本原則，以及如何以科學方法來界定某一工作的最佳方法（one best way）。泰勒因其原創性的知識及技術廣受人們推崇，故享有「科學管理之父」的美譽。

泰勒在Midvale製鋼廠工作期間，發現到工具不良、訓練不足的工人即使從事最簡單的工作，也會浪費大量的時間。他也發現到，工人不會盡全力工作（所謂得過且過），因為他們害怕管理當局會不提高工資，反而會加重他們的工作量。同時，工廠內也沒有工作守則，工人都是依靠經驗或嘗試錯誤的方式來工作。

為了解決效率不彰的問題，泰勒提出了科學管理四原則：（註④）

1.替每一個工人的每一個工作元素發展出一套科學方法，以取代舊式的經驗法則。

2.以科學方法選用、訓練及教導工人（在這以前，工人可自由選擇其工作，並盡量自我訓練）。

3.由衷地與工人合作，以確信所有的工作都能與科學原則符合一致。

4.將工作與責任加以分開。管理者利用科學原則來規劃工作方法；工人負責完成工作。

在科學管理中最有名的例子就是泰勒的銑鐵實驗。在銑鐵載運的作業中，他設立了休息時間、人的移動技術、搬運姿勢的科學標準，並在人機配合（什麼樣的人拿什麼樣的鏟子）的情況之下，再加上以更高工資的經濟誘因做為激勵工具，使得生產力大為提高。在另一個實驗中，他發現鏟子大小及鏟面與被移動的物料有關，如粗重的物料應該用小鏟面的鏟子。

泰勒的科學觀念激發了同時代其他人研究及發展科學方法方面的興趣。最有名的二位後繼者就是法蘭克及麗蓮·吉浦瑞斯（Frank and Lillian Gilbreth, 1916）夫婦。他們曾對設備及工具的使用做過實驗，以獲得工作績效的最適化。（註⑤）

他們曾進行砌磚的動作研究（motion study），並將砌磚的動作研究由原來的18個動作減少到 $4\frac{1}{2}$ 個動作。他們亦曾利用攝影分析以1/2,000秒的時間來詳細記錄動作，並將每一個動作賦予名稱，如尋找（search）、選擇（select）等。（註⑥）這些動作的名稱被稱為動素（therbling，也就是將他們的姓氏Gilbreth倒寫之後，再將th加以倒寫所變成的字）。

亨利·甘特（Henry Gantt）也曾企圖以科學方法來增加勞工生產的效率。他創立了獎酬制度，例如：如果工人在標準工作時間內完成工作，即給予獎金；如果一個工人或所有工人在標準時間內完成工作，則工頭亦可以獲得獎金。他提出的甘特圖（Gantt chart），即是規劃及控制活動的有利工具。甘特圖可顯示工作活動與時間的關係，至今仍被許多企業使用。

甘特圖是以時間為橫軸，來顯示各個資源被各個活動利用的情形；換言之，每一個橫條代表著某一任務開始及完成的日期。通常每一項任務在每一行呈現，而可同時進行的任務，則顯示重疊的情形。當系統以日期排序之後，所有的事件（任務）流程就可以從左上角到右下角表示出來，如圖2-1所示。

科學管理對美國企業造成了很大的影響。亨利·福特（Henry Ford）曾利用科學方法來製造T型福特汽車。科學管理的最大貢獻，在於將管理導入成比較客觀的、有系統的方式。同時，對於每個不同的工作，都可以找出最佳的方法。

然而，科學管理也不免有缺點。它忽略了工作的社會因素（如工作中交朋友、建立社會關係）、員工除了報酬以外的其他需求（如受到認同、賞識）。它會造成不合人性的工作情境，阻礙了員工的創造力。科學管理也做這樣的假設：工人不會有任何有用的構想，只有管理者及專家才會有創意。

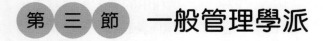

圖2-1　甘特圖

　　泰勒、吉浦瑞斯及甘特未曾預期的問題，就是許多企業在使用科學管理時，只挑對資方有利的做法，對於工人的利益則不予重視。例如：許多管理當局在利用科學方法獲得績效改善之後，非但不將利得透過津貼制度讓工人分享，反而加重工人的工作量。工人因為害怕工作績效增加反而易被解僱（因為工廠不需要這麼多工人），因此會抵制生產力增加。

第 三 節　一般管理學派

　　以整體組織觀點來探討管理課題者，被稱為一般管理理論學家。一般管理理論的代表人物有主張行政管理的費堯（Henri Fayol, 1916）及主張科層管理的韋柏（Max Weber, 1864-1920）。

一、行政管理

　　行政管理（administrative management）是以管理者或高階管理者的觀點來檢視整個組織。管理者的主要任務是在整個組織內，協調各個不同的工作團體及工作單位。

費堯是行政管理的鼻祖。他是法國的工業學家，在1930年其著作《一般及工業管理》（*General and Industrial Management*）的英文版發行後，在美國的商業界及學術界才聲名大噪。他企圖將自己的管理實務經驗加以系統化，以便做為其他管理者的指引方針。費堯是第一位確認管理功能的人。管理功能（management function）包括：規劃、組織、領導及控制。他認為這些管理功能可以確切地反映管理程序的核心，適用於各類型的組織（如企業、非營利機構、家庭等）。本書將有系統地說明這些管理功能。事實上，現今絕大多數的管理者都同意，管理功能在其工作上扮演著相當關鍵性的角色。費堯所提議的十四項管理原則（principles of management），如表2-1所示。（註⑦）

表2-1 費堯所提議的十四項管理原則

1.分工（division of labor）	專業可使員工具有效率，進而增加產出。
2.職權（authority）	管理者必須擁有職權，才能下達命令。職權與責任必須相當。
3.紀律（discipline）	員工必須遵守組織的規定。有效的領導以及管理者與部屬對於組織的規定能達成共識，才會有好的紀律。
4.命令統一（unity of command）	每個部屬只能聽命於一個主管。
5.指揮統一（unity of direction）	目標明確的組織活動，必須由一位管理者依照一個計畫來指揮。
6.個人利益依附於大眾利益（subordination of individual interests to the general interest）	任何個人或員工群體的利益，不得凌駕於組織利益。
7.報酬（remuneration）	員工必須獲得公平的報酬。
8.集權（centralization of authority）	集權表示部屬參與決策的程度（愈低，表示集權的程度愈高）。管理者應為每個決策找出最適當的集權程度。
9.指揮鏈（scalar chain）	表示最高主管當局一直到最低階層工作員工的層級關係，命令的下達及溝通必須遵循這個鏈。
10.次序（order）	人員及物料必須適時適地的被運用。
11.公平（equity）	管理者對待部屬必須仁慈、公平公正、不得偏袒。
12.人員任職的穩定（stability of tenure of personnel）	高離職率會造成無效率。管理者必須做好人員規劃，以確保出缺的人員能馬上遞補。
13.主動性（initiative）	允許員工具有主動性與創新性，會使他們更賣力。
14.團隊精神（esprit de corps）	鼓勵團隊精神會促使組織的團結與和諧。

值得一提的是，費堯所提出的某些原則禁不起時間考驗。例如：他提出的指揮鏈原則，在重視雙向溝通的今日卻不適用。費堯當然無法預見今日的知識工作者，

這些人雖在組織基層，但卻是關鍵資訊、競爭優勢的主要來源，同時也是組織的重要決策者。

二、科層管理

　　一般管理學派的另一個代表人物是德國社會學家韋柏。他是提倡科層管理（bureaucratic management）的鼻祖。他認為，整體組織應是一個理性的科層體制，管理者應建立明確的溝通管道、職權、責任以及從屬關係。（註⑧）

　　科層體制所強調的是專業分工、職權階層、正式遴選、正式法規、命令統一、無人情性及事業生涯導向（管理者是專業人才，而不是組織的所有者；他們所領取的是固定薪資，並在組織中發展其事業生涯）。韋柏指出科層體制是去除組織裡徇私、濫權、歧視、賄賂、回扣以及無法勝任等現象最有效的辦法，因此，他認為科層主義是最完美的體制。

　　表2-2彙總了韋柏所提的科層管理重要原則。奠基於亞當‧史密斯的分工原則，韋柏將它擴展成勞工專業化（specialization of labor）原則，也就是將工作細分成若干個明確的次工作，以使得每一個人都能勝任。組織要全面使用正式的規章及程序，如此員工及顧客的行為才會變得有理性的、可預期的。他認為，組織不應徇私，也就是規章、程序及戒律要公平地施用於每一人，不因個人特質或個人考慮而有所不同。他認為，明確的組織層級及報告系統，才會讓責任分明。因此，最適當的組織結構就是金字塔結構，在此結構內有許多報告層級及垂直式指揮鏈。最後，韋柏特別強調職務晉升要依據工作表現，應著重能力，而不是裙帶關係。

表2-2　韋柏的科層管理重要原則

1.勞工專業化（specialization of labor）	將工作細分成例行性的、界定清楚的次工作，以讓員工了解他們被期待的是什麼，以及讓員工具有勝任的能力。
2.正式的規章及程序（formal rules and procedures）	透過文書化的規章及程序，明確訂定員工的行為標準，如此可促進協調、保持一致。
3.不徇私（impersonality）	規章、程序及戒律要公平地施用於每一人，不因個人特質或個人考慮而有所不同。
4.明確的層級（well-defined hierarchy）	要有若干個報告層級，誰向誰報告一清二楚。高層對基層要監督管理，要有處理例外事件的明確方法，要清楚地界定誰要對什麼事情負責。
5.晉升是基於工作表現（career advancement based on merit）	職務晉升要依據工作表現，應著重能力，而不是裙帶關係。

韋柏的科層管理對於管理思潮的確有正面貢獻。今日，許多企業將許多瑣碎無聊的教條代替了明確的規章，使得官樣文章滿天飛。不徇私的規章及程序，在員工關係的處理上會有公平性與一致性。例如：員工手冊中明訂員工的行為準繩、績效考評及工作排程，而不是由管理當局專橫的制定政策。韋柏的「晉升是基於工作表現」原則，目前也深植於許多績優企業的文化中。

然而，韋柏的科層管理也受到許多批評。明確的層級制度受到提倡品質管理者的挑戰。他們認為層級會造成員工與顧客的隔閡，進而造成品質降低、顧客不滿。目前的管理實務認為，面臨急遽改變、市場競爭激烈的企業，需要不斷創新，因此，組織層級數要愈少愈好，並且要擺脫金字塔型的組織結構，而採取扁平式的組織結構。換句話說，就是直接監督要愈少愈好，員工與管理者愈能合作愈好。無論如何，如果企業要維持一定的標準化作業程序及規範、經營效率，就必須採取科層管理。

第 四 節 人力資源學派

人力資源學派的著眼，係在人類行為上。當代對人事管理、激勵、領導的觀念，大都源於人力資源學派學者的貢獻。人力資源學派的代表人物有歐文（Robert Owen, 1825）、孟斯特柏格（Hugo Munsterberg, 1913）、傅萊特（Mary Parker Follett, 1918），以及巴納德（Chester Barnard, 1938）。

歐文認為在改善勞工方面所花的費用是企業的最佳投資，同時對員工關心亦會使管理者受惠。歐文對於減輕勞工痛苦所表現的勇氣與承諾，尤為後人所稱道。他主張企業應明訂工時、落實童工法、提倡公眾教育，以及參與社區活動。（註⑨）

孟斯特柏格是工業心理學的鼻祖。他在1913年的著作《心理學與工業效率》（*Psychology and Industrial Efficiency*）中，曾利用科學方法來研究人類的行為，以解釋人類行為的一般模式及個別差異。他認為科學管理與工業心理學有相通之處，兩者均可透過科學化的工作分析、個人的技術能力與工作的配合來增加效率。他主張以心理測驗來改善員工遴選的有效性、利用學習理論來發展訓練方法，並主張透過人類行為的研究來了解有效激勵員工的技術。現代在遴選技術、員工訓練、工作設計及激勵方面的知識，大多奠基於孟斯特柏格的研究。

早期的學者中，以個人及群體的角度來研究組織的首推傅萊特。雖然傅萊特是位社會哲學家，然而她的許多觀念在管理實務上有許多重要的涵義。她認為組織的

運作應基於群體倫理（group ethics），而不是個人主義；唯有與群體結合，否則個人的潛能永無發揮的可能。管理者的主要工作即在於協調群體努力，同時管理者與部屬應彼此視為事業夥伴。管理者應憑著技術及知識，而不是正式的職權，來領導部屬。她的人性思想影響了現代對激勵、領導、權力及職權的看法。（註⑩）

　　巴納德的思想是連結古典與人力資源學派的橋梁。他的主要思想在其1938年出版的《高階管理者的功能》（*The Functions of the Executives*）一書中表露無遺。他認為組織是一個協調合作的體系，而不是機械式的產物；易言之，組織是由社會互動的一群人所組成的。管理者的主要角色在於促使溝通的順遂，及激發部屬的潛能到極致。他認為事業經營的成功之道，乃奠基於組織與其成員，以及組織之外必須互動的實體（投資者、供應商、顧客等）所維持的良好關係。

　　管理者必須經常檢視環境，並調整組織以維持均衡狀態（state of equilibrium）。不論組織的生產作業多麼有效率，如果管理當局不能確保原料及供應品的持續供應，以及替輸出（產品及服務）尋找市場，則組織的生存必然會受到很大的威脅。

　　綜合言之，他認為組織內的自然團體（natural group）、向上溝通、由下而上的職權行使，以及領導者對組織產生的凝聚力等因素，才是有效組織的特徵。所謂由下而上的職權，指的是主管的職權乃決定於部屬是否願意接受。這種看法又稱職權的接受論（acceptance view of authority）。（註⑪）

　　在人力資源學派中，最重要的貢獻是霍桑研究（Hawthorne study）。這一連串的實證研究工作，大部分在西方電氣公司（Western Electric）的霍桑工廠進行，從1924年開始，直到1932年才結束。在早期的研究中，研究者企圖發現燈光照明度和生產力的關係，因此假設生產力與燈光照明有正相關。實驗結果發現：實驗組的燈光照明度增加時，生產力增加了；燈光照明度減低時，生產力還是增加。而控制組（燈光照明一直保持一定的這一組）的生產力也有增加的現象。換言之，在實驗組的燈光照明度增加或減低時，這二組（實驗組與控制組）的生產力都有增加現象。研究者的結論是：照明度與生產力並無直接的關係。但是他們也無法解釋這種現象。

　　1927年，西方電氣公司邀請哈佛大學教授梅約（Elton Mayo）以顧問身分參與這項研究。他的實驗包括：工作的重新設計、工作時數與天數的改變、休息時間，以及個人和群體的工資計畫等對生產力之影響。結果發現，報酬制度對生產力的影響，尚不如群體壓力、群體的被接受等因素。社會規範（norms，群體所設定的標準）才是決定個人工作者行為的主要因素。（註⑫）

在人力資源學派中的另一群人士，則強調員工滿足的重要性。他們認為滿足的員工就是生產力高的員工。這些看法被稱為是人際關係學派的思潮（human relations movement），代表的人士有馬斯洛（Abraham Maslow, 1954）及馬格瑞格（Douglas McGregor, 1960）。

馬斯洛（A. Maslow）將人類的需要歸納出五種層級，依序為生理需求（對於食物、水、睡眠、性等的需求）、安全需求（對於實體安全、穩定、熟悉環境等的需求）、社會需求（對於愛、友誼、隸屬及團體接受的需求）、尊重需求（對於地位、優越、自尊及聲望的需求）及自我實現需求（指成為自己想成為的人），由下（生理需求）而上（自我實現的需求）依序滿足。在某種需要被滿足之前是激勵因子，但在被滿足之後，即不再成為有效的激勵因子。（註⑬）

馬格瑞格（D. McGregor）曾提出二個有關於人類的論點：X理論（負面的）及Y理論（正面的）。（註⑭）在雇主和員工互動的情境下，馬格瑞格做了一個結論，以管理者的觀點來說，對於人類的天性是建立在一些假設上，而這些假設決定了管理者如何對待員工。

在人力資源學派的另外一群心理學家及社會學家，堅持應以科學方法來研究組織行為。這些被稱為社會科學理論學家的代表人士有費得勒（Fred Fiedler, 1967）、佛榮（Victor Vroom, 1973）、赫茲柏格（Frederick Herzberg, 1968）、洛克（Edwin Locke, 1968），以及麥克理蘭（David McClelland, 1961）等。這些人士的學術研究，有助於我們了解領導、員工激勵及工作設計。

第五節 數量學派

數量學派是以作業研究（operations research）及管理科學（management science）的方法來解決組織所面臨的問題。這些方法或工具，包括有統計學、最適模式（optimal model）、資訊模式、電腦模擬（computer simulation）等。線性規劃（linear programming）可幫助管理者做資源分派的決策，而要徑法（critical path method）可協助做排程（scheduling）的決策。

數量學派對管理決策的貢獻很大，尤其在決策的控制方面，但是它對管理實務所造成的影響，遠不如人力資源學派。究其原因可能是：(1)管理者不熟悉數學模式；(2)行為問題更為廣泛及易見；(3)管理者認為激勵部屬及減低衝突的問題，遠比建立一個抽象的數學模式來得重要。

　　如上所述，數量學派所強調的是發展各種統計工具及技術來改善效率，並且讓管理者在做決策時，可對各可行方案進行合理的成本／效益分析。至今仍被廣泛應用的數量方法，包括：損益兩平分析、經濟訂購量模型、物料需求規劃，及品質管理。

　　損益兩平分析（break-even analysis）考慮到總固定成本、變動成本，及每銷售一單位的貢獻。損益兩平點（break-even point）就是在某特定的價格下，能夠抵銷總固定成本、變動成本的銷售量。在這樣的銷售量下，沒有「損」，也沒有「益」，所以稱為兩平。超過這一點，每銷售一單位，就會獲得利潤；反之，低於這一點就會損失。

　　經濟訂購模型（economic order quantity model，簡稱EOQ model）是1915年由哈瑞斯（Ford W. Harris）提出。他認為，有效的存貨管理在持續的獲利上扮演著關鍵角色。經濟訂購模型的目的，在於使存貨的總成本達到最小化。存貨持有成本（inventory holding cost）包括：倉儲成本（housing cost，如倉庫租賃、稅、保險）、投資成本（investment cost，如利息）、物料搬運成本（material handling cost，如設備、人力成本）及其他雜項費用（如遭竊、刮傷、老舊）。當訂購量增加時，存貨持有成本就會增加，但每次訂購成本便會降低。經濟訂購模型就是在權衡存貨持有成本、每次訂購成本之下，找出最適的訂購量（或重訂購點）。

　　物料需求規劃（material requirement planning, MRP）是找尋物料之間其需求關連性的工具。例如：電視天線的需求與電視需求有關。為了要決定需要多少天線，電視製造商必須先決定電視製造的數量及時間。管理當局一旦決定電視製造量之後，所有所需的物料（如天線、共軛線圈、螢幕等）便可決定，因為這些物料是有關連性的。物料需求規劃可幫助企業降低存貨成本，並確保在需要某物料時，可以適時獲得。

　　品質管理（quality management, QM）之所以受到重視，是因為在1980年代美國企業發現其產品品質與其他國家相較（尤其是日本）已是瞠乎其後，因此體認到改善品質的必要性與迫切性。許多確認品質的技術可以追溯到1920年代，例如：貝爾實驗室的舒哈特（Walter A. Shewhart）於1920年代曾發展一系列的方法，以確保品質的標準化以及降低產品瑕疵。他在1931年的著作《品質的經濟控制》（*Economic Control of Quality*），至今仍被視為經典之作。1940年代統計學家朱倫（Joseph M. Juran）曾提出柏拉圖分析（Pareto analysis）的觀念，認為80%的品質問題可以追溯到幾個相對少數的原因。

　　戴明（W. Edward Deming）的全面品管（total quality management, TQM）觀念

至今已是家喻戶曉。戴明的全面品管十四項原則如下：（註⑮）

1.對於改善品質與服務要有始有終，不可只是「三分鐘熱度」。

2.必須要採取新思維。現在正是新經濟時代，管理當局務必迎接挑戰，認明責任所在，成為改革先鋒。

3.不要強調事後檢驗，要在一開始時便重視品管，要「防患於未然」。

4.不要重視高價，要重視低成本。對某依產品項目而言，要與單一供應商建立關係，以建立長期的忠誠與互信。

5.在製造及服務系統的改善方面，要精益求精，要不遺餘力地改善品質及生產力。

6.要做好在職訓練。

7.發揮有效領導。管理員工的目的在於提供協助；監督機械零件的目的在於使其順利運作。

8.讓員工免於恐懼，以發揮工作效能。

9.剔除部門之間的藩籬。在研究、設計、銷售、製造的工作人員必須建立工作團隊。要預見製造問題，並防患於未然。

10.不要空喊口號，不要說教，要實事求是，達成零缺點、高生產力的工作目標。

11.不要剝奪臨時工作者或兼職人員成為工作團隊一員的榮譽感。

12.不要剝奪管理者與工程人員成為工作團隊一員的榮譽感。易言之，剔除年度績效考評、目標管理。

13.強化教育方案，鼓勵自我成長。

14.每位員工都要為改革盡力。

全面品管是將品質視為公司的整體目標，以使所有員工、組織單位能協同一致的滿足顧客需求。由於顧客需求不斷改變，因此組織也必須持續不斷地改善其制度與實務。全面品管是將品質視為組織的核心議題，而不只是效率的問題。在全面品管中，品質提升是每位組織成員的工作，而不只是品管專家。

全面品管是許多企業（如豐田、摩托羅拉、全錄、福特）奉行不渝的圭臬。全面品管的主要元素包括：

1.**著重顧客**：認明組織的顧客是非常重要的。外部顧客會消費組織的產品及服務，內部顧客是從其他員工那裡獲得輸出的員工。

2.**員工參與**：由於公司內每位員工都肩負品質提升之責，所以每位員工都應參與品質提升計畫。第一線員工由於和顧客做直接接觸，所以最可能對品質提升提供

有價值的直接貢獻。因此,員工必須具有提升品質的職權。在全面品管中,員工會集結成賦能團隊(empowered team),並具有改善品質的實權。

3.精益求精:高品質的追求是無止境的,因此員工必須持續不斷地改善績效、速度、產品及服務的功能。精益求精也表示積少成多、聚沙成塔。

第 六 節　程序學派

1961年,孔茲(Harold Koontz)教授提出一篇研究報告,指出1900年以來管理理論的分歧現象。他將這種現象稱之為「管理理論的叢林」(management theory jungle)。他認為管理的程序方法(亦即費堯所提倡的管理功能)是將管理視為透過組織成員的合作以竟事功的程序。管理者所執行的四個功能是:規劃(planning)、組織(organizing)、領導(leading)及控制(controlling),這四個程序是循環的、持續不斷的。(註⑯)

第 七 節　系統學派

系統學派將組織視為具有各種相互關聯、相互依賴元素所組織而成的集合體。準此,社會是一個系統,汽車、電腦、人體亦然。生物學常用系統觀點來解釋何以生物可從輸入的獲得及輸出的產生中,維持其均衡狀態。

系統有二種類型:封閉式系統(close system)與開放式系統(open system)。在封閉式系統中,系統元素並不與環境互動,亦不受環境的影響。泰勒在人員及組織方面所採取的機械式觀點,就是採取封閉式系統的觀點。相反地,開放式系統則確認系統與環境的動態互動性(dynamic interaction)。

系統學派的擁護者認為,「組織是由一群互賴的元素所構成,這些元素包括個人、群體、態度、動機、正式結構、互動、目標、地位及職權」。管理者的主要工作在於使得組織中的所有元素都能獲得充分的協調,以達成組織目標。以系統的觀點來看企業管理為:不論生產部門多麼具有效率,如果行銷部門不能了解顧客的偏好,並與產品發展部門合作以滿足顧客的需要,那麼企業的生存必成問題。

除此以外,開放式系統的觀點認為組織並不是自給自足的(self-contained)。

任何忽略了政府管制、供應商、科技等環境因素的企業組織，必然難以生存，更遑論成長發展。

第 八 節　情境觀點

企業管理並不僅是基於一些簡單的原則，而應考慮許多情境因素（situational factors）或權變因素（contingency factors）。近年來，管理的情境觀點已有取代「管理必須遵循幾個簡單的原則」的趨勢，而對於各種管理理論的整合，已蔚為研究風氣。（註⑰）

情境觀點（或稱權變觀點）認為，管理並沒有放諸四海皆準的原則。專業化程度愈高，固然能使效率提高，但是必然會減低員工的成就感。科層主義會因為甚無人情性而顯得公平，然而在多變的環境之下，可能會影響策略運用的彈性。讓部屬參與做決策固然是比較民主的領導風格，但是在許多情境之下，獨裁式的領導風格會有更高的效率。

在直覺上，以情境觀點來研究企業管理是合乎邏輯的。在企業管理的研究中，常用的四個情境變數是：組織規模的大小、技術的例行性、環境的不確定性以及個人的差異性。

第 九 節　目前的趨勢

本節將討論二個廣受企業推崇的管理哲學或理念：日本式管理，以及激發組織創新與改變的管理。

一、日本式管理

日本在戰後，民不聊生，百廢待興，然而四十年後的今天，在全球的競爭中，已具有舉足輕重的地位。究其原因有：(1)在產品設計中，採取嚴格的品質標準；(2)不斷地在生產及服務上尋求改進；(3)與供應商保持密切的合作關係；(4)提供員工完整的訓練。

企業管理

1980年代早期，大內（William Ouchi）發現，許多美國企業，如IBM、寶鹼（Procter & Gamble）、惠浦（Hewlett Packard）的許多管理實務，常見於許多績效卓越的日本企業。他將這些管理實務稱之為Z理論。Z理論的特徵有：（註⑱）

1.與員工保持密切而信賴的關係。

2.對長期僱用的承諾。

3.強調團隊精神。

4.廣泛的工作輪調。

5.群體決策。

二、激發創新與改變

在1990年代以後能夠持續成長的企業，就是那些能夠激發創新與改變的企業。在主張創新的激發與組織改變方面，二個有名的代表人士是肯特（Rosabeth Moss Kanter, 1983）與彼得斯（Tom Peters, 1988）。

在肯特的暢銷書《改變主宰者》（*The Change Master*）中，她曾對美國的一百家企業進行研究，結果發現：美國企業的復興，端賴於對於組織改變需求的確認，以及有效的採取組織改變的行動。（註⑲）

彼得斯的觀點更具有「攻擊性」。他認為過去的管理準則皆已成為明日黃花，因為那些準則只適用於平穩而可預測的企業環境：新競爭者的出現如風起雲湧；既有企業亦在一夕之間倒閉。電腦與通訊科技的普及，以及產品及財務市場的國際化，已經引起一陣混亂。在這混亂之中，只有採取變革策略、強調世界品質水準、採取彈性策略、（註⑳）持續創新，以及替新的、成熟的產品與服務創造新市場的企業，才能夠立於不敗之地。（註㉑）

第 十 節　未來的組織

二十年後，大型企業的管理階層及人數都將比現在的企業少。未來組織所面對的問題，將與現代的組織不同，組織型態也與今日的組織迥異。目前一般人印象中的組織，甚至教科書上所舉的例子，都仍然停留在1950年代製造業公司的組織型態，而未來的組織型態將比較像今日的醫院、大學或是管弦樂團。未來的組織將由專業人員組成，他們會自治自律（做好自我管理），並且會根據同事、顧客

以及上級的指示及回饋來決定行動；這種組織是知識導向組織（knowledge-based organization），也是資訊導向組織（informational-based organization）。（註②）

　　未來的企業，尤其是大企業必然是資訊導向的企業。從人口統計資料來看，體力勞動者將被知識勞動者（動腦的人）所取代。從社會資源運用的角度來看，社會將會要求大型企業承擔更多創新與創業的功能，而資訊技術的發展，更引導著企業走向資訊導向組織的新時代。

　　然而，資訊導向的組織並不一定需要極端先進的資料處理技術。當然，隨著高級資訊科技的普及，我們必須更積極地利用電腦進行分析與診斷，利用通訊技術來傳遞、查詢資料，以增加經營效率及決策品質。

一、資訊導向組織的特性

　　資訊導向的組織具有以下的特性：(1)任務團隊；(2)「走一步，看一步」的決策制定；(3)組織內的每個成員都需要承擔溝通資訊的責任。

(一)任務團隊

　　資訊導向的組織遠比今日的組織更需要專業的人才，因為資訊導向組織在作業階層（而不是在總公司的高級階層）就需要專業人才，尤其是各式各樣的專業人才。

　　雖然在資訊導向的組織中，中央幕僚仍然需要懂得法律、公關及勞資關係等方面的專業幕僚，不過，卻不再需要不負實際作業責任，而只負責建議、諮詢和協調的連絡人員及幕僚。換言之，資訊導向組織的中央幕僚部門，將只需要少數的專業人員。

　　由於資訊導向的大型組織是一個扁平式的組織，這種組織的結構將比較像一個世紀以前的組織，而不像目前常見的組織。不過，在一百年前的組織中，決策的知識完全集中在組織的最高階層，基層人員若不是助手，便是一切奉命行事，從事例行工作的勞工；反之，資訊導向組織的決策制定，則完全掌握在組織基層的專業人員的手中。

　　此外，資訊導向組織的部門性質也將產生巨大的變化。傳統的部門（如人事部門）將成為作業標準的守護者，也是人員訓練與人員指派的基地，但組織的工作將由任務團隊（task force）或專案小組（project team）來完成，而不是由各部門來完成。

我們可以從各公司的研究發展作業看出上述的情形。不論是製藥業、電信業或是造紙業，傳統的研究、發展、製造、行銷等作業順序，已經逐漸演變成為同步化（synchronization）的作業——從產品的觀念形成以至行銷上市，都已經由公司各部門派出專業人員，組織任務團隊共同完成。

任務編組的組織方式如何克服組織中的其他問題，仍然是個未知數。不過，任務團隊編組的方式、組成人員、採用時機以及領導方式，將必須根據問題（任務）的性質而異。因此，資訊導向的組織並不是目前所謂的矩陣式組織（matrix organization），（註㉓）甚至比矩陣式組織更進一步。資訊導向的組織需要更自律的人員，他們必須強調（或擅長）建立工作關係，以及進行人際間的溝通。

要充分了解任務編組的情形，我們可從其他資訊導向的組織，如醫院、管弦樂團，獲得若干線索或靈感。

一家400床左右的中型醫院，大約需要數百名醫生，以及1,200名到1,500名的醫護人員，這些醫療人員可能分屬六十餘種不同的專業，包括檢驗人員、物理治療人員等。每一種專業人員所接受的訓練、所擁有的知識和所使用的語言（專業術語）都不相同；各部門的主管都由各部門內專業人員兼任，而且直接向醫院院長負責；醫院組織的中階經理人很少。大部分醫療行為由臨時組成的醫療小組完成，而醫療小組的編組則由個案（病人）的病情來決定。

大型管弦樂團的組織似乎更具啟發性，一個樂團有時需要好幾百名演奏者同臺演奏。根據傳統的組織理論，他們或許需要好幾位「副指揮」。事實非如此，一個樂團只有一個指揮——相當於一個公司只有一個最高主管，每位音樂家都直接在樂團指揮的帶領下演奏，根本沒有任何中間階層；這些非常專業的演奏者，相當於企業組織內的高級專業人員。

讓我們先來探究這種組織的特質。幾百位音樂家何以能在一位指揮家的帶領下齊聲演奏？因為他們有一個共同的樂譜，樂譜中詳細記錄著長笛手何時吹奏出什麼笛音，鼓手何時打鼓、打出什麼鼓聲，同時也明確地告訴指揮家，他在什麼時候可以預期到什麼樂聲。同理，醫院的專業人也有一個共同的目標：他們要救治病患，診斷報告就是他們的共同「樂譜」，告訴他們何時需要X光師、營養師、物理治療師等。

(二)「走一步，看一步」的決策制定

由於資訊導向組織的成員都是專業人員，因此他們不需要由其他人告訴他們該怎麼做。樂團的指揮家亦是一項專業工作，因此要指揮家示範如何吹法國號是不必

要的事。如同指揮家清楚知道法國號號手能吹奏出什麼音樂，以及法國號號音在曲調中所占的地位，資訊導向組織的管理者，也應該了解組織中，哪些專業人才具有什麼專才，以及對於整個任務會有哪些貢獻。

　　不過，企業組織和樂團畢竟不是完全相同；企業根本沒有預先寫好的「樂譜」：企業的「樂譜」是邊寫邊演的──就好像行政學大師林布隆（Lindblom）所認為的：「決策的制定是一種漸進主義（incrementalism，走一步，看一步）」。任何樂團不會去更改作曲家的樂譜，可是企業的演員卻必須根據觀眾（顧客）的反應而不斷更改「樂譜」（策略及行動方案）。所以，資訊導向的組織結構必須奠基於具體的組織目標以及有效的資訊回饋，讓組織成員都了解實際績效與組織目標、各部門的目標、個人目標的偏離情形，以便立即採取適當的矯正之道。

（三）組織內的每個成員都需要承擔溝通資訊的責任

　　資訊導向組織的另一項特質是，組織內的每一個成員都要承擔溝通資訊的責任。我們可看到，管弦樂團的小提琴手在拉一個音符時、醫院的醫護人員在填寫病歷報告時、各層樓面扮演資訊中心角色的護理中心在提供各種資訊時，都是在履行資訊溝通的責任。

　　換言之，讓這個體系能夠順利運作的關鍵，在於各組織中的每個成員都能自問：誰需要我的資訊才能夠順利完成他（她）的工作？我需要誰提供什麼資訊才能夠順利完成我的工作？當然，很多人都會認為是上司或部屬，可是最重要的溝通對象應該是同事，也就是那些需要相互協調才能完成自己工作的夥伴，就如同醫院裡實習醫生、外科醫師、麻醉醫師之間的關係，也像是製藥廠裡生化學家、藥理學家、檢驗室主任，以及行銷專員之間的關係。這種關係的維持，需要組織中的每一個成員善盡溝通責任。

　　人們已逐漸體認到，與同事溝通是每一個人的責任，在私人公司尤然。不過，一般人似乎不太了解每一個人也應該與自己溝通；換言之，組織成員必須不斷自省：「要順利完成我的工作，對公司有所貢獻，我需要哪些資訊？」

　　資訊導向組織與今日組織最大的不同，或許在於現在組織的成員認為資料愈多愈好，因為「資料愈多表示資訊愈有效」。然而，這種想法在以往資料不足的時候或許正確，但在今天資訊爆炸的時代則不然──過多的資料反而讓人有無所適從之感。此外，人們也常常誤以為，資訊專業人員能夠適時地提供管理者所需的資訊；事實上，資訊專業人員只是工具的專家，他們所設計的應用系統或許無法提供管理者所需的動態資訊。

企業管理

因此，管理人員和專業人員都應該自我檢討，完成工作需要何種資訊。檢討的步驟應包括：確定實際的工作績效、確定應有的工作目標，以及評估當前的工作績效。否則，公司的資訊管理部門仍將然停留在「成本中心」（cost center）的時代，而不是「績效中心」（result center）的時代。

二、維持生存及競爭力

目前，大多數大型公司的組織都與上述資訊導向的組織相去甚遠，然而，如果這些企業要維持競爭力，甚至繼續生存，他們就必須儘快地將組織轉變成資訊導向的組織型態，學習新的作業方式。我們相信，過去愈成功的企業，其轉變過程也將愈艱辛。因為，這個轉變可能威脅到許多人原有的職務、地位、機會和既得利益，尤其是那些在公司任職多年，已步入中年的中階經理（他們轉業困難，卻又一直認為他們的工作、職位和人際關係是安穩可靠的）。

資訊導向的組織也必須面對其特有的管理問題，以下三點便是新組織的管理問題：

1.專業人才的薪酬、獎勵及升遷等問題。
2.工作團隊領導者的角色。
3.如何確保高階管理人才的來源，以及相關人才儲備與考核的問題。

(一)專業人員的激勵

無論未來我們採取什麼方式來激勵專業人員，企業必然都要改變其原有的價值觀和薪資制度。

企業中的每一個成員都必須對企業有整體的認識，所有的專業人員，尤其是資深的專業人員，對公司的使命與目標都應該有共識。同時，企業也必須鼓舞專業人員培養職業專業化的熱情與自尊，因為這是專業人員主要的激勵來源。

任務編組是鼓勵專業化的途徑之一。在未來，資訊導向的企業將經常運用任務編組的方式來組織人力資源，這類自治的小型工作團體，更能讓專業人員的能力得以發揮。不過，資訊導向組織是否該定期輪調其專業人員，以協助他們學習新的專業技能呢？建立專業人員之間的共識，是否要比維持專業自尊更為重要呢？因此，任務編組解決了一個問題，但也帶來另外一些問題。

小提琴手就是小提琴手，他們在事業生涯中，可能是從第二小提琴手升任到第一小提琴手，或者是從二流樂團跳槽到比較知名的樂團；醫務人員的升遷途徑也是

一樣，他們通常成為資深的專業人員，而不容易成為管理人員，因此多數醫務人員會跳槽到比較有名氣或規模較大的醫院。

(二)工作團隊領導者的角色

工作團隊的領導者的角色與功能實在不容易決定。該像醫院裡的護理長擔任固定的職務呢？或該隨任務不同承擔不同角色呢？是一項職位或是一項臨時工作指派？是否要在公司管理階層占一席之地？是否要像寶鹼公司的產品經理，成為管理團隊的基本建構單位？是否要取代傳統的部門主管和副總裁等職位？

從目前的趨勢來看，上述各種發展方向都有可能，因此我們無法做進一步的預測。唯一可以確定的是，任何發展都將使得未來的組織結構與現在的不同。

(三)大企業的高階主管

未來組織的最後一個管理問題是，如何確保高階管理人才的來源，以及相關的訓練與考核的問題。四十年來大企業之所以相繼採用分權化的組織結構，目的之一也就是為了培養公司的高階管理人才。由於目前組織有許多的中階管理職位，公司可以從其中拔擢適當人才擔任高階主管。然而，隨著中階管理職位的大幅減少，資訊導向組織的高階管理人才該向何處尋找？應該在哪裡訓練他們？如何才能證實他們的能力？

未來，組織分權化的重要性將更甚於今日，而德國式的組織分權化是一個可行的方向。

由於傳統上德國企業的升遷方式是在固定專業領域裡晉升，因此他們會成立半獨立的附屬公司，讓這些子公司各自擁有高階主管。這種分權化的方式，一方面提供專業人員的升遷機會，另一方面也給予有管理潛力的專業人員歷練的機會。

因此，我們預期，大企業的高階主管也將逐漸由中小企業的高階主管轉任，就好比目前大型管弦樂團的指揮，多半來自小型樂團，大醫院的管理人來自其他小醫院一樣。

然而，企業組織的成員是否真能像樂團和醫院一樣，接受外來的主管呢？法國大企業的高階主管固然常常來自政府機關，但這在其他國家是否可行呢？即使在法國，對於缺乏類似經驗的高階管理者來說，大企業的高階管理工作實在非常艱鉅。此外，樂團指揮和醫院管理人員都分別從音樂指揮學院與醫院管理學院畢業，未來企業的高階主管是否也要接受特定的教育訓練呢？

總之，資訊導向組織高階主管的選訓問題遠比今日複雜。企業人士可能需要回

企業管理

到學校「充電」，企管學院也必須及早擬定適合成功專業人員的管理課程，以訓練未來企業的高階主管與領導者。

　　現在，企業組織的觀念將從指揮控制式的組織、部門式的組織，轉變成為資訊導向的組織，由具有專業知識及技術的專業人員所組成。我們已經隱約看到這種新組織的型態、特色和可能面臨的管理問題。因此，如何迎接新時代，成功的建立新組織，即是今日管理人員所必須面對的時代挑戰。

重要名詞

管理

人類利用規劃、組織、領導及控制活動之技術以完成一個大型工程（例如：埃及金字塔及中國的萬里長城）的情形已有數千年的歷史。例如：在建造金字塔時，誰指示每個工人該做什麼？誰必須確保在適當的堆砌地點有充分的石頭供應？這些問題都涉及到管理（management）。姑且不論在彼時負責工程的建造者是否被稱為管理者，但總是有人必須規劃所要做的事、如何將人員及物料組織起來完成計畫、如何領導及組織工人，並且執行一些控制功能，使得每一件事皆能依計畫行事。《聖經》上也提到有關管理的概念，例如：管理者授權的重要性，以及例外管理原則。

國富論

《國富論》（*The Nature and Cause of the Wealth of Nations*）是1776年，亞當‧史密斯（Adam Smith）的巨著。在書中，他曾提及分工（division of labor）對組織及社會所帶來的經濟利益。分工可造成生產力增加的原因是：(1)可增加每個工人的技巧及技術；(2)可節省因為必須更換工作所耗費的時間；(3)可創造節省勞工的機具。今日相當風行的工作專業化（job specialization）觀念，事實上源自於二百餘年前，史密斯所提出的分工觀念。

科學管理學派

科學管理（scientific management）學派是以「如何增加作業人員的效率（efficiency，把事情做得快）」這個觀念來看企業經營。

科學管理學則

享有「科學管理之父」美譽的泰勒（Frederick Taylor）所提出的科學管理四原則：(1)替每一個工人的每一個工作元素發展出一套科學方法，以取代舊式的經驗法則；(2)以科學方法選用、訓練及教導工人（在這以前，工人可自由選擇其工作，並盡量自我訓練）；(3)由衷

地與工人合作，以確信所有的工作都能與科學原則符合一致；(4)將工作與責任加以均分（在這之前，幾乎大多數的工作及責任都落在工人身上）。

動作研究

法蘭克及麗蓮‧吉浦瑞斯（Frank and Lillian Gilbreth, 1916）夫婦曾對設備及工具的使用做過實驗，以獲得工作績效的最適化。他們曾進行砌磚的動作研究（motion study），並將砌磚的動作研究由原來的18個動作減少到 4 1/2個動作。他們亦曾利用攝影分析以1/2,000秒的時間來詳細記錄動作，並將每一個動作賦予名稱，如尋找（search）、選擇（select）等。這些動作的名稱被稱為動素（therbling，也就是將他們的姓Gilbreth倒寫之後，再將th加以倒寫所變成的字）。

甘特圖

亨利‧甘特（Henry Gantt）也曾企圖以科學方法來增加勞工生產的效率。他創立了獎酬制度，例如：如果工人在標準工作時間內完成工作即給予獎金；如果一個工人或所有工人在標準時間內完成工作，則工頭亦可以獲得獎金。他提出的甘特圖（Gantt chart），即是規劃及控制活動的有利工具。甘特圖可顯示工作活動與時間的關係。

甘特圖是以時間為橫軸，來顯示各個資源被各個活動利用的情形；換言之，每一個橫條代表著某一任務開始及完成的日期。通常每一項任務在每一行呈現，而可同時進行的任務，則顯示重疊的情形。當系統以日期排序之後，所有的事件（任務）流程就可以從左上角到右下角表示出來。

一般管理學派

以整體組織觀點來探討管理課題者，被稱為一般管理理論學家。一般管理理論的代表人物有費堯（Henri Fayol, 1916）及韋柏（Max Weber, 1947）。

管理功能

費堯所提倡的是管理者履行的管理功能（management function），包括：規劃、組織、命令、協調及控制。

企業功能

行銷、生產及作業管理、財務、人力資源、資訊、研究發展。

科層管理

提倡科層管理（bureaucratic management）的德國社會學家韋柏認為，管理者應建立明確的溝通管道、職權、責任以及從屬關係。科層體制所強調的是專業分工、職權階層、正式遴選、正式的法規、命令統一、無人情性及事業生涯導向（管理者是專業人才，而不是組織的所有者；他們所領取的是固定薪資，並在組織中發展其事業生涯）。韋柏指出科層體

制是去除組織裡徇私、濫權、歧視、賄賂、回扣以及無法勝任等現象最有效的辦法，因此，他認為科層主義是最完美的體制。

人力資源學派

人力資源學派的著眼係在於人類行為上。當代對人事管理、激勵、領導的觀念，大都源自於人力資源學派學者的貢獻。人力資源學派的代表人物有歐文（Robert Owen, 1825）、孟斯特柏格（Hugo Munsterberg, 1913）、傅萊特（Mary Parker Follett, 1918）以及巴納德（Chester Barnard, 1938）。

群體倫理

傅萊特認為組織的運作應基於群體倫理（group ethics），而不是個人主義；唯有與群體結合，否則個人的潛能永無發揮的可能。管理者的主要工作即在於協調群體努力，同時管理者與部屬應彼此視為事業夥伴。管理者應憑著技術及知識，而不是正式的職權，來領導部屬。她的人性思想影響了現代對激勵、領導、權力及職權的看法。

組織均衡

組織與其成員，以及組織之外必須互動的實體（投資者、供應商、顧客等）所維持的良好關係。所謂「組織均衡」是指組織所提供的誘因等於其成員及組織之外必須互動的實體所提供的貢獻。

不論組織的型態如何，如果管理當局不能確保組織均衡狀態，則組織的生存必然會受到很大的威脅。

自然團體

由情感、共識、溝通與互動所形成的團體。

霍桑研究

霍桑研究（Hawthorne study）一連串的實證研究工作，大部分在西方電氣公司（Western Electric）的霍桑工廠進行，從1924年開始，直到1932年才結束。在早期的研究中，研究者企圖發現燈光照明度和生產力的關係，因此假設生產力與燈光照明有正相關。實驗結果發現：實驗組的燈光照明度增加時，生產力增加了；燈光照明度減低時，生產力還是增加。而控制組（燈光照明一直保持一定的這一組）的生產力也有增加的現象。換言之，在實驗組的燈光照明度增加或減低時，這二組（實驗組與控制組）的生產力都有增加的現象。研究者的結論是：照明度與生產力並無直接的關係。但是他們也無法解釋這種現象。

1927年，西方電氣公司邀請哈佛大學教授梅約（Elton Mayo）以顧問身分參與這項研究。他的實驗包括了工作的重新設計、工作時數與天數的改變、休息時間以及個人和群體的工資計畫等對生產力之影響。結果發現，報酬制度對生產力的影響，尚不如群體壓力、群體的被接受等因素。社會規範（norms，群體所設定的標準）才是決定個人工作者行為的主

要因素。

需求層次論

馬斯洛將需要歸納出五種層級，依序為生理需求、安全需求、社會需求、尊重需求及自我
實現的需求，由下（生理需求）而上（自我實現的需求）依序滿足。在某種需要被滿足之
前就是激勵因子，但在被滿足之後，即不再成為有效的激勵因子。管理者可提供員工未能
滿足的需求，進而激勵他們。

X理論

在X理論之下，管理者所做的四個假設為：(1)員工天生不喜歡工作，而且不論在何時，能
夠逃避就逃避；(2)既然員工不喜歡工作，所以就必須以逼迫、控制或威脅、責備的方式才
能達成工作目標；(3)員工不願意自我負責（或自我要求），他們寧願接受強勢領導；(4)
大多數的員工是為了保有工作（保住飯碗）而工作，而缺乏較高的工作熱忱。

Y理論

Y理論有正面的四個假設：(1)員工把工作視為理所當然的，如同休息或玩樂一般；(2)員工
對於承諾的目標會訂出自己的方針並且自我要求；(3)大部分的員工會學著接受和尋求責
任；(4)員工是富有創造力的，也就是具有一種革新的、決斷的能力，這種能力是員工普遍
具有的，而不只是局限於一些管理者。

數量學派

數量學派是以作業研究（operations research）及管理科學（management science）的方法來
解決組織所面臨的問題。這些方法或工具包括有統計學、最適模式（optimal model）、資
訊模式、電腦模擬（computer simulation）等。線性規劃（linear programming）可幫助管
理者做資源分派的決策，而要徑法（critical path method）可協助做排程（scheduling）的
決策。

程序學派

1961年，孔茲（Harold Koontz）教授提出一篇研究報告，指出1900年以來，管理理論的分
歧現象。他將這種現象稱之為「管理理論的叢林」（management theory jungle）。他認為
管理的程序方法（亦即費堯所提倡的管理功能）是將管理視為透過組織成員的合作以竟
事功的程序。管理者所執行的四個功能是：規劃（planning）、組織（organizing）、領導
（leading）及控制（controlling），這四個程序是循環的、持續不斷的。

系統學派

系統學派將組織視為具有各種相互關連、相互依賴的元素所組織而成的集合體。準此，社
會是一個系統，汽車、電腦、人體亦然。生物學常用系統觀點來解釋何以生物可從輸入的
獲得及輸出的產生中，維持其均衡狀態。

系統學派的擁護者認為，「組織是由一群互賴的元素所構成，這些元素包括個人、群體、態度、動機、正式結構、互動、目標、地位及職權」。管理者的主要工作在於使得組織中的所有元素都能獲得充分的協調，以達成組織目標。以系統的觀點來看企業管理是這樣的：不論生產部門多麼具有效率，如果行銷部門不能了解顧客的偏好，並與產品發展部門合作以滿足顧客的需要，那麼企業的生存必成問題。

除此以外，開放式系統的觀點認為組織並不是自給自足的（self-contained）。任何忽略了政府管制、供應商、科技等環境因素的企業組織，必然難以生存，更遑論成長發展。

封閉式系統

系統有二種類型：封閉式系統（close system）與開放式系統（open system）。在封閉式系統中，系統元素並不與環境互動，亦不受環境的影響。泰勒在人員及組織方面所採取的機械式觀點，就是採取封閉式系統的觀點。

開放式系統

開放式系統則確認系統與環境的動態互動性（dynamic interaction）。

情境觀點

企業管理並不僅是基於一些簡單的原則，而應考慮許多情境因素（situational factors）或權變因素（contingency factors）。近年來管理的情境觀點已有取代「管理必須遵循幾個簡單的原則」的趨勢，而對於各種管理理論的整合，已蔚為研究風氣。

情境觀點（或稱權變觀點）認為，管理並沒有放諸四海皆準的原則。專業化程度愈高，固然能使效率提高，但是必然會減低員工的成就感。科層主義會因為甚無人情性而顯得公平，然而在多變的環境之下，可能會影響策略運用的彈性。讓部屬參與作決策固然是比較民主的領導風格，但是在許多情境之下，獨裁式的領導風格會有更高的效率。

Z理論

1980年代早期，大內（William Ouchi）發現，許多美國企業，如IBM、寶鹼（Procter & Gamble）、惠浦（Hewlett Packard）的許多管理實務，常見於許多績效卓越的日本企業。他將這些管理實務稱之為Z理論。Z理論的特徵有：(1)與員工保持密切而信賴的關係；(2)對長期僱用的承諾；(3)強調團隊精神；(4)廣泛的工作輪調；(5)群體決策。

資訊導向組織

二十年後，大型企業的管理階層及人數都將比現在的企業為少。未來組織所面對的問題將與現代的組織不同，組織型態也與今日的組織迴異。目前一般人印象中的組織，甚至教科書上所舉的例子，都仍然停留在50年代製造業公司的組織型態，而未來的組織型態將比較像今日的醫院、大學或是管弦樂團。未來的組織將由專業人員組成，他們會自治自律（做好自我管理），並且會根據同事、顧客以及上級的指示及回饋來決定行動；這種組織是

知識導向組織（knowledge-based organization），也是資訊導向組織（informational-based organization）。

任務團隊

資訊導向組織的部門性質也將產生巨大的變化。組織的工作將由任務團隊（task force）或專案小組（project team）來完成，而不是由各部門來完成。

任務團隊編組的方式、組成人員、採用時機以及領導方式，將必須根據問題（任務）的性質而異。因此，資訊導向的組織並不是目前所謂的矩陣式組織（matrix organization），至比矩陣式組織更進一步。資訊導向的組織需要更自律的人員，他們必須強調（或擅長）建立工作關係，以及進行人際間的溝通。

漸進主義

行政學大師林布隆（Lindblom）認為，決策的制定是一種漸進主義（incrementalism），也就是走一步，看一步。企業必須根據顧客的反應而不斷更改策略及行動方案。

註　釋

①C. S. George, *The History of Management Thought*, 2nd ed, (Englewood Cliffs, N. J.: Prentice-Hall, 1972), p.4.

②出谷紀，恩高聖經學會，聖經袖珍本，1988年，15版，18, pp.10-25。

③馬其維利曾被統治者Medici家族監禁、嚴刑拷打，最後被放逐。在放逐期間，寫下君王論，希望得到Medici家族的賞識，以獲得平反。《君王論》在他死後五年（即1532年）才出版。

④Frederick Winslow Taylor, *Principles of Scientific Management* (New York: Harper and Brothers, 1911), p.44.

⑤Frank B. Gilbreth, *Motion Study* (New York: D. Van Nostrand); and Frank B. Gilbreth and Lillian M. Gilbreth, Fatigue Study (New York: Sturgis and Walton Co.,1916).

⑥本書第6章將詳細說明這些動作。

⑦Henri Fayol, *Industrial and General Administration* (Paris, Dunod, 1916).

⑧Max Weber, *The Theory of Social and Economic Organizations*, trans, A. M. Henderson and Talcott Parsons (New York: Free Press, 1947).

⑨R. A. Owen, *A New View of Society* (New York: E. Bliss and White, 1825).

⑩M. P. Follett, *The New State: Group Organization the Solution of Popular Government* (London: Longmans, Green and Co.,1918).

⑪Chester Barnard, *The Functions of the Executives* (Cambridge, Mass: Harvard University Press, 1938).

⑫E. Mayo, *The Human Problems of an Industrial Civilization* (New York: Macmillan, 1933).

⑬A. Maslow, *Motivation and Personality* (New York: Harper and Row,1954).

⑭Douglas McGregor, *The Human Side of Enterprise* (New York: McGraw-Hill, 1960).

⑮W. Edwards Deming, *Out of Crisis*. MIT Press, 1986.

⑯H. Koontz, "The Management Theory Jungle," *Journal of the Academy of Management*, December 1961, pp.174-88.

⑰L. W. Fry and A. Deborah Smith, "Congruence, Contingency, and Theory Building," *Academy of Management Review*, January, 1987, pp.117-32.

⑱William Ouchi, *Theory Z: How American Business Can Meet the Japanese Challenge* (Reading, Mass.: Addison-Wesley, 1981), p.58.

⑲R. M. Kanter, *The Change Masters: Innovation for Productivity in the American Corporation* (New York: Simon & Schuster, 1983).

⑳有關彈性策略的詳細討論，可參考：榮泰生編著，《策略管理學》，五版（臺北：華泰書局）。

㉑Thomas Peters, *Thriving on Chaos* (New York: Alfred Knopf, 1988).

㉒有興趣進一步了解的讀者可參考：Peter Drucker, "The Future Organization," *Harvard Business Review*, January-February 1988。

㉓有關矩陣式組織的說明，可見本書第6章。

 自我評量

1. 試說明早期的管理思想，並解釋何以了解管理思想如此重要。

2. 試論述「泰勒（Taylor）的科學管理學派」與「權變理論（Contingency Theory）」對管理學上的貢獻，並試比較其不同之處。請您舉例加以說明。

3. 試說明興建捷運木柵內湖線所需要的管理功能。

4. 有效管理的二項重要指標為效率（efficiency）與效能（effectiveness）。試分別舉例說明下列四種經營狀況。

(1)efficient-effective。

(2)efficient-ineffective。

(3)inefficient-effective。

(4)inefficient-ineffective。

5. 試說明如何增加以下人員的工作效率：

(1)祕書。

(2)電腦硬體測試工程師。

(3)大專教師的教學。

(4)大專學生的準備期末考。

(5)主婦的準備三餐。

6. 試說明管理功能與企業功能，以及這兩者之間的關係是什麼？

7. 試說明科層體制的優缺點。

8. 你同意「主管的職權決定於部屬是否願意接受」這種說法嗎？為什麼？

9. 組織如何維持其均衡狀態？為什麼必須維持均衡？

10.霍桑研究應發掘何種現象，才能證明「燈光照明度與生產力有正相關」？

11.從霍桑研究中，一個管理者會得到什麼啟示？

12.數量學派對管理的貢獻有哪些？為什麼它對管理實務所造成的影響不如人力資源學派？

13.試以程序學派的觀點說明，如何才能夠管理好：

(1)社團。

(2)家庭。

(3)營利組織。

(4)非營利機構。

14.何謂封閉式系統？何謂開放式系統？組織為什麼要成為一個開放式系統？

15.日本式管理有何特色？試比較中國式、日本式與美國式的管理。

16.組織何以必須創新？試提出組織創新的具體方法。

17.相較於目前的組織，資訊導向組織有何特性？

18.資訊導向組織有何管理問題？如何克服這些管理問題？

19.未來組織的特性對於你有何啟發性？

20.試評論：任何一個制度的實施，都不免有反功能的存在。由於科層體制的實

企業管理

施，嚴格遵守法律條文的結果，使得本來是為達到目的而採用的手段，轉變成為具有絕對價值的目的了。

21.西方大哲黑格爾曾說：「人類從歷史得到的唯一教訓是，人類沒有從歷史得到教訓」。思考一下本章對管理理論的演進歷史的說明，再綜觀臺灣目前的企業經營實例，你同意黑格爾的說法嗎？為什麼？

第三章

企業倫理與社會責任

本章重點：

1. 道德的意義、強度與標準

2. 行銷倫理

3. 社會責任的意義

4. 履行社會責任的企業行為

5. 社會責任對行銷的衝擊

第 一 節　引例

一、台塑集團

　　國內企業集團辦學校的很多,有的是為了儲備人才,也有的因而大發利市。一向以管理良好著稱的台塑集團辦學校意外賠錢,創辦人王永慶還自掏腰包,提供原住民食宿費用,因為王永慶將興學視為公益事業,只問耕耘,不問收穫。台塑集團旗下的明志科技大學自成立以來,始終處於虧損狀況,但是講求經營效率的王永慶並未因此苛責主管人員,甚至睜一隻眼閉一隻眼,對明志科技大學的虧損毫不在意。台塑主管表示,王永慶把行善視為企業家的社會責任,企業家本分內的事情,因此並不樂見外界把他的善行大幅宣揚,即使有人問起,王永慶也是輕描淡寫帶過,不願多談。

二、華泰電子公司

　　高雄市華泰電子公司創辦人杜俊元,捐款15億元協助慈濟事業基金會,購得高雄市高雄醫學院北側約一萬坪的土地,用來興辦小學、幼稚(兒)園及社會福利機構。杜俊元指出,這塊土地有十多個地主,不容易談妥買賣,由於證嚴法師的感召,地主發心轉賣,並且讓他以「便宜」的價格買下。他謙虛的表示,自己不是有錢人,只是追隨證嚴上人做好弟子的責任。「要達到無私喜捨的修行境界,不能離開人群。」證嚴法師指出,杜俊元除了捐款外,也全心投入慈濟志願服務工作,親自到醫院照顧病患,參與資源回收工作。

三、惠普科技

　　被稱為「高科技產業童子軍」的惠普科技,長久以來即以落實「企業公民」為公司重要經營策略,惠普科技在全球各地分支機構均強調與當地社會緊密結合,積極投入各種慈善公益和社區服務。臺灣惠普科技董事長黃河明不但已經完全融入公司企業文化,更以從事社會公益做為下一階段生涯規劃目標,認養世界各地孤苦貧病孩童,就是他具體行動的第一步。

四、特納公司

　　特納榮登美國第一慈善家。美國有線電視先驅特納（Turner）因慨捐10億美元給聯合國而榮登《財星》雜誌1997年美國慈善家排行榜榜首。此外，排名第二的艾柏森女士慨捐6億6,000萬美元給家族的基金會，金融大亨索羅斯排名第三（捐出5億4,000萬美元），而微軟公司老闆蓋茲（Bill Gates，捐了2億1,000萬美元）排名第四。特納在1996年9月宣布將捐出三分之一財產前，曾嘲諷全球最有錢的美國微軟公司董事長為富不仁，特納說：「錢存在銀行裡面，有什麼用？」

第 二 節　道德的意義、強度與標準

一、道德意義

　　倫理（ethics）是以共同接受的原則及行為來對某項決策或行動做對或錯的道德評價。換句話說，倫理是行為的指導準則，也就是好、壞、對、錯間的區別。（註①）道德的目的或道德的規範是可以約束個體的行為。當個人行動的結果對於他人更具影響性時，則此人的道德將變得更重要。

　　道德是界定行為是對或錯的原則。管理者由於職位使然，會做很多重要性的決定。他們可將資源用在好、壞、對、錯的方面。然而，道德所涉及的不僅是目的，而且也是手段。具有道德的目的不能透過非道德的手段而達成。賄賂政府以獲取政府的國防工程合約，是被大多數人認為不道德的行為。同時，有些人甚至認為，即使是道德手段獲得的合約本身也是不道德的。例如：製造生物性作戰武器原料的合約。

　　有一些行為不為道德規範所容。例如：大部分的人會認為管理者不應洩漏機密、偽造文件、濫用支出、為了個人的利益而使用公司資源、接受或送禮以換得特權、及在公司時間處理個人事務，這些行為將不為任何職位的員工所接受。

　　組織決策反映了其背後所隱藏的（或所支持的）道德原則與規則。道德涉及個人決策及行動的「是非」問題。組織的道德問題比我們想像的更為頻繁、更為複雜。事實上，道德決策影響著員工每日做的決策。有些所謂的道德問題是是非不明的（或似是而非的），因此，許多人在做涉及到道德的決策（簡稱道德決策）時，

企業管理

會陷入兩難的窘境。表3-1列出了依照重要性排列的二十五個重要議題。此表是根據針對美國711家大型企業的經理所做的調查彙總而成。這些經理認為，毒品與酗酒、員工偷竊、利益衝突、品質控制及歧視是前五項最重大的道德議題。（註②）

表3-1　美國產業面臨的主要道德課題（依重要性排列）

次序	課題	次序	課題
1	毒品與酗酒	14	接受昂貴的贈品與招待
2	員工偷竊	15	不實的及誤導的廣告
3	利益衝突	16	提供昂貴的贈品與招待
4	品質管制	17	回扣
5	歧視	18	內線交易
6	專有資訊的盜用	19	與地方社區的關係
7	浪費公帑	20	反托拉斯課題
8	工廠倒閉遭散員工	21	利益輸送
9	公司資產的盜用	22	政治獻金及政治活動
10	環境汙染	23	與地方政府的不適當關係
11	他人資訊的盜用	24	與中央政府的不適當關係
12	獲得競爭者資訊的方式	25	與外國政府及其代表的不適當關係
13	帳目及記錄不清		

　　道德決策是複雜的，然而，我們若能對道德強度（moral intensity）加以了解，必可增進對可行方案的道德判斷。

二、道德強度

　　表3-1所呈現的道德議題並不是具有相同的重要性。道德強度是指與道德有關課題的重要性。因此，對決策者而言，道德強度會隨著課題的不同而異。道德強度會受到下列六個因素的綜合影響。

　　1.道德決策結果對眾人福祉所影響（或傷害）的程度（magnitude of consequences）：會使千萬人受到影響（或傷害）的決策，其結果必然會比數百人受到傷害更為嚴重。

　　2.道德決策所產生效應的機率（probability of effect）：對於在一般駕駛狀況下就會發生危險的汽車製造商對駕駛者所造成的傷害，必然大於只在高速轉彎時。

　　3.道德決策的社會共識性（social consensus）：「對女性應徵者歧視是不對

的」這種看法的社會共識性，比「不積極地去應徵女性應徵者是不對的」更高。

4.道德決策的立即性（immediacy）：決策行動開始到產生結果，這段時間愈短，表示愈有立即性。某製藥廠所推出的新藥，使得1%的服用者在一年之內產生神經系統問題，比在三十年後更具有立即性。

5.倫理問題的鄰近性（proximity）：鄰近性是指決策者對於受影響者（或受害者）在社會上、文化上、心理上、生理上的接近性的感覺。開除自己部門的員工比開除遠處工廠的員工，更具有道德鄰近性（moral proximity）。

6.道德決策的效應集中性（concentration of effect）：在同樣的金錢數量下，欺騙一個小團體比欺騙一個大團體（例如：奇異公司、國稅局等）更具有效應集中性。

三、道德標準

管理者做決策時，必須在許多價值觀中做取捨。他們的決策會影響到自己、組織及社會。例如：管理者所做的決策可能對他們有利，但對組織會社會卻可能造成不利的影響。

哲學家、邏輯學家及神學家曾不遺餘力地研究道德的問題。他們的觀念提供了指導方針，但對於涉及到價值的決策只是指導方針而已。（註③）圖3-1描繪了道德行為簡單的模式。（註④）

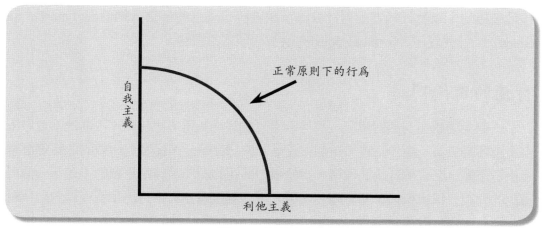

圖3-1　道德架構

來源：Grover Starling, *The Changing Environment of Business* (Boston:Kent Publishing,1980), p.255.

企業管理

1.個人利益的極大化（自我主義），以縱軸表示：一個完全自我主義者總是在追求個人利益。從另一角度觀之，這種人會追尋快樂而避免痛苦。自我主義的管理者，只追求符合個人利益的目標，如薪資、聲望、權利或任何他們認為具有價值的行為。

2.社會利益的極大化（利他主義），以橫軸表示：一個利他主義者將選擇能夠使社會利益最大化的行為。遵循這個道德指導方針的管理者會以是否能「謀多數人之福」來判斷是非。

3.正常原則下的行為：此行為表現於極端的利他及自我主義之間，自我主義者認為，對個人有利的行為才是好的；利他主義者認為，對社會有利的行為才是好的。遵守正常原則、道德原則的人，會遵守「己所不欲，勿施於人」的金科玉律。

第 三 節　行銷倫理

所有的行銷活動都應該且會被社會、消費者及利益團體來檢視——以判斷這些活動是對的，還是錯的。雖然許多行銷活動並不觸犯法律，但是卻被其他的行銷者、消費者及一般社會大眾所詬病。最近報章雜誌上所揭露的行銷事件，例如：詐欺舞弊、不實廣告、不實包裝、值得爭議的銷售方式、操縱市場、汙染等，已引起社會大眾的注意及關心，有人甚至質疑行銷是否真的對社會有益。哪些行銷實務可被接受，以及行銷者應對社會盡什麼義務——這些都是行銷倫理（marketing ethics）及社會責任（social responsibility）所涵蓋的課題。

行銷的道德問題

一個人要認知到某個情況、某件事情或某個行為與道德有關，否則他不會做出合乎道德的決策；換句話說，一個人連是非善惡都不分，那麼他所做的決定怎麼會合乎道德呢？在了解行銷倫理時，對於道德問題的認知是非常重要的。在某一個可確認的問題、情境或機會產生時，一個人或一個組織在對某些決定或行動做對與錯的判斷時，就涉及道德問題（ethical issues）。任何時候的任何行動，只要使得消費者有被欺騙、操縱的感覺時，就涉及行銷的道德問題，不論這些行動是否在法律上站得住腳。

個人的道德觀、企業的行銷策略及政策，以及個人所處的組織環境都可能引發

出有關道德上的問題。例如：行銷人員受到業績上的壓力，可能會鋌而走險，竊取競爭者的機密、銷售有瑕疵的商品等。

我們可以從行銷組合變數（產品、定價、配銷、促銷）來討論有關道德上的問題。

(一)產品問題

在《健康食品管理法》實施初期，政府取締對象均以包裝標示、說明書、文宣資料中，明顯刊登健康食品或「相關名詞」者，若分隔「健康食品」四個字，如「健康食品」，或音同、音似、音喻、夾雜外文表現者，如「見康食品」、「健健康康食品」、「健康FOOD」，或以非文字表達健康食品訊息者，均為取締重點對象。然而，政府有關人員在稽查時，發現業者為規避處分，索性用簽字筆將涉及功效部分塗銷，但原本字跡仍清晰可見。

與產品有關的道德問題通常是：行銷者未能充分揭露使用此產品的風險，及（或者）充分揭露該產品在功能、價值及使用上的有關資訊。競爭壓力也常常會使得廠商做出不合乎道德的事情。當競爭愈來愈激烈，而可分的羹愈來愈少時，有些不肖廠商會以劣質的材料魚目混珠來降低成本。有些廠商抓住顧客愛美、愛年輕、愛苗條的心理，提供不實的產品或服務，這些都是不合乎道德的行為。

(二)價格問題

在價格上動手腳、榨脂性定價（skimming pricing）（註⑤）及在銷售時，不提供完整的價格資訊，都是不合乎道德的定價行為。由於定價有情緒性及主觀性，所以常會造成買賣雙方因誤會而引起的道德爭議。行銷者固然有權利對其產品做定價，以賺取合理的利潤，但是如果犧牲了消費者的福利而獲得超額利潤，就是不合乎道德的行為。例如：美國聯邦通訊委員會發現，分公司設在紐約及新英格蘭地區的NyNex總公司，向其分公司做過高的定價，以獲得超額利潤。最後，NyNex公司被判應交回財政部140萬美元，並向分公司提出35.5萬美元的賠償。（註⑥）

在有關的法律中，有明文規定廠商不得差別取價（同樣的產品向不同的顧客訂定不同的價格），除非能提出合理的理由（如運費、促銷費用的分攤等原因）。產銷電玩的任天堂公司（Nintendo）曾在聖誕節前後提高價格20-30%，並且操縱市場的供應量。（註⑦）如果任天堂被法院判定為「壓榨」顧客，這不僅是道德問題，而且也是法律問題了。值得注意的是，差別取價不能減低競爭、妨礙競爭，否則會被判違法。

(三)配銷問題

在配銷上的道德問題，大都涉及製造商與中間商之間的關係。產品從製造商到最終消費者的這段過程中，各個中間商都扮演著不同的角色，同時也因這些角色的扮演而獲得某些權利及報酬、承擔某些責任。製造商會預期零售商能如期付款，並經常提供有關存貨的資訊，如果零售商做不到這些事情，就是不合乎道德的。

中間商之間的關係是相當複雜的，因此很有可能因為衝突而引發出有關道德的問題。例如：控制產品的供應量藉以哄抬價格，或者迫使其他中間商採取某些行動等，都是在道德上頗值得爭議的問題。

另外，零售商銷售非法錄影帶、無版權的電腦軟體等，都是不合乎道德的行為（當然也是觸法的行為）。

(四)促銷問題

促銷的任何一個媒介都可能會產生道德上的問題，例如：不實的廣告或是操縱性的、欺騙性的促銷活動、公眾報導等。我們將討論廣告及人員推銷的道德問題。

1.廣告

廠商應該了解，不實的廣告、惡意中傷競爭對手的廣告會破壞自己的形象與消費者的信任，但是放眼各大眾、小眾媒體，我們對於這些不合乎道德行為的廣告似乎也是見怪不怪了。雖然廣告濫用的情況非常普遍，但是在程度上，還是有所差別：有的是誇張的言辭，有的是隱瞞事實真相，有的則是公然說謊。

誇張言辭有時候還真不容易證實它的不對，例如：某個止痛藥或咳嗽糖漿宣稱它比競爭品牌有效，顧客（甚至專家）不容易證實它的說法是不真確的。隱瞞事實真相是廣告訊息中故意遺漏某些對此廠商不利的資訊，例如：「經過市場口味測試，我們的可樂贏了競爭者」（事實上，可能在十次測試中只贏了一次）。

廣告中的公然說謊已是屢見不鮮，最常用的字眼是「模糊字」（"weasel" words），例如：「幫助」這個字就是相當模糊不清的（如什麼叫做「幫助防止」、「幫助克服」、「幫助改善」等）。（註⑧）

2.人員推銷

人員推銷常被許多人覺得是不道德的行為，因為推銷人員總是利用其三寸不爛之舌說服人們購買不需要的東西。寶鹼公司有鑑於此，特別教育、訓練其銷售人員培養專業的、合乎道德的銷售行為，以免因為引起顧客的反感而喪失了商機。

銷售人員在工作上也不免有道德上的掙扎。例如：他是否應冒著喪失顧客的風

險，據實以告知顧客有關產品的瑕疵呢？還是為了銷售而隱瞞實情？銷售人員的內心掙扎會使其產生焦慮不安的感覺。

道德的問題還有雪球效應（snowball effect）。你說了一個謊，就必須說更多的謊來圓這個謊。如果有朝一日，顧客發現一直在被欺騙，其結果可想而知。好事不出門，壞事傳千里，那個顧客的親朋好友都會拒絕與你打交道。這些事例告訴我們：銷售人員的不道德行為會有既深且遠的影響，絕對不可小覷。

3.銷售人員的賄賂

當以現金、禮物或特殊恩惠的提供來獲得銷售訂單時，就涉及了賄賂（bribery）的問題。為了要影響決策結果，而施與的任何東西都構成賄賂。即使施與的結果對組織有利，也是不道德的，因為以長期觀點來看，它會影響到公平性。加拿大皇家石油公司（Imperial Oil）的道德法典（code of ethics）中，有一條是這樣的：「除非主管知悉並允許，否則不能提供或接受價值超過25美元以上的禮物」。表3-2列出了銷售人員為了獲得訂單所餽贈的禮物。

表3-2　銷售人員為了獲得訂單所餽贈的禮物

1.鋼筆或鉛筆組（印有公司標籤）。
2.在四星級的法國餐廳宴請。
3.每年聖誕節送到府上一箱葡萄柚。
4.每週送到府上一箱日用品。
5.球賽的門票。
6.週末的旅遊。
7.三天免費的高爾夫假期。
8.乘坐出租小客機到加拿大參加釣魚營。
9.到國外的豪華之旅。
10.現金500美元。

來源：E.J. Mullec, "Traffigraft; Is Accepting a Gift from a Vendor a Breach of Ethics? To Some People It's Just a Perk, To Others It's a Poisson," *Distribution*, January 1990, p.38.

我們不難發現，賄賂的界定是個人價值及判斷的問題。不論如何，賄賂會使得行銷者、立法委員、政府官員等的聲名狼藉，而且也妨礙了企業間的公平競爭。

第 四 節　社會責任的意義

　　倫理與社會責任（social responsibility）常被套用，但事實上它們代表著不同的意義。社會責任是指組織如何將對社會的正面衝擊達到極大化，而對社會的負面衝擊達到最小化所應履行的義務。

　　數年前，Anheuser-Busch以一個稱為Chelsea的啤酒做市場測試，由於該啤酒的酒精濃度有1.5%（一般啤酒的酒精濃度約5-6%），所以消費者將該飲料掛上了「小孩啤酒」（kiddie beer）的標籤，另外一群不明就裡的人抗議該公司「怎麼這麼不負責任，把啤酒賣給小孩子喝？」首先，該公司是採取防衛性的態度，認為這種飲料怎麼算得上是啤酒，而且小孩子也不會喝上癮。但是後來該公司還是重視這些消費者的看法，從市場回收了所有的Chelsea。

　　我們可以將社會責任看成是與環境互動的行為，而倫理則是引導個人及群體決策的道德標準。

一、四個觀點

　　社會責任的意義可從以下列四個方面來了解。這些觀點也說明企業在涉及社會責任的問題時，所採取的策略。（註⑨）

　　1.社會規避（social obstructionist）。
　　2.社會義務（social obligation）。
　　3.社會反應（social reaction）。
　　4.社會前瞻（social responsiveness）。

(一)社會規避觀點

　　採取規避的企業會盡可能避免履行社會責任。當它們逾越了法律界限時，會盡可能抵賴企圖規避責任。

(二)社會義務觀點

　　採取這種觀點的企業，會在法律的約束之下、追求利潤的同時，從事社會責任的行為。由於有社會存在，企業才能夠安身立命，因此企業必須努力獲得利潤來回饋社會。在這種理念之下，合法的追求利潤是履行社會責任的行為；相反地，任何

違法或不追求利潤的企業行為，就是沒有盡到社會責任。

這種看法是諾貝爾獎金得主弗利德曼（Milton Friedman, 1962）所提出來的。他認為：「企業只有一種社會責任——在遊戲規則之內，利用資源從事能獲取利潤的活動。也就是不欺騙、不舞弊，參與公平的、自由的競爭。」在這種定義之下，企業的捐贈或參與慈善事業便不能算是盡社會責任，但是事實上，這些活動仍與獲取利潤有所關聯的。（註⑩）

弗利德曼認為企業經理的捐贈行為或參與慈善事業的行為（如濟貧、修橋、補路），會使該企業的產品價格上升，這些價格轉嫁給消費者之後，會剝奪了消費者的權益，同時這些非利潤行為是不智的，行不通的，因為行銷管理者不是被訓練來做非經濟性的決策。他們的這種行為只能增加其權力的行使，而不是責任的負擔。企業的行銷管理者並不是政府官員；後者必須對社會大眾負起無窮的責任（accountability），而前者只要對股東及投資者負責。如果企業經理偏離了他們的主要任務，不再替股東謀求最大利潤，自由社會的基礎便告解體。

(三)社會反應觀點

社會責任的第二個意義是「能夠反映出當前普遍的社會規範、價值及預期績效」的企業行為。這個觀點所強調的是社會對企業行為會有一個期望，而企業的提供產品及服務可以說是最基本的期望。最低限度，企業必須對生態、環境及企業行為所衍生的社會成本負起無窮的責任；最高限度，企業必須對解決社會的問題有所貢獻。

當我們以這個觀點對社會責任做詮釋時要注意到：這個觀點與志願性、利他的企業行為是不同的。有人認為，履行社會義務並不能夠算是履行社會責任，因為這些行為是企業必須做的，或是經過民眾的抗爭後才做的，而不是其志願去做的。

同時，在壓力團體、消費者杯葛、不利的公眾報導這些因素所產生的壓力之下，才採取的企業行為，可稱為以社會反應觀點來履行社會責任的行為。（註⑪）

(四)社會前瞻觀點

具有前瞻性觀點的企業在履行其社會責任時，它們所採取的行為是預防性的、未雨綢繆的，而不是被動性的、亡羊補牢的。這些行動如：對公眾問題事前採取明確而正義的立場；預期社會未來的需要，並設法滿足這些需要；以自認為日後會對社會有利的事情和政府溝通等。

企業管理

二、四種類型

社會責任共有四種類型：經濟責任（economic responsibility）、法律責任（legal responsibility）、倫理責任（ethical responsibility），以及自願性責任（discretionary responsibility）。(註⑫)

(一)經濟責任

所謂經濟責任就是指替社會製造及提供有價值的產品及服務，以使企業能夠向債權人及股東交代。

(二)法律責任

所謂法律責任就是指企業經營應在法律所約束的範圍內。

(三)倫理責任

所謂倫理責任就是指企業遵循一般人所持有的信念，來決定該如何做。例如：法律雖然沒有明文規定企業必須與市民代表協商有關關廠的事宜，但是企業還是出面，邀請市民代表來協商。

(四)自願性責任

所謂自願性的責任，是指企業完全出於自願的去履行某件義務，例如：慈善捐款、訓練失業人士、設立育嬰中心等。

社會責任一詞可被視為是倫理及自願性責任的綜合。今日的自願性責任可能變成明日的倫理責任。企業如不能履行其倫理及自願性責任，則社會民眾遲早會對政府施壓，並透過法律使之成為法律責任。政府為了順應民意，而採取此項行動時，當然不會顧及此項行動是否會影響企業履行其經濟責任。有人認為，美國在80年代汽車工業的一蹶不振，應歸咎於60及70年代所通過的汽車安全及汙染管制條例。(註⑬)

然而，在這方面的相關研究均未能指出企業履行社會責任與其績效之關係。(註⑭)諾瑞斯（W. Norris）在任職Control Data公司的總經理時，曾在監獄及貧民區內大蓋工廠，並發展適用於學校教育及訓練的電腦軟體，結果使得公司連年虧損。有人批評他不務正業，最後他被迫辭去總經理的職務。(註⑮)

即使我們發現社會責任的履行與企業的利潤無關，但是我們仍然必須相信

「責任的鐵律」（iron law of responsibility），亦即：如果企業不願意或不能夠鞭策自己，向任務環境中的團體履行社會責任，那麼社會（尤其是政府）必然會勒令他們做到（政府會透過法律來匡正企業的行為）。

三、社會責任的連續帶

　　社會責任的觀點及相對應的類型可以被描繪成一個連續帶，如圖3-2所示。在連續帶的左端是社會規避，即逃避任何社會責任；接著是社會義務，即從事企業經濟性及法律性的企業行為；再向右邊的是社會反應，即與企業休戚相關的人士所要求企業從事的行為；最右端的是前瞻性行為，即一種積極主動、未雨綢繆的企業行為。

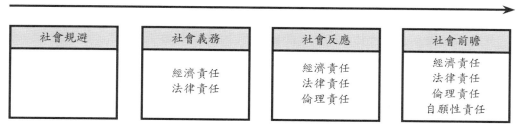

圖3-2　社會責任的連續帶

四、利益關係者

　　企業應履行其社會責任是無庸置疑的，但是要向誰盡社會責任？在任務環境中的各群體（元素）都會對關心企業的活動。這些群體就是企業的利益關係者（stakeholders），因為他們既會影響企業是否能達成其目標，也會被企業所影響。

　　企業是否應對某些或全部利益關係者負責？企業必須密切注意其利益關係者的需求，因為利益關係者會將總體環境的趨勢轉換成能影響企業活動的直接壓力。每一個利益關係者會用自己的標準來評估企業的績效（表3-3）。

表3-3　利益關係者評估企業績效的標準

利益關係者	評估企業績效的標準
股東	證券價格、股息（金額及發放次數）
工會	工資、工作保障、晉升的機會、工作環境
政府	政府計畫的支持、法律的遵守
供應商	款項支付的期限、採購的穩定性
公會	公會計畫的支持（出錢出力）
競爭者	成長率、產品及服務的創新
社區	透過誠實納稅與參與慈善活動，對社區的發展有所貢獻；使副作用（例如：汙染）減到最低
特殊利益團體	僱用殘障人士；對都市改善計畫有所貢獻；對鰥寡孤獨者提供免費服務

五、利益的優先次序

　　任何涉及總公司策略的決策，都會造成某些利益團體之間的利益衝突。例如：企業在某地區進行投資，固然可促進當地的經濟繁榮，但是會影響對股息的發放（至少在短期是如此）。試問哪一個團體的利益應優先考慮？

　　在美國管理協會所舉辦的一項調查中，研究者要求6,000位管理者（包括高階管理者）在李克特七點尺度（Likert 7-point scale）上，勾出各個利益團體的相對重要性，如表3-4所示。

表3-4　各個利益團體的重要性

利益關係者	評點
顧客	6.40
員工	6.01
所有者	5.30
一般民眾	4.52
股東	4.51
民意代表	3.79
政府官員	2.90

來源：B.Z.Posner and W.H.Schmidt, "Values and the American Manager: An Update," *California Management Review*, 26, no.3, p.206.

　　這些管理者認為顧客最為重要，員工的重要性也相當地高。有趣的是，一般民

眾被認為與股東同樣重要；所有者（握有大量股票者）被認為比一般民眾及一般股東來得重要；政府代表（官員）被認為是最不重要的團體。

六、對企業造成的壓力

由於任務團體中的各個群體的需求不同，而企業的能力又有限，因此如果要使每個利益團體都皆大歡喜的話，不僅力有未逮，而且也會疲於奔命。1987年，由於通用汽車公司連年虧損，因此不得不關閉了在密西根、伊利諾、俄亥俄州的十一個工廠。在所關閉的工廠中，其中一個位於俄亥俄州的諾伍市。在這個城市中，通用公司僱用了4,200人，所納稅金約占該市稅收的40%。

通用公司關閉了工廠之後，市政府的收入頓時劇減，因此亟需財務支援來維持其市政營運及福利措施。

市政府官員遂要求通用公司給予額外的補助以補足稅差，但被通用公司拒絕。結果市政府控告通用應賠償318.3美元，其所持的理由是：「由於通用公司違背當初擴充計畫的諾言，使得諾伍市無法創辦學校、增加警力及火災保護、拓寬馬路，以及建地下道等。通用公司除應扮演雇主及納稅人的角色之外，還應承擔社會責任。」

在面臨騎虎難下的情況時，通用公司應何去何從？不論如何，該公司的高階管理者還是盡量地去維護有關人士的利益。相形之下，許多公司卻從事不當的、違背倫理的，甚至違法的行為。有些企業為了獲得短期的或個人的利益，而犧牲了政府、社區、供應商、顧客及員工的長期利益。近年來，在企業間發生的不當行為有：核電廠的管理不當，致使核子外洩（如三哩島事件）；石化、水泥廠的汙染，有毒物質的排洩（如愛河事件）；有害物質的行銷（如安非他命的走私、製造及銷售）；藉宣布破產之名來緩解其債務；未提供安全措施以保護員工免於化學物質的感染；詐騙、賄賂及價格的壟斷等。

第 五 節　履行社會責任的企業行為

欲履行社會責任，企業必須實際從事以下十三項行動：
1.產品線（品質、安全、包裝等）。
2.行銷實務。

3.員工教育及訓練。

4.慈善活動。

5.環境控制。

6.對外關係。

7.社區發展。

8.政府關係。

9.資訊揭露。

10.國際關係。

11.員工關係，福利以及對工作的滿足感。

12.少數民族及女性的錄用及升遷。

13.員工的安全與健康。

上述的每一類活動可以再加以細分。例如：產品線包括像品質、安全、產品生命及包裝等次活動。

對於關懷社會的範圍，分類得最為明確的是Sandra Holmes，她將企業所涉及的活動，分成以下十四項：（註⑯）

1.對慈善機構、福利及健康基金提供協助。

2.對公眾及私人教育提供協助。

3.僱用少數民族（人種上及種族上），並提供發展、訓練。

4.參與社區活動。

5.防止汙染。

6.僱用女性員工，並提供發展、訓練。

7.改善員工的工作生活品質。

8.資源的節省（包括能源）。

9.對失業者的僱用及訓練。

10.協助小企業。

11.都市化的更新及發展。

12.協助藝術的發展。

13.保護消費者。

14.提升政治及政府制度。

一、內部受益者

內部受益者有三個明顯的群體：消費者、員工及股東（所有者）。每一個群體在組織中常有立即而明顯的衝突存在。為因應每一群體的公司活動，可分為以下三類：義務的、反應的、前瞻的。

(一)對消費者的責任

美國通用汽車公司日前被判應賠償49億美元給車禍受傷的六名乘客，因為該公司對設計不安全的汽車油箱未加補救，形同草菅人命。另一樁吸菸受害者的集體訴訟中，敗訴的美國菸商的損害賠償可能達2,000億美元以上。這些官司上訴後的賠償金額可能大幅度減少，但陪審團欲傳達的訊息已很明顯，生產商應以人命為至高無上的考量（黑白集，1999年7月12日，聯合報）。

企業對其消費者應履行相當重大的責任。其中最重要的，即是企業在產品及行銷方面所履行的責任。

在產品方面，企業應履行的責任，包括對產品品質、安全、包裝和績效的承諾。這些特色的相關重要性，隨著產品的不同而異。即使在同一產業裡，其相關重要性也是不同。例如：奈德（Ralph Nader）在1965年出版的《在任何速度下均不安全》（*Unsafe at any Speed*）一書中，提出了汽車安全性的問題。此安全性問題在1979年造成了輿論的沸騰。彼時，加州陪審團判定1億2,500萬美元的罰鍰給一位開「斑馬」（Pinto）轎車因其油箱爆炸而受到嚴重傷害的青年。今天，汽車安全的問題雖不如品質和燃料效率一樣的重要，但其他消費品如兒童的玩具、不需要醫生處方而可購得的藥品、電子產品、設備、食物——這些產品的安全性都是消費大眾所關切的。

法律和管制固然可在某種程度上保障產品的安全性，市場和競爭也會建立品質的標準。我們可用美國汽車的例子來說明；在1980年早期，消費者對汽車的需求銳減，因為景氣蕭條及高利率之故，再加上來自日本汽車製造商的競爭威脅。而日本汽車業的成功，主要在於其優良的產品品質，美國消費者相信日本車的品質優於美國車，因此，他們寧願買日本車，也不願買美國車。

美國汽車製造商在此種壓力之下，紛紛實行品管的計畫，並透過廣告，說明它已經使得品質提升了48%，該廣告的主要訴求是：「品質為首要工作」，並強調美國汽車製造已由注重安全而轉變為注重品質，但是品質的特性不易評估，而且法律可接受的品質水準訂定也不夠充分。換句話說，品質常與價格、可靠度、耐久性、

維修等畫上一個等號。

　　很多公司藉著儘快處理顧客抱怨、完整而正確的提供品質資訊、透過廣告來告知消費者有關產品的真實特性，來履行對顧客的責任。

（二）對員工的責任

　　在對待部屬方面，行銷管理者至少必須符合《勞動基準法》的規定。例如：法律對工作的實體情況會有所約束，像是工作的安全和健康問題、工資和工時的規定，工會間的組織等。這些法律不外乎約束管理當局要建立安全、具有生產力的工作環境，以維護員工的基本公民權。除了這些責任外，企業所提供的福利措施（包括退休金、健康和住院醫療保險及意外保險），亦是社會責任活動範圍的擴充。在許多情況下，這些活動是在工會及員工的壓力下所實施的。

　　企業的其他責任，包括對員工提供的訓練、事業生涯發展、個別輔導、毒品和酗酒的治療、產假和幼兒園的措施，雖然這些活動只會使一些員工受惠，但是對組織有相當重要的涵義。企業在提供這些服務及措施時，本質上是因應社會壓力而生的。然而，組織在面對這些壓力時，有不做反應的選擇，但這種行動會使一些員工認為公司不負社會責任。我們了解：法律上沒有明文規定，或是壓力團體未加訴求的行動，在本質上亦應屬於社會責任活動的範疇。

　　企業從事多數的活動，目的在滿足員工的需要。有些公司只提供安全的工作環境和具有競爭性的報酬，其他公司則提供一系列與員工有關的服務。

　　蘋果公司嘗試將其社會價值融合在每日的作業裡，有些觀察家認為，該公司將成為一個「新時代企業」的倡導者，其任務包括使世界有更好居住環境和創造電腦利潤。公司將其哲學和價值觀灌輸在每位新雇員的心中，對其所有工作滿一年的受僱者，公司會免費贈送電腦和認股權——這些都是反映公司哲學的例行性作業。至於以非例行方式進行的，包括當公司的第一季營業額超過1億美元時，便給予每一位員工額外的一週假期。（註⑰）

（三）對股東的責任

　　管理者有責任向其股東充分和正確地說明使用公司資源的方式，以及使用的成果。法律保障股東有權利要求了解財務資訊，並且規定公開揭露的最低程度。股東的基本權利，不是要求公司保證能獲利，而是要求公司保證能提供投資決策的資訊。如果企業無法盡到對股東的責任，則股東所能採取的最終行動是出售股份，不再成為股東。

很多人認為，經營者的基本責任是對股東負責，事實上，這些人認為，任何針對其他利益團體而不是股東的管理行為是具有前瞻性的責任，支持此主張的證據是相當受爭議的。因為在如何測量社會責任、社會責任與利潤、股票價格、股息與績效的關連性上，都是頗值爭議的。近來有關此方面的文獻探討顯示，如果社會責任的行為與企業績效有所關連，那麼這個社會責任必然是企業誠懇地履行的。

企業行為的內部受益者，是經營者在履行其社會責任行為時所著重的焦點。經營者在消費者、員工和股東方面，大都能履行社會責任，因為他們與公司及內部受益者的關係是會被法律、規章和習俗所約束。履行社會責任對公司而言並沒有特別的成就，但如果做不到，不論是否有意，必會受到法律及社會的制裁。

二、外部受益者

企業行為的外部受益者可分二類：特定和一般，此二類人士皆可由組織的行動中受惠，即使他們與企業之間沒有直接或明顯的利害關係存在。

(一)特定的外部受益者

現今社會上有許多不同的利益團體，這些利益團體無不卯足全力以爭取其福祉為鵠的，這些利益團體通常代表著相當明確的個體集合。例如：少數民族團體、婦女團體、殘障和老人團體等，他們藉由政治及公眾意見來約束企業行為，以滿足其利益，甚至能夠促使法律的形成，以迫使企業支持他們。例如：有關公平就業機會的立法，能迫使企業在徵才、僱用和人員發展方面，不得具有歧視的行為。

企業在針對特定外部受益者所履行的社會責任，可以是義務性的、反應性的或前瞻性的。義務性行動是為了遵守反歧視待遇的法律而履行的。如果企業所履行的社會責任比法律條文所要求的還多，那麼就被認為是採取反應性的社會行為。社會前瞻性的行為不僅要尋求眼前問題的解決方法，也要誠意地去發掘原因，如此的行為包括與少數民族的企業交易，對尚未就業的中堅分子提供訓練計畫及為婦女做事業生涯規劃等。

不論這些行動是義務的、反應的或前瞻性的，最重要的是透過企業的努力，將可以增加它在經濟上、社會上和政治上的利益。

(二)一般的外部受益者

一般的外部受益者可以說是社會大眾。社會大眾會要求企業：(1)努力解決和預防的社會問題。企業應努力解決或預防環境和社會生態的問題，例如：水、空

氣、噪音的汙染和浪費,以及輻射處理;(2)無條件提供贈品,以提高民眾的教育品質、藝術氣質及公眾健康;(3)改善政府的行政管理品質;(4)支持慈善機構,以提高社區居民的品質。

第 六 節　社會責任對行銷的衝擊

　　行銷經理必須決定企業在與環境互動時,所應建立的關係是什麼,所應履行的義務是什麼。愈來愈多的企業了解,企業要能夠生存及獲得競爭優勢的話,最重要的因素之一,就是以對社會負責任的態度得到長期的價值。(註⑱)在達成組織目標的過程中,要保持具有社會責任的行為,就必須監視社會價值的改變及趨勢。例如:近年來民眾對於健康特別關心,行銷者就必須產銷更健康、更營養的產品。除此之外,行銷者還必須建立控制制度,以確信其每日的活動不會傷害到與大眾的關係。在建立及執行行銷策略及政策時,公司的高階管理者應肩負起責任。

一、社會責任的問題

　　行銷經理每日所做的決定或多或少都與社會責任有關。表3-5列舉了與社會責任有關的三個行銷議題:消費者運動(consumer movement)、社區關係(community relations)及綠色行銷(green marketing)。

表3-5　與社會責任有關的行銷議題

議題	說明	社會所關心的問題
消費者運動	獨立的個人、群體及組織為保護消費者的權利所採取的行動	安全的權利 被告知的權利 選擇的權利 表達意見的權利
社區關係	社區人士對於行銷者對社區福利所做貢獻的關切,他們希望知道企業在解決社會問題上,做了什麼事情	公平的問題 社會上的殘障人士 安全及健康 教育及一般福利
綠色行銷	消費者所堅持的不僅是生活的公平性,而且也是一個健康的環境,以使得他們在有生之年維持高生活水準	森林與河川的保護與管理 水源汙染 空氣汙染 土地資源汙染

　　由於綠色行銷是近年來相當重要的課題，所以我們再闡述有關企業在綠色行銷作為上的有關課題。

二、綠色行銷

　　綠色行銷指的是：企業組織基於其環保理念及企業文化，對於產品設計、製造、包裝、促銷，一直到消費使用，甚至對使用後廢棄處理的整個過程，不斷地加以審視、評估、改進，以避免浪費資源及危害環境。

　　具體而言，綠色行銷就是在企業文化、生產流程、產品本身及廢棄物處理上，秉持著3R與3E的精神。3R是指：減少浪費（reduction）、重複使用（re-use）、資源回收（recycle）；3E是指：低能源消耗（economic）、保護生態環境（ecological），以及尊重人權（equitable）。

(一)等級

　　環保署將綠色行銷依其綠化的程度分為七個等級：

　　1.一級綠色行銷：產品從原料、製造過程、設計包裝、消費使用到售後服務，都符合環保。

　　2.二級綠色行銷：設計包裝、消費使用到售後服務，都符合環保。

　　3.三級綠色行銷：消費使用到售後服務，都符合環保。

　　4.四級綠色行銷：售後服務符合環保。

　　5.綠色形象廣告：將環保理念及訴求應用在企業形象廣告中，具有環保教育功能。

　　6.綠色公益廣告：將環保理念、訴求和做法，以公益廣告形式呈現。

　　7.綠色表象廣告：搭環保列車，藉以提升形象或大發利市。

(二)綠色行銷作為

　　綠色行銷作為可以分為：綠色行銷外部作為以及內部作為。綠色行銷外部作為是指：「企業對外溝通其環保理念與做法，宣揚其企業體本身以及產品的環保特性，並透過綠色廣告等促銷活動來強化其企業形象與產品形象。」綠色行銷內部作為是指：「企業的高階主管具有環保理念，願意透過對員工的教育與訓練，來塑造企業的綠色文化。此外，還必須以產品在生命週期[註⑲]的各階段對環境可能造成的衝擊為考量，來設計與製造產品。」

　　基於以上的定義，綠色行銷外部作為包括：(1)企業形象塑造導向；(2)產品形象塑造導向。而綠色行銷內部作為包括：(1)環保價值觀與企業綠色文化的塑造（包括高階管理者的環保理念、員工環保教育訓練）；(2)以生命週期的角度考量對環境影響的產品（包括綠色的研發設計、綠色製造、綠色產品）。

重要名詞

道德

倫理（ethics）是以共同接受的原則及行為，來對某項決策或行動做對或錯的的道德評價。換句話說，倫理是行為的指導準則，也就是好、壞、對、錯間的區別。道德的目的或道德的規範是可以約束個體的行為。當個人行動的結果對於他人更具影響性時，則此人的道德將變得更重要。

道德是界定行為是對或錯的原則。管理者由於職位使然，會做很多重要性的決定。他們可將資源用在好、壞、對、錯的方面。然而，道德所涉及的不僅是目的，而且也是手段。具有道德的目的不能透過非道德的手段而達成。賄賂政府以獲取政府的國防工程合約，是被大多數人認為不道德的行為。同時，有些人甚至認為，即使是道德手段獲得的合約本身也是不道德的。例如：製造生物性作戰武器原料的合約。

道德強度

道德強度是指與道德有關課題的重要性。因此，對決策者而言，道德強度會隨著課題的不同而異。道德強度會受到下列六個因素的綜合影響：(1)道德決策結果對眾人福祉所影響（或傷害）的程度（magnitude of consequences）；(2)道德決策所產生效應的機率（probability of effect）；(3)道德決策的社會共識性（social consensus）；(4)道德決策的立即性（immediacy）；(5)倫理問題的鄰近性（proximity）。鄰近性是指決策者對於受影響者（或受害者）在社會上、文化上、心理上、生理上的接近性的感覺。開除自己部門的員工比開除遠處工廠的員工，更具有道德鄰近性（moral proximity）；(6)道德決策的效應集中性（concentration of effect）。在同樣的金錢數量下，欺騙一個小團體比欺騙一個大團體（例如：奇異公司、國稅局等）更具有效應集中性。

道德標準

管理者做決策時，必須在許多價值觀中做取捨。他們的決策會影響到自己、組織及社會。例如：管理者所做的決策可能對他們有利，但對組織會社會卻可能造成不利的影響。管理

者在做道德決策時，所使用的準繩稱為道德標準，這些標準，包括：(1)個人利益的極大化（自我主義）；(2)社會利益的極大化（利他主義）；(3)正常原則下的行為。

自我主義

自我主義者總是在追求個人利益。從另一角度觀之，這種人會追尋快樂而避免痛苦。自我主義的管理者，只追求符合個人利益的目標，如薪資、聲望、權利或任何他們認為具有價值的行為。

利他主義

一個利他主義者將選擇能夠使社會利益最大化的行為。遵循這個道德指導方針的管理者會以是否能「謀多數人之福」來判斷是非。

榨脂性定價

榨脂性定價（skimming pricing）是利用消費者的情緒性及主觀性，以較高的價格來定價，這種犧牲了消費者的福利而獲得超額利潤，就是不合乎道德的行為。

道德法典

道德法典（code of ethics）是任何組織道德的準繩或標準，例如：加拿大皇家石油公司（Imperial Oil）的道德法典中，有一條是這樣的：「除非主管知悉並允許，否則不能提供或接受價值超過25美元以上的禮物」。

社會責任

社會責任（social responsibility）是指組織如何將對社會的正面衝擊達到極大化，而對社會的負面衝擊達到最小化所應履行的義務。

社會義務觀點

採取社會義務觀點的企業，會在法律的約束之下，追求利潤的同時，從事社會責任的行為。由於有社會存在，企業才能夠安身立命，因此企業必須努力獲得利潤來回饋社會。在這種理念之下，合法的追求利潤是履行社會責任的行為；相反地，任何違法或不追求利潤的企業行為就是沒有盡到社會責任。

社會反應觀點

社會反應觀點的意義是「能夠反映出當前普遍的社會規範、價值及預期績效」的企業行為。這個觀點所強調的是社會對企業行為會有一個期望，而企業的提供產品及服務可以說是最基本的期望。最低限度，企業必須對生態、環境及企業行為所衍生的社會成本負起無窮的責任。最高限度，企業必須對解決社會的問題有所貢獻。

當我們以社會反應觀點對社會責任做詮釋時要注意到：這個觀點與志願性、利他的企業行為是不同的。有人認為，履行社會義務並不能夠算是履行社會責任，因為這些行為是企業必須做的，或是經過民眾的抗爭之後才做的，而不是它們自願去做的。

社會前瞻觀點

具有前瞻性觀點的企業在履行其社會責任時，它們所採取的行為是預防性的、未雨綢繆的，而不是被動性的、亡羊補牢的。這些行動是像這個樣子的：對公眾問題事前採取明確而正義的立場；預期社會未來的需要，並設法滿足這些需要；以自認為以後會對社會有利的事情和政府溝通等。

經濟責任

所謂經濟責任就是指替社會製造及提供有價值的產品及服務，以使企業能夠向債權人及股東交代。

法律責任

所謂法律責任就是指企業經營應在法律所約束的範圍內。

倫理責任

所謂倫理責任就是指企業遵循一般人所持有的信念，來決定該如何做。例如：法律雖然沒有明文規定企業必須與市民代表協商有關關廠的事宜，但是企業還是出面，邀請市民代表來協商。

自願性責任

所謂自願性的責任是指企業完全出於義務的去履行某件義務，例如：慈善捐款、訓練失業人士、設立育嬰中心等。

利益關係者

在任務環境中的各群體（元素）都會對關心企業的活動。這些群體就是企業的利益關係者（stakeholders），因為他們既會影響企業是否能達成其目標，也會被企業所影響。利益關係者包括：股東、工會、政府、供應商、公會、競爭者、社區、特殊利益團體。

內部受益者

內部受益者有三個明顯的群體：消費者、員工及股東（所有者）。這三個群體中的每一個群體，在組織中常有立即而明顯的衝突存在。

外部受益者

企業行為的外部受益者可分二類：特定和一般，此二類人士皆可由組織的行動中受惠，即使他們與企業之間沒有直接或明顯的利害關係存在。在特定的外部受益者方面，現今社會上有許多不同的利益團體，這些利益團體無不卯足全力以爭取其福祉為鵠的，這些利益團體通常代表著相當明確的個體集合，例如：少數民族團體、婦女團體、殘障和老人團體等，他們藉由政治及公眾意見來約束企業行為，以滿足其利益，甚至能夠促使法律的形成，以迫使企業支持他們。例如：有關公平就業機會的立法，能迫使企業在徵才、僱用和人員發展方面，不得具有歧視的行為。

企業在針對特定外部受益者所履行的社會責任，可以是義務性的、反應性的或前瞻性的。義務的行動是為了遵守反歧視待遇的法律而履行的。如果企業所履行的社會責任比法律條文所要求的還多，那麼就被認為是採取反應性的社會行為。社會前瞻性的行為不僅要尋求眼前問題的解決方法，也要誠意的去發掘原因，如此的行為包括了與少數民族的企業交易，對尚未就業的中堅分子提供訓練計畫以及為婦女做事業生涯規劃等。

不論這些行動是義務的、反應的或前瞻性的，最重要的是透過企業的努力，將可以增加它在經濟上、社會上和政治上的利益。

在一般的外部受益者方面，一般的外部受益者可以說是社會大眾。社會大眾會要求企業：(1)努力解決和預防的社會問題。企業應努力解決或預防環境和社會生態的問題，例如：水、空氣、噪音的汙染和浪費，以及輻射處理；(2)無條件提供贈品以提高民眾的教育品質、藝術氣質及公眾健康；(3)改善政府的行政管理品質；(4)支持慈善機構，以提高社區居民的品質。

消費者運動

消費者運動是指獨立的個人、群體及組織為保護消費者的權利所採取的行動。其所關心的問題是：安全的權利、被告知的權利、選擇的權利，及表達意見的權利。

社區關係

社區關係是指社區人士對於行銷者對社區福利所做的貢獻的關切，他們希望知道企業在解決社會問題上做了什麼事情。其所關心的問題包括：公平的問題、社會上的殘障人士、安全及健康、教育及一般福利。

綠色行銷

綠色行銷是指消費者所堅持的不僅是生活的公平性，而且也是一個健康的環境，以使得他們在有生之年維持高生活水準。其所關心的問題包括：森林與河川的保護與管理、水源汙染、空氣汙染、土地資源汙染。

註　釋

①V. E. Henderson, "The Ethical Side of Enterprise," *Sloan Management Review*, Summer 1982, p.38.

②Ethics Resource Center and Behavior Research Center. *Ethics Policies and Programs in American Business: Report of Landmark Survey of U.S. Corporation.* (Washington, D. C. : Ethics Resource

Center, 1990).

③有關企業倫理的有關文獻，可參考：廖湧祥，國內「企業倫理」研究文獻淺評，輔仁學誌，第30期，2000年，頁43-76。

④G. Starling, *The Changing Environment of Business* (Boston: Kent Publishing, 1980), pp.252-58.

⑤有些產品能在導入階段，由於功能創新、樣式新穎，的確可滿足顧客的需求。行銷者對這類產品通常會以高價配合大量的促銷費用（在以後的階段，價格則較低）來席捲市場。此即所謂的榨脂性定價（skimming pricing）或掠奪性定價（predatory pricing）。此外，利用特殊事件（如颱風），對特定貨品（如電池、抽水馬達、蔬菜）索取高價，也可稱為榨脂性定價。

⑥J. R. Wilke, and M. L. Carnevale, "Wrong Numbers: Nynex Overcharged Phone Units for Years, An FCC Audit Finds," *Wall Street Journal*, January 9, 1990, pp.1-10.

⑦P. M. Barrett, "Nintendo-Atari Zapping Contest Goes to Washington," *Wall Street Journal*, December 8, 1989, pp.1-4.

⑧A. B. Carroll, *Business and Society: Ethics and Stakeholder Management* (Cincinnati: South Western Publishing Company, 1989), p.45.

⑨S. P. Sethi, "A Conceptual Framework for Environmental Analysis of Social Issues and Evaluation of Business Response Patterns," *Academy of Management Review*, January 1979, pp.63-74.

⑩Milton Friedman, "The Social Responsibility of Business Is to Increase Its Profits," *New York Times Magazine*, September 1970, p.33, pp.122-26.

⑪K. Davis, "The Case for Against Business Assumption of Social Responsibility," *Academy of Management Journal*, June 1973, p.313.

⑫A. B. Carroll, "A Three Dimensional Conceptual Model of Corporate Performance," *Academy of Management Review*, October 1979, pp.497-505.

⑬L. Iacocca, *Iacocca: An Autobiography* (Toronto: Bantam Books, 1984), pp.196-197.

⑭K. E. Aupperle, Archie B. Carroll, and John D. Hatfield, "An Empirical Examination of the Relationship Between Corporate Social Responsibility and Responsibility and Profitability," *Academy of Management Journal*, June 1985, pp.446-63.

⑮"A Visionary Exits," *Time*, (January 20, 1986), p.44.

⑯K. Davis, "The Case for Against Business Assumption of Social Responsibility," *Academy of Management Journal*, June 1973, p.313.

⑰M. Moskowitz, "The Corporate Responsibility Champs and Chumps," *Business and Society Review*, Winter 1985, pp.4-5.

⑱M. A. Stroup, R. L. Newbert, and J. W. Anderson, "Doing Good, Doing Better: Two Views of Social

Responsibility," *Business Horizons*, March-April, 1987, p.23.

⑲產品生命週期（product life cycle, PLC）即產品自導入市場至消失於此市場所歷經的過程，也就是銷售量與利潤變化的過程。由於消費者對特定產品的消費會影響到產品生命週期的變化，同時產品生命週期不同，企業所面臨的競爭特性也不同，故企業應隨著不同的階段做適當的策略調整。產品生命週期可分為導入期（introduction）、快速成長期（rapid growth）、慢速成長期（slow growth）、成熟期（mature）以及衰退期（decline）。

1. 何謂倫理？何謂道德？其間有無相通或相異之處？

2. 產業面臨的主要道德問題是什麼？為什麼會有這些問題？

3. 何謂道德強度？它會受到什麼因素的影響？

4. 試繪圖說明道德標準。

5. 企業經理是否可能在個人生活上不具倫理觀，而在職業上具有倫理觀？個人生活倫理與職業生活倫理孰重？

6. 如果零售商直接向製造商採購，不經過中間商，這樣做是否涉及道德的問題？為什麼？如果廠商不透過經銷商直接銷售給最終顧客呢？

7. 試以道德的標準為基礎，分別以行銷組合變數來探討行銷道德問題，並提出改善之道。

8. 試評論下列的說法：「在商業組織中，不合乎道德的行為並不是那麼明顯的違法，或是那麼容易的被其員工或社會人士看出來是不合乎道德的行為。」

9. 如何控制非道德行為？

10.何以說在道德行為上「坐而言不如起而行」？

11.試比較社會義務觀點、社會反應觀點、社會前瞻觀點的不同。請應用上述觀念，舉例說明企業應如何盡上述各種責任。

12.試說明企業如何對消費者、員工及股東盡到社會責任。

13.試說明企業如何對外部受益者盡到社會責任。

14.何謂綠色行銷？為什麼綠色行銷作為在今日的行銷中扮演著一個重要的角色？

15.試說明消費者如何支持綠色行銷的理念。

企業管理

16.試描述歐美、臺灣廠商在3R、3E上的作為。

17.試描述歐美、臺灣廠商在各綠色等級上的作為。

18.試描述歐美、臺灣廠商的綠色行銷外部作為及內部作為。

19.鼓吹世界經濟應重回自由放任主義（laissez-faire）的經濟學家弗利德曼（Friedman, 1970），曾對傳統的社會責任觀念提出了抨擊。試評論弗利德曼的觀點。

20.試評論以下敘述：對於社會責任的界定並不是放諸四海皆準的，而是因文化規範（cultural norm）及文化價值（cultural value）的不同而定。

21.試評論以下敘述：《意外的電腦王國》一書作者柯林格利（Robert X. Cringely），描述微軟公司的比爾‧蓋茲（Bill Gates）為「……不介意用不名譽的方式贏錢；不管用什麼方法贏得勝利，都是勝利，蓋茲是個成功的賭徒」。試說明蓋茲所被描述的是否為高階管理者的特性？我們可以從哪些角度來評論柯林格利對蓋茲的看法？

22.臺灣各政黨人士、企業集團近年風行成立各種名目的基金會，有人認為他們的做法是藉以建立社會聲望、節稅。試說明你的看法。

23.有人說，臺灣勞工的韌性與認命，是創造經濟奇蹟的「英雄」。你同意嗎？為什麼？

24.台積電前董事長張忠謀指出：大家一直過度強調領導風格，事實上，很多領導者的風格都大異其趣──暴君、民主、好好先生、常拍員工肩膀等，但是他們仍然可以成功，所以企業的價值體系才是最重要因素。企業應該尊重人格，相信創新，致力於創造開放的、可以討論的、透明的環境，而且必須強調客戶導向的管理，每個客戶都是企業的合作夥伴。你同意他的看法嗎？為什麼？

25.前教育部長吳京認為，資訊社會消除知識差距，有賴資訊廠商生產更便宜的資訊產品，例如：微處理器等相關組件都應控制價格，使得人類社會均霑資訊科技的便利，以英特爾的地位，可為縮短社會知識差距做更多的努力，以回饋社會。你同意吳京的看法嗎？為什麼？

第四章

企業環境

本章重點：

1. 總體環境
2. 任務環境
3. 國際環境
4. 自然環境
5. 環境趨勢

　　企業並不是在真空狀態下經營的，它必須與其環境互動。社會對企業的產品及服務有所需求，企業才有生存的機會。在這個社會大環境中，企業要能扮演好角色，才能夠永續經營。職是之故，企業必須不斷地了解其環境中的主要變數，這些變數可能存在於企業的任務環境（task environment）之中，亦可能存在於更大的總體環境（macro environment）之中。任務環境所包括的變數，既會影響企業，又會被企業所影響。這些元素包括政府、社區、供應商、競爭者、顧客、債權人、工會、特殊利益團體，以及同業公會。任務環境就是企業在其中營運的產業。總體環境包括比較一般性的力量（或因素），這些力量並不會直接影響企業的短期活動，但是會影響企業的長期決策。

 **總體環境**

總體環境力量包括：
1.**經濟力量**：可對物料、貨幣、能源及資訊的交換加以管制。
2.**技術力量**：可產生解決問題的新技術。
3.**政治法律力量**：可調節權力的分配，並產生能夠達到約束及保護目的的法律和規範。
4.**社會文化力量**：可對價值觀、風俗等加以調節。

一、經濟環境

　　一個國家的經濟發展，必須充分創造國內需求，使每一種需求都產生連鎖反應的其他需求；如此一則可以使得經濟全面發展，一則可對資源有效運用，進一步以求國民生產毛額、國民所得的提高及國民生活素質的改善。與經濟環境息息相關的課題，包括：經濟制度、經濟活動與政府管制、經濟發展的決定因素、綠色GNP。

(一)經濟制度

　　土耳其右派《時代日報》引述聯合國人口基金會調查報告指出，前蘇聯帝國1991年崩潰之後，由於社會及經濟環境變遷劇烈，許多人無法適應，尤其身為一家之長的男人承受不了打擊，死亡率激增。自共產主義包吃包住的「均貧」制度，轉至自由市場競爭的資本主義制度，許多人面臨失業、缺乏競爭力及經濟陷入困境的

打擊，尤其是中年男人喪失「東山再起」的條件下，輕則消沉、酗酒，重則精神失常、自殺，是導致男人死亡率激增的主要原因。

基本的經濟制度可分為二種：計畫經濟（planned system）及市場導向經濟（market-directed system）。事實上，任何經濟制度均非完全的計畫式或是市場導向式的，大多數都屬於這二個極端的混合體制。

1.計畫經濟制度

在計畫經濟制度之下，政府的決策當局決定了由誰、何時、為誰生產何種產品及勞務，以及如何生產及分配。生產者對於生產何種產品及勞務，幾乎沒有任何選擇權，他們主要的任務是達成被指定的配額。價格是由政府當局所指定的，並且是非常僵化的（亦即價格無法反映市場上的供給或需要）。消費者通常會有某種程度的選擇自由，但產品與服務的配給可能是非常有限。像行銷研究、品牌策略及廣告通常都被忽略，或者根本付之闕如。在經濟環境非常單純，而且產品及服務種類相當有限的前提之下，計畫經濟制度可能可以有效地運作。這種制度適用於某些特殊情況之下，例如：在戰時。然而當經濟環境變得愈來愈複雜，這種制度就會遭遇到更多的困難，甚至會解體。如果政府的決策無法滿足民眾的需要，他們就會失去耐性，進而向政府抗爭。1993年4月，俄羅斯為了減低民眾的不滿情緒，遂進行公民投票，並進一步落實改革政策。

2.市場導向的經濟制度

在市場導向的經濟制度之下，各個生產者及消費者的決定，會彙集形成整個經濟社會的總體決策。在純粹以市場為導向的經濟制度之下，消費者在市場上所做的選擇，就等於在社會上做了生產的決策。他們透過「金錢選票」（dollar vote）決定由誰來生產何種產品。市場價格是社會如何衡量某特定產品及服務的概略指標。如果消費者願意以市場價格購買產品，顯然他們至少覺得划得來。

在追求利潤的前提之下，滿足消費者的新需求，替企業創造了無窮的機會。理想上，經濟的管制完全是民主式的。在市場導向的經濟制度之下，消費者具有最大的選擇自由。他們不會被強迫去購買任何產品及服務，但為了維護全民福祉的事情，例如：國防、學校、警察、防火、大眾運輸、公共健康服務等則是例外。這些服務都是由社會或社區所提供的，公民從納稅中享有這些服務。

同樣地，假如生產者能夠受到政府所設定的「遊戲規則」約束，他們也能自由地做他們所希望做的事。如果他們經營得當，就能夠生存，甚至獲得超額利潤，但是在利潤、生存及成長方面都沒有獲得保證。

我國的經濟制度在基本上是市場導向的，但並非百分之百如此。例如：政府除

了制定及執行「競賽規則」之外,還控制了利率及貨幣供給額。它也制定了有關輸入及輸出的規則,並且管制電視及廣播,有時甚至控制工資及物價等。政府也保護了人民的財產,監視契約的履行,確信人民不受剝削,阻止不公平的市場獨占,以及約束生產者所提供的產品及服務必須名符其實。

(二)經濟活動與政府管制

經濟活動的順利運作,有賴於政府履行上述的活動。然而,有人擔心政府的過度干預,會對市場導向的經濟活動造成威脅,並妨害了經濟及政治自由。

曾任雷根總統首席經濟顧問的Murry Weidenbaum最常引用的名言是:「如果認為解決美國產業問題的答案是需要更多的政府干預(government intervention),那就是在自欺欺人。如果任何一位企業管理者認為政府是他的朋友,那麼他就是太天真了!」政府(尤其是某些政治人物)常常誤認為企業最需要的是政府的照顧、津貼、優待,甚至是某些政策特例。人民當然希望政府提供國防、警察、消防等保護,以免於生命的恐懼。但是今天的企業所需要的是:競爭的壓力、創新的動力與自我的努力。在全球競爭力的劇烈競爭下,政府最重要的經濟功能,當然不是提供保護傘、溫室,而是提供一個練身房。更重要的,政府要脫胎換骨,變成一個「高效能」的政府。高效能的政府必須要提供:(1)一個公平的競爭環境,包括沒有哪個產業可以享有特權;(2)一個完善的基本建設,包括治安的改善;(3)一個前後不矛盾、措施一貫的財經政策,包括不能隨便放話的央行操作及股市;(4)一個政經分離的企業活動空間與投資去向,包括不能隨便扣上「以商逼官」的大帽子;(5)一個有效率的行政程序,包括再也不出現「只聞樓梯響」的承諾。(註①)

許多管理者會對於政府的管制(尤其在健康、安全、公平就業機會、能源、環保方面的管制)怨聲載道,他們抱怨這些不具生產力的大量支出會阻礙生產力的成長。(註②)我們目前並不能正確地估計對生產力的影響,但是根據資料,美國業者認為,其政府的管制造成每年生產力損失高達1,000億美元之譜。(註③)

在有些情況下,政府管制也會使管理者不能心無旁騖地做事。他們不得不花時間去猜測政府的下一次行動,而不能專心致力於生產及作業效率的改善。固特異輪胎公司(Goodyear Tire)曾經歷「被迫分心」的實例,該公司的電腦中心必須印出345,000頁的電腦報表,重達3,200磅,只為了要向政府說明某一個有關安全的規定。(註④)

當今一片「自由化」的熱潮下,有人認為政府干預必然會產生副作用,而產業政策的必要性也常被質疑。其實在這轉型階段中,政府的角色比以前更顯得吃重。

臺灣經濟需要進行全面的升級，這不單包括產業生產上的升級，更包括整個政治、社會、經濟制度上的配合，除了軟硬體基本建設之外，法令制度的全面翻修更是迫在眉睫的事情。在這個過程中，政府明顯地扮演著一個主導性的角色。無論是制度的重新規劃、不合時宜法令的修改、基礎建設的進行等，政府均是扮演龍頭角色，要提供協助與領導的功能，要協助維護私部門的遊戲規則。現在的重點是要建立新的、合理的遊戲規則，而不是以「放任」取代過時的規範。

(三)經濟發展的決定因素

什麼因素決定了經濟發展的輸贏？陶在樸根據哈佛大學教授巴羅（Robert J. Barro）在〈經濟發展的贏家與輸家〉一文的研究發現，歸納出三種因素：老化因素、政治經濟聯合因素，以及政治因素。

老化因素是一種成長率隨著人口平均GDP的增加而減緩的現象。人口平均GDP高，就好像一個人的成長進入成熟與老化，要進一步推動成長，必須付出更高的代價。

影響經濟成長緩慢的另一個主要人為因素是政治與經濟的畸形結合，以致政經糾葛不清，而官商勾結、金權、特權、黑道橫行、投機炒作、貪汙舞弊的現象更是層出不窮，這些因素大約使成長率損失千分之六。

影響經濟成長緩慢的第三個因素是政治的不穩定，這項因素使經濟成長率下降3%。

(四)綠色GNP

傳統的國民所得帳忽略了自然資源的稀少性、環境汙染導致生活水準降低等因素，因此，無法正確地衡量經濟的永續生產力，更無法估計對人民健康或社會福利的影響，所以，聯合國從十年前開始研究一套包含環境及經濟的全新「社會會計帳」，也就是通稱的「綠色國民所得帳」（Green GNP）。

我國綠色國民所得帳應包括四大類統計：經濟類項目與現在大同小異；資源類包括地下資源、水、空氣、野生動物等天然資源；環境品質類包括空氣汙染、水汙染、一級及有毒廢棄物處理等；人文社會類包括人口、婚姻、教育、居住環境及其他相關福利資源。

二、技術環境

　　技術上的改變會影響一個企業的命運，也會為企業創造機會。試看資訊科技對企業營運所造成的影響，以及教學設備、電腦輔助教學對教育的影響，電腦遊戲軟體對於玩具工具的影響，自動化出納設備對銀行的影響，合成纖維對衣服及毛毯工業的影響。科技在很多方面已經廣泛地改變了教學方式，教師必須學習電腦化教學的有關工具及方法，而學生也會深受新的學習方法所影響。電子化銀行業務已大幅減少了銀行的作業費用，而且使得銀行能對顧客提供更廣泛、更有效率的服務。

　　科學的發展、科技的創新將是未來變化的主要驅力。事實上，科技預測（technological forecasting）這個相當新的領域，已如雨後春筍般地發展。它可以幫助企業預測在一段特定的時間內，在一定資源的水準之下，會產生何種科技發展。管理者必須了解可能的技術變化，並儘早採取因應之道。西元2000年以後的技術突破有以下現象：

　　1.海底工作及掘礦。

　　2.機器裝置取代人類器官。

　　3.可靠的氣象預測。

　　4.機器人的廣泛運用。

　　5.網際網路的普遍，快速的資料傳輸。

　　6.人類的冬眠（避寒）時間將會更長。

　　7.對能源的有效掌握。

　　8.新而快速運輸系統的普及。

　　影響企業經營最主要的科技莫過於電腦與通訊（computer & communication, C&C）。電腦與通訊科技的進步，不僅提升了企業經營的效率，也改變了競爭的本質。

　　管理者首先需要明瞭：資訊科技不僅是電腦而已，它包含了企業所創造的、使用的任何資訊，以及與資訊處理相關的任何整合性科技。換句話說，除了電腦以外，尚有資料辨識設備（data recognition equipment）、通訊科技、工廠自動化設備以及其他硬體與軟體服務等。資訊革命影響競爭的三種方式為：

　　1.它改變了產業結構，因而改變了競爭規則。（註⑤）

　　2.經由資訊科技的運用來增加經營效率，並強化了競爭優勢。

　　3.它孕育出嶄新的事業，通常是經由公司內部現有的作業加以轉換或延伸後，所產生的新事業。

　　資訊革命的發生，全盤地影響了我們經濟體系中各個公司的運作。在獲取、處理及傳送資訊的成本負擔上愈來愈輕微，其結果改變了公司的經營方式。

　　絕大多數的管理者明瞭資訊革命的重要性，也投下了可觀的財力與精力去因應及掌握資訊科技的衝擊和影響。當他們面對競爭者運用資訊優勢時，他們也警覺到必須直接參與資訊科技的管理，但在這瞬息萬變的時代，他們卻不知應從何處著手。

　　面對資訊革命的挑戰，管理者應了解並掌握下列問題：

1.資訊科技影響競爭的程度有多深？如何掌握競爭優勢的來源？

2.公司應追求何種策略，以開發、利用新的科技？

3.對競爭者所採取的行動，公司應如何辨識與回應？

4.在眾多資訊科技的投資機會中，公司如何排定其優先順序？

三、政治法律環境

　　孟德斯鳩曾在其「論法的精神」開宗明義地說：「就廣泛的意義而言，法律是由事務的本質所衍生的必然關係。」這是一句值得讓所有人千古玩味的經典名句。法律，從來就不是一種簡單的現象或制度，它是從我們事實上如何生活，以及我們認為應該如何生活的交互詮釋實踐中所產生。不論是法的精神或事務的本質，一個民族的文化必然雕塑了該國的法律身影。

　　企業組織會受到無數法律、政策及管制活動的約束。對某些企業而言，政府的政策、法律管制可能是一種約束，但對其他的企業亦可能是一個契機。

(一)政治環境

　　政治因素會影響企業組織的運作。政治系統是一個廣義的名詞，由法律、政府機構、壓力團體等所組成。

　　在自由民主（liberal democracy）的政治體制之下，消費者及企業公司在不損及他人及社會的前提下，都可以自由地追求自我利益。

(二)法律環境

　　近年來的立法已日益影響企業活動，立法的主要目的有三：

1.採行保護性措施，保護本國企業，如進口稅之徵收，以及對外國廠商來臺投資的規定。

 **企業管理**

2.保護消費者,例如:支持消費者文教基金會的正當性(legitimacy)、「公平交易法」的實施,以匡正企業之間不正當的勾結。

3.保護社會較大利益不受無拘束的企業行為所影響,例如:制定法律對增加社會成本的企業行為加以禁止,或透過法律的制裁,勒令廠商負擔其所衍生的社會成本。

四、社會文化環境

社會文化因素包括:生活型態的改變、對生涯的期望、消費者主義、家庭的形成率、人口的年齡分布、人口的地理遷徙、對生命的期望、人口出生率等。

人口的成長率、人口的結構(註⑥)、人口的地理分布,均會影響對產品的需求。人口成長率乃在一段期間內,目前人口數與基期人口數的比例。人口結構乃是在某一時點,一國之內嬰兒、少年、青年、中年、老年人的比例。人口的成長率、結構、地理分布,均會影響到市場潛力,進而影響到企業獲利的能力及大小。

臺灣近年來社會文化環境現象如下:(1)臺灣邁入高齡化社會,2009年底老化指數65.05%,創歷年新高。老化指數與美國相當,比歐洲國家及日本低,但比亞洲其他國家如南韓、中國、新加坡來得高。65歲以上老年人口所占比例逐年攀升,內政部統計,2009年底達245萬7,648人,占總人口的10.63%,平均每10人中有1名老人;(註⑦)(2)臺灣平均生育子女數只有1.07人,不但全球最低;下降速度之快,也是其他國家僅見,幾千、幾萬元的生育津貼解決不了問題;(註⑧)(3)臺灣將近一半家庭陷入婚姻危機?千代文教基金會曾公布「臺灣家庭現況」大型問卷調查,結果顯示,有54.9%的夫妻一有爭執就冷戰,冷戰比吵架更有殺傷力,因為情緒找不到適當出口。冷戰是導致家庭不穩的因素之一,因為溝通正是維繫婚姻的重要元素;(註⑨)(4)內政部最新資料顯示,國內20到34歲的婦女生育率,連八年下降,35到39歲高齡產婦的生育率,卻連四年增加。(註⑩)

美國專家提出報告說,全球老年人口快速成長,將造成政府公共支出負擔增加,不論貧國、富國,經濟成長都將受拖累。2008年全球65歲以上人口為5.06億,到2040年將倍增至13億,占全球人口的14%。(註⑪)

人口與企業環境有著密不可分的關係,猶如Peter Drucker在《動盪時代下的經營》一書中強調,今後的動盪環境,泰半是由人口所造成的。因此,管理者應該仔細地研究人口結構環境。

第 二 節 任務環境

　　決定企業獲利性的基本因素就是產業吸引力（industry attractiveness）。（註⑫）企業如果能夠深入了解決定產業吸引力的競爭規則，必然比較能夠建立一套具有競爭優勢的策略。不論國內或國外，產業的競爭規則均蘊含於五種競爭力量（competitive forces）之中，這五種力量就是：新競爭者加入、替代品威脅、購買者議價能力、供應商議價能力以及競爭者，如圖4-1所示。

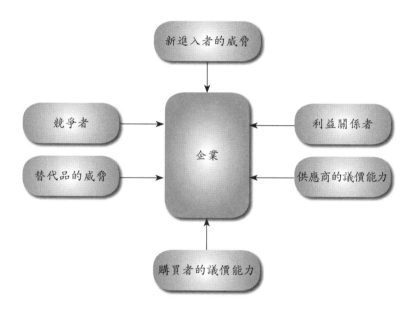

圖4-1　產業結構（任務環境）

來源：Michael E. Porter, *Competitive Strategy: Techniques for Analyzing Industries and Competitors* (The Free Press, 1980).

　　雖然波特只提出五種力量，但本書為了突顯利益關係者（工會、政府及任務環境中其他團體的力量）亦會對產業活動產生影響的事實，故認為有必要加上「利益關係者」這個力量。

　　這六種力量的整體力量或強度，決定了企業所獲得的投資報酬率是否會高於資本的成本。這六種力量隨著產業的不同而異，也隨著產業的演進而改變。在美國，這六種力量對於企業都有利的產業包括醫藥業及冷飲業。然而，競爭力量中任何一種或數種力量所造成的壓力（例如：在橡膠、鋼鐵以及電視遊樂器業），會使企業

企業管理

難收其利。因此，產業有無利潤不在於產品種類或技術水準，而是在於產業結構。有些看來不起眼的產業，如郵政磅秤、穀物，都屬於有利可圖的產業；反之，那些看來很誘人、屬於高科技的產業，如個人電腦業，對於許多新進入者來說，並不見得會有多麼高的利潤。

此六種力量可影響產業獲利率的原因，在於它們會影響在此產業中各企業的價格、成本及必要的投資——也就是決定投資報酬率的主要因素。購買者的議價能力不僅會影響企業所定的產品價格，也會影響企業的成本與投資，因為他們會要求「物美價廉」的產品及服務，替代品的出現也具有類似結果。供應商的能力決定了原料的成本，競爭者的競爭策略及競爭優勢，也會影響價格、企業的產品發展、廣告及銷售人員的成本。潛在進入者的威脅，也會壓低產品的價格。來自於政府及工會的壓力，也限制了企業的行動。

從上述分析來看，我們可以說競爭密度或強度（competitive intensity）最高的產業情況就是：任何企業可自由進入此產業，現有的企業對於購買者及供應商並無議價能力，競爭者眾多，替代品的威脅層出不窮，政府及工會的壓力不斷。

產業結構會隨著產業的演進而改變。結構的改變會造成整體或相對競爭力量的改變，因此對產業獲利性有正面的，也有負面的影響。對企業而言，最重要的產業趨勢就是最能影響產業結構的因素或競爭力量。

這六種競爭力量及結構的決定因素就是產業的內涵特性（intrinsic industry characteristics），企業的競爭策略就在於選擇適合的產業，以及比競爭者更了解、更能運用這六種競爭力量。這些都是任何企業的主要任務，也是企業競爭的本質。然而，企業並不一定必須受制於產業結構；企業可用適當的策略來改變產業結構。如果企業對產業結構的形成具有影響力，則基本上，它可改變產業的吸引力，使產業變得更具有吸引力或更不具有吸引力。許多成功的策略就是以此種方式來改變競爭的規則（rules of competition）。

在一特定的產業中，這六種競爭力量並不見得具有相同的重要性。隨著產業的不同，重要的產業結構因素（structural factors）亦會有所不同。每種產業都是獨特的，因此有其獨特的產業結構。這個包括六種競爭力量的架構，可以使企業看清楚產業結構的複雜性，並針對強化能增加其競爭優勢的決定性因素；同時能使企業確認可改變產業以及本身獲利性的策略性創新因素（strategic innovations）。

改變產業結構的策略好像是兩端鋒利的刀刃——有可能破壞，也有可能改善產業結構及獲利性，所謂「水能載舟，亦能覆舟」是也。例如：潛在進入者的新產品設計雖可以突破進入此產業的障礙，且會暫時享受到高利潤，但所造成的激烈競

爭，對產業的長期獲利性會有不良影響。

　　持續降價也會對運用差異化策略的企業產生不良影響。基本競爭（generic competition，例如：在食、衣、住、行等人類基本需要上的競爭）的存在，會增加購買者的價格敏感度，引發價格競爭及削弱促銷效果。為了要分散風險、減低資本成本而藉著聯合投資（joint venture）進入新行業的公司，也同樣會對產業結構有不良的影響。況且，聯合投資也會增加退出障礙（exit barrier），尤其是要退出的話，必須得到參與者同意的場合，更是如此。

　　企業在做策略上的選擇時，通常沒有考慮到其對產業結構的長期影響。這些企業對於如何提高競爭地位瞭若指掌，但對於競爭者的反應則不加注意。如果競爭者採取報復行為，則每個企業均將是受害者。產業結構的破壞者，多半是想盡各種方法，企圖克服競爭劣勢的企業，或是碰到嚴重問題，而急謀解決之道的企業，或是不知自己的成本結構，而對於產業環境抱著不切實際幻想的「笨」企業。

　　在形成產業結構方面，對於產業領導者特別是一種負擔。領導者一方面要保持其競爭地位，另一方面又要維護產業整體的健全。改善或保護產業結構，而不一味增加競爭優勢的做法，對產業的領導者比較有利。產業的領導者，如可口可樂及湯廚（Campbell's Soup）似乎遵守此項規則。

一、新進入者的威脅

　　擅長以法律訴訟打擊競爭對手的美國美光科技，終於如外界預期提出動態隨機存取記憶體（DRAM）反傾銷訴訟。由於供需嚴重失衡，全球動態隨機存取記憶體價格一再下跌，而臺灣業者卻發揮「好漢打落牙和血吞」的決心，無視於市場景氣低迷，依然堅持擴大產能，致使美、日大廠藉由減產拉抬價格的策略無法奏效，面臨臺灣廠商急起直追的挑戰，美光科技以傾銷訴訟打擊新的競爭者加入，自是策略考量最基本的出發點。

　　一個產業的新進入者通常會帶來新的產能以及資源，同時也想在市場上分一杯羹，因此會對既有的企業造成威脅。新進入者的威脅大小，要看目前進入障礙（entry barrier）的大小，及既有廠商所採取的報復行動而定。

二、競爭者

　　在產業中的企業都是相互影響的，一個企業所採取的競爭行動，經常會遭到同業的反擊與報復。大多數的產業，一家廠商的競爭行動會造成其他競爭者的連鎖反

應。競爭強度係決定於下列因素：

1.競爭者很多：競爭廠商多，競爭強度自然強。

2.產業成長緩慢：由於產業成長緩慢，尋求擴張的廠商將競爭轉為市場占有率的比賽，進而提高了競爭強度。

3.固定或儲存成本高：使得廠商必須快速地出清存貨，早日回收，故競相殺價，導致競爭的白熱化。

4.產品間沒有差異性。

5.退出障礙很高，迫使產業內騎虎難下的廠商有如過河卒子一般，只有拚命向前、放手一搏。

直接影響企業的競爭者行動有二種基本類型：同類型競爭（intratype competition）與異類型競爭（intertype competition）。同類型競爭發生在從事相同基本活動的企業間。例如：通用汽車和福特汽車為了汽車的銷售而競爭，肯德基炸雞和香雞城為了爭取顧客而競爭，大學之間為了教育經費、爭取資優生而競爭。異類型競爭發生在不同類型的企業間。例如：美國銀行為了爭取顧客的存款，必須和美國運通（American Express，發行信用卡的公司）及施樂百（Sears & Roebuck，零售連鎖店）等企業競爭。

三、替代品的威脅

基本上，在產業中的任何企業都會與製造替代品的產業相互競爭。由於替代品的存在，在某產業內的廠商所能夠獲得利潤的產品價格，就被設定上限。因此，此產業的潛在利潤受到限制。在1970年代，由於製造軟性飲料的蔗糖價格上漲，因此製造商紛紛改用高果糖含量的玉米漿做為替代品。

替代品對於既有產品的取代可以分為完全取代（complete substitution）及部分取代（partial substitution）。完全取代是技術驅動（technology driven）的結果，由新技術所製成的產品，完全取代了由舊技術所製成的產品；部分取代是市場驅動（market driven）的結果，由新技術所製成的產品，並沒有完全取代由舊技術所製成的產品，換句話說，舊產品還是有其需要。

四、購買者的議價能力

購買者可藉著壓低價格、要求更高品質的產品和服務來影響企業，並造成企業之間的相互競爭。在下列情況之下，購買者會具有更大的議價空間：

1.買方集中（地理上的集中及團結合作）或做大量採購（一次或長期）。

2.向該產業採購的產品，占購買者的成本重要比例。

3.購買的產品是標準或無差異性。

4.購買者擁有向後整合（backward integration，亦即將供應商的所有權握為己有）的能力。

5.購買者擁有相當充分的情報。

6.賣方的家數很多。

7.轉移向其他賣方購買的成本很低（亦即移轉成本很低）。例如：通用汽車公司向火石公司（Firestone）購買大量輪胎，通用公司的採購部門就可以向火石公司的行銷部門提出各種要求。如果通用公司能夠不費任何麻煩或成本，就可輕易地轉向固特異及通用輪胎公司採購，則通用公司的議價能力更大。大型製造商常要求小型供應商「剛好及時運送」（just-in-time delivery），後者為了獲得訂單，也只好扮演前者的倉儲部門的角色。

五、供應商的議價能力

供應商可藉著調高價格、降低供應物及服務的品質來影響企業。在下列情況之下，供應商會具有更大的議價空間：

1.供應商銷售的對象很多。

2.替代品不易取得。

3.供應商能向前整合（forward integration，亦即經銷商的所有權握為己有），並與其顧客做直接競爭。

4.購買者的產業只購買少量由供應商所提供的產品及服務。

例如：在1970年代，許多主要的石油公司之所以能夠提高價格、降低服務的品質，是因為許多採購者將石油做為主要的能源，同時短期內也不能夠轉而使用其他燃料替代品（如煤、核能等）。

六、利益關係者

利益關係者對企業的影響隨著產業不同而異。例如：政府會透過立法來約束企業的行為；環保署可對企業寶特瓶回收、汙染等依法加以約束；社會人士會對企業所造成的汙染提出抗議；工會會要求企業保障勞工的權益等。

公司的利益關係者是對於公司的行為及績效休戚與共的個人或群體。利益

企業管理

關係者可分為內部利益關係者及外部利益關係者。內部利益關係者（internal stakeholders）包括股東及員工（包括主要執行長、其他管理者及董事會）；外部利益關係者（external stakeholders）包括顧客、供應商、政府、工會、社區及一般大眾。此外，利益關係者也包括補助者。所謂補助者（complementor）是指一個企業（如微軟公司）或一個產業，而此企業或產業必須與另外一個企業（如英代爾）或產業共同配合，才能夠獲得相輔相成之效，否則對任何一個廠商都不利。所謂合則同蒙其利，分則兩敗俱傷。

第 三 節　國際環境 (註⑬)

國際環境包括：全球經濟環境、全球政治環境、全球法律環境、全球管制環境、全球社會文化環境，以下將逐一探討。

一、全球經濟環境

自第二次世界大戰以來，世界經濟已有重大改變，其中最基本的改變就是全球市場的興起，全球市場的興起自然造成方興未艾的全球競爭。同時，世界經濟的整合也有顯著增加的趨勢。在20世紀初期，全世界約有10%的國家進行經濟整合，但到21世紀此比率已經增高到接近50%。經濟整合最具成效的二個地區是：歐洲及北美自由貿易區。

(一)世界經濟重大改變

在過去十年來，世界經濟有四個重大的改變，而這些改變對於全球行銷有著重要涵義。全球行銷者必須認清這些改變的事實，並在全球行銷計畫及策略的擬定中，考慮到這些因素。全球經濟的重大改變有四：

1.世界經濟的原動力是資本移動，而非國際貿易

國際間在商品及服務上的貿易量每年約4兆美元，但是倫敦歐元市場（London Eurodollar market）每一個工作天的資金交易量就高達4千億美元，其每年的交易量是100兆美元，是全球貿易量的25倍。同時，全球外匯交易每年的金額約250兆美元，是全球商品及服務貿易量的62.5倍。（註⑭）

從以上的數據，我們可以了解，全球的資本移動遠遠超過商品及服務的貿易

量。這個現象也可以說明1980年上半年美國貿易赤字與貨幣升值同時發生的怪異情形（當一國出現貿易赤字時，其貨幣會貶值才對）。因為決定幣值的不僅是貿易量，也包括了資本移動。

2.生產力與就業人數無關

雖然在製造業的就業人數維持不變或較以前更為減少，但是其生產力不降反升。這個現象在美國的農業、製造業尤其明顯。美國製造業占GNP的比例，一向約在23-24%之間，近十年來這個比例一直維持不變，但是製造業人口卻已顯著減少。

3.全球經濟的興起，單一國家的經濟力量不再具有支配性

全球經濟儼然成為一個基本經濟單位。政府的政策制定者、企業的管理當局必須體認到這項事實，才能立足於世界舞臺之上。日本、德國的產品在世界市場上占有舉足輕重的地位，原因在於其政府的政策制定者、企業的管理當局充分體認到任何單一國家的經濟不再具有支配性，而必須與全球經濟及市場為著眼點。

4.電子商務的快速成長

B2B（企業對企業）、B2C（企業對消費者）電子商務的成長，使企業（尤其是小型企業）能剔除地理的藩籬，進行全球行銷。網際網路的普及、各種應用平臺的技術突破，更是造成電子商務蓬勃發展的功臣。

（二）促進全球經濟及貨幣穩定的組織

全球的和平與繁榮有賴於全球經濟的穩定。基於此種原因，在第二次世界大戰後，有一些國家在Bretton Wood舉行會議，成立了國際貨幣基金會（International Monetary Fund）及世界銀行（World Bank），這二個機構的總部設在華盛頓特區。它們在國際舞臺上持續地扮演著極為重要的角色，並且對於全球各國的貢獻既深且遠，其中最為顯著的就是它提供了一個「講臺」，使得各個具有爭辯性的財務議題都可透過它來進行高階層的溝通。

1.國際貨幣基金會

國際貨幣基金會的主要目的，在於建立有次序的、穩定的外匯市場、促使會員國間的貨幣的自由兌換、減低貿易障礙、向國際收支不平衡的國家提供援助。

2.世界銀行

世界銀行及其姊妹組織——國際財務公司（International Finance Corporation）及國際發展協會（International Development Association）——可向發展中國家提供長期貸款。

（三）保護主義及貿易限制

今日在國際貿易的舞臺上，最受爭議的國貿政策是「保護主義」（protectionism），亦即設立貿易障礙，企圖保護國內產業免受國外競爭。這些貿易障礙形式不一，最常見者為關稅（tariff）及配額（quota）。

1.關稅

所謂關稅是以進口貨為稅源的稅制，通常有三種形式：從量稅（specific tariff）、從價稅（valorem tariff）、混合稅（mixed tariff）。從量稅以進出口項目的數量為課稅依據；從價稅乃根據貨品的報價課稅，如20%的從價稅率，進口價值3,000美元的摩托車即須課600美元的稅金；混合稅則混合上述二種稅，如對每一項進口品課以50美元的基本稅，另外再加上20%的價值稅，總稅為兩者之和。關稅的目的可以用來增加財政收入（如徵收財政關稅），或是保護國內產業（如徵收保護關稅、經濟關稅）。

2.配額

所謂配額，即進口國家對某些可進口商品設下進口數量的限制，其目的在於減少外匯支出，保護國內的產業，並增加就業機會。

由於1980年代中期後，美國貿易赤字急遽爬升，要求採取措施保護本國產業的呼聲日益受到廣泛支持。美國進口鞋類業者建議採取配額，因為美國業界認為外國在貿易上有不公平的事實，他們甚至指派代表協助美國政府制定綜合貿易政策等，這些都是保護主義者的措施。

貿易赤字僅是形成保護主義的一項因素，此外，失業率的上升亦漸成為美國內部的社會及政治問題。據估計，每年因國外競爭而導致失去的工作機會超過二百萬個，經濟成長也因貿易收支失衡而遭受阻礙。

政府皆和其國內企業保持某種程度的合作關係，無論是經由保護國內產業對抗進口產品，或是提供利於出口的措施，而這些行動都源於該國的政治經濟哲學——政府參與某些產業，或是建立公平競賽的規則。前者如共產國家，政府扮演所有企業功能的計畫與執行的角色；後者如自由經濟國家，政府的角色則類似仲裁者。

（四）經濟整合

在目前及可預見的未來，世界的貿易投資往來經濟形式，已朝向大區域整合的方向發展。我們可以發現，區域之間挾其貿易規模所造成的大對決，以及在區域內透過資源分享以產生經濟優勢，將是未來不可避免的趨勢。

自第二次世界大戰以來，各國紛紛建立經濟合作的關係。依據經濟合作程度的不同，可以分為以下四類：自由貿易區、關稅同盟、共同市場以及經濟同盟，如表4-1所示，後者的經濟合作程度高於前者。

表4-1　國際經濟合作程度

經濟整合程度	剔除關稅與配額	共同關稅與配額	剔除生產因素流動的限制	經濟、社會及管制政策的統一
自由貿易區	✓	✗	✗	✗
關稅同盟	✓	✓	✗	✗
共同市場	✓	✓	✓	✗
經濟同盟	✓	✓	✓	✓

1.自由貿易區

自由貿易區（free trade area, FTA）是指一群國家互相同意剔除貿易障礙，例如：關稅與配額。2004年1月生效的北美自由貿易區就屬於自由貿易區。

2.關稅同盟

關稅同盟（customs union）是指各會員國之間設立共同的貿易障礙，例如：設立相同的關稅與配額。中美洲共同市場（Central American Common Market）就屬於此類。

3.共同市場

建立共同市場（common market）的會員國除了剔除貿易障礙之外，還共同允許生產因素（如勞力、資本）在各會員國之間自由移動。各會員國之間會尋求經濟與政治政策的協調，使得財貨、勞力、資本可以自由流通。

4.經濟同盟

經濟整合程度最高的就是經濟同盟（economic union）。在建立經濟同盟的各會員國之間會有統一的中央銀行、統一的貨幣，以及在農業、社會服務、福利、地區發展、運輸、建設、競爭與合併這些方面建立共同的政策。經濟同盟發展到「登峰造極」階段時，會有一個中央政府的產生，原先各國的政府就變成了地方政府。歐盟已逐漸朝經濟同盟的理想邁進，但是還有一些障礙待克服。

二、全球政治環境

加拿大前第一夫人杜魯道（Margaret Trudeau）曾出現在酒類廣告中，因而引起軒然大波，因為這個國家禁止以公眾人物（或長相類似者）做酒類廣告。不同國家有不同的法律限制，這是行銷者所必須注意的。

國際行銷者是在地主國的政治環境下進行其行銷活動，因此，有必要了解地主國的政府結構及與當地政府息息相關的課題。這些課題包括：政府行動與經濟發展階段、經濟制度與政治權力、政治風險、賦稅、對股東權益的控制權、徵收。

(一)政府行動與經濟發展階段

許多開發中國家的政府，透過保護措施及管制來掌控其經濟發展，其目的在於保護新興的、策略性的產業，進而促進經濟發展。相反地，當一國的經濟發展已達工業國家的階段時，該國政府常會強調「任何妨礙自由貿易的措施都是違法的」，並會通過及徹底實施反托拉斯法以鼓勵自由競爭。

(二)政治風險

你敢去一個政治動盪不安的國家投資設廠嗎？一國的政治風險常是國際行銷者最主要的考慮因素之一。一般而言，一國的政治風險的程度與該國的經濟發展階段成反比。在蘇聯解體、東歐各國脫離共黨的統治之後，這些國家曾一度出現了極為動盪的政局，如此大的政治風險會嚴重影響商業環境，使得投資者裹足不前。國際行銷者應審慎評估這些國家的未來政治動向——例如：是否仍堅持大民族主義（ultra-nationalist），或者縱容反西方勢力的抬頭（註⑮）——以做為拓展這些地區市場的主要參考。

(三)賦稅

一個企業的總公司可能設在甲國，但在乙國設廠，而與丙國進行國際貿易。像這樣具有地理分散性的企業，尤其必須深入了解相關國家的稅務行政。許多企業常以變更收入的來源地來達到節稅目的。據估計，在美國的外國企業拜「節稅」之利，使得美國政府每年短少了30億美元的稅收。

許多外國公司會貸款給在美國的分公司，而不直接投資以融資在美國的活動，這樣的做法可使該分公司抵減貸款利息以獲節稅之利。

各國的稅法皆不相同。許多國家間簽署了雙邊賦稅條款（bilateral tax

treaties），以對雙方的賦稅訂定互惠的賦稅條款，例如：對國外的賦稅提供tax credit。1977年經濟合作暨發展組織（the Organization for Economic Cooperation and Development, OECD）通過了所得及資本雙重賦稅基準協議（Model Double Taxation Convention on Income and Capital），以協助國家間的相互諮商。

一般而言，外國公司在地主國的納稅金額不會超過其在母國的納稅金額。這顯然可以減輕該公司的負擔。

(四)對股東權益的控制權

在聯合投資的情況下，為了要保持其對本國企業的控制權，或減低外國企業對本國企業的影響，常明文規定本國企業與外國企業的持股比率。例如：印度在1973年通過的《外匯管制法》（Foreign Exchange Regulation Act, FERA），規定外國公司的持股比率不得超過40%。（註⑯）

(五)徵收

徵收（expropriation）的問題是國際行銷者最為關切的主題之一。例如：香港於1997年從英國手中歸還中國之後，其政治情況已有重大改變。很多大公司似乎把這種政治轉變，視為能夠更深入滲透中國市場的一種機會，但也有一些公司深怕可能被「國有化」（nationalization）或被「充公」（confiscation）。國有化是指地主國政府獲取一個外資企業的所有權或管理權。充公就是地主國不承認外國公司有權在當地從事企業活動，而且逕自奪取外國公司的資產。這種剝奪外國公司或投資者利益的政府行動，在中南美洲時有所聞——1970年拉丁美洲的銅礦和森林被當地政府收回時，外國公司損失了數以百萬計的資產。（註⑰）

有些國家除了採取明目張膽的徵收措施之外，還採取所謂的「卑鄙的徵收」（creeping expropriation）——例如：限制利潤、股息、權利金及技術服務費等匯回母國；增加地方性參與（local content）的比例；限制僱用當地人員的最低配額；對進入該國的工業品產業、消費品產業設立關稅及非關稅障礙；剝奪智慧財產等。

我們應了解，國際貿易是互惠的行為，對國外企業的諸多不友善措施，會造成投資者的裹足不前，並會引起對方的報復。1980年代，拉丁美洲各國由於債臺高築、GNP成長緩慢，在歷經了所謂的「失落的十年」之後，遂解除許多限制性的、歧視性的法令，希望能再度吸引國外的直接投資及西方科技。

將利潤從外國轉回國內（repatriation）在某些國家是被限制的。為了克服此種

限制，有些企業會使用「移轉定價策略」（transfer pricing）。如一家瑞士公司在阿根廷有分公司，而阿根廷僅允許每年移轉一部分的利潤至母公司。因此，瑞士的母公司可能將分公司每個產品改為125美元（原為100美元），如此可從分公司移轉額外的25美元利潤至母公司。

三、全球法律環境

政府經常會透過立法來妨礙或阻止外國公司投資。許多低度開發國家認為，外國企業在本國的投資具有剝削性，因為並不能保障地主國的投資報酬。但是有些外債高築的國家已經改變政策，積極尋求外國投資。

《國際法》（international law）是約束國家行為的法令或原則。現今世界各國有兩大法派：一是《普通法》（common law），採行的國家有中歐國家、印度、巴基斯坦、馬來西亞、新加坡、美國；另一個是《民法》（civil law），採行的國家包括日本、韓國、泰國、印尼，而臺灣採行的是《民法》。採用《普通法》的國家，法院對於許多判決是依賴過去的判例，換句話說，過去判例的重要性不亞於現行的法令條文。

行銷於回教國家的國際行銷者，應對回教法律及其在商業上的涵義有深入的了解。《可蘭經》（Koran）及《聖訓》（Hadith）（基於穆罕默德的生活、口論及行為所建立的法令）是回教國家遵行不渝的戒令。

與商業活動息息相關的國際法律涉及：(1)商業關係的建立；(2)管轄權（jurisdiction）；(3)智慧財產，包括專利權與商標；(4)反托拉斯；(5)授權及商業機密；(6)賄賂及貪汙；(7)衝突解決、糾紛調解及訴訟。

(一)商業關係的建立

在與他國建立商業關係時，必須確認本國的企業在該國會受到公平的待遇。歐洲單一市場（single market）的建立，會使得會員國都受到公平的待遇。

美國已和世界上40餘國簽署了友誼、商業及航行條約。與地主國簽訂商業條約（commercial treaties），可使得本國企業在該國進行商業活動時享有特權，而不是權利。（註⑱）同時應注意的是，與他國簽署了商業條約，並不表示在地主國的本國企業就可以不受到母國管轄。美國商人即使在國外，亦須受到《國外貪汙防治法》（Foreign Corrupt Practices Act）的約束——不得賄賂外國官員及政治團體——即使在這些國家賄賂已是司空見慣的事情。

(二)管轄權

　　有時候去了解一個國家的哪些法律掌管國際合約，或者在該地區有無受到國際規則或法律的約束，是一件不容易的事。基於這個理由，大多數的國際合約都載明管轄權的條款（jurisdiction clause），其內容詳加記載如有爭議時，可以適用哪些法律等。為了解決這些爭議而經常引用的是：磋商、仲裁、訴訟。也就是說，盡可能的在庭外解決紛爭，因為在國外的法律糾紛要比國內的糾紛在處理上更費時，而且成本更高。

　　國際企業的駐外人員必須了解所在地主國的管轄權。美國對於在該國的外國企業（以及國際企業內的工作人員）的管轄權，是基於該企業在美國「做生意」的情形——有沒有辦公室、有沒有進行商業活動、有沒有在銀行開戶頭、是否擁有資產、是否有代理商等。在美國的露華濃公司（Revlon, Inc.）控告聯合海外有限公司（United Overseas Ltd.，以下簡稱UOL）違約，UOL以「不受管轄權約束」為由，向法院請求撤銷露華濃公司的告訴。然而，露華濃公司舉證道：「UOL在紐約有掛牌做生意，並擁有50%的股份。」最後，法院判決：不撤銷露華濃的告訴。（註⑲）

(三)智慧財產

　　在美國已註冊的專利權及商標，不見得會在其他的國家受到同樣的保護。有鑑於此，國際行銷者應確信在所有做貿易的國家都要註冊其專利權及商標。在美國，聯邦專利局（Federal Patent Office）負責所有的專利權、商標及著作權的核發、驗證事宜。產品的專利權一經獲得便終生享有，不論此產品是否在市場上已經銷聲匿跡。

　　各國政府對於專利權及商標的規定不一，例如：法國政府不允許香檳（Champagne）這個品牌名稱用在其他產品上（只允許用在香檳區所產的香檳酒）；YSL申請以香檳之名冠在其豪華香水上，卻被法國政府拒絕。在美國、德國、比利時等國家就沒有這樣的限制。

　　不論任何形式的專利權及商標侵害，在國際行銷上是一個相當嚴重的問題。仿冒（counterfeiting，未經許可而逕自複製及生產）、準仿冒（associative counterfeit，利用原品牌名，製造幾可亂真的產品，使消費者不意察覺）及剽竊，都會傷害專利權及商標的擁有者。

　　在許多國際專利權的協商中，《工業資產保護國際公約》（International Convention for the Protection of Industrial Property）是最重要的。此公約又稱為《巴黎聯盟》（Paris Union）——成立於1883年，現今有100餘個會員國。如果某一個

會員國在另一個會員國申請產品專利權，則在其他會員國內就自動享有一年的優先權（自申請日後算起）。其他值得一提的協議還有：《專利合作條約》（Patent Cooperation Treaty, PCT，共有39個簽約國，中國於1994年加入）；《歐洲專利公約》（European Patent Convention）。

(四)反托拉斯

美國及其他國家的反托拉斯法都是在打擊壟斷、鼓勵競爭。1890年美國通過的《修曼法》（Sherman Act）旨在禁止價格凍結、限制生產、分贓市場，以及任何阻礙競爭的行為。在美國，從事商業活動的外國企業及在外國從事商業活動的美國企業，均不得違反《修曼法》。在歐洲，歐洲委員會（European Commission, EC）禁止廠商之間達成任何可能會阻礙、扭曲競爭行為的協議。

1970-80年間，IBM在歐洲曾被控告違反歐洲委員會第86條規定。IBM的大型電腦System/370在歐洲具有55%的市場占有率，在英國、法國及德國的大型電腦市場，可以說是所向披靡。原告提出四項罪證，其中包括在定價中，未包括記憶體容量的價錢、不隨機附上作業系統等。近來，微軟公司在歐洲及美國也是受訟不斷。

(五)授權及商業機密

授權（licensing）是指授權者（licensor）授與被授權者（licensee）使用其商標、商業機密、技術及其他無形資產的契約協定。被授權者應付與權利金或其他報償。美國政府對於企業間的授權行為本身並沒有管制措施，不像歐洲聯盟、澳洲、日本及其他國家一般。授權的有限期限及內容、權利金的支付，應是企業間的協議，政府似乎無置喙的必要。在授權方面，國際行銷者應注意的是：授權的項目及價格、內容（包括使用、製造、銷售的權利）；在配銷協議方面，應注意是否具有獨家代理權及授權所涵蓋的地理範圍。

(六)賄賂及貪汙

當以現金、禮物或特殊恩惠的提供來獲得銷售訂單時，就涉及賄賂（bribery）的問題。為了影響決策結果，而施與的任何東西都構成賄賂。即使施與的結果對組織有利，也是不道德的，因為以長期觀點來看，它會影響到公平性。加拿大皇家石油公司（Imperial Oil）的《道德法典》（code of ethics）中提及：「除非主管知悉並允許，否則不能提供或接受價值超過25美元以上的禮物。」

美國的《外國貪汙管制法》（Foreign Corrupt Practices Act, FCPA）嚴禁向外國

政府官員直接或間接行賄，但是為了配合其他國家的實務，近年來，對外國政府的低階官員施以「小惠」，以免忍受官僚作風，也是法律允許的事。（註⑳）

(七)衝突解決、糾紛調解及訴訟

每個國家對於商業衝突的解決方式各有不同。美國每100,000人就有227位律師，可謂全世界律師比例最高的國家。這可能是因為美國強調「勇於面對、敢於競爭」（confrontational competitiveness）的文化及不採用民法（而採用普通法）的原因使然。（註㉑）

在國際貿易上，不同文化背景的國家間，在採購、銷售、建立聯合投資關係、競爭方面所造成的衝突現象已是屢見不鮮。美國企業與外國企業有衝突時，通常會喜歡在美國境內進行法律訴訟，以藉此享有母國法院的優勢。

商業糾紛不一定必須對簿公堂，有時藉著調解，反而對雙方更為有利（更快、更容易、更省錢）。在美國，商業糾紛是由美國仲裁協會（American Arbitration Association, AAA）來處理。1992年，AAA與北京協調中心（Beijing Conciliation Center）簽訂了合作協議。位於巴黎的國際商業局（International Chamber of Commerce），也是有名的國際仲裁機構。

四、全球管制環境

國際行銷的管制環境（regulatory environment）是指各種不同的機構（官方的、非官方的）對商業活動的制定規則、所施行的法律。這些管制機構——有時稱為國際經濟組織（international economic organizations）——對於國際行銷活動建立了許多約束，包括：價格管制、進口及出口的價值判定、國貿實務、標籤、食品及藥物管制、就業情況、共同協商、廣告內容以及競爭行動。（註㉒）

世界貿易組織

世界貿易組織（World Trade Organization, WTO，其前身為GATT）是對國際貿易活動具有廣泛及深遠影響的機構。WTO目前有120個會員國，其運作是基於三項原則：

1.**不得歧視**（nondiscrimination）：會員國之間須平等相待。

2.**開放市場**（open market）：除了關稅以外，會員國的政府不得有任何保護措施。

3.公平交易（fair trade）：會員國政府不得對製成品做出口補貼，只能有限度的對原產品做出口補貼。

然而，揆諸現今的國際貿易，非關稅障礙、對智慧財產權的缺乏保護，以及政府補貼等，都構成了實現WTO原則的絆腳石。

五、全球社會文化環境

國際行銷者常以「自我參考標準」（self-reference criterion, SRC）來評估國外的文化環境，（註㉓）換句話說，他們常以自己主觀的文化認知及文化經驗，來評估國外的文化。這樣的心態及做法所產生的誤解、扭曲現象，自是不言而喻。

雖然心理學大師榮格（Carl Jung）說過：「在本質上，無所謂誤解這件事，所謂誤解只發生在了解的領域中」（言下之意是，既不了解，何來誤解），但是我們認為，只有增加了解才可望避免誤解。為了減低由於認知障礙（主觀認知）所造成的曲解，國際行銷者應將SRC及種族中心主義（ethnocentrism）擱置一旁，以地主國的文化特質及規範（norms）來界定國際行銷問題與行銷目標。

對從事國際行銷的公司而言，文化因素的重要性，可從下面看出：如果你正在瑞典行銷嬰兒食品，因為這個國家人民有99%的識字率，你可以在各種不同的雜誌和報紙上刊登產品廣告，或許也可以包括此產品營養內容的資料。但是，如果在葉門，識字率僅33%左右，使用視覺的媒體，如海報等，則會更適當。

文化是依據團體價值所習得而來的行為組合。文化元素包括：語言、宗教、價值和態度、教育及社會組織。（註㉔）

(一)國家間文化的比較

在分析文化差異的研究成果方面，被引用得最為廣泛的就是何夫史提（Geert Hofstede）的研究。（註㉕）他曾針對全球四十個國家、116,000位員工進行「與工作有關的價值」研究，發現管理者和員工在五項價值尺度上有所差異。這五項價值尺度是：權力距離、個人主義及合群主義、生活數量與生活品質、避免不確定性、長期與短期導向。

1.權力距離（power distance）：一國人民接受「在機構及組織中權力分配不均」的程度，範圍從相對平均（低的權力距離）到極不平均（高的權力距離）。

2.個人主義及合群主義（individualism versus collectivism）：個人主義是指一國人民希望做為一個「個人」，而不是「群體成員」的程度。合群主義就等

於低度的個人主義。

　　3.**生活數量與生活品質**（quantity of live versus quality of life）：生活數量是指像專斷（assertiveness）、獲得物質及財富、競爭這樣的因素，被認為是有價值的程度。生活品質是指人們認為人際關係、關懷別人為有價值的程度。（註㉖）

　　4.**避免不確定性**（uncertainty avoidance）：係一國人民喜歡結構性情況（structured situation）多於非結構性情況（unstructured situation）的程度。結構性情況評點高的國家，人民普遍有不斷升高的焦慮感。這種焦慮感源自於緊張、壓力及侵略性。

　　5.**長期與短期導向**（long-term versus short-term orientation）：一個具有長期導向的國家，其人民看得比較長遠，並珍視節儉與堅毅精神；強調尊重傳統、盡社會義務。

　　表4-2顯示若干國家在以上五個尺度上的情形。我們不難了解，大多數亞洲國家比較崇尚合群主義；美國則是所有國家中，最強調個人主義的國家。

表4-2　若干國家在五個尺度上的情形

國家	權力距離	個人主義	生活數量	避免不確定性	長期導向
中國	高	低	中	中	高
法國	高	高	中	高	低
德國	低	高	高	中	中
印尼	高	低	中	低	低
日本	中	中	高	中	中
荷蘭	低	高	低	高	低
俄羅斯	高	中	低	高	中
美國	低	高	高	低	低

來源：Geert. Hofstede, "Cultural Constraints in Management Theories," *Academy of Management Executives*, February 1993, p.91.

(二)中國價值調查

　　何夫史提認為，其立論基礎大多是根據針對西方國家的調查而來，在他參考了中國社會科學家所發展的中國價值調查（Chinese Value Survey, CVS）之後，做了些修正，以突顯東方國家的文化特色。能夠展現東方文化的向度有：

　　1.**社會行為**（social behavior）：包括何夫史提向度中的前三項，也就是權力距離、個人主義／合群主義、生活數量／生活品質。

2.**儒家精神**（Confucian Dynamism）：也就是重視品德，而不追求真理。其次向度包括堅毅、長幼有序、節儉、廉恥。

何夫史提認為，以上反映東方國家文化特色的向度，固然能夠使該國具有高尚的道德情操，但是與經濟發展無關。影響經濟發展的還有兩個重要的因素：市場的存在、政治清明。

第 四 節　自然環境

自然環境包括組織可資運用或受到組織活動所影響的自然資源，空氣、水、礦物、植物、動物，都可能是組織的自然環境的一部分，組織可利用上述的某種資源來製造產品或服務，組織能否提供產品及服務也會受到氣候影響。組織活動會影響自然環境，因為這些活動會耗損或補添自然資源、汙染或潔淨空氣。

一、資源的可利用性

在傳統上，報紙、出版品的製造都必須消耗紙張、墨水。起司漢堡的製造必須利用到牛肉、乳酪及圓麵包，這二種產品的製造都必須利用到自然資源。組織對這些產品所設定的價格，與資源獲得的難易度有關。如果產品的需求超過了產能，那麼資源必然會匱乏。如果自然資源的供應不足或供應困難（如遇到禁運、戰爭、或政經抵制），則產品必定會供不應求。

當資源供應有限時，組織會有幾種不同的反應。他們會擬定一個新的行銷組合策略（marketing mix strategy），以高價提供限量的產品。在有些情況下，組織會採取逆行銷（demarketing），也就是採取減低需求的行銷活動。例如：採取逆行銷的電力公司會提供顧客許多節省電力能源的要訣，諸如使用絕緣材質，以保留冷、暖氣，利用電扇代替冷氣，使用更有能源效率的照明設備。實施逆行銷不僅可以節省能源，而且也可建立「維護自然資源」的良好形象。

在有些情況下，組織的行銷活動或其他活動會影響資源的長期可利用性（long-term availability）。例如：伐木公司可種植新樹；目錄公司可利用電話行銷或網路行銷來代替人員推銷，以節省汽車燃料的消耗。

二、聖嬰現象

從1997年底到1998年初，全球氣候大亂，出現百年以來最強烈的一次「聖嬰現象」（el niño）。聖嬰現象使得氣候的變化非常怪異，夏天不熱，冬天不冷，「涼夏暖冬」使得農作物生長脫序，也影響了民眾的消費習性。雨季少雨，乾季多雨，使得相關產業都傳出災情。

聖嬰年的來臨，使得臺灣的許多產業，例如：旅遊業、食品業、家電業、營造業、水泥業、鋼鐵業等，深受影響。

第 五 節 環境趨勢

2020年新型冠狀病毒疫情延燒全球。《富比世》（Forbes）刊登一篇標題為〈對冠狀病毒最佳因應方式國家，彼此間共通點為何？女性領導人〉，是由性平專家惠騰柏考克斯所撰寫文章，直接點出關鍵答案。

自疫情爆發以來，女性領導人雖只占全球政府首腦不到7%（全球152個國家的民選領導人當中，女性僅有十人），但繳出亮麗新冠疫情成績單者，絕多數為女性領導人，比例之高令全球驚豔。相較之下，不少國家由「大男人主義、不信科學」的男性領導，造成災難性的疫情爆發。

女性當政，可以讓決策更加多樣化；有女性參與的決策層，可以做出更周全的決定，體現兩性更多元的觀點。

參考來源：《經濟日報》，〈女力菁英學堂／女性領導人的優勢〉。2021年3月2日。

美國的奈士比公司（Naisbitt Group）每個月從所訂購的6,000份報紙中，將相關事件加以分類，並分析某些事件在未來出現的頻率。奈士比利用此種方法，分析出十大趨勢，簡述如下：（註⑦）

1.美國從工業化社會走向資訊化社會。

2.從傳統科技改變到高科技、高感度（Hi-tech hi-touch）的科技。

3.美國經濟從孤立、自給自足的結構，轉為世界性的經濟結構。

4.美國大型企業的主管開始以長期眼光來做規劃，特別強調策略規劃。

5.美國的經濟結構會趨於分散化（decentralizing），愈來愈多的企業會採行分權化的經營制度（把權力下授）。

6.傳統上「靠自己」（self-reliance）的價值觀再度建立，人們不再仰賴政府的協助。

7.從代議式的民主轉變到參與式的民主。

8.科層結構會解體，而電腦化的通訊網路會愈普遍。

9.人口從北部移往西部及西南部。

10.從有限的個人選擇的社會，轉變到多重選擇的社會。

1990年，奈士比又出版了《趨勢二千》（*Megatrend 2000*）一書，在書中他提到了十個新的趨勢：（註⑱）

1.1990年代全球經濟的景氣重現。

2.藝術的復興。

3.自由市場經濟的再度出現。

4.生活型態日趨國際性，但是各國仍保有自己文化的特色。

5.在福利國家（實施社會主義的國家），企業愈來愈有「私有化」的現象。

6.太平洋邊緣國家的興起。

7.女性領導者的世紀。

8.生物學的時代（生物科技的突破）。

9.宗教精神的復甦。

10.個人主義的抬頭。

如果奈士比描述的是正確的，那麼這些改變不僅會使美國企業帶來重大的衝擊，而且也會造成全球性的影響。由於這些趨勢會對企業造成莫大的影響，因此應將之視為策略因素而緊密地加以監視。

奈士比於2006年10月出版的《奈思比十一個未來定見》（*Mind Set!: Reset Your Thinking and See the Future*）一書中，具體呈現了他對未來的十一個定見：（註⑳）

定見1：不是所有事都在改變。

定見2：未來就從現在開始。

定見3：不要輕忽了統計數字。

定見4：盡情想像，別怕出錯。

定見5：未來就像一個拼圖。

定見6：不要走太快了。

定見7：變革，就要端出牛肉。

定見8：演變是需要時間的。

定見9：把握機會，不要急著解決問題。

定見10：要懂得去蕪存菁。

定見11：科技，始終來自人性。

重要名詞

總體環境

總體環境包括比較一般性的力量（或因素），這些力量並不會直接影響企業的短期活動，但是會影響企業的長期決策。總體環境力量包括：經濟力量、技術力量、政治法律力量、社會文化力量。

經濟環境

一個國家的經濟發展，必須充分創造國內需求，使每一種需求都產生連鎖反應的其他需求；如此一則可以使得經濟全面發展，一則可對資源有效運用，進一步以求國民生產毛額、國民所得的提高及國民生活素質的改善。與經濟環境息息相關的課題，包括經濟制度、經濟活動與政府管制、經濟發展、綠色GNP。

社會文化環境

社會文化因素包括：生活型態的改變、對生涯的期望、消費者主義、家庭的形成率、人口的年齡分布、人口的地理遷徙、對生命的期望、人口出生率等。

技術環境

科學的發展、科技的創新是影響企業經營的的主要技術驅力，也構成了影響企業經營的技術環境。

影響企業經營最主要的科技莫過於電腦與通訊（computer & communication, C & C）。電腦與通訊科技的進步，不僅提升了企業經營的效率，也改變了競爭的本質。管理者首先需要明瞭：資訊科技不僅是電腦而已，它包含了企業所創造的、使用的任何資訊，以及與資訊處理相關的任何整合性科技。換句話說，除了電腦以外，尚有資料辨識設備（data recognition equipment）、通訊科技、工廠自動化設備以及其他硬體與軟體服務等。

政治法律環境

政治因素會影響企業組織的運作。政治系統是一個廣義的名詞，由法律、政府機構、壓力團體等所組成。在自由民主（liberal democracy）的政治體制之下，消費者以及企業公司在不損及他人及社會的前提下，都可以自由地追求自我利益。

企業管理

近年來的立法已日益影響企業活動，立法的主要目的有三：(1)採行保護性措施，保護本國企業；(2)保護消費者；(3)保護社會的較大利益不受無拘束的企業行為所影響。

任務環境

任務環境所包括的變數，既會影響企業，又會被企業所影響。這些元素包括：政府、社區、供應商、競爭者、顧客、債權人、工會、特殊利益團體以及同業公會。任務環境就是企業在其中營運的產業。

計畫經濟制度

在計畫經濟制度之下，政府的決策當局決定了由誰、何時、為誰生產何種產品及勞務，以及如何生產及分配。生產者對於生產何種產品及勞務，幾乎沒有任何選擇權。他們主要的任務即是在於達成被指定的配額。價格是由政府當局所指定的，並且是非常僵化的（亦即價格無法反映市場上的供給或需要）。消費者通常會有某種程度的選擇自由，但產品與服務的配給，可能是非常有限。

市場導向經濟制度

在市場導向的經濟制度之下，各個生產者及消費者的決定，會彙集形成了整個經濟社會的總體決策。在純粹以市場為導向的經濟制度之下，消費者在市場上所做的選擇，就等於在社會上做了生產的決策。他們透過「金錢選票」（dollar vote）決定了由誰來生產何種產品。市場價格是社會如何衡量某特定產品及服務的概略指標。如果消費者願意以市場價格購買產品，顯然他們至少覺得划得來。

政府管制

政府對於產業、企業行為的約束（尤其在健康、安全、公平就業機會、能源、環保方面）。

綠色**GNP**

傳統的國民所得帳忽略了自然資源的稀少性、環境汙染導致生活水準降低等因素，因此無法正確地衡量經濟的永續生產力，更無法估計對人民健康或社會福利的影響，所以聯合國從十年前開始研究一套包含環境及經濟的全新「社會會計帳」，也就是通稱的「綠色國民所得帳」（Green GNP）。

任務環境

依據波特（Michael Porter）的看法，不論國內或國外，產業的競爭規則均蘊含於五種競爭力量（competitive forces）之中，這五種力量就是：新競爭者的加入、替代品的威脅、購買者的議價能力、供應商的議價能力以及競爭者，這五種力量就是構成任務環境的因素。

競爭密度

競爭密度或強度（competitive intensity）可衡量企業受到新競爭者、替代品、購買者、供

126

應商以及競爭者這些因素中的威脅強度。競爭密度或強度最高的產業情況是：任何企業可自由進入此產業，現有的企業對於購買者及供應商並無議價能力，競爭者眾多，替代品的威脅層出不窮，政府及工會的壓力不斷。

產業結構因素

是指波特所提出的五種力量，及本書所提出的利益關係者（工會、政府及任務環境中其他團體的力量）。

基本競爭

基本競爭（generic competition）是指在食、衣、住、行等人類基本需要上的競爭。

同類型競爭

同類型競爭（intratype competition）發生在從事相同基本活動的企業間。通用汽車和福特汽車為了汽車的銷售而競爭，肯德基炸雞和香雞城為了爭取顧客而競爭，大學之間為了教育經費、爭取資優生而競爭。

異類型競爭

異類型競爭（intertype competition）發生在不同類型的企業間。例如：在美國銀行為了爭取顧客的存款，必須和美國運通（American Express，發行信用卡的公司）及施樂百（Sears & Roebuck，零售連鎖店）等企業競爭。

完全取代

完全取代（complete substitution）是技術驅動（technology driven）的結果；由新技術所製成的產品，完全取代了由舊技術所製成的產品。

部分取代

部分取代（partial substitution）是市場驅動（market driven）的結果；由新技術所製成的產品，並沒有完全地取代了由舊技術所製成的產品；換句話說，舊產品還是有需要。

國際環境

國際環境包括：全球經濟環境、全球政治環境、國際法律環境、管制環境及全球社會文化環境。

國際貨幣基金會

國際貨幣基金會的主要目的，在於建立有次序的、穩定的外匯市場、促使會員國間的貨幣自由兌換、減低貿易障礙、向國際收支不平衡的國家提供援助。

世界銀行

世界銀行及其姊妹組織——國際財務公司（International Finance Corporation）及國際發展協會（International Development Association）——可向發展中的國家提供長期貸款。

關稅

所謂關稅是以進口貨為稅源的稅制,通常有三種形式:從量稅(specific tariff)、從價稅(valorem tariff)、混合稅(mixed tariff)。從量稅以進出口項目的數量為課稅依據;從價稅乃根據貨品的報價課稅,如20%的從價稅率,進口價值3,000美元的摩托車即須課600美元的稅金;混合稅則混合上述二種稅,如對每一項進口品課以50美元的基本稅,另外再加上20%的價值稅,總稅為兩者之和。關稅的目的可以用來增加財政收入(如徵收財政關稅),或是保護國內產業(如徵收保護關稅、經濟關稅)。

配額

所謂配額,即進口國家對某些可進口商品設下進口數量的限制,其目的在於減少外匯支出,保護國內的產業,並增加就業機會。

政治風險

一國的政治風險常是國際行銷者最主要的考慮因素之一。一般而言,一國的政治風險的程度與該國的經濟發展階段成反比。在蘇聯解體、東歐各國脫離共黨的統治之後,這些國家曾一度出現了極為動盪的政局,如此大的政治風險會嚴重影響商業環境,使得投資者裹足不前。國際行銷者應審慎評估這些國家的未來政治動向——例如:是否仍堅持大民族主義(ultra-nationalist),或者縱容反西方勢力的抬頭——以做為拓展這些地區的市場的主要參考。

賦稅

一個企業的總公司可能設在設在甲國,但在乙國設廠,而與丙國進行國際貿易。像這樣具有地理分散性的企業,尤其必須深入了解相關國家的稅務行政。

各國的稅法皆不相同。許多國家間簽署了雙邊賦稅條款(bilateral tax treaties),以對雙方的賦稅訂定互惠的賦稅條款,例如:對國外的賦稅提供tax credit。1977年經濟合作暨發展組織(the Organization for Economic Cooperation and Development, OECD)通過了所得及資本雙重賦稅基準協議(Model Double Taxation Convention on Income and Capital),以協助國家間的相互諮商。

一般而言,外國公司在地主國的納稅金額不會超過其在母國的納稅金額。這顯然可以減輕該公司的負擔。

徵收

徵收(expropriation)的問題是國際行銷者最為關切的主題之一。有一些公司深怕可能被「國有化」(nationalization)或被「充公」(confiscation)。國有化是指地主國政府獲取一個外資企業的所有權或管理權,充公就是地主國不承認外國公司有權在當地從事企業活動,而且逕自奪取外國公司的資產。

有些國家除了採取明目張膽的徵收措施之外，還採取所謂的「卑鄙的徵收」（creeping expropriation）。例如：限制利潤、股息、權利金、及技術服務費等匯回母國；增加地方性參與（local content）的比例；限制僱用當地人員的最低配額；對進入該國的工業品產業、消費品產業設立關稅及非關稅障礙；剝奪智慧財產等。

管轄權

有時候去了解一個國家的哪些法律掌管國際合約，或者在這個地區有無受到國際規則或法律的約束，是一件相當不容易的事。基於這個理由，大多數的國際合約都載有管轄權的條款（jurisdiction clause），其內容詳加記載如有爭議，哪些法律可以適用等。為了解決這些爭議而經常引用的是：磋商、仲裁、訴訟。也就是說，盡可能地在庭外解決紛爭，因為在國外的法律糾紛要比國內的糾紛在處理上更費時間，而且成本更高。

智慧財產

在美國已註冊的專利權及商標，不見得會在其他的國家受到同樣的保護。有鑑於此，國際行銷者應確信在所有作貿易的國家都要註冊其專利權及商標。在美國，聯邦專利局（Federal Patent Office）負責所有的專利權、商標及著作權的核發、驗證事宜。產品的專利權一經獲得便終生享有，不論此產品是否在市場上已經銷聲匿跡。

各國政府對於專利權及商標的規定不一。不論任何形式的專利權及商標侵害，在國際行銷上是一個相當嚴重的問題。在許多國際專利權的協商中，《工業資產保護國際公約》（International Convention for the Protection of Industrial Property）是最重要的。其他值得一提的協議還有：《專利合作條約》（Patent Cooperation Treaty, PCT，共有39個簽約國，中國於1994年加入）；《歐洲專利公約》（European Patent Convention）。

反托拉斯

美國及其他國家的反托拉斯法都是在打擊壟斷、鼓勵競爭。1890年美國通過的《修曼法》（Sherman Act）旨在禁止價格凍結、限制生產、分贓市場以及任何阻礙競爭的行為。在美國從事商業活動的外國企業及在外國從事商業活動的美國企業均不得違反《修曼法》。在歐洲，歐洲委員會（European Commission, EC）禁止廠商之間達成任何可能會阻礙、扭曲競爭行為的協議。

授權

授權（licensing）是指授權者（licensor）授與被授權者（licensee）使用其商標、商業機密、技術及其他無形資產的契約協定。被授權者應付與權利金或其他報償。

商業機密

包括產品使用、製造、銷售方面的機密等。

世界貿易組織

世界貿易組織（World Trade Organization，簡稱WTO，其前身為GATT）是對國際貿易活動具有廣泛及深遠影響的機構。WTO目前有120個會員國，其運作是基於三項原則：(1)不得歧視（nondiscrimination），會員國之間須平等相待；(2)開放市場（open market），除了關稅以外，會員國的政府不得有任何保護措施；(3)公平交易（fair trade），會員國政府不得對製成品做出口補貼，只能有限度地對原產品做出口補貼。

然而，揆諸現今的國際貿易，非關稅障礙、對智慧財產權的缺乏保護以及政府補貼等，都構成了實現WTO原則的絆腳石。

權力距離

一國人民接受「在機構及組織中權力分配不均」的程度，範圍從相對平均（低的權力距離）到極不平均（高的權力距離）。

個人主義

個人主義是指一國人民希望做為一個「個人」，而不是「群體成員」的程度。

合群主義

合群主義就等於低度的個人主義。

生活數量

生活數量是指像專斷（assertiveness）、獲得物質及財富、競爭這樣的因素，被認為是有價值的程度。

生活品質

生活品質是指人們認為人際關係、關懷別人為有價值的程度。

避免不確定性

係一國人民喜歡結構性情況（structured situation）多於非結構性情況（unstructured situation）的程度。結構性情況評點高的國家，人民普遍有不斷升高的焦慮感。這種焦慮感源自於緊張、壓力及侵略性。

長期導向

一個具有長期導向的國家，其人民看得比較長遠，並珍視節儉與堅毅精神；強調尊重傳統、盡社會義務。

短期導向

一個具有短期導向的國家，其人民比較短視，並不珍視節儉與堅毅精神；不強調尊重傳統、不盡社會義務。

自然環境

自然環境包括了組織可資運用或受到組織活動所影響的自然資源。空氣、水、礦物、植

物、動物，都可能是組織的自然環境的一部分。組織可利用上述的某種資源來製造產品或服務。組織是否能夠提供產品及服務也會受到氣候影響。組織活動會影響自然環境，因為這些活動會耗損或補添自然資源、汙染或潔淨空氣。

趨勢二千

美國的奈士比公司（Naisbitt Group）每個月從所訂購的六千份報紙中，將相關事件加以分類，並分析某些事件在未來出現的頻率。奈士比利用此種方法，分析出十大趨勢。1990年，奈士比出版了《趨勢二千》（*Megatrend 2000*）一書，在書中，他提到了十個新的趨勢：(1)1990年代全球經濟的景氣重現；(2)藝術的復興；(3)自由市場經濟的再度出現；(4)生活型態日趨國際性，但是各國仍保有自己文化的特色；(5)在福利國家（實施社會主義的國家），企業愈來愈有「私有化」的現象；(6)太平洋邊緣國家的興起；(7)女性領導者的世紀；(8)生物學的時代（生物科技的突破）；(9)宗教精神的復甦；(10)個人主義的抬頭。

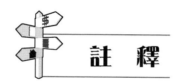

註　釋

①摘自高希均，什麼才是臺灣企業的護身符？給臺商一個練身房，聯合報，97.12.5。

②Robert E. McGarrah, "The Productivity Crisis: Illusions and Realities," *Management World*, May 1982, pp.8-11.

③Joel E. Ross, *Productivity, People and Profits* (Reston, Va.: Reston Publishing, 1961), p.7.

④Ralph E. Winter, "Many Businesses blame Governmental Policies for Productivity Lag," *The Wall Street Journal*, October 28, 1980, p.1.

⑤有關「產業結構」的說明，可見本章圖4-1。至於為什麼資訊科技會改變產業結構，進而改變了競爭規則？可參考：榮泰生著，網路行銷（臺北：五南書局，2006年），第三章。

⑥于宗先，人口悄悄減少，問題慢慢浮現（聯合報，86.3.19）。如欲了解詳細的資料，可進入「行政院主計處」的網頁（http://www.dgbasey.gov.tw），以檢索相關資料。

⑦謝佳珍，中央社，2010.1.23。

⑧林秀美，聯合報，2009.11.28。

⑨林怡秀，醒報新聞網，2010.1.20。

⑩許玉君，聯合報，2010.1.31。

⑪朱小明，聯合晚報，2009.7.20。

⑫Michael E. Porter, *Competitive Strategies: Techniques for Analyzing Industries and Competitors* (New York: Free Press, 1980), chap.2.

⑬如欲對國際環境做進一步的了解,可參考:榮泰生編著,全球行銷管理(臺中:滄海書局,2005年)。

⑭Alan C. Shapiro, *Multinational Finance Management*, 3rd ed. (Boston: Allyn & Bacon, 2005), p.116.

⑮根據Daniel Yergin and Thane Gustafson, *Russia 2010 and What It Means for the World* (New York: Vintage Books, 1995)的看法,俄羅斯到目前為止仍然是政治風險極高的國家,因此,國際行銷者應持續地做審慎評估。

⑯Dennis J. Encarnation and Sushil Vachani, "Foreign Ownership: When Hosts Change the Rules," *Harvard Business Review*, September-October 1985, pp.152-160.

⑰在國有化的情況下,地主國政府通常會對外國企業或投資者給予賠償,但充公則不然。詳細的討論可參考:Franklin R. Root, *Entry Strategies for International Market* (New York: Lexington Books, 1994).

⑱Stefan H. Robock and Kenneth Simmonds, *International Business Multinational Enterprise* (Homewood, Ill.: Irwin, 1989).

⑲Joseph Ortego and John Kardisch, "Foreign Companies Can Limit the risk of Being Subject to U.S. Courts," *National Law Journal* 17, no.3, September 19, 1994, p.c2+.

⑳這在1988年雷根通過的Omnibus Trade and Competitive Act中有詳細規定。所謂小惠包括為了通關順利、獲得許可證或獲得簽證所給予的一些「賞金」。

㉑Shoza Ota and Kahei Rokumoto, "Issues of the Lawyer Population: Japan," Case Western Reserve Journal of International law, Spring, 1993.

㉒Sergei A. Voitovich, "Normative Acts of International Economic Organizations in International Law making," *Journal of World Trade*, August 4, 1990, pp.21-38.

㉓James A. Lee, "Cultural Analysis in Overseas Operations," *Harvard Business Review*, March-April 1966, pp.106-114.

㉔V. Terpstra, *The Cultural Environment of International Business* (Cincinnati: South-Western, 1978).

㉕Geert. Hofstede, *Cultural Consequences: International Differences in Work Related Values* (Beverly Hills, CA: Sage, 1980); Geert. Hofstede, "Cultural Constraints in Management Theories," *Academy of Management Executives*, February 1993, pp.81-94.

㉖原研究者Geert Hofstede將此尺度稱為男性化/女性化。在男性化的社會中,男性被期待為獨斷的(assertive)、競爭的(competitive)、關心物質上的成功;而女性則需扮演孕育者的角色,並且要關心像兒童福利這樣的問題。本書認為男性化/女性化有點性別歧視的味道,故

以生活數量／生活品質來替代。

㉗欲進一步了解的讀者，可參考：John Naisbitt, Megatrends: *The New Directions Transforming Our Lives* (New York: Warner Books, 1982).該作者在1997年1月的《讀者文摘》中提到：「亞洲於1990年代壯大興盛，預料進入2000年就會在經濟、政治、文化上逐漸成為世界中心。」

㉘John Naisbitt , and P. Aburdene, *Megatrends 2000* (New York: Avon Books, 1990).

㉙http://www.bookzone.com.tw/event/cb349/p03.asp#01.

自我評量

1. 總體環境力量，包括哪些？

2. 基本的經濟制度可分為二種：計畫經濟（planned system）及市場導向經濟（market-directed system）。試加以說明。

3. 試說明經濟活動與政府管制的關係。

4. 什麼因素決定了經濟發展的輸贏？陶在樸根據哈佛大學教授巴羅（Robert J. Barro）在〈經濟發展的贏家與輸家〉一文的研究發現，歸納出哪三種因素？

5. 何謂綠色GNP？

6. 科學的發展、科技的創新將是未來變化的主要驅力。事實上，科技預測（technological forecasting）這個相當新的領域已如雨後春筍般地發展。它可以幫助企業預測在一段特定的時間內，在一定資源的水準之下，會產生什麼樣的科技發展。管理者必須了解可能的技術變化，並儘早採取因應之道。西元2000年以後的技術突破有哪些現象？

7. 管理者首先需要明白：資訊科技不僅是電腦而已，它包含企業所創造的、使用的任何資訊，以及與資訊處理相關的任何整合性科技。換句話說，除了電腦以外，尚有資料辨識設備（data recognition equipment）、通訊科技、工廠自動化設備，以及其他硬體與軟體服務等。資訊革命影響競爭的方式有哪三種？

8. 面對資訊革命的挑戰，管理者應了解並掌握哪些問題？

9. 試說明政治環境。

10.試說明法律環境。

11.試說明社會文化環境。

12. 任務環境有哪些因素？

13.（承上題）如何決定其中的哪些因素是策略因素？

14. 完全取代與部分取代有何不同？並舉例說明。

15. 既有廠商如何對潛在進入者設定進入障礙？

16. 在何種情況之下，購買者會有更大的議價空間？

17. 在何種情況之下，供應商會有更大的議價空間？

18. 利益關係者是指誰？他們對企業的影響分別如何？

19. 競爭強度決定於哪些因素？

20. 試以任務環境的元素描述一個具有吸引力的產業？

21. 綠色GNP包括哪些國民所得帳？企業可採取哪些行動來提高國家的綠色GNP？

22. 各地主國所處的經濟發展階段，對於一個國際行銷者而言有何重要？

23. 在過去十年來，世界經濟有四個重大的改變，而這些改變對於全球行銷有著重要的涵義。全球行銷者必須認清這些改變的事實，並在全球行銷計畫及策略的擬定中，考慮到這些因素。全球經濟的重大改變有哪些？

24. 試扼要說明國際貨幣基金會及世界銀行的功用。

25. 貿易障礙有哪些？對一個外銷公司而言，如何避免地主國所設立的貿易障礙？

26. 試說明WTO的宗旨及功用。

27. 試說明世界上重要的經濟整合體。

28. 試說明政府行動與經濟發展階段的關係。

29. 試說明經濟制度與政治權力的關係。

30. 一國的政治風險程度與該國經濟發展階段呈現何種關係？試舉例說明。

31. 為什麼多國公司必須了解地主國的賦稅制度？

32. 試說明某些國家的賦稅制度。

33. 為什麼各國會明文規定本國企業與外國企業的持股比率？試以某國為例說明之。

34. 何以徵收是國際行銷者最為關切的主題？

35. 試說明與商業活動息息相關的國際法律。

36. 試說明WTO運作的原則。這些原則為什麼會對各會員國的貿易帶來利益？

37. 在國際貿易中，政府扮演了什麼角色？

38. 某公司欲前往美國、加拿大、英國等國投資，試說明這些國家的法律及管制。

39. 為什麼在國際行銷時，了解地主國的社會文化環境是非常重要的？

40. 就你的了解中，有哪些德語、法語、西班牙語、華語已經被英語引用，而已經

　　成為英語的一部分？（例如：德語的panzer、kindergarten；法語的rendezvous、bourgeois；西班牙語的mantilla, sombrello；華語的舢舨、苦力、恭喜發財。）

41.為什麼對國際行銷者而言，語言是文化中的最重要因素？

42.試舉例說明「宗教影響了人們對生命、生命價值的觀念及看法」。

43.了解地主國人民的價值觀對國際行銷者而言，為什麼非常重要？

44.試說明一國國民的價值觀如何影響其態度與行為。

45.對於地主國的教育及識字率的了解，如何能幫助國際行銷者擬定其國際行銷決策？

46.試說明Geert Hofstede架構的各向度，及各向度在管理上的涵義。

47.試說明Geert Hofstede架構的中國觀點。

48.聖嬰年的來臨使得臺灣許多產業，例如：旅遊業、食品業、家電業、營造業、水泥業、鋼鐵業等，受到了相當嚴重影響，試舉例說明。

49.奈士比的《奈思比十一個未來定見》一書中，具體呈現了對未來的十一個定見。這些看法是他回顧自己生平，剖析許許多多的事例統整而成，引導讀者心領神會，以正確的態度面對未來，精準地看清楚趨勢所營造的契機，善加掌握、開創未來。書中所描述的定見有哪些？試提出你的心得。

第貳篇

管理功能

第五章

規劃與決策

本章重點：

第 一 節 規劃的重要性

簡單地說，規劃（planning）是現在決定未來的事情。企業中的各部門皆必須做規劃。如行銷經理必須估計未來的銷售額，並依地區別、產品別等來規劃。規劃的重要性包括：(1)規劃是有效的協調工具；(2)規劃可為改變做準備；(3)規劃可建立績效評估的標準；(4)規劃可促進管理者的發展。（註①）

一、有效的協調工具

管理者的主要工作之一，就是協調企業中的個人或群體的工作，而規劃正是達成協調的重要工具。有效的規劃應明白指出組織和各部門的目標，並藉著部門目標的達成來達成組織目標。在決定部門的目標時，顯然必須經過充分的協調。

二、為改變做準備

有效的規劃必須能夠未雨綢繆，考慮到未來的可能變化，但是未來環境詭譎多變，未必都在管理者的意料之中，因此規劃必須有調整的彈性。如果目標達成的時間愈長，則此彈性應愈高，以因應偶發事件。值得注意的是，企業因思考不周、準備不當而失敗的例子已是屢見不鮮，此現象更證明了對改變做準備的必要性。

三、建立績效評估的標準

規劃確立了所期望的行為，而此行為正是績效的標準。當組織完成規劃時，也正訂立評估營運績效的標準。如果沒有合理的規劃，則績效標準便顯得不客觀了。

四、促進管理者的發展

規劃必須有系統地考慮現在和未來的狀況，並考慮抽象的、不確定的問題。由此可知，規劃可迫使管理者思考，進而成長、發展。

第 二 節 規劃的要素

　　規劃的活動包括：(1)設立目標；(2)決定達成目標的行動方案；(3)資源的控制；(4)計畫的執行。以上四要素彼此之間會互相影響，如目標的設定必須考慮資源取得的情形（是否能取得、是否能容易取得、如何取得、用什麼代價取得等），而行動方案亦影響到資源利用的情形。各企業的規劃方式雖有不同（可分集權式的或分權式的），但本質卻是一致的。以下我們就上述的四個要素加以說明。

一、設立目標

　　目標指出組織所要達成的未來理想情況，如「在年終達到12%銷貨毛利率」。在設立目標時，管理者所應重視的關鍵問題是：

1.所追尋的目標為何？

2.每一目標有何相對重要性？

3.各目標間有何關係？

4.各目標何時應被完成？

5.如何評估各目標之績效？

6.何人或何部門負責目標的設定？

　　規劃始於對未來目標的設立。而目標必須能滿足環境的需求，否則此目標將變得毫無意義。不論組織的型態為營利組織或非營利組織（如大學或政府機構），其所處的環境會提供資源給組織，以維持組織的生存與發展。組織也會在可接受的價格及品質水準之下，提供環境所需的財貨及服務。這種組織與環境互動、互相依賴的現象，使得正式的規劃技術益形重要。管理者在設定目標時，必須決定目標的優先次序及時間幅度，了解並解決目標間的衝突，並對目標進行評估。（註②）

　　設立目標包括以下重要課題：目標的優先次序、目標的時間幅度、目標間的衝突、目標的評估。

(一)目標的優先次序

　　管理者常會面臨目標的選擇及排定優先次序的問題。例如：對於一個經常發不出薪水的公司而言，維持適當的現金流量顯然是首要的目標。企業如欲有效運用資源，便須先確立目標的優先次序，這些優先次序顯然反映了目標的相對重要性，如

「組織的生存」是最為優先的目標。

(二)目標的時間幅度

各計畫所設定的目標不同，故其所決定的活動的期間亦會不同。目標的時間幅度通常區分為短期（少於一年）、中期（一至五年）、長期（五年以上）。目標的時間幅度與目標的優先次序息息相關。企業的長期目標應說明預期的資本報酬率，而短期計畫應該說明能夠達成長期目標的次目標。準此，管理者才可檢視年度目標達成的情形，以及長期目標達成的情形。但我們應了解，短期目標常與長期目標互相牴觸，例如：追求短期獲利可能會減弱了對長期目標的達成。

近年來，由於環境的詭譎多變，因此許多企業紛紛採取策略規劃（strategic planning），著重於能導致長期目標達成的各個活動，以及達成這些目標的策略。策略規劃、功能規劃（functional planning）及作業規劃（operational planning）不同，後兩者係針對組織內部的個別單位而做，所著重的是較具立即性的目標與問題。

(三)目標間的衝突

在任何時間，股東、職員、消費者、供應商、債權人以及政府機關都是影響企業績效的主要因素。而組織的目標設定就應重視以上各利益團體，而且必須將他們的利益融合於計畫之中。然而，管理者對每個利益團體所重視的程度應如何？以及滿足其需求的程度應如何？這實在是一件不容易決定的事，但管理的本質即是對這類問題加以判斷。以下列舉在商業組織中，管理者最常面臨的目標衝突。

1.短期利潤或長期成長。

2.利潤或競爭地位。

3.對銷貨的努力或研究發展的努力。

4.對現有市場深入滲透或開發新市場。

5.經由相關行業或不相關行業來達成長期成長。

6.利潤目標或非利潤目標（如盡社會責任）。

7.成長或穩定。

8.低風險環境或高風險環境。

管理者必須考慮各個利益團體對公司的期望，因為企業最終目標能否實現，決定於能否滿足這些不同團體的需求。例如：如果消費者不滿意產品品質及價格，那麼便會「拒買」，企業便可能會因為資金的缺乏而倒閉；供應商可能以中斷原料的

供應來表示對企業活動的不滿；政府機關亦可透過法律的行使來強迫企業屈從。由此可見，管理者僅能在多數利益團體的支持下生存。（註③）

在許多的研究中指出，欲達成各利益團體之間利益的平衡是很困難的，而大多數的公司較注重股東的權益。但這並不表示成功的公司皆以追求利潤為主要目標，通常它們也肩負起較大的社會責任，而在兩者之間的取捨上，將視決策者本身的價值觀及社會評價標準的不同而異。（註④）

(四)目標的評估

無庸置疑的，企業中的個體必須對目標達成共識。事實上，明確及合理的目標將提高組織的績效。如果達成較困難的目標能成為一種共識，那麼會更有激勵作用。有效的管理者必須在任何一個能夠促進組織績效的方面建立目標。而杜拉克（Drucker, 1954）曾提出至少有下列八個方向須建立目標：獲利性目標、行銷目標、生產力目標、財務目標、創新目標、員工態度目標、管理者行為及社會責任目標。我們應了解，這種分類方式並不表示以上各項的相對重要性，也不表示這是唯一的分類方式。（註⑤）

杜魯克並表示：「真正的困難不在於決定需要什麼目標，而是在於如何決定目標。」這涉及了目標應如何評估的問題，同時也表示出在某些方面評估的困難。例如：企業應如何評估職員的態度或社會責任呢？有效的規劃便需要對目標進行評估。在杜拉克所提出的八個目標中，即有許多不同的評估方法。

1.獲利性目標

近年來的趨勢是強調銷售利潤比率（profits to sales ratio）為評估的主要公式。這個比率通常可利用損益表及資產負債表來分析，但一般都認為損益表的分析結果較好。然而，部分的管理者認為，最佳的分析法應將損益表與資產負債表結合。因此，他們通常都以總資產報酬率（total-asset ratio）或者淨值週轉率（net-worth ratio）為基礎來分析。而這二種方式對資金來源的考量有顯著不同。總資產報酬率可判斷出管理者對所有資源的使用程度，但並不考慮此資源的來源，也就是說，此資源可能屬於債權人或企業組織本身；淨值週轉率可顯示管理者運用自有資源的績效。以上的衡量方式並不互相排斥，因為它們都從各自不同且又重要的立場來衡量利益。評估的目的在於追求管理效率，並建立企業擴張或創新的基礎。

2.行銷目標

行銷目標係衡量有關產品、市場、配銷、顧客服務的績效，這些目標都與長期獲利性有關。卓越的組織應以市場占有率、銷售量、新產品開發的數目，以及配銷

企業管理

通路的開發為評估績效的重點。

3.生產力目標

生產力是以產出與投入之比來衡量。在其他因素不變的情況之下，這個比例愈高，表示投入因素愈有效率。杜拉克曾提出，評估一個公司的生產力，最好的標準應是銷貨的附加價值（如獲得顧客的忠誠與口碑）與利潤之比。他認為企業的目標應是以增加這個比例為重點，而企業內部門的績效，亦應以這個比例來衡量。

4.財務目標

財務狀況的分析，可反映出組織為達成目標所取得資源的情形。諸如流動比率、速動比率、營運資金週轉率、負債與淨值比率、應收帳款週轉率、存貨週轉率（註⑥）等，皆可做為設定目標的基礎，並且可評估財務計畫執行的績效。

5.其他目標

獲利性目標、行銷目標、生產力目標及財務目標，都具有衡量的工具。其他如創新、員工態度、管理者行為及社會責任等，衡量卻不容易。但如果不做衡量，則企業將無法評估其績效。例如：「盡社會責任」這類模糊不清的目標，由於在實質上缺乏數字依據，因此便很難看出企業已盡了多少社會責任。

使目標能清晰地表達，乃是計畫成功的要素之一。表5-1則是一個組織在目標陳述方面的例子。每一個大目標可轉換成可執行的特定目標；對於每一個目標都有一個或多個更進一步的次目標，以做為各部門依循的準則。

表5-1　方案的擬定及評估

方案	輔助方案	評估指標
1.達成75%的投資報酬率	充分利用閒置資金	利息收入
2.保持40%的市場占有率	(1)保留75%的舊顧客 (2)增加25%的新顧客	(1)舊顧客的百分比 (2)新顧客的百分比
3.調整中階主管的心態與地位	(1)訂定年終獎懲辦法 (2)選派10位管理人員再進修	(1)11月1日前提出報告 (2)1月1日前決定人選

例如：「利用組織的閒置資金來創造最大利潤」可成為財務部門的目標；「保留75%的舊顧客，增加25%的新顧客」可成為銷售部門的目標；「訂定年終獎懲辦法，選派10位管理人員再進修」可當成人力資源管理部門的目標等。

二、行動方案

行動方案是指達成目標的特定方法，如「為了達成12%的銷貨毛利，可能推出新產品」。在擬定行動方案時，管理者所要重視的關鍵問題是：

1.欲達成目標應採取什麼行動？

2.每個行動所需的資訊有哪些？

3.有何種技術可預測各行動方案的效果？

4.何人或何部門負責此行動方案？

目標的達成與否，決定於實際上的執行，所謂「貴在實踐」是也。有計畫的行動方案，稱為策略（strategy）及戰術（tactics）。策略與戰術的差別在於行動的範圍及重要性。有計畫的行動是為了改變未來的情況，也就是為了達成目標。例如：有一個「將每人每小時五單位的產量提高為六單位」的生產力改善目標，必須要有一套執行的行動方案。

管理者通常會在若干個行動方案中做抉擇。例如：生產力的提高可透過技術改良、員工的在職訓練、管理制度的改變、獎懲制度及改善工作環境等方法達成。在這種情況下，他必須考慮到哪個方案才能使得成本降到最低，或者使總利潤獲得極大化。通常有數種行動方案可供最高管理者做選擇，這類抉擇的次數會隨著組織階層的降低而減少。

探知行動方案效果的預測方法

目標與行動方案間具有密切的關係，目標引導行動方案的執行。有效的規劃者除應了解有哪一些可行的行動方案會達成什麼目標之外，還必須了解哪一個可行方案最為有效。管理者可用預測的方法來探知行動方案的效果。

預測是一種利用過去及現在的資訊，來預估未來事件的過程。在商業規劃中，典型的目標便是維持或增加銷售量，因為銷售是流動性資產（如現金、應收帳款、應收票據）的來源，並且可對企業活動提供財務支援。影響銷售的行動，包括價格的改變、行銷及銷售的改變、新產品的開發，價格競爭、替代品、競爭的行銷及銷售活動、社會經濟狀況（如通貨膨脹、景氣蕭條等），同時亦會影響銷售。管理者通常用以下技術對未來的事物做預測，這些技術包括：預感、行銷研究、時間序列分析，以及計量經濟模型。

1.預感

對未來銷售量的估計，管理者常以過去的銷售狀況、顧客或是銷售人員的意

見，以及對一般事物的直覺反應來做推測依據。這種方法在公司的市場狀況相當穩定、市場變動得相當固定的情況下，會顯得相當有效。

2.行銷研究

對於未來銷售量的預測，亦可依據消費者的意見來加以判斷。在行銷研究中，有效的統計抽樣設計（抽樣方法、大小、對象等）是相當重要的。只有以有效的抽樣設計、統計分析方法，才能獲得更可靠的資訊。如果用推論統計，規劃者必須決定估計的信賴區間（confidence interval，在統計學中以 β 表示）。

3.時間序列分析

因為銷售量常受到季節性因素、週期性因素（一般商業活動的週期）、長期趨勢的影響。例如：啤酒廠的銷售旺季是在夏季，這便是季節因素，但如果消費者的所得增加了，他們可能會改喝較昂貴的烈酒，這便是啤酒消費的週期特性。就長期規劃而言，管理者必須了解啤酒消費的趨勢。

4.計量經濟模型

利用計量經濟模型，管理者可對影響銷售量的各個變數做有系統的評估，依據這些自變數與過去銷售量之間的關係，便可預測未來的銷售量。就以上三種方法而言，這個技術的精確度較高。雖是如此，它還是無法排除所有的不確定性，因此，管理者的判斷仍是必須的。這種計量經濟的方法，乃奠基於確認哪些變數足可影響產品的銷售量。顯而易見的，這些變數包括產品價格、競爭性的產品及互補性產品的價格等；較不明確的變數有產品存貨的期限、信用的獲得、消費者的偏好等。

目前還沒有一種完美無缺的預測方法，而上述四種方法得出的結果可能合理，也可能不合理。當資訊技術有所突破時，我們可以期望銷售預測會更精確。無論如何，預測仍需要管理者的智慧判斷（intelligent judgment）。

三、資源

資源是有限的，故應考量行動方案中可供使用的資源來源、多寡及分配，如「開發新產品的成本來自資產抵押，且不超過新臺幣1,000萬元」。在擬定資源決策時，管理者所應重視的關鍵問題是：

1.規劃中需要什麼資源？

2.各種資源間有何關係？

3.應用何種預算技術？

4.何人或何部門負責預算的準備？

　　一家公司要將行動方案加以落實，必須利用到資源，如設備機具、廣告、人員、電腦與通訊、財務等。當管理者在預測銷售量時，也必須預測資源的效益。預測資源效益的技術與預測銷售量的方法是一致的，唯一不同點，在於預測資源效益時，預測者還要決定應在何時、何地、以何價、向誰購入多少資源等。

　　公司要用多少資源（或多少錢的資源）去落實行動方案呢？這涉及預算的問題。預算（budgeting）是規劃的貨幣性表示（dollar representation of a plan），它說明在特定期間內，分配在某一個企業活動的資金總額，例如：廣告預算（appropriation）是指在特定期間內，分配在廣告上的資金總額，以廣告預算的擬定說明如下。

　　傳統的廣告預算決定方法，包括：銷售百分比法、競爭比照法、市場占有率法、可利用資金總額法。如果我們嚴謹地檢視這些傳統的預算方法，會發現它們也有些「脆弱」。目標與任務法（objective and task approach）很明顯地可以克服上述傳統方法之缺點，目標與任務法所遵循的是「零基預算」（zero-base budgeting）的精神，也就是預算的建立從零開始，不必考慮去年的預算情形。每一項預算都要與所須履行的「任務」（活動）息息相關。其預算的程序如下：

　　1.任務的界定（define tasks）：以行銷目標為基礎，來界定廣告所要達成的目標及任務。這些任務必須是個別（分開來的）工作。例如：廣告目標是提高20%的潛在顧客偏好，而任務則是在某電視上連續播出十天的廣告、連續在某雜誌刊登五期的廣告。

　　2.成本的決定（determine costs）：即執行廣告任務的費用。

　　3.將方案（即任務）加以排序（rank programs）：即依方案的重要性來加以排序。所謂重要性，是指貢獻達成目標的程度。

　　4.預算的決定（determine budget）：將各方案的成本加以彙總以形成預算。我們在此可以了解，將方案加以排序的原因，在於萬一彙總後的預算超過了所能負擔的程度，則可刪除較不重要的方案。

　　目標與任務法有幾項明顯的優點：

　　1.它配合及實現了行銷規劃程序所進行的方向。

　　2.它是以零為基礎，避免去年錯誤現象的一再重演。

　　3.它確認了廣告預算不僅包括廣告媒體的費用，而且包括執行任務所衍生的各種成本。

四、執行

執行是指完成行動方案的方法，包括人事任命與管理。此外對未來的偶發事件也須仔細考慮。在執行行動方案時，管理者所應重視的關鍵問題是：

1.用職權的行使或說服的方式？

2.為了執行整體計畫，應有何種政策敘述？

3.政策敘述的彈性、周延性、協調、倫理、清晰應如何？

4.政策敘述會影響組織內何人或何部門？

執行行動方案的方法

假使計畫或行動方案無法落實，那麼所有的規劃都將是無意義的。管理者必須透過他人的努力合作來執行計畫。在這個過程中，管理者可用職權、說服、建立政策以及協調的方式，來促成目標的實現。

1.職權

職權是伴隨著職位而非個人而來；它是在組織中做決策的一種權力。管理者必須要有職權，才能夠合理地期望部屬達成計畫，但此計畫不能是違反法律，或有悖於道德倫理價值的行為。對一個相對單純，而且對現狀不會產生重大改變的計畫而言，只要靠職權的行使就可促成目標的實現，但對一個複雜、涵蓋面廣的計畫而言，有時尚須配合其他的管理技術，如說服。

2.說服

說服即是向計畫執行者推銷計畫的過程。它能使部屬了解並樂於實踐。但假使說服失敗，而計畫又非執行不可，那麼管理者便得訴諸職權。

3.政策

計畫如要在組織中維持其長久性，管理者就必須發展政策，將計畫加以落實。政策通常是文書化的敘述，它可反映出計畫的基本目標，並可提供指引方針，以便選擇可行方案，達成組織目標。計畫一旦被執行者所接受時，政策就成為計畫執行的重要管理工具。有效的政策應具有以下特性。

(1)彈性（flexibility）：政策必須在穩定性與彈性之間取得適當的平衡。當情況改變時，政策亦必隨著改變。然而，為了維持秩序及有效營運，穩定性也是必須的。

(2)周延性（comprehensiveness）：政策必須周延得考慮到任何權宜之計，周延性的程度，須視行動的範圍而定。

(3)協調（coordination）：政策必須在行動相牽連的各個次單位之間取得協調。如果沒有政策所提供的協調方針，則各個次單位必然會採取本位主義。

(4)倫理（ethical）：政策的制定必須符合社會的倫理及道德約束。

(5)清晰（clarity）：政策必須具有清晰性及邏輯性。政策必須明確地指出行動的方針、適當的方法及行動，以及行動者的自由度。

政策的有效性最佳考量，在於其協助達成目標的程度。如果政策不能導致目標的達成，就必須修正，準此，管理者應持續不斷地評估政策。

4.協調

管理者還必須協調各種工作，才能克竟其功。企業中各功能部門皆有其特定的目標其策略，因此易造成衝突或摩擦的現象。例如：產品經理希望保持寬廣的產品線，又希望各種產品皆有其不同的形狀、大小、顏色，以滿足各顧客群的不同需要。但是生產經理卻希望生產單一產品，以獲規模經濟之效，而儲運主管卻希望儲存少量產品，以壓低存貨維護成本。這些不同的目標必須加以協調，才能使衝突減到最低。

在各個企業功能之間獲得協調的有效方法，就是採取「目標管理」（management by objectives, MBO）的方法。在這種制度之下，整個公司、各部門、個人目標便可加以確定。

目標管理是結合管理科學與行為科學理論，所實施的人性化的參與管理，使得各個主管與部屬能夠一起協商、制定共同的目標、確定彼此的成果與責任，並且自我控制、自我評核，藉以激發成員的榮譽心與責任感，以期發揮工作潛能，達成整體目標。

目標管理涉及：(1)對組織目標加以建立及溝通；(2)建立個別目標以協助組織目標的達成；(3)定期檢討績效。目標管理可使得每一階層的目標與上一階層的目標環環相扣，儼然成為一個「手段─目的層級」（means-ends hierarchy）。

為了達成組織成員的目標，決策者會發展出特定的行動方案，而這個（或這些）特定的行動方案，又是另外一個行動方案的目標。此即所謂的「手段─目的鏈」或「手段─目的層級」。由於組織高階層目的與手段的複雜與抽象，因此，高階管理者有必要將「最終的」目標分解成次目標，以供較低階層的主管去實現。以此類推，非作業化的組織目標最後就能變得非常特定的行動目標及方案。（註⑦）

例如：組織中的董事長及總經理的目標是「組織生存」（organization survival），達成這個目標的手段是「增加利潤」、「減低成本」──這是副總經理要去達成的目標。要達成副總經理的目標，中階主管必須發展出達成這個目標的

手段，例如：增加甲產品的銷售、發展乙產品以「增加利潤」；減少銷售人員、增加生產力以「減低成本」。這樣的情形一直延續到組織的作業階層，「手段—目的鏈」才告完整。

目標管理是一個將實體資源、財務資源及人力資源計畫整合成個人被預期要達成的目標的一種方法。準此，目標管理整合了總公司、事業單位及功能部門的目標以及各種策略，其所形成的目標層級與策略層級相類似。

由於目標管理涉及到績效目標的設定、有關的回饋，以及主管與部屬的共同目標設定，因此這個方法被證實能比其他方法產生更高的績效。在實施目標管理的企業，組織成員所針對的是目標及問題，而不是人員，同時主管與部屬共同設定目標會容易達成共識，大幅減少在矩陣式組織中無可避免的人際衝突。

 第 三 節　策略規劃

自1970年以來，策略規劃（strategic planning）或策略管理（strategic management）的觀念和實務，在各組織中蔚為氣候，使得規劃程序更為精練。（註⑧）策略規劃的過程始於公司的整體目標的設定，然後再據以發展各部門目標，以促成整體目標的實現。策略規劃的過程，包括組織任務的擬定、任務描述、組織目標的建立、組織策略的擬定、策略的選擇及評估。

一、策略管理的過程

策略管理的過程，包含了四個基本元素：

1.環境偵察（environmental scanning）；

2.策略形成（strategy formulation）；

3.策略執行（strategy implementation）；

4.評估與控制（evaluation and control）。

圖5-1顯示了這四個元素互動的情形。

在總公司這個層級上，策略管理的步驟，包括從環境偵察到績效評估的所有活動。高階管理者應偵察企業的外部環境，以發現環境的機會與威脅，並且偵察企業的內部環境，以了解本身的強處與弱點。這些攸關企業成敗的因素，稱為策略因素（strategic factors），並且可以「SWOT」來表示：

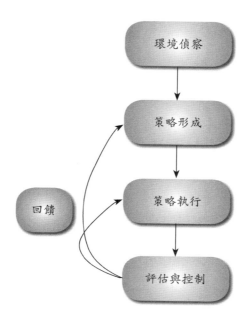

圖5-1　策略管理過程的基本因素

S	代表	Strengths	（強處）
W	代表	Weaknesses	（弱點）
O	代表	Opportunities	（機會）
T	代表	Threats	（威脅）

　　高階管理者在確認了SWOT之後，便可評估策略因素，並且訂定企業的使命。使命陳述（mission statement）可使企業的目標、策略及政策得以確立，而這些策略及政策是透過方案、預算及程序來加以落實的。最後，企業應對績效進行評估，並將評估的結果回饋到「策略形成」及「策略執行」二個步驟之中，以便採取適當的矯正措施。圖5-2（圖5-1的延伸）說明了這個步驟。

　　如果我們對圖5-2做些微幅地調整，就可產生策略事業單位層級及功能層級的策略管理過程。一個策略事業單位的環境，不僅包括總體及任務環境，同時也包括總公司的任務、目標、策略及政策。同樣地，總公司及事業單位的限制因素構成了功能部門的外部環境。準此，圖5-2所描述的模式可應用在企業中的任何策略層級。

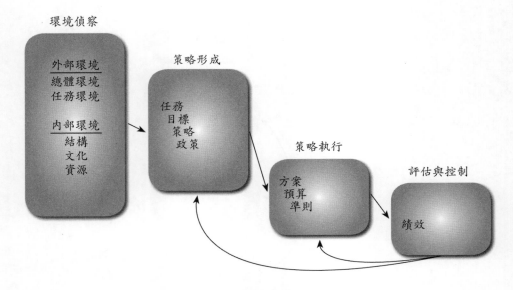

環境偵察

外部環境
總體環境
任務環境

內部環境
結構
文化
資源

策略形成

任務
目標
策略
政策

策略執行

方案
預算
準則

評估與控制

績效

圖5-2　策略管理模式

二、策略管理與策略層級

　　大多數大型企業的組織結構都是以事業單位及功能部門來建立。如圖5-3所示，總公司策略貫穿所有策略管理過程的三個階段。高階管理者從事業單位中獲得輸入因素，並據以擬定策略及計畫。這些執行計畫就會對事業單位的策略形成產生刺激作用。為了完成總公司的方案，每個事業單位必須擬定其本身的目標、策略及政策。然後，當事業單位將其策略加以落實時，它就會將其評估及控制的資訊回饋給總公司，以便總公司進行評估及控制。

　　為了實現事業單位所執行的策略，事業單位內的每個功能部門必須擬定其本身的目標與策略。例如：行銷部門必須擬定其行銷組合策略。由此，我們可以了解，在企業內的每一階層都必須發展其本身的目標、策略、政策、方案、預算及程序（總稱為策略管理過程），以完成上一階層的策略管理過程。

　　策略管理的實際應用隨著企業的不同而異。在由上而下的策略規劃（top-down strategic planning）中，是由總公司的高階管理者發動策略管理的過程，並責成事業單位及功能部門據以擬定其本身的策略。在由下而上的策略規劃（bottom-up strategic planning）中，是由事業單位及功能部門先發動策略管理的過程。除了上述二種方法之外，亦有所謂的互動法（interactive approach）。很明顯的，企業應

強化組織階層之間的互動關係，因為策略管理的過程涉及組織階層間的協調，以使得各階層間的目標、策略、政策、方案、預算及程序，都能獲得相輔相成之效。在每個策略層級中，策略的形成及執行必須歷經持續不斷地調整。（註⑨）

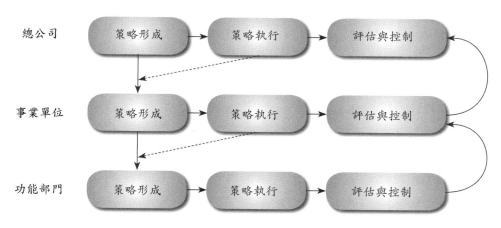

圖5-3　組織的三個階層中的策略形成過程

第 四 節　決策制定之例

對任何一位管理者而言，了解解決問題的步驟以及決策制定的工具是相當重要的。決策制定的步驟（或者解決問題的步驟），包括界定問題、尋找解決問題的可行方案，在不同的可行方案中做選擇。

一、「問題」是什麼？

管理者花費許多時間在解決問題上。有些問題很複雜，有些問題則相對單純。一個企業存在著各種問題，例如：

1.績效未能達到原訂標準。

2.現有的銷售紀錄顯示已經遠遠地落後於競爭者。

一個「問題」是在「是」（實際結果）及「應該是」（目標）之間的差異。由於經營環境、管理者的目標、競爭者動向等因素改變的結果，使得目前的績效不能夠達到原先既定的標準。

與問題本質息息相關的因素是它的結構。一個問題可能是結構化的（structured），也可能是非結構化的（unstructured）。結構化的問題，其解決方法、變數的數目、變數之間的關係均非常確定。相反地，非結構化的問題則否。

姑且不論問題的本質是結構性的或是非結構性的，解決問題者必須清楚的定義問題。例如：一個產銷筆記型電腦，而在市場上獨占鰲頭的企業，在面臨更多競爭者提供價廉物美的產品時，其銷售量受到前所未有的打擊。這個問題可以有系統地陳述如下。

二、要素

1. 公司的整體目標。
2. 公司的產品特徵與成本。
3. 製造產品的技術水準。
4. 競爭者產品的特徵與成本。
5. 公司與其競爭者的廣告和定價政策。
6. 目前筆記型電腦的需求。
7. 決策者的解決問題能力。

三、目前情況

1. 公司在筆記型電腦方面已經歷了極大的成長，直到六個月前為止。
2. 在過去六個月內銷售量已減少20%。
3. 在一年內，研發部門並未提出更有創意的產品設計。
4. 一個大型的電腦主機製造商宣布將進入筆記型電腦市場。

四、希望情況

1. 銷售的主要對象是在訓練方面要求不多的小型企業。
2. 恢復原來的領先地位。
3. 能較清楚地確認市場定位。

五、限制

1.研發費用只能占銷售量的10%。

2.必須在三個月內解決這個問題。

3.目前的經銷商和行銷通路受到現有契約的約束。

六、問題解決的標準

1.對公司現有人員的更動要最小。

2.預期的市場占有率必須高於30%。

3.必須維持筆記型電腦的高品質形象。

在企業實務上，一個真正的問題會比上述的例子更為複雜。我們應該了解的是：對事實的描述愈細緻，則對問題的了解將更清楚。在解決問題時，問題的要素可由模型及資料庫而加以結構化。除了「目前情況」要素外，所有其他的因素都可以經由模擬的技術來加以改變，以了解這些因素對結果所產生的淨效果。

第 五 節　決策模型

決策模型有理性模型（古典模型）、行政模型、政治模型、垃圾罐模型。

一、理性模型

理性模型（rational model）又稱為古典模型（classical model），其論點是「決策制定涉及有意識的在各種可行方案中做選擇，以達到組織利益的最大化」。理性決策的過程是：

1.決策者明訂目標，並謹慎地處理每一個問題。

2.蒐集完整的資料、徹底地分析這些資料、研究各種可行方案，包括本身的風險和結果。

3.規劃一個詳細的行動方案。

理性決策所隱含的假設是：在決策的過程中並沒有所謂「道德兩難」的情況產生。理性決策模型的假設是：

1.可獲得有關可行方案的完整資訊。

2.可以客觀的標準來衡量各可行方案的重要性。

3.所選擇的可行方案會使得組織（或決策者）帶來最大可能的利益。

全錄公司的理性決策

全錄公司（Xerox）發展了六階段決策類型，如表5-2所示。此模型適用於全公司的各種大小決策。

表5-2　全錄公司的理性決策過程

步驟	應回答問題	到下一步驟前應做的事
1.確認及選擇問題	我們希望改變的是什麼？	確認「是」與「應該是」之間的差距
2.分析問題	阻礙達成「理想狀況」的因素是什麼？	蒐集及排列主要原因
3.產生潛在的解決方案	我們可能做怎樣的改變？	解決方案清單
4.選擇並規劃解決方案	最好的執行方法是什麼？	規劃及掌握改變 建立評估解決方案有效性的衡量標準
5.執行解決方案	是否依循計畫行事？	落實解決方案
6.評估解決方案	做得如何？	確認問題已經獲得解決

來源：D. A. Garvin, Building a Learning Organization, *Harvard Business Review*, July-August, 1993, pp.78-91.

二、行政模型

行政模型（administrative model）適合解釋非定型決策、在不確定性情況下做決策的場合。事實上，高階管理者在做決策時，會不斷地比較各種可行方案，是「走一步、看一步」的。（註⑩）這種方法與其說是一種理智的程序，倒不如說是碰碰機會的方式，因此他們是擅長於調適的人，但在調適的過程中自有其目的。這種漸進的方式（incremental）稱之為「連續限制的比較法」（comparisons of successive limitations）。

以上的說明使我們更了解管理者真正的思考方式。在真實的生活中，管理者並不考慮所有可能的行動，一旦找到令人滿意的解決方式，他們通常會停止進一步的探求。換言之，他們認為決策只有「滿意解」（satisficing（註⑪） solutions），而沒有所謂的最佳解（optimal solutions）。

有限理性

有關組織目標形成的討論，大都自然地認為組織可就各種不同的行動方案中，依據某種標準，選擇一個最適的方案，然後去達成所期望的結果。大體而言，古典模型認為，組織中的決策者是依完整的資訊，將所期望的結果加以極大化。

易言之，古典模型乃基於下列的二個假設：(1)認為組織所尋求的是將所期望的結果加以極大化，其重要性遠超過其他的任何一件事情；(2)在實質上人類是完全理性的（substantively rational）。如果我們把這二個假設合併起來考慮，並假設企業在一定的經濟情況之下（例如：獨占、寡占）運作，我們就可以用微積分及線性規劃的分析工具，來進行標準的經濟分析。

然而，這些假設的真實性及適用性受到了諾貝爾獎得主H. A. Simon（1957）（註⑫）的抨擊。他在二篇名作中對這個質疑所提出的論點，二十年以來已成為探討組織決策（也就是所謂的「組織選擇理論」）的基礎。他從組織如何發展可行方案，進而評估可行方案以達成組織目標的觀點開始探討，接著提出了他的新觀點：決策者在做決策時，在實質上絕對不是完全理性的，原因是他會受到認知能力（cognitive capacity）、智力、時間、推理能力、資訊的獲得及解釋，以及選定偏好優先次序之能力等方面的限制。這種情形，Simon稱之為限制理性或有限理性（bounded rationality）。在這種情形之下，由於決策者在心智上計算能力（computational capabilities）的有限，因而無法處理（包括接受、儲存、檢索及傳遞）資訊，同時對組織未來的不確定性亦有著無力感。他甚至無法在效用尺度上，排定所有事件的優先次序。

上述的各種限制，充分說明了最適決策（optimum decision）是不可能達成的。即使決策者能夠蒐集到所有會影響決策的資訊，並且能夠預測實施某種決策後的結果，但以他在處理資訊能力上的不足，他能夠去做適當的評估嗎？依據Simon的看法，一般人通常會減低事件的複雜性，並對實際的情況建立一個簡化的模式，而且決策者在孤立了一些變數之後，他就會選擇第一個碰到「滿意的」（satisfactory，或蘇格蘭語中的satisficing）或「夠好的」（good-enough）的方案。這些夠好的標準可能是「合理的市場占有率」、「合適的利潤」、「公平的價格」、「可接受的投資報酬率」等。

如上所述，有限理性反映了決策者以下的傾向：(1)所選擇的目標或可行方案並非最佳的（不是「最適決策」，而是「滿意的決策」）；(2)有限尋求。在尋找各可行方案時，並沒有投入很大的努力（也就是只尋求「滿意解」）；(3)有限的

資訊及控制。所獲得的資訊、對環境的控制（這些環境因素對決策結果會有所影響）都是有限的。這些情形可見圖5-4所示。

圖5-4　有限理性的說明

三、政治模型

政治模型（political model）適合解釋非定型決策、在不確定性情況下做決策、資訊不充分、組織成員之間對於目標、行動之間有很大的歧異的場合。

組織是由各個目標、動機、利益不同的小團體所組成的，各個小團體在互動的過程中，爭相獲取更多的資源。（註⑬）這些小團體可能是不同的部門、不同的科層組織（例如：某處、某組、某課），或者是由具有相同（及獨特）價值、利益的一群人所組成的非正式團體。在互動的過程中，各聯盟會歷經以下的過程：

1.催化（activation）：在此階段中，各聯盟開始蒐集資料，強調對方的弱點。

2.動員（mobilization）：各聯盟企圖建立社會網絡，互相交換訊息，並進一步認識問題。

3.結合（coalescence）：凝聚各種力量，更加肯定自己所堅持的目標。

4.遭遇（encounter）：二個聯盟「卯上了」，各自企圖引開組織對對方目標的注意，並盡量使自己的目標合法化。

5.決定（resolution）：誰勝誰敗取決於各自擁有資源的多寡、組織寬裕（註⑭），以及權力的分配等。

依據此種模式，組織目標的建立是由各聯盟相互傾軋、協商談判之後的結果，最後的勝敗（即某聯盟的目標變成整個組織的目標），還是要取決於哪一方掌握住重要的資源。

某個聯盟的活動的不可替代性（non-substitutability）及工作流程的集中性（centrality）(註⑮)，亦是決定該聯盟的目標是否被採納（或壓制對方）的關鍵因素。

四、垃圾罐模型

對於理性決策批評得最為激烈的非Cohen、March及Olsen（1972）(註⑯)莫屬。他們對於「先行存在的目標指引了組織選擇」的論點，提出猛烈抨擊。他們認為，決策的產生是下列四個部分獨立的因素所產生的結果。這四個因素是：

1.一系列的問題（a stream of problems）。
2.一系列的潛在解決方案（a stream of potential solutions）。
3.一群參與者（a stream of participants）。
4.一系列的選擇機會（a stream of choice opportunities）。

他們把組織視為「垃圾罐」（garbage can），其中不同的參與者會將各種不同的問題及解決方案傾倒在這個「垃圾罐」中。他們把組織視為「有組織的無政府狀態」（organized anarchy），因為組織對於要做什麼、應該如何去做，以及由誰決定去做，並沒有明顯的共識。只有問題（例如：銷售量下降）、解決方案（例如：發展出新產品）、相關的參與者（例如：公司的高階管理者）以及選擇的機會（例如：年度銷售檢討大會）互動時，決策才會產生。

對某一個「問題」而言，「選擇的機會」是尋找決策情境的聚集所。「解決方案」會去尋找「問題」，而「參與者」會去尋找「問題」來解決。「選擇的機會」並不一定與「問題」的「解決方案」息息相關。事實上，組織在做某種選擇時，根本沒有考慮到問題本身，有些參與者在知道所要解決的問題之前，就已經有了解決方案。

垃圾罐模型（garbage can model）在下列情況之下實施最為恰當：

1.在高度壓力之下的環境運作。
2.所面臨的是相當獨特的環境。
3.選擇各種可行方案的優先次序是模糊不清或不穩定。
4.技術的變化莫測。
5.參與者的流動率高。

企業管理

第六節 賽門的決策模型

在組織中，「管理」與「決策」是密不可分的。透過決策過程，我們可以評估、選擇和執行行動方案以解決問題。

「決策」是在各種備選方案或稱可行方案（alternative）中做選擇。易言之，做決策意指在慎重考慮某些可選擇的行動方案後，判斷在某一特定情況下應該做什麼。管理者是一個在各種可能的選擇中做決定的人，他必須決定哪一個選擇將導致某些所希望的目標。

賽門（Herbert Simon, 1960）將決策看成是連續階段的模型——由資訊蒐集（intelligence）開始，然後是設計（design）、選擇（choice）和執行（圖5-5）。（註⑰）

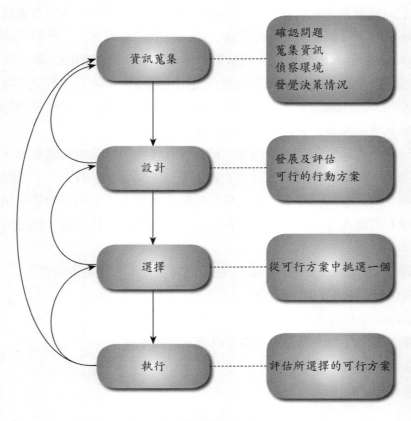

圖5-5　賽門的決策模型

一、資訊蒐集

決策的資訊蒐集階段是由於對目前情況的不滿意所導致的結果，它所著重的是對問題的察覺，以及對變數與其關係間的徹底評估，在此階段重要的考慮是，對問題的徵兆與實際問題加以區別。例如：問題的徵兆是高的車禍率，而實際的問題可能是政府停止汽車檢查、或降低飲酒年齡等。（註⑱）

二、設計

設計階段所注重的是：評估決策的可行方案。決策支援系統應提供各可行方案的資訊，並對這些可行方案進行評估。

在賽門的決策模型中欠缺了一個「執行」（implementation）這個階段，我們認為有必要加上這個階段。這個階段的主要目的是：將可行方案加以落實，並監控執行的情形。

三、選擇

選擇階段是指選定一個行動方案（可行方案）。此時，管理者應能對各行動方案排定優先次序。

第 七 節　管理決策種類

企業、政府、醫院及學校的管理者，雖然在個人背景、工作情況方面有所不同，但他們都必須面對做決策的問題。本節我們將討論決策的種類。

一、定型決策及非定型決策

假如有一個特別的問題經常發生，管理者就必須制定一個例行性的規則來解決它。因此，一個決策如果有一套規則可依循的話，就稱為定型決策（programmed decision）。賽門（Simon, 1960）認為，大多數的組織的管理者，他們在每天的工作中都必須面臨許多定型決策，故可不必花太多時間及精力在這些決策的制定上。如果一個問題在以前從沒有發生過，或它是一個很複雜、很重要的問題；換言之，

企業管理

此決策是為了解決新奇或非結構化的問題，它就是非定型決策（unprogrammed decision）。表5-3說明了組織之定型、非定型決策的例子。

表5-3　管理決策的種類

決策種類	問題種類	方法	例子			
			企業	學校	醫院	政府
定型決策	重複的例行的	規則、標準化作業程序	薪資單的處理	入學申請的處理	病人的掛號	文具的添購
非定型決策	複雜的新穎的	創新性的解決問題	推出新產品	新建游泳池	對流行病的處理	解決通貨膨脹的問題

　　管理者必須適當地確認非定型決策。基於這種類型的決策，國家每年有幾億元的資源被分配。政府所做的是影響全體百姓生活的決策；企業所做的是新產品決策；醫院及學校所做的分別是將會對病人及學生產生重大影響的決策。不幸地，很少人知道非定型決策的形式。非定型決策是經由傳統一般解決問題的過程，再加上管理者的判斷、直覺及創造性來制定。

二、結構化與非結構化決策

　　管理者所執行的任務類型是由葛瑞及莫頓（Gorry & Morton, 1971）所提出的，他們將賽門的定型決策視為結構化決策（structured decision）；將非定型化決策視為非結構化決策（non-structured decision）。（註⑲）他們也提出一個只能代表部分情況的居中類型，稱為半結構化決策（semi-structured decision）。在表5-4中我們發現，執行一個應收帳款應用程式，是一個牽涉到較低階層管理者的結構化活動。相對地，規劃一個新產品則是一個高度非結構性的策略管理活動。

表5-4　葛瑞及莫頓的架構

階層 類型	作業階層 （基層）	管理階層 （中階）	策略階層 （高階）
結構化的	應收帳款 存貨訂單	預算分析 工程成本的控制	地點決策（倉庫、工廠的地點選擇）
半結構化的	生產排程 債券交易	消費者產品的預算的設定	資本需求 合併、購併
非結構化的	雜誌封面的選擇	管理者的遴選	新產品規劃 研發的組合

三、決策種類及組織階層

非經常性的、不確定性高的問題，常屬於策略性的問題，所以是高階管理者所關切的問題。經常性的、相當確定的問題，應該是由較低階層的管理者所解決的問題。

大多數的中階管理者大多著重於定型決策。我們可以清楚地依問題的經常性與否、確定性如何，來決定應由哪一個組織階層來做決策。

第 八 節　決策矩陣

我們可以規範性或描述性的模型來看決策過程。規範性決策模型（normative decision-making model）說明了一個決策者應該如何做一個理性的決定。規範性決策模型（例如：線性規劃和競賽理論）是由管理科學家所發展出來的，他們描述了問題的「最佳」解答，同時也提供建設性的行動方案。相對地，描述性決策模型（descriptive decision-making model）說明了決策實際上如何做成，例如：一個資料流程圖（data flow diagram）就是一個描述性的模型，它並不預測或提出建議。

決策導源自理性（rationality）的觀念。一個理性的人，會在一系列已知其相對結果的選擇中做抉擇，排列其優先次序，並使某些明確因素如利潤等之極大化，或成本的極小化。（註⑳）

一、決策情況

一個決策情況具有四個要素：

1.自然狀態（state of nature）或可能發生的情況，如經濟情況、聯合罷工的威脅等。

2.可能的策略（strategy）或可行方案（alternative）。

3.在一自然狀態下，採取某一特定策略（可行方案）所產生的結果或報償（payoff）。

4.決策欲達到的目標（objective）。

表5-5顯示出一個典型的決策矩陣，顯示在某個自然狀態（N_m）下，採取某個策略（S_n）所可能的產生的結果（O_{nm}）。

表5-5　決策矩陣

策略＼自然狀態	N_1	N_2	......	N_m
S_1	O_{11}	O_{21}	......	O_{1m}
...	O_{21}	O_{22}	......	O_{2m}
...	...	...	......	...
S_n	O_{n1}	O_{n2}	......	O_{nm}

二、對結果的了解

一個「結果」（outcome）表示若選取某一可行方案時，將會發生的事。當決策者面臨很多可行方案時，對結果的了解是相當重要的。我們將考慮三種情況的結果：

1.確定情況（certainty）：可完全得到每個可行方案的實際結果之情報。

2.風險情況（risk）：每個可行方案發生的結果機率為已知。

3.不確定情況（uncertainty）：每個可行方案發生的結果機率為未知。

在規範性決策模型中，對不同的可行方案做抉擇的標準是：使效用、期望值極大化或最適化。若結果已知，而且結果的價值在確定情況下已知，則決策者可計算出最適結果。例如：一個旅行者正在考慮二種飛往相同目的地的不同航線，其中一個航線的費用比另一個少了30%，在考慮過所有的因素（如相同的設備、服務等）之後，旅行者將會選擇較便宜的航線，在此模型中最適的標準是最少的成本（也是最大的效用）。

當結果的機率已知時，我們就是在風險狀況下做決策。在風險情況下的決策標準是使期望值最大。例如：一個消費者正在考慮二種車款：A車在未經重大保養下，有30%的機率可跑50,000哩；B車則有70%的機率可跑100,000哩，所以較好的選擇是B車，因為它有較高的可行哩數期望值，其公式如下：

	機率		結果		期望值
A車	0.3	×	50,000	=	15,000
B車	0.7	×	100,000	=	70,000

在不確定情況下做決策，我們必須對未知的機率做假設。我們可以使用大中取大準則（樂觀準則）、小中取大準則（悲觀準則）、大中取小準則（遺憾最小化準則）、拉普勒斯準則（不足理由準則）來做決策。讀者如有興趣進一步了解，可見課題5-1「決策矩陣釋例」。

第 九 節 個人決策風格

　　研究者確認了個人在做決策時所使用的二個向度：第一個向度是思考方式
（way of thinking），有些人是邏輯的、理性的，其處理資訊的方式是持續的。相
形之下，有些人是直覺的、創造性的，他們會以「整體」來看事情。第二個向度是
個人對模糊的容忍力（tolerance of ambiguity），有些人會把資訊加以結構化，以
使得模糊性減到最低；有些人卻能同時處理許多模糊的資訊。將這二個向度加以結
合，就可形成四種決策風格，如圖5-6所示。

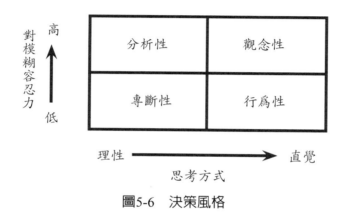

圖5-6 決策風格

　　具有專斷性風格（directive）的決策者，對於模糊的容忍力很低，但是他們是
非常理性的、有效率的、具邏輯的。他們之所以有效率，是因為懂得利用極少的資
訊，在極少的可行方案中做選擇。他們做決定很快，而且所注重的是短期結果。

　　具有分析性風格（analytic）的決策者，對於模糊的容忍力比專斷性風格者為
高。他們會尋求更多的資訊，考慮更多的可行方案；是細心的決策者，有能力適應
及應付新的情境。

　　具有觀念性風格（conceptual）的決策者，有相當寬廣的視野。他們會考慮許
多可行方案；著重的焦點是長期，很擅長提出創新性的解決方案。

　　具有行為性風格（behavioral）的決策者有很好的人緣。他們樂於見到同事及
部屬的成就；樂於接受別人的建言，會盡量避免衝突，並努力讓別人接納他。

企業管理

第 十 節　克服決策的障礙

你的心情會影響決策嗎？當你悲傷或只顧到自己的時候，是否會花費更多的金錢？有一項實驗正好發現了結果：研究者讓受試者（學生）觀看悲劇電影短片（關於某男孩的良師益友過世的電影），結果相較於觀看中性電影短片的受試者，這些學生比較傾向於花更多的錢購買包裝水（註：這有點像義賣性質，學生可自由決定要花多少錢）。

不僅是情緒，而且對於決策結果會讓你有多快樂或多不快樂的預期，也會影響你的決策。哈佛大學心理學家Daniel Gilbert是研究個人做決策時的情緒寒暑表（emotional barometers）的專家。他曾經說過，人們期望在人生的某件事件上會得到比實際更多的情緒效應（狂喜或極度悲傷）。例如：大學教授在得到終身聘僱之前會認為，如果得到終身聘僱會狂喜，如果沒有則會極度悲傷。但在實際得到終身聘僱時，並沒有預期地那麼高興；如果在實際上沒有得到終身聘僱，也沒有預期地那麼悲傷。

期望事情發生時會高度興奮或高度失望，但是在實際上發生時，並沒有那麼興奮或失望的情形，也發生在彩券中獎者、愛滋病感染檢查者的身上。因此，當人們描述什麼結果會使他們高興或悲傷時，所做的描述通常是正確的，但當人們描述這個結果會使他們有多強的感受，或者這個感受會持續多久時，所做的描述通常是不正確的。即使是對人們的幸福感或滿足感有負面效果的人生重大事件，這個感受也不會超過三個月，三個月後，情緒又恢復平靜。

也許因為知道在情緒上有所謂的「免疫系統」（immune system），也就是不會狂喜或過度悲傷，讓我們比較願意做困難的決策。

一、有效及無效反應

如果突然碰到措手不及的大問題，或者突然得到一個千載難逢的機會，你的典型反應是什麼？其中包括四個無效反應（ineffective reactions）及三個有效反應（effective reactions）。

(一)無效反應

當你必須在兩難的情況下做出重要決定時，於問題認知、解決問題方法上有四

個主要的障礙：

1.順其自然

「認為採取行動沒啥意義，船到橋頭自然直」。順其自然又稱刻意避免（relaxed avoidance），就是管理者刻意不採取行動，認為不行動也不會有重大的負面結果。這就是典型的鴕鳥心態；你不是看不到問題的嚴重性，就是忽略危險的跡象（或機會的來臨）。例如：你不對新公司的財務情況做一番深入了解，就貿然接受新職務。

2007年美國次級房貸危機（銀行提供房貸給資格不符的購屋者，結果造成金融海嘯）的產生，就是刻意避免的最佳例證。彼時還有一些所謂的「聰明人士」，信誓旦旦地認為無須擔心，房貸危機馬上就會被克服。這些聰明人士包括銀行的總裁，甚至包括當時聯準會主席柏南克（Ben Bernanke）。

2.避免挑戰

「為什麼不採取最簡單的方法？」避免挑戰又稱刻意避免改變（relaxed change），亦即管理者知道不可能完全不採取行動，那麼就挑一個最容易的、風險最小的方法去做。這就是凡事求「滿意」就好，不必求完美。管理者不會再去尋找其他的可行方法來做最佳的決策。

例如：你去學校的就業輔導中心求職，服務人員幫你安排了一個面談，你在這個唯一的面談之後，就接受了工作。這個工作是否最適合你，你也不在意。當然，你也無從比較，因為你只面談一個工作。

3.得過且過

「我不想去找其他的辦法。」得過且過（defensive avoidance）就是管理者會藉著拖延、推諉塞責、否定負面結果的風險，而不去尋找更佳的解決方案。這是典型的聽天由命、逃避責任的做法。在拖延方面，你會延後做決策的時點（「我以後再決定」）。在推諉塞責方面，你會讓別人承擔決策結果（「讓喬治來決定」）。在否定負面結果的風險方面，你會認為按照目前的方法去做，絕對不會有負面結果，或者為了目前的方法，找出許多支持的理由（強詞奪理，目前的做法有什麼不好）。

4.驚慌失措

「壓力太大了，我要採取行動來擺平這個問題。」在危機來臨時，我們最容易驚慌失措。驚慌失措（panic）是指管理者急於解決問題而不能依照平常心、務實的態度來處理。顯然，管理者在危急之下，失去了從容不迫、保持冷靜的態度。有時候，在憂慮、煩躁、失眠、身體不適的情況下，你的判斷力就會受到影響。這時

候，你可能會一意孤行，或者不會三思而後行。

(二)有效反應

在決定是否要做決定時，管理者必須對問題、機會、有效的決策步驟有深入了解。以下各項將有助於管理者決定是否要做決定：

1.重要性：「此問題的優先次序有多高？」你必須了解問題或決策情境的優先次序有多高。如果是威脅，那麼所造成的損失或傷害可能會有多大？如果是機會，所獲得的利益可能會有多大？

2.可信度：「關於這個情況，資訊的可信度有多大？」你必須評估對可能的威脅與機會了解多少。資訊的來源可靠嗎？證據可靠嗎？

3.急迫性：「對於有關這個情況所獲得的資訊，我應該多快採取行動？」威脅迫在眉睫嗎？機會之窗會開啟很久嗎？可以一步一步地採取行動嗎？

二、決策偏差

如果請你解釋你做決策的依據為何，你能回答嗎？也許你在思考一番之後，回答道：「根據經驗。」學者將此現象稱為啟發式策略（heuristics strategy）。利用啟發式策略（憑著經驗做判斷），可以簡化決策過程。

一般人總是利用經驗做決策的這個事實，並不表示這種做法是可靠的。事實上，利用經驗做決策是高品質決策的主要障礙。基本上，決策者處理資訊時的偏差行為包括：(1)近便性；(2)確證性；(3)代表性；(4)沉入成本；(5)僵固性與調適性；(6)承諾升高性。

1.近便性偏差

如果你連續九個月都保持全勤的出席紀錄，但最近由於交通因素，你遲到了四天，你的主管在打考績時，會考慮全部的出勤紀錄嗎？不，你的主管會特別看重你最近的表現。這個現象就是近便性偏差（availability bias），也就是管理者會利用最方便記憶的資訊來做判斷。

顯然，近便性偏差是不對的，因為近便性的資訊無法代表全貌。近便性偏差經過新聞媒體的推波助瀾會顯得更為嚴重，因為媒體總是喜歡炒作一些不尋常的、戲劇性的新聞。例如：有些利益團體或公眾人物大肆談論愛滋病或乳癌，媒體就會跟著報導這些新聞，使大眾誤認為這些疾病是生命的頭號殺手，但事實上心臟病才是真正的頭號殺手。

2.確證性偏差

確證性偏差（confirmation bias）是指人們刻意尋找能夠支持其論點的資訊，而刻意忽略不能支持其論點的資訊。確證性偏差不足取，但大行其道者比比皆是。

3.代表性偏差

玩威力彩、大樂透，或是購買彩券，常是許多人的理財方式。近年來，紐約的彩券頭獎金額已經高達7,000萬美元，而紐約市民得到頭獎的機率約一千三百萬分之一（比被雷劈的機率還小）。姑且不論如此低的中獎機率，成千上萬的紐約人還是爭先恐後地購買彩券，因為他們看到有人中了頭獎？這個現象就是代表性偏差的例子。代表性偏差（representativeness bias）就是從少數人、少數個案來推論全體，也就是以偏概全。

一件事情只發生過一次並不具代表性，它不見得會再發生或者發生在你身上。例如：你的傑出銷售代表是某大學畢業的，並不見得此大學畢業者都是傑出銷售人員。但是，許多管理者還是會有以偏概全的毛病。

4.沉入成本偏差

沉入成本偏差（sunk cost bias）或稱沉入成本謬誤（sunk cost fallacy）就是管理者看到某專案既已花費的昂貴成本，便認為如果放棄所要承擔的代價更大。

這就是俗語所說的「騎虎難下」或「過河卒子，只有拚命向前」。大多數的人都討厭「浪費」金錢。如果某專案已經花費大量的金錢，他們會繼續推動這個「前途未卜」的專案，好像要證明已經花費的金錢是有道理的。沉入成本偏差又稱為協和效應（concorde effect），這是說明法國與英國政府明知協和噴射客機已經沒有經濟效益，但仍孤注一擲地繼續投資這項專案。

5.僵固性與調適性偏差

僵固性與調適性偏差（anchoring and adjustment bias）就是根據先前數據做決策的偏差。許多管理者會根據去年的薪資水準，做同一比例的調薪，而不考慮在今年同業對具有相同技術的人所提供的薪水是多少。這就是最佳實例。人們為什麼會有僵固性與調適性偏差？簡單地說，就是取其方便。

6.承諾升高性偏差

承諾升高性偏差（escalation of commitment bias）就是不管負面的反應，依然增強對先前決策的認同；或是不管證據顯示先前的決定是多麼錯誤，仍然一意孤行，堅持原意。歷史上，承諾升高性偏差的例子比比皆是。例如：美國詹森總統對越戰的堅持，不論死傷人數日益嚴重、國內反戰示威多麼強烈、政治多麼動盪不安，還是繼續蠻幹下去。尼克森總統的水門事件也是一樣，但是到最後仍黯然下

企業管理

臺。

　承諾升高性偏差的現象成因可能是：當初的理性決策是由非理性的原因（例如：自傲、自我、已花了大筆金錢、討厭損失等）所支持。事實上，學者更往前研究出所謂的「預期理論」（prospect theory），此理論說明了決策者認為，真實的損失比「該得到而未得到」更令人痛苦。

重要名詞

規劃

規劃（planning）是現在決定未來的事情。企業中的各部門皆必須做規劃。如行銷經理必須估計未來的銷售額，並依地區別、產品別等來規劃。規劃的重要性包括：(1)規劃是有效的協調工具；(2)規劃可為改變做準備；(3)規劃可建立績效評估的標準；(4)規劃可促進管理者的發展。

目標

目標指出了組織所要達成的未來理想情況，如「在年終達到12%銷貨毛利率」。

行動方案

行動方案是指達成目標的特定方法，如「為了達成12%的銷貨毛利，可能推出新產品」。

資源

一個公司將行動方案加以落實所需要利用到的元素，如設備機具、廣告、人員、電腦與通訊、財務等。

執行

執行是指完成行動方案的方法，包括人事任命與管理。此外對未來的偶發事件也須仔細地考慮。

短期目標

短期目標通常少於一年，而短期計畫應該說明能夠達成長期目標的次目標。準此，管理者才可檢視年度目標達成的情形，以及長期目標達成的情形。

但我們應了解，短期目標常與長期目標互相牴觸，例如：追求短期獲利可能會減弱了對長期目標的達成。

中期目標

中期目標通常是一至五年，描述了達成長期目標的事業單位目標或專案目標。

長期目標

長期目標通常在五年以上。目標的時間幅度與目標的優先次序息息相關。企業的長期目標應說明預期的資本報酬率。

獲利性目標

獲利性目標通常都以總資產報酬率（total-asset ratio）或者淨值週轉率（net-worth ratio）為基礎來分析。而這二種方式對資金來源的考量有顯著不同。總資產報酬率可判斷出管理者對所有資源的使用程度，但並不考慮此資源的來源，也就是說，此資源可能屬於債權人或企業組織本身。淨值週轉率可顯示管理者運用自有資源的績效。以上的衡量方式並不互相排斥，因為它們都從各自不同且又重要的立場來衡量利益。評估的目的在於追求管理效率，並建立企業擴張或創新的基礎。

行銷目標

行銷目標係衡量有關產品、市場、配銷、顧客服務的績效。這些目標都與長期的獲利性有關。卓越的組織應以市場占有率、銷售量、新產品開發的數目以及配銷通路的開發，做為評估績效的重點。

生產力目標

生產力是以產出與投入之比來衡量。在其他因素不變的情況之下，這個比例愈高，表示投入因素愈有效率。杜魯克曾提出，評估一個公司的生產力，最好的標準應是銷貨的附加價值（如獲得顧客的忠誠與口碑）與利潤之比。他認為企業的目標應是以增加這個比例為重點，而企業內部門的績效亦應以這個比例來衡量。

財務目標

財務狀況分析可反映出組織為達成目標所取得資源的情形。諸如流動比率、速動比率、營運資金週轉率、負債與淨值比率、應收帳款週轉率、存貨週轉率等，皆可做為設定目標的基礎，並且可評估財務計畫執行的績效。

策略

行動範圍較大及重要性較高的行動方案，有時稱為「將軍之術」。

戰術

行動範圍較小及重要性較低的行動方案。

預測

預測是一種利用過去及現在的資訊來預估未來事件的過程。

行銷研究

以有效的統計抽樣設計（抽樣方法、大小、對象等）、統計分析方法，來獲得更可靠資訊的方法及技術。

時間序列分析

考慮到季節性因素、週期性因素（一般商業活動的週期）、長期趨勢的分析方法。

計量經濟模型

利用計量經濟模型，管理者可對影響銷售量的各個變數做有系統的評估，依據這些自變數與過去銷售量之間的關係，便可預測未來的銷售量。

顯而易見的，這些變數包括產品價格、競爭性的產品及互補性產品的價格等；較不明確的變數有產品存貨的期限、信用的獲得、消費者的偏好等。

預算

公司要用到多少資源（或多少錢的資源）去落實行動方案呢？這涉及到預算的問題。預算（budgeting）是規劃的貨幣性表示（dollar representation of a plan），它說明了在特定期間內分配在某一個企業活動的資金總額，例如：廣告預算（appropriation）是指在特定期間內，分配在廣告上的資金總額。

職權

伴隨著職位而非個人而來，在組織中做決策的一種的權力。管理者必須要有職權，才能夠合理的期望部屬達成計畫，但此計畫不能是違反法律，或有悖於道德倫理價值的行為。對一個相對單純，而且對現狀不會產生重大改變的計畫而言，只要靠職權的行使就可促成目標的實現，但對一個複雜、涵蓋面廣的計畫而言，有時尚須配合其他的管理技術，如說服。

政策

計畫如要在組織中維持其長久性，管理者就必須發展政策，將計畫加以落實。政策通常是文書化的敘述，它可反映出計畫的基本目標，並可提供指引方針，以便選擇可行方案，達成組織目標。計畫一旦被執行者所接受時，政策就成為計畫執行的重要管理工具。

策略規劃

自1970年以來，策略規劃（strategic planning）或策略管理（strategic management）的觀念和實務在各組織中蔚為氣候，使得規劃程序更為精練。策略規劃的過程始於公司的整體目標的設定，然後再據以發展各部門目標以促成整體目標的實現。策略規劃的過程包括組織任務的擬定、任務描述、組織目標的建立、組織策略的擬定、策略的選擇及評估。

SWOT

攸關企業成敗的因素稱為策略因素（strategic factors），可以SWOT這四個英文字母來表示：

S	代表	Strengths	（強處）
W	代表	Weaknesses	（弱點）
O	代表	Opportunities	（機會）
T	代表	Threats	（威脅）

問題

一個「問題」是在「是」（實際結果）及「應該是」（目標）之間的差異。由於經營環境、管理者的目標、競爭者動向等因素改變的結果，使得目前的績效不能夠達到原先既定的標準。

理性模型

理性決策（rational decision-making）的論點是：「決策制定涉及到有意識的在各種可行方案中做選擇，以達到組織利益的最大化」。理性決策的過程是：(1)決策者明訂目標，並謹慎地處理每一個問題；(2)蒐集完整的資料、徹底地分析這些資料、研究各種可行方案，包括本身的風險和結果；(3)規劃一個詳細的行動方案。

漸進

高階管理者在做決策時，會不斷的比較各種可行方案，是「走一步、看一步」的。這種方法與其說是一種理智的程序，倒不如說是碰碰機會的方式，因此他們是擅長於調適的人，但在調適的過程中自有其目的。這種漸進的方式（incremental）稱之為「連續限制的比較法」（comparisons of successive limitations）。

行政模型

決策者在做決策時，在實質上絕對不是完全理性的，原因是他會受到認知能力（cognitive capacity）的限制、個人屬性的限制、以及不可控制環境因素的限制。這種情形Simon稱之為有限理性或局部理性。在這種情形之下，由於決策者在心智上計算能力（computational capabilities）的有限，因而無法處理（包括接受、儲存、檢索及傳遞）資訊，同時對組織未來的不確定性亦有著無力感。尤有甚者，他甚至無法在效用尺度上，排定所有事件的優先次序。

政治模型

組織是由各個目標、動機、利益不同的小團體所組成的，各個小團體在互動的過程中，爭相獲取更多的資源。這些小團體可能是不同的部門、不同的科層組織（例如：某處、某組、某課），或者是由具有相同（及獨特）價值、利益的一群人所組成的非正式團體。在互動的過程中，各聯盟會歷經以下的過程：催化（activation）、動員（mobilization）、結合（coalescence）、遭遇（encounter）、決定（resolution）。

垃圾罐模型

Cohen、March及Olsen（1972）認為，決策的產生是下列四個獨立因素所產生的結果。

他們把組織視為「垃圾罐」，其中不同的參與者會將各種不同的問題及解決方案傾倒在這個「垃圾罐」中。他們把組織視為「有組織的無政府狀態」（organized anarchy），因為組織對於要做什麼、應該如何去做、以及由誰決定去做，並沒有明顯的共識。只有問題

（例如：銷售量下降）、解決方案（例如：發展出新產品）、相關的參與者（例如：公司的高階管理者）以及選擇的機會（例如：年度銷售檢討大會）互動時，決策才會產生。

專斷性風格

具有專斷性風格（directive）的決策者，對於模糊的容忍力很低，但是他們是非常理性的、有效率的、具邏輯的。他們之所以有效率，是因為懂得利用極少的資訊，在極少的可行方案中做選擇。他們的決定做得很快，而且所注重的是短期結果。

分析性風格

具有分析性風格（analytic）的決策者，對於模糊的容忍力比專斷風格者為高。他們會尋求更多的資訊，考慮更多的可行方案；是細心的決策者，有能力適應及應付新的情境。

觀念性風格

具有觀念性風格（conceptual）的決策者，有相當寬廣的視野。他們會考慮許多可行方案；著重的焦點是長期，擅長提出創新性的解決方案。

行為性風格

具有行為性風格（behavioral）的決策者有很好的人緣，他們樂於見到同事及部屬的成就；樂於接受別人的建言，會盡量避免衝突，並努力讓別人接納他。

註 釋

①A. A. Thompson and A.J. Strickland III, *Strategic Management: Concepts and Cases*, 3rd ed. (Plano, Tex: Business Publications, 1984), chaps. 1 and 2.

②M. Moskowitz, "Lessons from the Best Companies to Work For," *California Management Review*, Winter 1985, pp.42-47.

③D. O. Mills, "Planning with People in Mind," *Harvard Business Review*, July-August 1985, pp. 97-105.

④M. L. Gimpel and S. R. Daken, "Management and Magic," *California Management Review*, Fall 1984, pp. 125-36.

⑤Peter Drucker, *The Practice of Management* (New York: Harper & Row, 1954).

⑥有關這些比率的公式，可參考本書第12章財務比率分析的部分。一般財務管理的教科書，也會對這些比率做詳細的說明。

⑦C. Perrow, "The Analysis of Goals in Complex Organizations," *American Sociological Review* 26, 1961, p.855.

⑧如欲對策略規劃做進一步的了解，可參考：榮泰生編著，《策略管理學》，五版（臺北：華泰書局，2000年），第一章。

⑨M. E. Maylor, "Regaining Your Competitive Edge," *Long Range Planning*, February 1985, pp.32-36.

⑩C. Lindblom, "The Science of Muddling Through," *Public Administration Review* 19, 1959, pp.79-88.

⑪satisficing為蘇格蘭語，在英文中是satisfying。

⑫如欲進一步了解，可參考Simon, H. *Administrative Behavior*（臺北：巨浪書局，1957年）。

⑬Richard Cyert and James March, *A Behavioral Theory of the Firm* (Englewood Cliffs, N. J.: Prentice-Hall,1963).

⑭組織寬裕（organization slack）是R. Cyert及J. March於1963年出版的《廠商的行為理論》（*A Behavioral Theory of the Firm*）一書中所揭櫫的觀念。他們以「支付」及「需求」的觀點來解釋組織寬裕：組織內可用資源與維持該組織所必須的資源之間會有差異，這個差異，即稱為組織寬裕。組織的寬裕資源的形式大致包括：現金、有價證券、應收帳款、超額股利、額外補貼、備而不用的資本財、多餘的資源等。

⑮例如：公司的「總經理室」就是各公文彙總的地方，因此其「工作流程的集中性」就相當高。

⑯Cohen, M, J. G. March, and J. P. Olsen, "A Garbage Can Model of Organizational Choice," *Administrative Science Quarterly*, 17, 1972, pp.1-25.

⑰Herbert Simon. *The New Science of Management Decisions* (New York: Harper & Row, 1960).

⑱決策支援系統（Decision Support Systems, DSS）應透過資訊檢索（即對組織內部、環境因素做檢視）以協助確認問題及機會。有關決策支援系統的討論，可參考：榮泰生編著，《管理資訊系統》，第4版（臺北：華泰書局，民86年），第4章。

⑲G. Gorry, and M. Morton, "A Framework for Management Information Systems," *Sloan Management Review 13*, no.1, Fall, 1971, pp.55-70.

⑳R. Thierauff, *Effective Management Information Systems* (Columbus, Ohio: Charles Merrill, 1984).

自我評量

1. 何謂規劃？何以規劃是有效的協調工具？何以規劃可使企業為改變做準備？何以規劃可促進管理者的發展？

2. 試說明企業從事規劃活動的步驟。試以下列各項規劃為例，說明規劃各要素的內容：

   (1)畢業旅行。

   (2)出國唸MBA。

   (3)暑假旅遊。

   (4)在美國設電視裝配廠。

3. 「目標」是什麼？為什麼必須要建立目標的優先次序？

4. 按照行為派大師巴納德（C. Barnard）的說法，企業組織內個人目標與組織目標是相反的兩極（extreme poles）。既然如此，企業組織應該採取何種做法，才能使得組織成員願意放棄個人目標，以就組織目標呢？

5. 試說明造成下列衝突的原因：

   (1)短期利潤或長期成長。

   (2)利潤或競爭地位。

   (3)對銷貨的努力或研究發展的努力。

   (4)對現有市場深入滲透或開發新市場。

   (5)經由相關行業或不相關行業來達成長期成長。

   (6)利潤目標或非利潤目標（如盡社會責任）。

   (7)成長或穩定。

   (8)低風險環境或高風險環境。

6. 試評論「真正的困難不在於決定需要什麼目標，而是在於如何決定目標」。

7. 試寫出下列各方案的輔助方案及評估指標。

方案	輔助方案	評估指標
1.保持工廠四周空氣的清淨		
2.使工作環境的安全符合工業安全標準		
3.使生產更加有效率		

8. 你認為以下的説法對不對？為什麼？

   (1)假使説服失敗，而計畫又非執行不可，那麼管理者便得訴諸職權。

   (2)如果上次對某人的説服失敗，則這個新計畫的執行就不必再做説服，直接利用職權即可。

9. 預測是一個組織中重要的規劃工具。試舉例説明如何能提高預測的有效性（effectiveness）？

10.何謂預算？試以新產品開發這個活動為例，説明訂定預算的程序。

11.管理者可用哪些方式來促成目標的實現？

12.何謂策略規劃？策略規劃應有哪些內涵？

13.試述權變計畫（contingency plan）的歷史背景及其形成步驟為何？

14.1965年策略大師安索夫（Ansoff）曾大聲疾呼：「需要，是策略決策的主要關鍵」，23年後，麥金錫顧問公司（Mckinsey）的主持人大前（Ohmae）告訴企業家們：「策略是，別打擊你的對手，而是為顧客的真正需求提供服務」。試申論其義。

15.試以下列例子説明組織決策制定的情形（步驟）：

   (1)組織的客戶對其產品品質怨聲載道。

   (2)大學漸漸招收不到好學生。

   (3)企業的業績節節下降。

   (4)公路局的乘客愈來愈少。

16.決策模型有哪些？試扼要加以舉例説明。

17.理性決策的論點是什麼？何以無法做到完全理性？

18.何謂決策的行政模型？它能描述哪些類型的決策？

19.何謂決策的政治模型？它的過程如何？試用政黨為例加以説明。

20.何謂決策的垃圾罐模型？在何種情況下利用此模型最為適當？

21.試列舉一個商業組織可能遭遇到的各種問題，並以假設的情況（及／或虛擬的數據）分別説明問題的要素、目前情況、希望情況、限制以及問題解決的標準。

22.試説明決策的過程，並以你所經歷的實例，説明此過程中的每一個步驟是如何處理的。

23.管理決策可分為哪幾類？試分別以實例説明。

24.決策種類與管理階層有何關係？

25.何謂決策矩陣？試舉例説明。

26.大海音樂公司目前正在考慮如何推廣某位藝術家的唱片，他們目前有二個策略：第一、完全用電視廣告；第二、完全用報紙廣告。就以往的經驗，這家公司的收益會受到經濟狀況的影響，下表是各種情況下經濟的影響：

策略 ＼ 經濟情況	景氣停滯	穩定	景氣上升
1.電視廣告	$4,000	$40,000	$60,000
2.報紙廣告	10,000	20,000	30,000

27.試說明如果採用下列的準則，應會採取哪一種促銷策略？

(1)大中取大準則（maximax）。

(2)小中取大準則（maximin）。

(3)大中取小準則（minimax）。

(4)不足理由準則（insufficient-reason）。

28.經過分析並預測下年度的銷售，得到發生下列幾種情況的機率：

需求（書本數量）	機率
1,000	0.2
1,200	0.2
1,400	0.4
1,600	0.2

每單位售價58元，成本38元，如果當年無法賣出，則將報廢。

(1)請將所有可能的情況列表。

(2)請將所有的期望值列表，並且做一個最適的選擇。

29.何謂決策風格？試說明在各種情境下的最適決策風格。

30.哈佛大學心理學家Daniel Gilbert是研究個人做決策時的情緒寒暑表（emotional barometers）之專家。他曾經說過，人們期望在人生的某件事件上會得到比實際更多的情緒效應（狂喜或極度悲傷）。試舉例說明。

31.如果突然碰到措手不及的大問題，或者突然得到一個千載難逢的機會，你的典型反應是什麼？其中包括哪四個無效反應（ineffective reactions）及三個有效反應（effective reactions）？

32.如果有人要你解釋你做決策的依據為何，你答得出來嗎？也許你在思考一番之後，回答道：「根據經驗。」學者將此現象稱為什麼？

33. 一般人總是利用經驗做決策的這個事實，並不表示這種做法是可靠的。事實上，利用經驗做決策是高品質決策的主要障礙。基本上，決策者處理資訊時的偏差行為包括：(1)近便性；(2)確證性；(3)代表性；(4)沉入成本；(5)僵固性與調適性。試分別加以說明。

34. 何謂「有限理性」（bounded rationality）？試說明管理者的「有限理性」與承諾升高（escalation of commitment）之間可能的關連性。

課 題 5-1 決策矩陣釋例

　　如果大海書局確實知道其書本的需求量是多少，那麼它的生產決策（決定印製多少本書）是相當簡單的事。但是在實際情況上，大海書局可能只是大略知道書本的潛在銷售量。

　　我們假設大海書局已訂定一本書的價格是$1.75及每增加一本的成本是$1.00。因此，每一本書對固定費用及利潤的貢獻是$0.75（假如有一本書的需求，而大海書局印行一本書，則有$0.75的利潤）。假如需求二本書而印行二本，則就有$1.50利潤。但是，假如需求三本書，卻只印行二本書，利潤依舊$1.50，因已經沒有更多書可以賣了。同理，假如需求有二本書，但卻印行三本書，利潤貢獻卻只有$0.50：利潤是$3.50(2 × $1.75)，成本$3.00(3 × $1.00)，利潤是$3.50 − $3.00 = $0.50。任何產品與需求組合的利潤，可以依此方法計算出來。

　　假設大海書局決定調查四種可能的需求，以5,000本為一單位，也就是說，我們將無限的生產與需求組合，簡化成四種：5,000、10,000、15,000及20,000本書。根據這資料，我們可以決定四種銷售量及產量組合的貢獻。用決策理論的術語，每一種銷售量可稱為自然狀態（state of nature），而每一個生產水準是一種策略。表5-6的例子中，每一個可能策略及自然狀態的利潤是基於價格（$1.75）及成本（$1.00）來計算的。

表5-6　生產決策的條件性價值利潤表

策略 （印行書本數量）	自然狀態			
	5,000	10,000	15,000	20,000
5,000	$3,750	$3,750	$3,750	$3,750
10,000	−1,250	7,500	7,500	7,500
15,000	−6,250	2,500	11,250	11,250
20,000	−11,250	−2,500	6,250	15,000

因此，出版5,000本書及銷售5,000本書的利潤是：

收入	(5,000 × $1.75)	$ 8,750
成本	(5,000 × $1.00)	$ 5,000
利潤		$ 3,750

然而，假如大海書局印行15,000本書，但只銷售了10,000本書，其利潤是：

收入	(10,000 × $1.75)	$ 17,500
成本	(15,000 × $1.00)	$ 15,000
利潤		$ 2,500

　　表5-6中的每一個利潤，均可用以上方法算出。負的利潤值，反映出過量生產的成本。

　　雖然利潤表是相當有用的，但是只靠它還不可以做決策，它只是提供了用來做決策的基礎資訊。然而，大海書局如何做決策呢？我們來檢驗大海書局可能遇到的三種情況：確定（certainty）、風險（risk）及不確定情況（uncertainty）。

一、確定情況下做決策

　　假如管理者確實知道某種「自然狀態」將會發生（例如：知道某月某日將會銷售多少東西），這個決策就是在確定情況下做的。在確定情況下，可以一再地做出正確的決策。當然在確定情況下做決策是少有的。

　　然而，為了說明起見，假設大海書局確實知道有10,000本書的需求。最大的利潤就是印行10,000本書，因其可獲得的最大利潤$7,500。

　　在這種情況下，大海書局最幸運，因為它完全知道市場的需求。在大多數情況

下，大海書局並不確定市場的需求。當管理者面臨到市場需求不確定情況時，就必須利用到機率的觀念了。

二、風險情況下做決策

機率可分二類：基於經驗的客觀機率（objective probability）。例如：丟擲一枚硬幣得到正面與反面的機率是0.5（50%）；丟擲硬幣的結果不是正面就是反面。但在許多例子中，過去的經驗無從獲得，所以管理者必須對情況的結果做估計，這就稱為主觀機率（subjective probability）。

即使管理者能夠估計未來自然形勢發生的可能性，他也會面臨到風險的情況。在風險的情況下，需要對機率做估計，而估計需要經驗，需要不完全但可靠的資訊及智慧。

風險下的決策需要使用到期望值（expected value）的觀念。在表5-6中，利潤是一種條件值，因為它們是在某一需求情況、某一策略之下的結果。可行方案的期望值是一種長期的平均利潤；換言之，假如你一再的在同一種情況下做決策，平均而言，你會獲得相同的結果。當做決策時，平均報酬或期望值是以可能發生的結果（條件值）乘以該結果可能發生的機率。也就是說，期望值 = 條件值 × 機率，如表5-7所示。

表5-7　生產決策的期望值

自然狀態 策略 （印行書本數量）	5,000 (0.20)	10,000 (0.40)	15,000 (0.30)	20,000 (0.10)	期望值
5,000	$750	$1,500	$1,125	$375	$3,750
10,000	−250	3,000	2,250	750	5,750
15,000	−1,250	1,000	3,375	11,25	4,250
20,000	−2,250	−1,000	1,875	1,500	125

註：（　）內的數字表示所估計的機率。

假如大海書局可以主觀地估計出四種需求的機率，則這些估計可以構成一個期望值表。例如：假設大海書局估計以下的機率（表5-8）：

表5-8　大海書局的估計機率

需求（書本數量）	機率
5,000	0.2
10,000	0.4
15,000	0.3
20,000	0.1

表5-7列出了四種策略的期望值。例如：印行10,000本書的期望值是：

$$(0.2 \times -\$1,250) + (0.4 \times \$7,500) + (0.3 \times \$7,500) + (0.1 \times \$7,500) = \$5,750$$

大海書局最適當的決策是印行10,000本書，因為這個策略的期望值超過其他的期望值。當決定了不同的自然狀態的機率，決策理論可以指引管理者做「使期望值最大化」的決策。決策理論的應用範圍很廣，包括使成本最小化的決策。

三、不確定情況下做決策

在有關在自然狀態下可能會發生的機率方面，當管理者並沒有歷史資料可供參考時，那麼他所面臨的是不確定的環境。科學管理的方法就是解決在這種情況下的決策問題。在不確定情況下做決策的基礎有四：

1.大中取大準則（maximax），亦稱樂觀準則，即最大可能報酬的最大化。

2.小中取大準則（maximin），亦即悲觀準則，即最小可能報酬的最大化。

3.大中取小準則（minimax），亦即將管理者所可能產生的遺憾的最小化。

4.不足理由準則（insufficient-reason），亦稱拉普勒斯準則（Laplace criterion），亦即對任何事件的發生均假設有相等的機率。

就像在確定且風險大的環境中做決策的方法一樣，在環境不確定的情況下做決策，第一步要建立條件式的價值報酬表，下一步就是要利用上述某一個準則。我們利用表5-6、表5-7來說明在環境不確定時，做決策的四個準則。

(一)大中取大準則

有些決策者對影響決策的事件抱持著樂觀的態度。具有這種態度的管理者，將會檢視「條件價值表」，並選擇具有最大報償的策略。但是使用這個準則是危險的，因為它忽視了可能的損失，以及獲得利潤、不能獲得利潤的機率。

　　管理者在用大中取大準則時，會假設無論採用什麼策略，自然狀態下最好的情況將會發生。因此，經營者會印20,000本書，因為這將使他可以得到最大的利潤$15,000（見表5-6）。

(二) 小中取大準則

　　有一些決策者認為只有最壞的情況才會發生，這種悲觀的想法，使他選擇「把最少可能收益加以極大化」的策略。用這種準則，管理者會在各種可行方案中（表5-6）選出最壞的結果，如表5-9所示：

表5-9　各種可行方案的最壞結果

策略（印的書本數量）	最壞的結果
5,000	$3,750
10,000	−1,250
15,000	−6,250
20,000	−11,250

　　管理者將會選擇印5,000本書，也就是在各種策略的最壞結果中，選擇最不壞（報償達到最大化）的策略。

(三) 大中取小準則

　　如果管理者選擇了一個策略，而自然狀態並不會產生最有利的報償時，他就會感到遺憾。

　　不知道也不願意去猜測何種狀態將會發生的管理者，將會採取大中取小的策略。管理者的遺憾是，最大可能收益減去每一個策略中的收益。例如：一個經營者印了5,000本，而需求是10,000本，則他就有少了$3,750收入的遺憾。

　　要使用大中取小準則，就要做出一個遺憾矩陣（regret matrix），這個矩陣可以指出每個策略在各種情形下，可能會發生的遺憾的情形。表5-10列出了各種策略可能產生的遺憾。

企業管理

表5-10　產量的遺憾矩陣

策略 （印行書本數量）	自然狀態			
	5,000	10,000	15,000	20,000
5,000	0	$3,750	$7,500	$11,250
10,000	$5,000	0	3,750	7,500
15,000	10,000	5,000	0	3,750
20,000	15,000	10,000	5,000	0

大中取小準則指出，業者應該印10,000本，這樣他的遺憾會減到最小，從表5-11的遺憾表（regret table）可以清楚得知。

表5-11　遺憾表

策略（印的書本數量）	遺憾
5,000	$11,250
10,000	7,500
15,000	10,000
20,000	15,000

(四)拉普勒斯準則

前述三種決策的準則，都假設如果以前沒有經驗，要指出自然情形下的機率。然而，拉普勒斯說明了當管理者不知道每個事件發生的機率時，他應該假設每種事件所發生的機率是相同的。

大海書局若用這個準則，他假定四個問題出現的機會為1/4（表5-12），基於這個機率，書商應印出10,000本書。

表5-12　用拉普勒斯準則的期望值

策略 （印行書本數量）	機率	自然狀態				
		5,000	10,000	15,000	20,000	期望值
5,000	1/4	$3,750	$3,750	$3,750	$3,750	$3,750.00
10,000	1/4	−1,250	7,500	7,500	7,500	5,312.50
15,000	1/4	−6,250	2,500	11,250	11,250	4,687.50
20,000	1/4	−11,250	−2,500	6,250	15,000	1,875.00
1/4 × ($3,750 + 3,750 + 3,750 + 3,750) = $3,750.00						

（續）表5-12

策略 （印行書本數量）	機率	自然狀態				
		5,000	10,000	15,000	20,000	期望值
1/4 × (−1,250 + 7,500 + 7,500 + 7,500) = 5,312.50						
1/4 × (−6,250 + 2,500 + 11,250 + 11,250) = 4,687.50						
1/4 × (−11,250 + 2,500 + 6,250 + 15,000) = 1,875.00						

（五）綜合說明

大海書局所利用的決策準則會產生不同的結果：

1.樂觀者會印20,000本書。

2.悲觀者會印5,000本書。

3.遺憾者會印10,000本書。

4.無充足理由者會印10,000本書。

第六章

組織化

本章重點：

如果要一個小孩用木塊堆砌一座城堡，他就會選用各種大小不同、形狀各異的木塊來堆砌。當他完成之後，也就建立了一個屬於自己的城堡，和其他小孩所堆砌的不見得一樣。他們都是用各種獨特的方式，堆砌屬於自己的城堡，這種情形和不同企業的管理者「組織」其企業是一樣的。

組織化（organizing）就是決定如何以最佳的方式來集結組織內的活動，就像不同的小孩會用不同的木塊，管理者也會選擇不同的結構。這些結構的形式及建構的方式，在組織競爭優勢的提升上，扮演一個極為關鍵性的角色。

在建構一個組織方面，管理者可使用的基本因素是：工作設計、工作的集結（部門化）、授權，本章將依序說明以上各元素。

第 一 節　為什麼需要組織化

大多數的工作是透過「組織」（organization）來完成的，而組織是一群協同一致，達成某些目標的個體所共同組成的。因此，組織是執行策略以達成目標的媒介，如果不透過組織，任何個人均無法達成組織目標。

組織化（organizing）的過程就是集結必要的活動，並透過有效的管理（如分工）去達成共同的目標。這些管理者必須有職權（authority），才能監管部屬執行這些活動。（註①）因此，組織化基本上是分工及授權的過程，適當的組織能使資源達到更佳的運用。

界定正式組織的範圍及在此範圍內組織得以運作的架構，稱為組織結構（organization structure）。組織的另一個重要因素就是非正式組織（informal organization）。非正式組織是指正式組織之內個人接觸與互動的團體，（註②）此團體的建立多以情感為主。

當組織規模尚小，管理者藉著有效的面對面溝通就能夠建立及維持適當的組織。管理者可以用口頭指派工作，親自監督部屬的工作進度、協調各種活動、論功行賞等。如果組織有什麼不對勁的地方，他也能夠馬上察覺，並且迅速採取行動。在這種組織環境之下，管理者所需要的唯一管理工具，就是「人際關係」（interpersonal skills）。

但當組織規模日漸擴大、管理者的責任範圍及層面愈來愈廣的時候，只靠人際關係便不足以維持有效的組織。這時候，管理者也不可能事必躬親；面對多變的企

業環境，為了解決複雜的組織問題，必須要有效的組織，才能竟其功。組織化的最重要理由是獲得綜效。組織可透過綜效（synergism）的達成，以改善效率及工作的品質。當個人或不同的工作單位共同做某件事時，其所產生的成果大於每個人單獨作業的總和時，綜效便產生了。例如：三個人合作的產量比這三個人單獨作業的總和還高。綜效的達成可得自於分工，亦可得自於較好的溝通，而分工及溝通正是有效組織的必要因素。

　　組織結構的價值，在於它定義出能使組織步上正軌，並界定組織必須正常運作的各項職務、權限與部門。另一方面，組織結構將組織目標、組織規模、組織技術與組織環境結合成一體，此四項要素對組織結構的設計與選擇都具有重大影響。就組織的目標來說，如公司的目標為產品革新，則該公司所需要的結構設計，與以追求組織內部工作效率提高為目標所需要的結構設計完全不同。因此，公司所需要的組織結構，應視公司所要追求的目標而有不同的選擇；就組織的規模而言，大型規模組織結構自然不同於小規模的組織。組織結構隨組織規模的擴大化與複雜程度的增加，而應不斷地做調整；在技術方面，生產技術的發展與錯綜複雜，亦將影響組織結構，而且部門間技術相互依賴的程度，也會影響到組織設計與部門分類；在環境方面，組織內部或是外部環境的變動，會影響結構的改變或是部門的分散與整合。綜合而言，在從事組織結構設計時，必須考慮目標、規模、技術、環境等變數。

第 二 節　工作設計

　　組織結構的第一個元素就是工作設計（job design），工作設計即替每個人決定「與工作有關的責任」（job-related responsibilities）。對工廠機械工的工作設計，就是明訂他要用什麼工具、如何使用這些工具，以及期待他有什麼工作績效，對企業管理者的工作設計，就是明訂他的職責範圍、目標、績效指標等。在進行工作設計前，應先決定專業化程度（level of desired specialization）。

工作專業化

　　工作專業化（job specialization）是指組織的整體工作被區分成各小單位的程度。工作專業化是源自於分工（division of labor）的觀念。18世紀英國經濟學家亞當‧史密斯（Adam Smith）在其名著《國富論》（*Wealth of Nations*）中，曾描述

一個製造扣針的工廠如何利用分工來提升生產力。（註③）在分工前，每人每天只能生產20個扣針，然而，在分工之後，10人每天可製造48,000個扣針。

專業化是組織成長後的必然結果。例如：當華德迪士尼（Walt Disney）剛成立公司時，他幾乎是大小事情一手包——撰寫卡通劇本、畫卡通、搞行銷。當他的事業蒸蒸日上、業務愈來愈繁雜時，他就必須僱用許多專業人員來幫忙做這些事情。因此，組織愈成長，專業分工也會愈精細。例如：在迪士尼工作的專業動畫設計師也許只專精於一個人物的描繪。今天，迪士尼有數千種專業工作，絕不是任何個人所能單獨完成。

專業化組織帶來四個好處：

1.從事小而單純工作的員工會有高熟練度。

2.降低工作轉換時間。如果一個人從事若干個工作，在結束第一個工作要進行第二個工作時，必然會浪費一些時間。

3.分工得愈細，愈容易設計專屬的設備或工具來執行這項工作。

4.當從事專業工作的員工請假或離職時，要訓練一個新手來取代他的成本會相對低。

然而，工作專業化也有負面結果。專業化最常受人詬病之處，就是它會使得從事專業工作的人感到沉悶、無聊、單調和不滿足，過於專業化的工作會毫無挑戰性和激勵性。因此，我們可以了解，某種程度的專業化是必要的，但不應過於極端，以免產生不良後果。

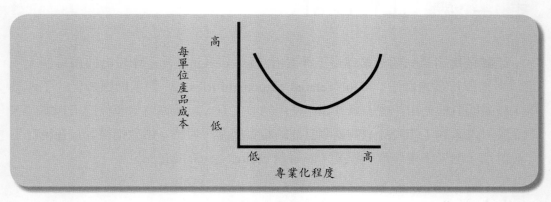

圖6-1　專業化與單位產品成本

如圖6-1所示，當工作被細分成非常小的元素時（每個人負責的是非常專精的小部分工作），或者當工作被細分成非常大的元素時（每個人負責的是非常大的部

分工作），都會使專業化的成本（人力及資本）超過專業化所增加的效率，使得每單位產品成本增加。只有將工作細分得適當（也就是適當的專業化程度），才會使得每單位產品成本降低。從這裡我們可以了解，在一定的條件之下。適當的專業化分工可使工作者各展其長，使資源做最佳配置。

如果所執行的任務本身是抽象的，那麼確定專業化的最適程度會相當困難。例如：管理者的工作比藍領工作者更為抽象，因為管理者並不會生產出可以被衡量的實質產品，也很少用到工具和設備。他是以溝通、思考和行動來完成工作；反之，藍領者的工作是反覆的，並有明確的程序可資依循，而且可生產出實質的產品。

古典派學者企圖決定藍領工作者的最適專業化程度。依據他們的看法，車床工作、裝配員、鐵匠、泥水匠及類似的工作，可以被細分成獨立的手、眼，以及身體動作，如表6-1所示。

表6-1 人工的基本工作及目的

人工的基本動作	目的
1.抓握（grasp）	控制某物
2.定位（position）	排好、定位或改變一個零件的位置
3.先行定位（pre-position）	為另一處的使用，排好零件或工具
4.使用（use）	發揮某一零件或物體的功能
5.裝配或組合（assemble）	組合零件或物體
6.分解（disassemble）	分離物體
7.解除裝載（release load）	解除某零件或物體
8.空移（transport empty）	去拿取某個東西
9.輸送裝載（transport loaded）	改變物體的位置
10.尋找（search）	尋找某一個物體
11.選擇（select）	從某些物體中選取其中一個或若干個
12.安置（hold）	將物體置於固定的位置
13.不可避免的延遲（unavoidable delay）	工作中等待另一個成員或機器（這些成員或機器與此工作有關）
14.可避免的延遲（avoidable delay）	工作中等待另一個成員或機器（這些成員或機器與此工作無關）
15.因疲勞而休息（rest from fatigue）	在一個工作循環中休息以克服疲勞
16.規劃（plan）	決定行動方案
17.檢查（inspect）	決定某項目的品管

透過對動作及時間研究的應用，管理者可以確認每件工作的基本動作。例如：祕書必須到放空白紙盒的地方（空移），拿起一張空白紙（抓握）將空白紙拿

到打字機處（運送裝載），在打字機上調整這張空白紙（定位），然後打出所需的文字（使用）。祕書的產出（所打出的文字）可由二個方法獲得增加：(1)將工作簡化成幾個必要的動作；(2)剔除不必要的動作。

工作深度及工作範圍

我們可將每一個工作的必要動作加以界定，但是還有其他描述工作的方法，例如：工作深度及工作範圍。工作深度（job depth）涉及工作者在執行某項任務時的自主性（autonomy）。基本上，愈在組織上層的工作者，其工作深度愈大，但同一階層的管理者，其工作深度並不見得相同。

例如：修護人員的工作深度必然比車床工更大，雖然這二個工作屬於同樣的組織層級。修護人員通常可以選擇維修的方法，而車床工則在選擇工作方法上較缺乏自由度或自主權。

工作範圍（job scope）是指一個工作循環所需的時間。在某一固定時間內，工作重複的次數愈多，表示這個工作的範圍愈狹窄。我們不難發現同一組織階層的不同工作，以及不同組織階層的工作，其範圍皆不相同。一般而言，工作愈專業化，其工作的範圍愈狹窄。深度及範圍反映了專業化的二種結果：(1)在選擇執行某件工作的方法時，所具之相對自由度；(2)工作的相對「大小」。愈是專業化的工作，愈具有相對狹小的深度及範圍。

第 三 節　工作的集結（部門化）

組織內的工作一旦分成個別的工作之後，就必須將這些工作集結成群或部門（department）。部門化（departmentalization）有二項主要考慮：

1.決定將個別工作集結成部門的基礎（簡稱「部門基礎」）。
2.決定每個部門的大小。

一、部門基礎

一般而言，工作可以二個主要基礎而集結：產出（output）及內部作業（internal operations）。除此之外，有些組織還會建立多重部門或矩陣式組織。

(一)以產出為基礎

以產出為導向常用的基礎有：產品別、顧客別，以及地理別。這三種劃分部門別的基礎，是以組織內部實際作業以外的因素做考量。

1.產品別

是將所有與生產某產品或某產品線有關的必要活動集結在一起，這種方式可集結有關的產品專業技術人員。圖6-2所示，在總經理之下，有許多專司不同產品的製造及行銷等各個事業處（或稱事業單位）。

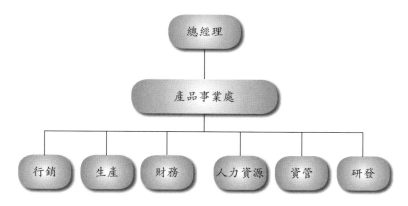

圖6-2　產品別（事業單位別）的組織結構

2.顧客別

是以被服務的顧客為基礎，來集結各個活動。例如：某公司有二個銷售部門，分別應付二個主要的顧客群。其中一個銷售部門向消費顧客提供服務，而另外一個部門向工業客戶提供服務，如圖6-3所示。

3.地理別

地理別的組織結構是以地理位置或空間位置（spatial location）來集結各個活動（圖6-4）。

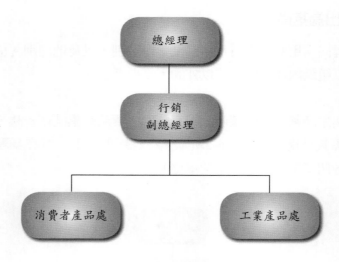

圖6-3　顧客別組織結構

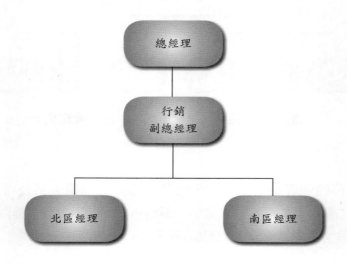

圖6-4　地理別組織結構

（二）以內部作業為基礎

以內部作業為導向來集結各活動的基礎，包括功能（function）及程序（process）。

1.功能別

當組織以「部門單位所執行的作業」為設計基礎時，便產生了功能別的組織

結構。例如：在一個食品加工廠，所有相關人員僱用及遴選等人事活動，皆由人力資源部門統籌；所有與行銷有關的活動，均由行銷部門處理；所有與生產有關的活動，均集結在生產製造部門。製造商經常以功能別做為設計組織的基礎，當然服務業（如銀行）也適用。如圖6-5所示。

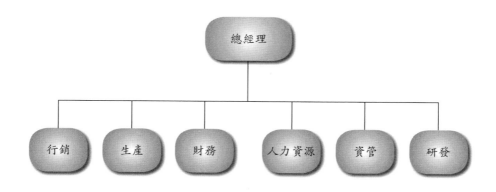

圖6-5　功能別組織結構

2.程序別

係以技術作業為集結各個活動的基礎。例如：電視公司的採訪記者在某事件涉及企業利益輸送時，由經濟記者負責採訪，當此事件進入司法程序時，則由司法記者負責採訪。因此，分工的基礎是根據此事件發展的過程而定。又如某產品製造商以車床切割、材料加熱、油漆作業等來區分部門。如圖6-6所示。

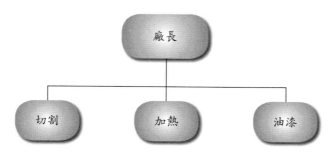

圖6-6　程序別組織結構

（三）多重部門基礎

大型企業通常會在不同的組織階段，建立不同的部門化基礎。例如：通用公

司、奇異公司的最高階層是以產品別為基礎來劃分部門。每一個產品部門稱為處（division），並且儼然成為一個獨立的事業單位（independent business unit），在下一階層就是以功能別來劃分。在圖6-7中，負責產品乙的副總經理掌管三個部門：行銷、生產、人事。再下一階層就是以地區別、程序別及顧客別來劃分。準此，每一階層在部門之間及部門內，可存在不同的劃分基礎。

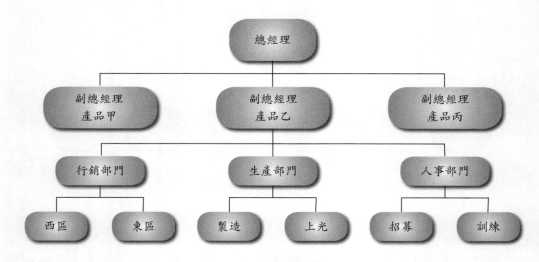

圖6-7　具有多重部門的組織結構

(四)矩陣式組織

矩陣式組織（matrix organization），亦稱為專案式組織（project forms organization），是近年來所發展的組織形式，亦是在傳統的直線幕僚組織中形成專案小組的方法。專案是「為了達成某一特定目標，人力及非人力資源的臨時結合」，（註④）如新產品的行銷或新建築工程的營造等。由於專案只有短暫的生命，因此，我們必須在不干擾現有組織結構之下，尋找能夠維持某種效率的管理及組織方法。

在專案的組織結構之下，專案人員是正式的從各功能部門調派。在這種情況下，在原先垂直式的直線結構中，形成了水平式的直線結構。如圖6-8所示，專案經理必須在完成的成本、品質、數量及時間考慮之下，負起達成專案目標之責。當專案完成時，原功能部門人員就會歸建。

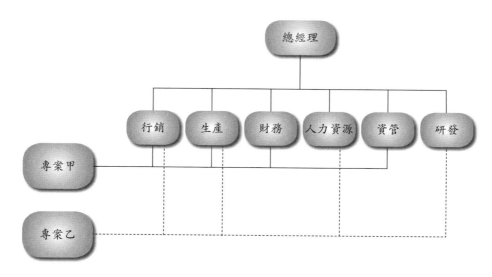

圖6-8　矩陣式組織結構

　　矩陣式組織結構的最大優點，在於當專案需要改變時，人員及資源的組合可以迅速跟著改變。另一優點是人力資源的善加利用，而且當專案完成時，專案人員自行歸建，省去必須辭退人員的麻煩（如果是正式招募的）。

　　矩陣式組織結構的最大缺點，在於它違反了指揮統一的原則。如果專案經理的職權未能和功能經理的職權明確劃分，那麼角色衝突（role conflict）情形便容易產生。在這種情況下，專案人員必須同時接受專案經理及原部門經理的任務指派，因此混亂的情況可以想見。第二個缺點，是專案人員的績效仍然被原部門經理評估，而原部門經理並不見得了解專案人員的專案工作。

　　在大型企業內，可能因為地理的分散而造成往返的費時，因此，如無資訊科技的引進，將造成矩陣組織的無效率。同時報告系統、控制機能、獎酬方式都須因應新的組織結構而做適當的調整。資訊科技，如電子郵遞、電傳會議、群體決策支援系統（group decision support systems, GDSS）等，在提升矩陣式組織的效率方面，扮演著相當重要的角色。

(五)選擇適當的部門化基礎

　　部門化基礎的原則，固然說明了集結各個活動時所必須遵循的方針，然而，選擇何種基礎時，還應考量其優劣點。例如：顧客別或產品別的部門化基礎，固然可在一個經理的控制之下，將所有與製造該產品、提供服務有關的資源集結在一起，同時由於所強調的是最終產品，因此目標的建立也會相當明確，但是個別部門常會

追求其部門目標，而犧牲了公司的整體目標。

產品別及顧客別的第二個缺點，即協調會變得更為複雜。向事業單位經理報告的是各個功能（例如：生產、行銷、人事）經理，由於他們之間具有相互歧異的見解及活動，所以使得協調活動變得更為複雜及困難。

以內部作業為導向的部門化基礎（功能、程序）也有優劣點。最大的優點，在於這些部門是基於特殊知識及技能而建立的。但是以功能為基礎的組織會讓員工產生狹隘的本位主義，並阻礙創新；這會讓員工見木不見林，造成部門之間的衝突而不是合作。結果使組織的經營彈性喪失殆盡，並且不能以整合式、協同式的方式來因應競爭挑戰。基於這些理由，愈來愈多的企業會以跨功能團隊（cross-functional team）來完成任務。（註⑤）

在以程序為基礎的組織，其經理在各程序部門之間的協調活動，較產品別的組織不複雜，因為在前者的結構中，部屬工作的類似性高，但是程序部門經理的工作深度不高。

企業經理必須以下列三個標準來設計、評估各種部門化基礎。而在決定最適宜的部門化基礎時，必須共同考量這三個基礎。（註⑥）

1.哪一個基礎可使專業技術發揮最大的功能？

2.哪一個基礎可使機具設備得到最有效的利用？

3.哪一個基礎可獲得最佳的控制及協調？

二、部門大小

部門化的基礎，決定了分配到某一特定部門的工作組合，關於部門的第二個決定因素，則是決定分配給特別部門的工作數，這個決定包含於決定部門的大小。

部門的大小決定於向主管所報告的部屬數目，此情形有二個重要涵義：

1.人員總數決定了個別經理的工作複雜性。管理6人比10人容易。

2.控制幅度（span of control）決定了組織的形狀及結構，向上級報告的人愈少，則需要愈多的管理者。假設有一個48人的公司，而它的控制幅度是8，則有6個管理階層。假設有2個主管領導著48個工人，則二個管理階層就構成了組織結構。這種組織設計下，控制幅度由8增加到24。

具有寬廣控制幅度的平坦式組織結構（flat structure），縮短了從上到下的溝通管道。然而，經理必須負擔更多一般監督之責，同時也不可能對每一位部屬都能「細心照顧」。相反地，具有較窄的控制幅度的高亢式組織結構（tall structure），

雖能做到較為嚴密的監督，但卻增加了溝通與管理成本。圖6-9顯示了平坦式與高亢式組織結構。

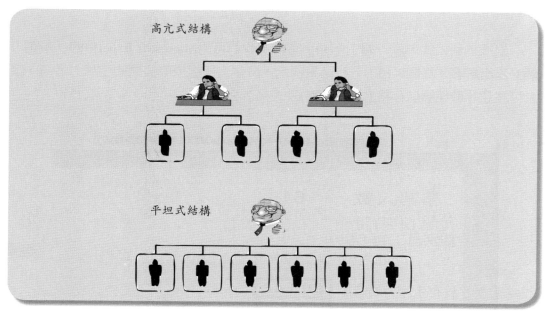

圖6-9　平坦式與高亢式組織結構

　　控制幅度大小的決定必須謹慎，向管理者報告的人數，對管理者和組織本身有著重要的涵義。在訂定最適宜的控制幅度方面，管理者可利用下列指引方針：（註⑦）

1.管理者和部屬愈稱職，則控制幅度可較寬。

2.管理者所分配到的非管理性的責任愈少，控制幅度可較寬。

3.所管理的工作愈類似，則控制幅度可較寬。

4.所監督的工作愈具例行性，控制幅度則應較寬。

5.工作的實質性愈近，則控制幅度可愈寬。

利用生產力公式計算最適當人數

對於較大的組織而言，可以用生產力的公式估算出部門最適當的人數：

$$P = K \times [\, T \times (.55 - 0.0001 \times (K \times (K - 1)/2))]$$

其中，

P = 具有生產力的時間。

T = 每一個工作期間，個別員工的工作小時。

K = 組織中的人數。

根據這個公式，以一週工作40小時計，我們可用Microsoft Excel中的「規劃求解」求出解答。從圖6-10的分析結果顯示，61個人所組成的組織的生產力最高。讀者可注意「最佳解儲存格」（B6）的公式。

B6	▼	=	=B3*(B4*(0.55-0.0001*(B3*(B3-1))/2))	
	A	**B**	**C**	**D**	**E**
2					
3	專案人數	61			
4	每個工作時間，個別員工的工作小時	40			
5					
6	具有生產力的時間	895.48			
7					
8	限制條件	61			
9					

圖6-10　利用生產力公式及Excel的規劃求解例算出部門大小

第四節　授權

「此丞掾之任，何足相煩」——這是馬援在隴西太守任上對部屬所說的話。馬援坐鎮隴西，使官吏各有所司，自己只是「總大體」，即負責原則性的大事。一個首長不能「躬親庶務，不舍晝夜」（北宋・司馬光語），他（她）應該做適當的授權。像蜀漢丞相諸葛亮「罰二十以上皆親覽焉」，似乎不應是當代管理者應有的做法。

授權通常被定義為：獲得組織合法賦予的某種權力而逕自去做決定。授權問題所著重的，不僅是何人應做何種決策，而且也著重應指揮何人、受何人指揮，以及在職權層級中應處的位置。

生產力降低是現代公司普遍的現象。在許多公司內，經營效率的缺乏，顯然

已遍及各個階層。因此，管理者應重視此一問題，並尋求解決之道。解決方案之一即有效地利用授權。在公司中，許多管理者往往不願意將重要責任指派給部屬。所以，當高階管理者費時費力地從事其部屬也能同樣有效地完成的工作時，其資源的損失是相當可觀的。

授權是公司整體中不可或缺的因素，也是經營過程重要的一環。高階主管必須要有授權的理念及方法，而授權必須能夠反映出部屬的特殊技能及需要。授權的目的是為了激勵中階管理者及基層幹部。

授權的運用，全視公司的經營理念及做法而定。為使授權的運作有效，管理者必須了解授權的基本前提。欲有效的實施授權，管理者首先必須了解本身工作及職權的有關因素。因此，管理者僅能交付其責任範圍內的工作，且交付對象僅限於其直接部屬；倘若逾越其範圍，可能將導致工作重複，或與其他部門發生衝突。將個別任務授與一個能勝任的人，遠較授權於數人更能減低糾紛及無效率。不公平的工作責任分配及由於缺乏效率，授權所導致的工作重複，是生產力降低的主要原因。

工作指派的範圍亦將影響效率。可能的話，應將整個計畫或職掌予以交付，而不要交付部分的責任。將全責交付給部屬，更能增進其創造力，激發其對成果的關切，以便圓滿達成任務而不需與他人做無謂的合作。例如：某一公司欲發展一套電腦化的製程控制系統，在此情況之下，最有效的方法就是指定某一執行單位負起此項責任。這可能包括決定所需的軟體及硬體、確立制度的可行性、評估其成本及決定報表輸出所需的次數及格式。執行單位亦可將被指派工作的某一部分，交由公司內另外的部門或個人，也可能與其他組織單位通力合作，但最後仍應由執行單位負起全部責任。

授權的優點和缺點如下所述。

一、優點

授權的優點如下：

1.提升被授權者的決策能力。當權力隨著組織層級而下授時，被授權者必須證明他們本身具有做決策的能力。也就是說，他們必須成為專才，並且在分權的環境中具備許多與工作有關的知識。因為在分權結構中，被授權者通常必須適應和處理困難的決定。授權可以使被授權者獲得更多的激勵作用、更大的滿足感。

2.被授權者能夠獲得及行使更多的自主性或自治權，而工作深度的增加，會增加參與解決問題的動機。

二、缺點

授權的主要缺點如下：

1.授權通常需要密集且昂貴的管理訓練。訓練成本的增加，是因為被授權者通常必須再被訓練去做其以前所做的決策。即使不從企業內部培育未來的管理者，成本也會上升，因為企業向外挖角，也必須付出代價。

2.即使已授權，授權者仍必須對該任務的達成或決策負責。

3.從集權到分權化的改變。如此的改變需要高級管理者授權給中低階層的管理者，在一些情況下，高階管理者不願意也不能做更進一步的授權，因為這些管理者可能將職權視為權威的表現，因此認為授權無異於權力及影響力的削減。

授權的優缺點也可反映於企業發展的階段。例如：在快速發展階段的企業，通常可因授權而獲益。

三、指揮鏈

指揮鏈（chain of command）是一系列的「主管一部屬」關係。在企業組織中，上從總經理開始，下至非技術性員工，這中間都有一定的從屬關係，職權及工作的層級（hierarchy of jobs）。圖6-11是以資訊部門為例，顯示此一關係。

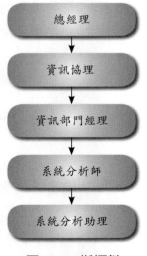

圖6-11　指揮鏈

指揮鏈是一個表明職權、責任與溝通的正式管道。任何人不應受二人（或以上）的直接指揮，否則「多頭馬車」的情況會使部屬無所適從。

從高階管理者到作業階層都應有「不可破壞的」指揮從屬關係存在，但是在適當的情況之下（例如：緊急時），越級報告是情有可原的。

四、幕僚人員

檢視組織結構另外一個重要觀點，就是直線（line）與幕僚（staff）的分辨。直線單位是直接從事作業活動（如研發、財務、配銷等）的單位，而幕僚單位是提供意見，促使直線單位的活動更為順遂的單位。直線功能（line functions）可直接貢獻於組織目標的達成，而幕僚功能（staff functions）是間接地促使組織目標的達成。

行銷及製造部門的任務，係達成組織最重要的目標（亦即將該公司的產品被市場所接受）。因此，這二個部門屬於直線單位。環保及資訊部門經理的職責，在實質上是提供諮詢的。也就是說，他們固然對製造及行銷產品有所助益，但並不直接貢獻於產品的製造及行銷，因此，他們是幕僚單位。幕僚人員提供諮詢、意見與資訊，對於直線主管的部屬並無職權。如果一個部屬必須同時受直線主管及幕僚人員的指揮，必然會破壞指揮鏈。

第五節　非正式組織

除了由正式組織結構所表現出來的特定任務及職權關係外，非正式組織（informal organization）亦是部門主管應重視的問題。非正式組織可幫助部屬滿足交友、關懷、名譽、尊重及地位上的需要。

基本上，組織行為包括三個要素：活動（activities）、互動（interactions）及情感（sentiments）。透過正式的組織結構，管理者通常能夠明訂各部屬所應執行的活動，以及在活動的過程中與其他部屬互動的情形。然而，部門主管如果要激發部屬的工作意願，自應對他們的「情感」與態度有所了解。

在企業組織內，將各個群體加以分類的方法或基礎有二種：依目的（purpose）、導向（orientation）來分。若以目的區分，我們可將企業組織細分為功能性團體（functional group）、任務或專案團體，以及利益和友誼團體；若以導

向區分的，我們可將之分為正式團體與非正式團體。正式團體的任務在於實現企業組織的目標，同時由於組織結構的關係，所有的員工均隸屬於一、二個正式的組織團體。非正式團體通常被認為是利益和友誼的團體，因為這些團體的形成是基於同鄉、同宗，或志趣相投等情感因素。

有效的運用非正式組織

對於部門主管而言，有效地運用非正式組織，乃是有效管理的關鍵因素。準此，部門主管應掌握下列原則：(1)支持組織目標；(2)提高生產力；(3)擅用非正式團體的領導者；(4)有效利用非正式溝通管道。

(一)支持組織目標

如果非正式組織結構（如員工的地位、權力與情感）能夠支持並與正式組織結構（如職權、責任）相容的話，那麼組織目標便能夠以更有效、更經濟的方式達成。事實上，不論在部門內部或外部的非正式組織，均對組織目標的達成有著重大影響。

(二)提高生產力

當非正式結構與正式結構互動的時候，許多工作方法及程序均是由員工以非正式方式建立的。在這種情況之下，部門主管就不必再對各種細節加以過問，而有更多的時間從事增加生產力的工作。

(三)善用非正式團體的領導者

部門主管應能辨認誰是非正式團體的領導者，因為這些人對於其他人員的影響力非常大。部門主管應善用後者的影響力，以使非正式團體的力量有助於部門目標，甚至組織目標的達成。

(四)有效利用非正式溝通管道

部門主管可透過非正式溝通管道來傳遞某些訊息。對某些事情、某些人員而言，也許這種傳遞方式較為有效。部門主管不見得必須使用正式職權，才能克竟其功。

第 六 節　組織設計

一、組織設計的構面

組織設計的構面可使我們確認各種組織，並比較其相同及相異之處。組織結構的構面有三：複雜性（complexity）、正式程度（formality）以及集權程度（centralization）。

(一)複雜性

一般而言，組織追求不同的功能活動的數目，可做為衡量複雜性的指標。準此，具有製造、行銷、財務功能的組織，會比只有製造及行銷功能的組織更為複雜。

詳言之，組織的複雜性可分為：水平式複雜性（horizontal complexity）、垂直式複雜性（vertical complexity）以及空間複雜性（spatial complexity）。[註⑧]

在同一組織階層，分工所造成的任務專業化稱為水平式複雜性。因此，同一組織階層，部門數較多的組織，其水平式複雜性較高。

檢視組織複雜性的第二個方法，就是組織層級的數目，也就是在指揮鏈中不同職位的數目。在指揮鏈中的職位，反映了規則、組織、控制等管理功能的專業化程度，層級較多的組織，其垂直式複雜性較高。

空間複雜性係指地理區域的數目。如果某組織只處於一個地點，則其空間複雜度是低的。

水平式及垂直式複雜性在管理上的涵義是：對「同」的管理比對「異」的管理來得容易。組織愈複雜，則管理者的工作愈形困難。複雜組織較難管理的理由，在於組織單位間的任務、個人間的工作之歧異性。然而，複雜性所增加的成本，可以被專業化所帶來的生產力提高所抵銷。

(二)正式程度

正式程度指的是對於工作預期、規章、程序、政策等文書化，通常我們也用標準化（standardization）來描述正式化。

組織間之正式程度會有所不同。一般而言，複雜性與正式程度息息相關。高度

複雜化的組織，也應是正式程度相當高的。當組織企圖完成某項任務時，為了減少不必要的誤會與衝突，最好將程序及成果加以書面化。

簡單而例行的生產及行政工作較易做到正式化，而複雜的、非例行性的研究發展工作較不易做到。

(三)集權程度

集權程度是指在組織內決策權集中於一人或若干人的程度。與集權相反的是分權，表示分權的其他術語還包括自主權（autonomy）及參與（participation）。在管理實務上，確認集權程度比確認複雜性及正式程度更不容易。廣義而言，組織中的每一個人都在做決策，即使最低層的勞工也可決定做一些事情（例如：決定把鏟子放在哪裡）。同時，更複雜的是，許多決策都具有群體決策的性質。

然而，極端的集權是可以確認的。在某一極端，所有的決策皆由一人（最高主管）來做；在另一極端，所有的決策皆由組織內的所有成員來做。前者的做法稱為獨裁（autocratic），而後者的做法稱為民主（democratic）。例如：如果組織目標的決定權是由部屬廣泛擁有，那麼這個組織的集權程度不高。事實上，大多數的組織皆介於這二個極端之間——它們並不十分獨裁，亦不十分民主。

今日的組織比以往更分權化，也就是說，員工在設定自己的目標方面、界定工作方面、在安排工作的優先次序方面、在監督自己的工作方面，具有更多的自主性。員工被賦能之後，便可利用其能力及想法做以上決定，不需要事事接受主管的指示，這就是員工的自我管理。

二、組織設計之例

我們以麥當勞、通用汽車公司、微軟公司的組織，來了解組織設計的問題。

(一)麥當勞

麥當勞的漢堡銷售額已達數十億美元，該公司早已有一段成長獲利的經驗。雖然組織如此龐大，但是麥當勞的成功乃是基於產品的一致性——在不同地域的麥當勞店內，都能夠提供相同品質的產品。

為了達到產品的單一性及標準化，麥當勞規定每一個分店必須依循相同的管理及製造模式。麥當勞這種經營方式是科層制度（bureaucracy）的典範；它在發揮規模經濟及科層制度優點的同時，又不會造成組織的僵化及員工的不滿意。

在麥當勞裡，員工必須遵守相關規章及法令。它的作業手冊共達385頁，其中對於每一個銷售點活動的描述可謂鉅細靡遺。例如：手冊中明文規定任何分店不允許「出現」香菸、糖果及彈珠臺等。對員工的儀容也有嚴格的規定：男性員工必須把頭髮修剪整齊，黑皮鞋必須保持光亮；女性員工則規定要戴髮網，並不得濃妝豔抹。經理也會每天提醒作業人員要滑潤及調整馬鈴薯削皮機的皮帶。

麥當勞有一個明確的階層制度。地區服務經理要定期拜訪每一家分店，而檢驗員則要到每家店做三天的觀察，測試櫃檯作業的時間及外賣服務，以及檢視烹飪的過程，並對於清潔、品質及服務分別給予A到F的等級。

每一家分店都有細緻的分工、合格的人員，助理經理必須輪流監督每一個輪班，而領班須在特定的時間（如早餐時間及午餐時間），做好分內的工作。廚師、女服務員都知道如何正確地做事。訓練員的工作則是教導每位新進人員如何招呼顧客、接受點餐的正確行為，而女主管的工作，則包括幫助小孩及老年人、負責安排生日派對及確認顧客是否舒適。

(二)通用汽車公司

在1980年，通用汽車公司的高階管理者體認到，數年來運作良好的組織結構須做改變。日益激烈的國外競爭、燃料價格的飆漲、經濟衰退及煞車系統品質不良、活塞引擎頻頻故障、前輪驅動延遲等問題，都是管理當局相當關切的問題。由於這些問題和環境的情況，通用汽車公司進行了大規模的、史無前例的重組。這項計畫是以先前的經驗、預期的市場情況和現今的知識為基礎去進行組織重組。

(三)微軟公司

美國軟體業巨擘微軟公司曾進行改組，微軟公司本來依技術性質分為三個部門，之後根據各戶服務類別分為四個業務部門。微軟公司原有的三個部門是電腦作業系統部門、應用程式部門及其他業務及線上服務部門，1999年3月改為消費者部、企業客戶部、軟體開發業者部及智慧業者部。所謂智慧業者包括以電傳通勤方式工作者及在家工作者。微軟公司業務總裁表示，微軟公司改組與聯邦政府根據反托拉斯法控告微軟公司的訴訟案無關。但據分析家說，假如美國司法部打贏這場官司，可能設法拆散微軟公司，但微軟公司改組後更容易或更難拆散，則是見仁見智的問題。

現今的組織設計理論可分二類：第一，基於不論情況如何，總有一種最佳的設計前提，這個方法稱為普遍式（universalistic approach）。古典派、新古典派的組

企業管理

織設計者認為,他們的組織設計是普遍式的組織設計;第二,認為最好的組織方式是依情境而定,這個方法被認是權變式(contingency approach)。這二個設計方法都有著顯著不同的觀點及做法。

三、古典派的組織設計

古典派組織設計(classical organizational design)的特徵,包括:高度的複雜性、高度的正式化,以及高度的中央集權。古典主義設計的論點,在現代管理理論的發展上有非常重大的影響。

支持科學管理及古典管理的學者,堅信古典的組織設計優於任何一種設計方式,他們認為古典主義的組織設計是專業分工的自然延伸。

古典派的組織設計有二位代表人物,即費堯與韋柏。我們已在第二章詳細說明他們的觀點,在此不贅述。在將古典派設計原則與科層體制做比較之後,我們可以發現:兩者都強調分工及集權的重要性,而且每一個原則都是在減低工作者的影響力(也就是說,不要有「員工個人」的色彩)。古典派組織設計強調的是:複雜性高、正式程度高、集權化程度高的組織設計,才是最佳的組織設計。

四、新古典派組織設計

從歷史的角度來看,新古典派組織設計(neo-classical organization design)是因應古典組織設計而產生的。新古典派組織設計的特質,包括:複雜性低、正式程度低、集權程度低。這些特質描述了這樣的組織結構:專業分工的程度較低、控制幅度較大、分權程度高。因此,我們可以將新古典派組織設計看成是古典派的另一種極端。新古典派組織設計的假設是:(1)不能忽略個人因素;(2)不能忽略情境因素,如圖6-12所示。

(一)個人因素

最早注意到個體對組織設計的影響,以及個體在組織設計中扮演著重要角色者,即是有名的霍桑研究(Hawthorne Studies)。霍桑研究是在美國伊利諾州(Illinois)西塞羅(Cicero)的霍桑西方電廠(Hawthorne Western Electric Plant)中進行的。這些研究對「高度的專業分工及集權會低估了員工潛力」這個論點,提出強而有力的證據。員工並不是被動的、惰性的接受所指派的任務;他們是獨特的、有創意的,而且從工作中所追求的不只是金錢報酬。霍桑研究也發現,工作群

體會自行決定公平合理的產出水準，稱為規範（norm）。雖然工作團體的成員沒有正式的職權，但是他們之間互相的影響力遠超過其主管的影響力。

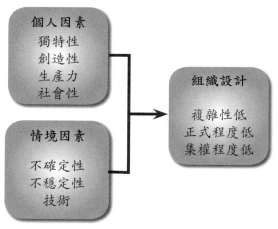

圖6-12 新古典派組織設計

後續研究也支持霍桑的研究，並且都認為古典組織設計的確有瑕疵。例如：相關研究顯示，一味命令員工遵守規則，會使員工像機器人一般毫無創意；（註⑨）壓抑員工的發展和成長，（註⑩）因為透過正式的規章制度及中央集權來支配員工，會造成員工的被動及依賴，這種情形不能滿足員工在自治、自我表現、成就及突破方面的需求；古典派的設計會使組織不能對人力資源做有效運用。

（二）情境因素

古典派的組織設計在工業革命的早期（1800年末到1900年初）受到普遍歡迎，這是因為在該時期環境相當穩定，而且任何改變也是可以預期的。但是在通訊、運輸、製程及醫療科技發展一日千里的今日，組織自然必須有適應性及彈性。

支持新古典派的學者李克特（R. Likert, 1961）在深入、廣泛研究之後發現，在企業環境詭譎多變的情況下，新古典式的組織比古典式設計的組織，更能充分利用人力及技術資源。（註⑪）因為新古典派設計強調分權的重要性，而且鼓勵參與式的行為。因此，當環境或技術改變時，組織便能夠適當的、迅速的因應。

新古典派的擁護者認為，即使組織處在相對穩定的環境，新古典派的組織設計仍是最完美的。他們認為新古典派的組織設計可使員工有更充實、更滿足的工作生活。

五、權變式的組織設計

組織設計的權變觀點（contingency approach）認為：隨著組織策略、環境及技術因素的不同，古典派及新古典派的組織設計方式皆有其適用之處。權變觀點是假設「不同的組織設計會達成不同的目的」。（註⑫）古典式的組織設計比較具有效率及生產力，但是比新古典式的組織更缺乏適應性及彈性。

一個特殊組織（不論其為企業組織、政府機構、大學或組織內的某一部門）的結構建立，必須基於：(1)是否需要效率及生產力；(2)是否需要適應性及彈性。關鍵在於如何創造能配合這種需要的環境。

支持權變觀點的學者及實務界人士指出，影響組織設計的變數包括：組織的年齡、規模、所有權的形式、技術、環境的不確定性、策略選擇、或員工需求以及潮流。（註⑬）證據顯示，較老的組織比年輕的組織更複雜、更正式化，以及更集權。有關研究也顯示，大型組織比較傾向於古典派的組織設計。本節不擬對組織年齡及規模進行分析，而只就對管理者具有重要涵義的二個變數（技術、環境）加以說明。

(一)技術

技術通常被界定為「製造者將輸入轉換成輸出的過程」。廣義而言，技術包括設備、原料、知識及經驗。這個廣義的觀點告訴我們，任何工作（包括製造汽車、鞋子、電腦，或向客戶、病人、顧客、學生提供服務）都會牽涉到技術。技術可以是機器，亦可以是知識。

權變變數中技術所扮演的角色，如圖6-13所示。技術影響了工作設計，進而影組織設計。因此，組織設計會受到管理者在設計個別工作時所引進之技術影響。（註⑭）

最早對技術與結構的關係做深入研究的學者，首推伍華德（Joan Woodward, 1965）。在她的研究中，她將技術區分為以下三類。（註⑮）

1.小量批次及單位生產（unit small-batch and unit production）：單位生產是指訂單生產，因此，在接受訂單之後，才開始製造產品，以滿足顧客的特定需要。這個技術非常仰賴人工操作者（如師傅、技師）的手工，因此不是機械化的（mechanized），其結果也不易預測。如果你訂做一件襯衫，這就是單位生產應用技術之例。

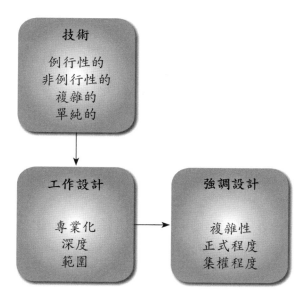

圖6-13　技術與組織設計

　　2.**大量批次及大量生產**（large-batch and mass production）：大量生產顧名思義是生產大量的標準化產品，例如：裝配線生產。增你智公司（Zenith Corporation）利用大量生產的方式，生產電視機的映像管。

　　3.**連續性程序生產**（continuous process production）：在連續性程序生產的技術之下，整個生產程序是機械化的，因此無所謂開始及結束。這個生產方式比大量生產更具機械化及標準化。組織對其製造過程具有高度的控制，而結果也非常容易預測。例如：化工廠、煉油廠、製酒廠、核子能源廠所用的生產技術即是。

　　伍華德發現，組織績效、組織設計及技術之間具有很密切的關係。利用小量批次及單位生產技術，而且所採取的是新古典派設計的組織，會獲得卓越的績效。其主要發現如圖6-14所示。

　　在小量批次及單位生產技術之下的工作型態，則是專業化低、工作深度高、工作範圍廣的。這類工作所配合的是複雜度低、正式程度低、集權程度低的組織結構。其理由是在利用這些技術時，員工必須有相當大的自主權。

　　相反地，大量批次及大量生產、連續性程序生產技術的應用，則不須員工具有自主權，其主要發現如圖6-15所示。

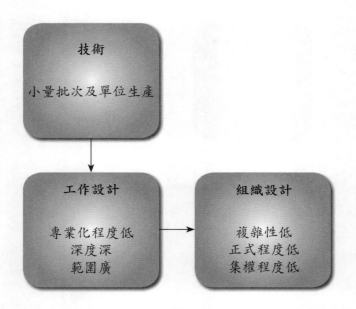

圖6-14　「小量批次及單位生產」技術與組織設計

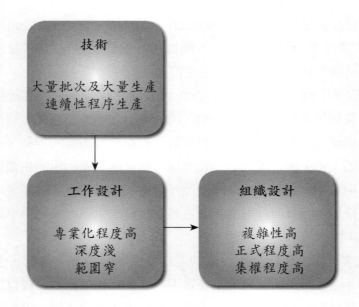

圖6-15　大量批次及大量生產、連續性程序生產技術與組織設計

　　伍華德的研究發現證實這件事實：管理者必須考慮技術對組織設計的影響。她提醒管理者應考慮技術在影響工作行為中所扮演的角色。

　　在「技術影響組織設計」方面，伍華德的研究發現可歸納如下：

1.技術愈複雜（例如：從單位生產到程序生產），則管理者的人數愈多，管理層級數也愈多。

2.技術愈複雜，則行政人員及幕僚人員的人數愈多。

3.第一線管理者的管理幅度隨著單位生產制度到大量生產制度而漸增，隨著大量生產制度到程序生產制度而漸減。

就直覺上來看，例行性的技術（routine technology，如大量批次及大量生產技術、連續性生產技術）應用在古典式的組織設計上會相當有效率，而非例行性技術比較能配合新古典派的組織設計。然而，對這個顯而易見事實的效度加以驗證，是件相當困難的事。伍華德的研究激發了許多後續研究者的興趣，但由於彼等所用的定義及衡量方式不同，故產生不同的結論。

研究者之間對於技術與組織設計之關係產生不一致的結論，主要是因為：(1)對技術及結構之定義及衡量不同；(2)分析的單位不同。不論如何，我們可以用福來（Fry, 1982）的論點做為結論：例行性的技術應配合古典式設計，而非例行性的技術（小量批次及單位生產）應配合新古典式設計。（註⑯）

(二)環境

每一個組織都必須在環境之下運作。這些環境因素包括：競爭者、供應商、顧客、技術、政經及法律等，都會影響組織設計。

環境的複雜性（complexity）是指環境的異質性（heterogeneity），或者是影響組織運作有關的外部環境因素的數目。在單純的（simple）的環境下，只有若干個（一、二個）環境因素會影響組織運作；在複雜的（complex）環境之下，會有許多環境因素影響著組織的運作。

在穩定的（stable）環境中，任何環境因素的改變幾乎都是可以預期的（例如：消費者的偏好相對地穩定，技術的改變也很少，為了超越競爭者所做的創新性研究也不多）。在變動的（changing）環境中，競爭者策略及動向、顧客需求、供應商的供應、潛在進入者的威脅及技術等都會改變，而這些改變發生得相當頻繁。

1.伯恩斯與斯托克的研究

要使組織設計能配合環境的話，管理者首先必須對環境因素做正確的評估。伯恩斯與斯托克（Burns and Stalker, 1961）曾針對20家英格蘭與蘇格蘭的企業進行研究，發現有二種組織類型：機械式的（mechanic）與有機式的（organic）。（註⑰）機械式的組織結構與古典派組織設計具有相同的特性，而有機式的組織結構與新古典派組織設計具有相同的特性。機械式的組織結構與有機式的組織結構之特性與差

別，如圖6-16所示。

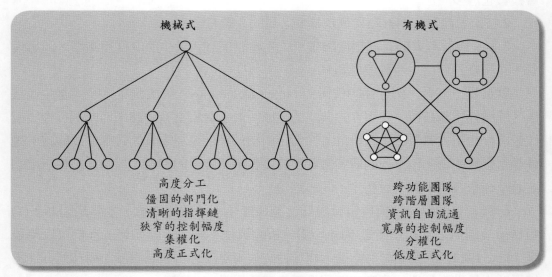

圖6-16　機械式與有機式的組織結構

　　這些研究者認為，古典設計最能配合穩定的環境，而新古典派設計最能配合複雜的、變動的環境。環境特性與組織設計的關係，如圖6-17所示。

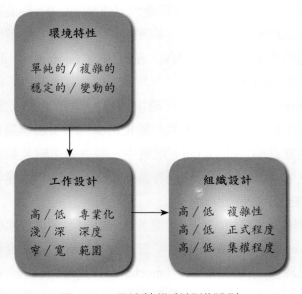

圖6-17　環境特性與組織設計

在單純、穩定環境下的組織，不會遇到無法預期的事件。因此，他們的工作設計應具有這些特性：深度淺、範圍窄以及極高的專業程度。

反之，在複雜、變動環境下的組織，會有許多無法預期的事件，因此，工作應設計得使員工的工作範圍及工作深度既廣且深。適合這些工作的組織設計是複雜程度低、正式程度低，以及集權程度低的新古典派組織設計。不論如何，組織結構必須與環境配合。

2.勞倫斯及勞許的研究

美國學者勞倫斯及勞許（Lawrence and Lorsch, 1967）的研究主題是：在不同的環境之下，如何進行有效的部門設計。他們相信，若以組織內的一部分（如部門）來考慮，則組織設計的問題會變得更單純。（註⑱）

在不同的經濟和技術環境下，什麼類型的組織最有效？公司成為多國性企業，地理的分布愈廣，經濟與文化差異愈來愈大，科技改變的速度愈來愈快，這些情形對未來的組織設計有何涵義？針對這二個問題，勞倫斯及勞許進行了一項研究，研究的對象是塑膠業、食品業以及容器業，並以市場、技術以及科學（即研究發展）三個層面，來衡量這三個產業的不確定性程度（uncertainty）。大體而言，塑膠業的不確定性最高，其次為食品業，再其次為容器業。他們並以二個構面（整合與差異化）為基礎來進行研究。差異化（differentiation）指的是，不同功能的經理間，在認知期情感導向的差異有四個向度——目標導向的差異（目標的不同）、時間導向的差異（對於時間緊迫性、重要性這方面的認知不同）、人際關係導向的差異（有些部門的功能是以建立人際關係為主，也些部門則不是），以及結構正式化的差異。整合（integration）是指，為了因應環境的需要，部門之間必須協同一致，而存在於部門之間的合作狀態就稱為整合。他們的研究重要發現如下：

(1)在塑膠業內，整合、差異化程度高的廠商，其績效必高。

(2)在這三個產業中，廠商的差異化程度，依序為塑膠業、食品業以及容器業。而在任何一個行業，高績效廠商均比低績效廠商在差異化方面來得高（在容器業為相等）。因此，在愈不確定的環境中，高績效廠商的差異化程度愈高。

(3)在這三個產業之中，高績效廠商在整合程度方面並沒有什麼差別，但是整合的方式不同。在塑膠業高績效廠商是以「整合部門」（integrative department）來做；在食品業是由「個別整合者」來做；在容器業為「直接的管理接觸」（direct management contact）。

3.組織次單位（部門）的設計

在高度複雜性、變動的環境下的部門，必須採新古典派的組織設計。換言

之，這些部門必須具有低複雜性的、非正式的、分權的組織設計。而在單純、穩定環境下的部門，必須採取古典派的組織設計。換言之，這些部門必須具備專業化、正式、集權的組織設計。這個權變的觀點可從勞倫斯與勞許研究的結論中加以了解：「組織的內部功能必須配合組織任務、技術、外部環境及成員需求才會有效。」

4.矩陣式的組織設計

面對複雜、變動的環境組織，必須以矩陣式的組織設計（matrix organization design）來應付。矩陣式的組織設計，通常是以古典派的組織設計為主，再加上一些新古典派組織設計的特性，故兼具二學派的優點。（註⑲）

需要高度效率，並且必須對環境變化做迅速反應的組織，就必須採取矩陣式組織設計。在矩陣式的組織設計之下，技術、工程、科學及其他專家聚集在一起，共同從事一個專案。（註⑳）這些專案可能是長期或短期，而專家是從各部門借調而來的。

假設有一個企業發現競爭者推出一個新產品，而管理當局認為有必要立即推出類似的或更好的新產品以為抗衡，因此該組織就應成立一個新產品發展小組。該企業遂將傳統的組織型態改變成矩陣式的組織型態。並指派一位專業經理來負責新產品發展事宜，其專案成員係由企業功能部門的專家所組成。當專案完成時，這些專家遂各自歸建。

第 七 節　新的組織選擇

自1980年起，許多組織的高階管理者都在不斷地思考及發展一些新的組織結構，期望使得其組織獲得競爭優勢。本節我們將介紹三種新的結構設計（structural design）：團隊結構（team structure）、虛擬組織（virtual organization）以及無疆界組織（boundaryless organization）。

一、團隊結構

工作團隊有愈來愈流行的趨勢。當管理當局使用團隊做為協調機能的樞紐時，就等於建立了團隊結構。團隊結構的基本特徵在於它能打破部門間的障礙，並將決策授權到團隊這個層級。團隊結構內的成員有的是專才，有的是通才。（註㉑）

在小型的組織中，整個組織就是由團隊所組成的，而每個團隊都要對作業問題及客戶服務肩負完全的責任。

在大型的組織中，團隊結構的建立無異是對既有的科層體制（hierarchical structure）注入一針強心劑。組織既可獲得效率（這是在科層體制下，標準化作業的結果），也可以獲得彈性（這是建立工作團隊所帶來的結果）。例如：為了要改善作業階層的效率問題，Chrysler、Saturn、Motorola、Xerox公司也廣泛地採用了自我管理團隊（self-managed teams）。另外，像波音、惠普公司在設計新產品或協調主要專案時，也是透過跨功能部門的團隊來進行。

美國著名的管理學者彼得‧杜拉克（Peter Drucker）在其所著《後資本主義社會》一書中提到，所謂「雙打網球隊」類型的團隊，是當今最能發揮力量的團隊類型，此一團隊的特點除了能夠讓人發揮長才之外，亦重視個人的自律及人際間的默契。層級及隨之而來的權威，在提升團體競爭力上已經失去重要性，工作重在搭配而非指揮命令。

二、虛擬組織

虛擬組織又稱網路組織（network organization）或模組組織（modular organization）。典型的虛擬組織是小型的核心組織，它會把主要的企業功能活動外包出去。用組織結構的術語來說，虛擬組織是高度集權化的組織，在組織內不分（或幾乎不分）部門。

今日的製片公司所採取的就是典型的虛擬結構。在好萊塢的黃金年代，影片都是由垂直整合的大型製片廠所製作。像米高梅、華納兄弟、20世紀福斯公司這些大製片公司，都擁有自己的拍片廠、成千上萬的專職人員（如攝影師、場景布置人員、剪輯師、配樂人員、導演，甚至演員）。但是在今天，大多數的影片都是由小型公司或志同道合的一群人以專案的方式來製作。這種製作影片的方式，可以使得製片者就每一個專案（影片）挑選最適合的人，而不是從製片公司內既有的人員中來挑選，也可以使製片者減低長期風險及長期成本。事實上，由於人員是以專案方式集結的，專案完成之後就解散，故無所謂「長期」風險及成本。

像耐吉（NIKE）、銳跑（REEBOK）、戴爾電腦（DELL）這些公司發現，不必擁有自己的製造設備，就可以做到幾千萬美元的生意。例如：戴爾電腦公司沒有自己的製造工廠，在其廠房中只是將外包的零件加以組裝而已。

這些虛擬企業顯然建立了許多關係網絡（network of relationships），使它們能

企業管理

夠很方便的外包其製造、配銷、行銷及其他的企業功能活動。其管理當局認為,外包這些活動顯然比自己做更便宜、更好。

圖6-18顯示了虛擬組織的情形。管理當局外包所有的企業活動。組織的核心是由一小群高階管理者所組成。他們的工作就是直接監控在企業內的活動,並與接受外包、從事製造、配銷等的公司做好協調的工作。與外界(外包商)的關係都是以訂立契約的方式來相互約束,而對活動的協調及控制都是透過電腦網路連線來完成。

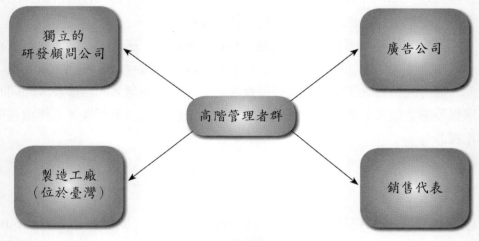

圖6-18　虛擬組織之例

虛擬組織最大的優點在於彈性。它可以使具有創意但缺乏資本的公司(如戴爾電腦公司)和藍色巨人IBM一爭長短。虛擬組織結構的缺點是它降低了管理當局對於企業主要活動的控制。

三、無疆界組織

奇異公司的董事長威爾許(Jack Welch)曾期許奇異公司成為「無疆界組織」,也希望將奇異公司成為「營業額在600億美元的家庭式零售店」。(註②)換句話說,在這個龐大的規模之下,他希望在公司內打破垂直、水平界限,並剔除公司與顧客、供應商的障礙。無疆界組織企圖打斷指揮鏈,讓控制幅度無限延伸,並以工作團隊取代既有的功能部門。

雖然奇異公司尚未達到無疆界組織的境界(或許永遠不會達到),但是它卻不斷地朝著這個方向努力。其他公司如惠普、AT&T、摩托羅拉,也朝向這個目標不

斷努力。

　　在打破了垂直界限（vertical boundary）之後，組織就等於廢除科層制度，模糊了職級。金字塔（傳統組織的形狀）也隨之消失，組織的上層人士與基層人員並無不同。跨科層團隊（cross-hierarchical teams，包括高階管理者、中階經理、組長、作業人員）、參與式決策制定、360度績效考評（某人的績效是由其同事、上司及部屬所評估），就是奇異公司打破垂直界限的具體做法。

　　功能性部門就是造成水平界限（horizontal boundary）的始作俑者。打破水平界限的做法就是以跨功能團隊（cross-functional teams or multidisciplinary teams）來取代功能性部門，並以「過程」來組織各種活動。例如：全錄公司現在是以跨功能團隊來發展新產品（此跨功能團隊僅從事這個活動，而這個活動是行銷新產品的一個「過程」）。同樣地，AT&T現在也已不以功能性部門來編列預算，而是以「全球通訊網路維護」這個活動或專案的各種過程來編列預算。另外一個打破水平界限的方法，就是將人員在不同的功能領域間做水平式的輪調，會使得專才變成通才。

　　無疆界組織會剔除組織與外在環境組成分子間的障礙，也會消除因地理區域所造成的障礙。全球化、策略聯盟、供應商與組織的連結、顧客與組織的連結，以及電子通勤等，都是能夠打破外部界限（external boundary）的方法。例如：可口可樂公司將自己視為全球性企業，並不屬於亞特蘭大或是美國的公司。NEC公司、波音公司、蘋果公司分別與十幾家公司建立策略聯盟或進行聯合投資。這些結盟關係使得不同組織的員工共同來完成專案，因此組織間的界限已經變得模糊不清了。

　　無疆界組織的實現，網路（network）扮演著極為重要的角色。它使得人們能夠跨越組織內及組織間的藩籬，而獲得有效的溝通。例如：電子郵件可使許多員工交換、分享資訊，並使得基層員工可直接與高階管理者溝通。

重要名詞

組織

組織（organization）是一群協同一致，達成某些目標的個體所共同組成的。因此，組織是執行策略以達成目標的媒介，如果不透過組織，任何個人均無法達成組織目標。

組織結構

界定正式組織的範圍以及在此範圍內組織得以運作的架構，稱為組織結構（organization

企業管理

structure）。

綜效

當個人或不同的工作單位共同做某件事時，其所產生的成果大於每個人單獨作業的總和時，綜效便產生了。例如：三個人合作的產量比這三個人單獨作業的總和還高。綜效的達成可得自於分工，亦可得自於較好的溝通，而分工及溝通正是有效組織的必要因素。

分工

分工就是將較大的工作分由若干人來做，其重要前提是勞工的專業化。當工作被細分成更小的元素時，產量就會增加，但必須投入更多的人力及資本來完成這些細分的工作。但超過某一點後，專業化的成本（人力及資本）會開始超過專業化所增加的效率，而且每單位產量的成本會開始提高。

工作深度

工作深度涉及工作者在執行某項任務時的自主性（autonomy）。基本上，愈在組織上層的工作者，其工作深度愈大，但同一階層的管理者，其工作深度並不見得相同。例如：修護人員的工作深度必然比車床工更大，雖然這二個工作屬於同樣的組織層級。修護人員通常可以選擇維修的方法，而車床工則在選擇工作方法上較缺乏自由度或自主權。

工作範圍

工作範圍是指一個工作循環所需的時間。在某一固定時間內，工作重複的次數愈多，表示這個工作的範圍愈狹窄。我們不難發現同一組織階層的不同工作，以及不同組織階層的工作，其範圍皆不相同。一般而言，工作愈專業化，其工作的範圍愈狹窄。深度及範圍反映了專業化的兩種結果：(1)在選擇執行某件工作的方法時，所具之相對自由度；(2)工作的相對「大小」。愈是專業化的工作，愈具有相對狹小的深度及範圍。

工作的核心構面

在海克曼及歐頓（Hackman and Oldham）所發展的工作特性模式中，他們發展了五個描述工作的構面：(1)技術多樣性（task variety）。工作的完成需要各種不同活動的程度。為了從事各種不同的活動，工作者必須使用不同的技術、發揮不同的才華；(2)工作完整性（task identity）。工作需要整體完成或完成可認明的各部分的程度；(3)工作重要性（task significance）。工作對別人的生活及工作產生重大影響的程度；(4)自主性（autonomy）。在工作排程及實現該工作所需要的程序方面，工作能夠向工作者提供大量的自由、獨立性及自由裁決的程度；(5)回饋（feedback）。個人所落實的工作活動結果得到直接的、明確的有關於其工作績效資訊的程度。

部門化

組織內的工作一旦分成個別的工作之後，就必須將這些工作集結成群或部門

（department）。部門化（departmentalization）有二項主要考慮：(1)決定將個別工作集結成部門的基礎（簡稱「部門基礎」）；(2)決定每個部門的大小。

矩陣式組織

矩陣式組織（matrix organization），亦稱為專案式組織（project forms organization），是近年來所發展的組織形式，亦是在傳統的直線—幕僚組織中形成專案小組的方法。專案是「為了達成某一特定目標，人力及非人力資源的臨時結合」，如新產品的行銷或新建築工程的營造等。由於專案只有短暫的生命，因此我們必須在不干擾現有組織結構之下，尋找能夠維持某種效率的管理及組織方法。

在專案的組織結構之下，專案人員是正式的從各功能部門調派。在這種情況下，在原先垂直式的直線結構中，形成了水平式的直線結構。專案經理必須在完成的成本、品質、數量及時間考慮之下，負起達成專案目標之責。當專案完成時，原功能部門人員就會歸建。

矩陣式組織結構的最大優點，在於當專案需要改變時，人員及資源的組合可以迅速跟著改變。另外的優點是人力資源的善加利用，而且當專案完成時，專案人員自行歸建，省去了必須辭退人員的麻煩（如果是正式招募的）。矩陣式組織結構的最大缺點，在於它違反了命令統一的原則。

如果在大型企業又可能因為地理的分散而造成往返的費時，因此如無資訊科技的引進，將造成矩陣組織的無效率。同時報告系統、控制機能、獎酬方式皆必須因應新的組織結構而做適當的調整。資訊科技，如電子郵遞、電傳會議、群體決策支援系統（group decision support systems）等，在幫助矩陣式的組織增加效率方面，扮演著相當重要的角色。

平坦式組織結構

具有寬廣控制幅度的組織結構，稱為平坦式組織結構（flat structure），它可縮短從上至下的溝通管道。然而經理必須負擔更多一般監督之責，同時也不可能對每一位部屬都能「細心照顧」。

高亢式組織結構

具有較窄控制幅度的組織結構，稱為高亢式組織結構（tall structure），在此結構下，雖能做到較為嚴密的監督，但卻增加了溝通與管理成本。

授權

獲得組織合法賦予的某種權力而逕自去做決定。授權問題所著重的，不僅是何人應做何種決策，而且也著重應指揮何人、受何人指揮，以及在職權層級中應處的位置。

指揮鏈

指揮鏈（chain of command）是一系列的「主管—部屬」關係。在企業組織中，上從總經理開始，下至非技術性員工，這中間都有一定的從屬關係，職權及工作的層級（hierarchy

of jobs）。

組織結構的構面

組織結構的構面有三：複雜性（complexity）、正式程度（formality）以及集權程度（centralization）。

複雜性

一般而言，組織追求不同的功能活動的數目，可做為衡量複雜性的指標。準此，具有製造、行銷、財務功能的組織，會比只有製造及行銷功能的組織更為複雜。詳言之，組織的複雜性可分為：水平式複雜性（horizontal complexity）、垂直式複雜性（vertical complexity）以及空間複雜性（spatial complexity）。

在同一組織階層，分工所造成的任務專業化稱為水平式複雜性。因此同一組織階層，部門數較多的組織，其水平式複雜性較高。

檢視組織複雜性的第二個方法，就是組織層級的數目，也就是在指揮鏈中不同職位的數目。在指揮鏈中的職位，反映了規則、組織、控制這些管理功能的專業化程度。層級較多的組織，其垂直式複雜性較高。

空間複雜性係指地理區域的數目。如果某組織只處於一個地點，則其空間複雜度是低的。水平式及垂直式複雜性在管理上的涵義是這樣的：對「同」的管理比對「異」的管理來得容易。組織愈複雜，則管理者的工作愈形困難。複雜組織較難管理的理由，在於組織單位間的任務、個人間的工作的歧異性。然而，複雜性所增加的成本，可以被專業化所帶來的生產力提高所抵銷。

正式程度

正式化指的是對於工作預期、規章、程序、政策等文書化。通常我們也用標準化（standardization）來描述正式化。

組織間之正式化程度會有所不同。一般而言，複雜性與正式化是息息相關的。高度複雜化的組織，也應是高度正式化的。當組織企圖去完成某項任務時，為了減少不必要的誤會與衝突，最好將程序及成果加以書面化。

簡單而例行的生產及行政工作較易做到正式化，而複雜的、非例行性的研究發展工作較不易做到。

集權程度

集權化指的是在組織內決策權集中於一人或若干人的程度。與集權化相反的是分權，表示分權的其他術語還包括自主權（autonomy）及參與（participation）。在管理實務上，確認集權化的程度比確認複雜性及正式化更不容易。廣義而言，組織中的每一個人都在做決策，即使最低層的勞工也可決定做一些事情（例如：決定把鏈子放在哪裡）。同時，更複

雜的是，許多決策都具有群體決策的性質。

然而，極端的集權化是可以確認的。在某一極端，所有的決策皆由一人（最高主管）來做；在另一極端，所有的決策皆由組織內的所有成員來做。前者的做法稱之為獨裁（autocratic），而後者的做法稱為民主（democratic）。例如：如果組織目標的決定權是由部屬廣泛擁有，那麼這個組織的集權程度不高。

非正式組織

非正式組織（informal organization）通常被認為是利益和友誼的團體，因為這些團體的形成是基於同鄉、同宗或志趣相投等情感因素。非正式組織可幫助部屬滿足交友、關懷、名譽、尊重及地位上的需要。

特別專案

當史蒂芬・史匹柏（Steven Spielberg）或伍迪・艾倫（Woody Allen）開拍新片時，會聚集各種專業人士，包括製片、編劇、導演、場景設計、燈光等數以百計的專家。當片子拍完，這個工作小組（task force）就會解散，等到又有新片開拍，才會有另外一個工作小組出現。一個工作小組隨著影片的開拍到殺青，可能會有數月之久，或者數年也不一定。這種組織是臨時性的（ad hoc），裡面沒有正式的規章制度來引導成員，所以組織內成員之間的活動，有時會有重複的現象。相對於官僚組織或事業單位結構，這種組織沒有許多層級，沒有永久部門，沒有正式的規章制度或標準化作業程序來處理例行性的問題。以上就是臨時組織或特別專案（adhocracy）組織結構的特性。在特別專案的組織結構中，水平分工的程度高、垂直分工的程度低、正式化及集權化的程度低、調適及彈性程度高，與有機結構十分相近。

特別專案的組織結構是由許多專業人士所組成，所以造成了高度水平分工的現象。而這些專業人士都不必管理當局費心，自己會自律自治，求取好的表現。同時，過多的組織層級，反而會限制組織的調適能力，所以其垂直分工程度低。

為了保持彈性，在特別專案的組織結構中，只有一些不成文的簡單規定。我們了解，只有在處理標準化的事務時，規章制度才會發生效用。同樣以專業人才為主的專業官僚，它與特別專案最大的不同點，即在於它的標準化。在面對問題時，專業官僚會很快地加以分類，並以系統的方式統一化處理。但是特別專案的組織所需要的是創新，因此標準化與正式化是不適當的。

在特別專案中，決策權十分分散。如此一來，便可以保持組織彈性，並加快處理事情的速度。另一方面，由於高階管理者不是萬事通，所以由專業人士來做決策會集思廣益，切中要點。

在特別專案組織中，整個組織不論是哪一個階層的員工，全是學有專精之士，所以技術分

子幾乎不存在於組織內。在此，管理者與員工或直線與幕僚之間的界限，是十分模糊的。專業知識愈多，權力就愈大，權力大小與個人的職位高低並沒有關連性。

團隊結構

團隊結構的基本特徵在於它能打破部門間的障礙，並將決策授權到團隊這個層級。團隊結構內的成員有的是專才，有的是通才。當管理當局使用團隊做為協調機能的樞紐時，就等於建立了團隊結構。

在小型的組織中，整個組織就是由團隊所組成的，而每個團隊都要對作業問題及客戶服務肩負完全的責任。

在大型的組織中，團隊結構的建立無異是對既有的科層體制（hierarchical structure）注入了一針強心劑。組織既可獲得效率（這是在科層體制下標準化作業的結果），也可以獲得彈性（這是建立工作團隊所帶來的結果）。例如：為了要改善作業階層的效率問題，Chrysler、Saturn、Motorola、Xerox公司也廣泛地採用了自我管理團隊（self-managed teams）。另外，像波音、惠普公司在設計新產品或協調主要專案時，也是透過跨功能部門的團隊來進行。

美國著名的管理學者彼得‧杜拉克（Peter Drucker）在其所著《後資本主義社會》一書中提到，所謂「雙打網球隊」類型的團隊，是當今最能發揮力量的團隊類型，此一團隊的特點除了能夠讓人發揮長才之外，亦重視個人的自律及人際間的默契。層級及隨之而來的權威，在提升團體競爭力上已經失去重要性，工作重在搭配而非指揮命令。

虛擬組織

虛擬組織又稱網路組織（network organization）或模組組織（modular organization）。典型的虛擬組織是小型的核心組織，它會把主要的企業功能活動外包出去。用組織結構的術語來說，虛擬組織是高度集權化的組織，在組織內不分（或幾乎不分）部門。今日的製片公司所採取的就是典型的虛擬結構。

像耐吉（NIKE）、銳跑（REEBOK）、戴爾電腦（DELL）這些公司發現，不必擁有自己的製造設備，就可以做到幾千萬美元的生意。例如：戴爾電腦公司沒有自己的製造工廠，在其廠房中只是將外包的零件加以組裝而已。這些虛擬企業顯然建立了許多關係網絡（network of relationships），使它們能夠很方便的外包其製造、配銷、行銷及其他的企業功能活動。其管理當局認為，外包這些活動顯然比自己做更便宜、更好。

無疆界組織

奇異公司的董事長威爾許（Jack Welch）曾以「無疆界組織」這個名詞來描述他對奇異公司的期望。威爾許希望將奇異公司變成「營業額在600億美元的家庭式零售店」。換句話說，在這個龐大的規模之下，他希望在公司內打破垂直、水平界限，並剔除公司與顧客及

供應商的障礙。無疆界組織企圖打斷指揮鏈，讓控制幅度無限延伸，並以團隊取代舊有的部門。

雖然奇異公司尚未達到無疆界組織的境界（或許永遠不會達到），但是它卻不斷地朝著這個方向努力。其他公司如惠普、AT&T、摩托羅拉，也朝向這個目標做不斷努力。

在打破了垂直界限（vertical boundary）之後，組織就等於廢除了科層制度，模糊了職級。金字塔（傳統組織的形狀）也消失了。組織的上層人士與基層人員並無不同。跨科層團隊（cross-hierarchical teams，包括高階管理者、中階經理、組長、作業人員）、參與式決策制定、360度績效稽核（某人的績效是由其同事、上司及部屬所評估），就是奇異公司打破垂直界限的具體做法。

功能性部門就是造成水平界限（horizontal boundary）的始作俑者。打破水平界限的做法就是以跨功能團隊（cross-functional teams or multidisciplinary teams）來取代功能性部門，並以「過程」來組織各種活動。例如：全錄公司現在是以跨功能團隊來發展新產品（此跨功能團隊僅從事這個活動，而這個活動是行銷新產品的一個「過程」）。同樣地，AT&T現在也已不以功能性部門來編列預算，而是以「全球通訊網路維護」這個活動或專案的各種過程來編列預算。另外一個打破水平界限的方法就是將人員在不同的功能領域間做水平式的輪調，這樣做會使得專才變成通才。

無疆界組織會剔除組織與外在環境組成分子間的障礙，也會消除因地理區域所造成的障礙。全球化、策略聯盟、供應商與組織的連結、顧客與組織的連結，以及電子通勤等，都是能夠打破外部界限（external boundary）的方法。例如：可口可樂公司將自己視為全球性企業，並不是屬於亞特蘭大或是美國的公司。NEC公司、波音公司、蘋果公司分別與十幾家公司建立策略聯盟或進行聯合投資。這些結盟關係使得不同組織的員工共同來完成專案，因此組織間的界限已經變得模糊不清了。無疆界組織的實現，網路電腦（networked computer）扮演著極為重要的角色。它使得人們能夠跨越組織內及組織間的藩籬，而獲得有效的溝通。例如：電子郵遞（electronic mail或簡稱e-mail）可使許多員工交換、分享資訊，並使得基層員工可直接與高階管理者溝通。

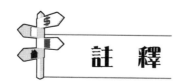

註 釋

①Henry Koontz and C. O'donnell, Management: *A Systems Contingency Analysis of Management*, 6th

ed (New York: McGraw-Hill, 1976), p.274.

②Chester Barnard, *Functions of the Executives* (Cambridge, Mass: Harvard University Press,1938), pp.14-15.

③Adam Smith, *Wealth of Nations* (New York: Modern Library, 1937; Originally published in 1776).

④D. Clelandd and W. King, *Systems Analysis and Project Management*, 3rd ed. (New York: McGraw Hill,1983), p.187.

⑤工作團隊成員如由組織內的各功能部門成員所組成，則此工作團隊稱為跨功能團隊；如由具有不同技術背景的成員組成，則稱為跨領域團隊（cross-discipline team）。工作團隊可扮演重要的管理角色，可整合組織內不同部門，專注於共同的問題、議題及複雜的工作。

⑥P. Leatt and R. Schneck, "Criteria for Group in Nursing Subunits in Hospitals," *Academy of Management Journal*, March 1984, pp.150-64.

⑦J. B. Cullen and D. D. Baker, "Administration Size and Organization Size: An Examination of the Lag Structure," *Academy of Management Journal*, September 1984, pp.644-53.

⑧R. L. Daft, *Organization Theory and Design*, 2nd ed. (Minnesota: West Publishing Co.,1986), pp.18.

⑨A. Gouldner, *Patterns of Industrial Bureaucracy* (New York: Free Press, 1954).

⑩C. Argyris, "Personality and Organization Revisited," *Administrative Science Quarterly*, 1973, pp.141-67.

⑪R. Likert, *New Patterns of Management* (New York: McGraw-Hill, 1961).

⑫W. A. Randolph and G. G. Dess, "The Congruence Perspective of Organizational Design: A Conceptual Model and Multivariate Research Approach," *Academy of Management Review, January* 1984, pp.114-27.

⑬L. W. Fry and J. W. Slocum, "Technology, Structure, and Workgroup Effectiveness: A Test of a Contingency Model," *Academy of Management Journal*, June 1984, pp.221-46.

⑭N. M. Carter, "Computerization as a Predominate Technology: Its Influence on the Structure of Newspaper Organizations," *Academy of Management Journal*, June 1984, pp.247-70.

⑮Joan Woodward, *Industrial Organization: Theory and Practice* (London: Oxford University Press, 1965).

⑯L. W. Fry, "Technology-Structure Research: Three Critical Issues," *Academy of Management Journal*, September 1982, pp.532-52.

⑰T. Burns and G. M. Stalker, *The Management of Innovation* (London: Tavistock Publications,1961).

⑱Paul R. Lawrence and J. W. Lorsch, *Organization and Environment* (Homewood, Ill: Richard E. Irwin, 1967), p.85.

⑲R. Katz and T.J. Allen, "Project Performance and the Locus of Influence in the R&D Matrix," *Academy of Management Journal*, March 1985, pp.67-87.

⑳G. H. Gaertner, K. N. Gaertner, and D. M. Akinnusi, "Environment, Strategy, and the Implementation of Strategic Change: The Case of Civil Service Reform," *Academy of Management Journal*, September 1984, pp.525-43.

㉑M. Kaeter, "The Age of the Specialized Generalist," *Training, December* 1993, pp.48-53.

㉒"GE: Just Your Average Everyday $60 Billion Family Grocery Store," *Industry Week*, May 2, 1994, pp.13-18.

自我評量

1. 企業為什麼要組織化？在什麼情況下，組織化變得特別重要？

2. 試繪圖說明單位成本與專業化程度的關係。此圖形包含什麼重要的觀念？

3. 以人工的基本動作的觀點，如何增加下列人員或工作的效率？

   (1)祕書。

   (2)程式設計人員。

   (3)資訊部門經理。

   (4)主婦準備晚餐。

   (5)學生念書。

4. 試舉例說明工作深度與工作範圍。何以這二個因素在工作設計中扮演著相當重要的角色？

5. 試以海克曼（J. R. Hackman, 1976）所提出的工作特性論中的核心構面，比較下列人員的工作特性：

   (1)大學教授。

   (2)公司的董事長。

   (3)資訊部門經理。

   (4)電腦工廠裝配線上的作業人員。

   (5)自由派作家。

6. 試比較各種組織結構的優缺點，並說明其適用的情況。

7. 何謂授權？授權有何優缺點？何以有些主管不喜歡授權？何以有些主管會授權過度？

8. 有人認為授權乃是因為工作描述（job description）不當所致，試評論之。

9. 部門化（departmentalization）有哪二項重要的因素？試分別加以詳細說明。

10. 如何決定最適宜的部門大小？何以向管理者報告的人數對管理者和組織本身有著重要的涵義？

11. 試評論下列對功能式結構描述的正確性：

(1)功能式結構是組織中最常見的一種結構。在功能式結構下，依照相近的工作和資源，而將員工聚集在同一組之內。工作性質相近的組劃入相同的部門。所有功能相近的部門對同一個上級經理做報告。

(2)在功能式結構之下，功能的相似性（functional similarity）是組（group）一直到最高階層（the top of the hierarchy）的劃分基礎。

(3)功能式結構有時也叫「集權式結構」（centralized structure）。

(4)此種結構適用於中、小規模的組織。因為較小的組織只生產一種或少數幾種產品，所以部門間不會複雜到難以協調的地步。

(5)當組織僅需在部門內做一些重要、基本的合作時，功能式結構是相當適合的。例如：在工程部門內電子組、機械組和製造組必須密切合作，才能達成部門的任務。

12. 自主性單位結構是將生產特定的產品或服務所需的所有功能聚集在一個自主的單位內，其劃分的基礎為產品線、地理區或顧客基礎。在這種結構下，策略決策的責任被分配到中級階層，以求較快速的決策反應。試評論下列描述的正確性。

(1)適用於較大、較複雜的組織。這種組織是由各個獨立的產品線組合而成，故只有較大的組織才有足夠的資源分配給各產品線。

(2)這種結構能夠應付不確定性高的企業環境。因為生產同一產品的各功能聚集在同一單位內，所以須做產品創新或經常性調整時，獨立的自主性單位結構是相當適合的。

(3)當各個功能之間需要密切合作時，則可使用此種結構。其主要原因在於獨立的自主性單位結構在執行組織所指定之任務時，必須密切合作，始能達成組織任務。

(4)當企業強調產品專業化，而非功能性專業化時，以產品別為基礎的事業單位能夠提供產品所需之溝通協調之功能。

13.請簡要說明何謂「矩陣式組織」？此一組織結構有何優缺點？

14.在何種狀況之下，直線與幕僚人員的角色容易混淆？

15.何謂非正式組織？何以部門經理必須重視非正式組織？

16.組織結構的構面分為複雜性、正式程度及集權程度。試分別說明這些構面的意義，並以這些構面說明微軟公司、IBM公司。

17.試說明古典派組織設計的重要原則有哪些？這些原則對於部門經理有何重要？

18.新古典派組織設計的前提假設是什麼？試說明支持這些假設的有關研究。這些研究發現對於部門經理有何重要？

19.下列是有關權變式組織設計的問題：

(1)假設是什麼？

(2)技術這個權變變數與工作設計、組織設計之間有何關係？

(3)試說明Woodward（1965）的重要發現。

(4)將環境視為權變變數有什麼研究發現？這些發現對於部門經理有何重要涵義？

(5)組織次單位的設計應如何？

(6)矩陣式組織有何優缺點？

20.下列是有關閔茲柏格的組織設計的問題（可參考課題6-1）：

(1)組織中的五個組成部分是什麼？

(2)主控權與組織設計類型有何對應關係？

(3)各設計類型的優缺點有哪些？

(4)各設計類型對員工行為的影響如何？

21.試說明當代的組織選擇。

22.若要真正建立組織中的團隊，僅依靠行政法規或組織的翻修是不夠的。你同意嗎？為什麼？

23.美國著名的管理學者彼得‧杜拉克（Peter Drucker）在其所著《後資本主義社會》一書中提到，所謂「雙打網球隊」類型的團隊，是當今最能發揮力量的團隊類型，為什麼？

24.何謂虛擬組織？在此不景氣的年代，你認為使用虛擬組織對企業有何幫助？

25.何謂無疆界組織？奇異公司的董事長威爾許（Jack Welch）如何將奇異公司變成「營業額在600億美元的家庭式零售店」？

26.何以說功能性部門就是造成水平界限（horizontal boundary）的始作俑者。打破水平界限的做法就是以跨功能團隊（cross-functional teams or multidisciplinary teams）來取代功能性部門，並以「過程」來組織各種活動？

27.無疆界組織如何剔除組織與外在環境組成分子間的障礙,也會消除因地理區域所造成的障礙?

28.無疆界組織的實現,網路電腦(networked computer)扮演著極為重要的角色。試詳述之。

課 題 6-1 閔茲柏格的五種組織設計

伯恩斯與斯托克(Burns and Stalker, 1961)曾以機械式與有機式來劃分組織設計,但是這種劃分方式似乎過於單純,無法捕捉組織設計的細微之處。閔茲柏格(Henry Mintzberg, 1983)曾以組織的五個組成要素來說明組織設計(organizational design),每個組織都由五個基本的部分所組成(如圖6-19所示)。

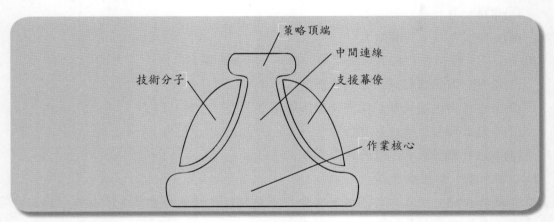

圖6-19 閔茲柏格的五種組織設計

1.作業核心(the operation core):由負責生產最終產品的員工所組成。

2.策略頂端(the strategic apex):由負責組織營運的高階管理者所組成。

3.中間連線(the middle line):由連結作業核心及策略頂端的管理者所組成。

4.技術分子(the technostructure):由負責產生標準規格或模式的分析師所組成。

5.支援幕僚(the support staff):由提供間接支援的員工所組成。

組織的主控權放在不同的部分,就會形成不同的組織結構,因此可產生五種不同的組織設計,如表6-2所示。

表6-2　主控權與組織設計類型

主控權	組織設計類型
作業核心（operation core）	專業官僚（professional bureaucracy）
策略頂端（strategic apex）	簡單結構（simple structure）
中間連線（middle line）	事業單位結構（divisional structure）
技術分子（technostructure）	機械官僚（machine bureaucracy）
支援幕僚（support staff）	特別專案（adhocracy）

一、簡單結構

在簡單結構（simple structure）中，高階管理者只有一人，內部正式化及複雜化程度低，決策權全在高階管理者手中。簡單結構是一個較為扁平，而作業核心較為有機性的結構。組織中幾乎每個人都直接向策略頂端報告。

1.優缺點

簡單結構的優點在於它的簡化。組織中沒有過多而累贅的層級，因此可以迅速而有彈性地做任何調適。每名員工的責任可以劃分得很清楚，他們也可清楚地看出自己對組織的貢獻程度有多少。

簡單結構的缺點在於應用範圍有限。當組織規模增大時，這種結構就不適用了。除此以外，決策權全集中在一人手中，便會造成獨裁、跋扈、濫權情事，因為組織中沒有人可加以制衡。濫用權力的結果，會危及組織的效率及生存。而且，這種大權握在一人手中的組織，也有相當的風險，萬一高階主管發生意外，組織馬上就會陷入群龍無首的困境。

2.對員工行為的影響

簡單結構最常見在初創的小型組織中。許多人喜歡在這種環境下工作，因為：(1)容易有參與感；(2)可以清楚地知道自己有多少貢獻。

員工的工作滿足感大都決定於他（她）與老闆之間的關係，其行為也會受到這種關係的影響。但是在採取簡單結構的某些組織中，老闆是高壓式的、獨裁式的，老闆整天盯著員工，大小事情都要經過老闆的同意，沒有人喜歡在這種氣氛下工作。

二、機械官僚

機械官僚（machine bureaucracy）的中心概念就是標準化作業程序（standard operating procedures, SOP）或簡稱標準化（standardization）。政府機構、軍隊、教會、銀行都是靠標準化作業程序來進行協調及控制的。

在機械官僚中，所從事的大都是例行性高的作業，而且也有正式的明文規定。工作分別由各個功能別部門來執行，職權掌握在主管（技術分子）手中，很少有授權的現象，決策沿著指揮鏈下來，直線與幕僚的活動劃分得非常清楚。

在這種結構中，各種規章制度瀰漫著整個組織。在機械官僚中，主控權是在技術分子的手上，但是支援幕僚也占有相當的比重。這是因為在進行標準化的時候，也需要工作設計師、工業工程師、稽核長等幕僚人員的協助。

1.優缺點

機械官僚的最大優點，在於執行標準化的活動時非常有效率。它將專長相近的人員放在一起，由於同事間的背景相似，所以溝通起來變得容易。在以最精簡的人事及設備獲得經濟效益的同時，也替員工創造舒適的工作環境。在機械官僚結構中，作業一經標準化之後，就很容易設定規章制度。在標準化作業中，每個員工都很清楚地知道自己與他人的工作範圍。而正式的規章制度，可以減輕對人員的監督工作。

機械官僚的缺點之一，就是在專業分工之後，容易造成各部門的衝突。各部門會各自為政、本位主義。另一個重大缺點是，凡事按照規章行事，會造成員工因循舊習、墨守成規。規則訂得太死板，沒有修正空間，在有突發狀況時，員工會不知所措。

2.對員工行為的影響

相對於簡單結構的人員監督，機械官僚則是利用規章制度來進行控制。很多高階管理者喜歡機械官僚，這是因為其控制方式非常簡便。

員工是否喜歡這種組織？這要看其個人傾向而定。有些人喜歡做例行性的工作，喜歡這類組織所講求的規律及安全感。但是有些人認為，在這類組織內，工作劃分得很細、高度正式化、控制幅度窄、個人幾乎無決策空間，因此自視為「僕役」或「小螺絲」。

三、專業官僚

專業官僚（professional bureaucracy）是近二十年來出現的組織設計方式。在

專業官僚中，組織所僱用的都是學有專精的人才，而分權的現象也相當普遍。

在這個知識爆炸的時代，許多組織（如醫院、學院、博物館、工程設計公司、軟體公司）會僱用愈來愈多的專業人士。對於這些受過多年專業教育及訓練的員工，組織會給予他們相當大的自由發揮空間。

在專業官僚的組織設計中，作業核心是由專業人士所組成。同時，為了給予這些專業人士更多的協助，所以它的支援幕僚也相當發達。

1.優缺點

在執行專業活動時，專業官僚比機械官僚更有效率。同時，專業官僚會有許多創意，在求新求變的經營環境中，無疑是獲得競爭優勢的利器。

專業官僚的缺點與機械官僚一樣，專業人士經過分工之後會形成各種部門，部門之間容易發生衝突，有時也會各自為政、本位主義。此外，有些專業人士會自視甚高，不服組織規章的約束（只要他們認為不合理的規章制度，就會抗爭與反彈）。另外，有些專業人士（如律師、醫護人員等）自有一套道德標準，當組織的要求相悖於其道德標準時，他們會陷於不安的低潮中。

2.對員工行為的影響

相對於機械官僚，專業官僚的權力較大，工作內容也較豐富。在專業官僚結構下的員工，一方面能夠享受到加入大組織的優點，另一方面在工作時又有許多自由發揮的空間，因此會有很高的工作滿足感。

四、事業單位結構

通用汽車、杜邦及全錄公司都是採取事業單位結構（divisional structure）的組織。在事業單位結構的組織設計中，主要權力掌握在中間連線（中階管理者）的手中。這種組織通常包含幾個自主性高的事業單位，每個單位多採取機械官僚，再由總部（總公司）來協調所有的事業單位。

1.優缺點

機械官僚的缺點之一，就是各功能部門的各自為政，將部門目標放在組織目標之前，而事業單位結構就可以補救這個缺點。組織按照產品別分成各事業單位之後，再由各事業單位的負責人掌管旗下各功能部門，協調他們之間的活動。另一個優點是，公司的各產品由各事業單位負責，總公司人員不必每天花時間去監督，所以就有時間及精力去從事長期規劃（long-term planning）工作。以通用汽車公司為例，各事業單位分別負責雪佛蘭、別克等汽車的製造與銷售，總公司則預測未來的

企業管理

運輸需求，從事長期的策略性規劃（strategic planning）。

由於各事業單位都有相當的自主性及自給自足（self-contained）的特性，所以是訓練管理者絕佳的地方——它可以利用事業單位負責人的職位，訓練出具有整合能力的管理者。此外，事業單位結構強調專業，其負責人在各個不同的事業單位，都可以獲得不同的實務經驗，這一點是事業單位結構與機械官僚最不同的地方。

事業單位結構的組織型態可以說是「由許多小公司所組成的大公司」。因此，在規劃、資本獲得及風險分散上，有其規模經濟存在。例如：釷星汽車需要5億美元興建新廠，它就可以向通用汽車公司總部調到足夠的資金，利率低於市場行情。如果釷星不是通用汽車公司的一個事業單位，就無法以如此優惠的方式獲得資金。

然而，這種事業單位結構並不是沒有缺點。首先，在某些活動上會有資源浪費的情形。例如：每個事業單位均設有資訊部門，如果稍微降低事業單位的自主性，把資訊部門提到總公司，同時兼顧到各事業單位的資訊需求，這樣一來可節省許多成本與資源。所以在事業單位結構中，由於各種功能的重複設置，容易增加組織成本及降低效率。

另一個缺點是，事業單位結構容易引起衝突。在事業單位結構設計中，缺乏讓各事業單位彼此合作的誘因。往往當決定要支援哪個事業單位時，就會容易引發衝突。事業單位負責人心中非常清楚，只要將總公司的支援幕僚據為己用，或是想辦法將他們吸引到事業單位中，就可以減少對總公司的依賴，進一步提高事業單位的自主性。

而所謂的事業單位自主性，有時也會引起其負責人的不滿。總公司多少會制定一些政策，而各事業單位只有在不違反政策的前提下，才有自主性可言。由於每個事業單位要為其盈虧負責，所以其負責人會覺得總公司的規定礙手礙腳。

最後，事業單位結構中還會產生協調的問題。各事業單位間的人事調動，通常是困難重重的，特別是當每個事業單位所產銷之產品間的差異性很大時，人事調動幾乎是不可能的。如此一來，會降低總公司在人事分派及協調上的彈性。

2.對員工行為的影響

我們在許多大型組織中，都可發現事業單位結構這種組織設計。在事業單位結構中，授權的情況非常普遍，這一點與機械官僚大相逕庭。至於事業單位結構對員工的影響，則與機械官僚十分相近，因為事業單位結構是將許多機械官僚組織起來，合併於一個較大的組織之中，所以也會保有機械官僚的特性。

五、特別專案

當史蒂芬·史匹柏（Steven Spielberg）或伍迪·艾倫（Woody Allen）開拍新片時，會聚集各種專業人士，包括製片、編劇、導演、場景設計、燈光等數以百計的專家。當片子拍完，這個工作小組（task force）就會解散，等到又有新片開拍，才會有另外一個工作小組出現。一個工作小組隨著影片的開拍到殺青，可能會有數月之久，或者數年也不一定。這種組織是臨時性的（ad hoc），裡面沒有正式的規章制度來引導成員，所以組織內成員之間的活動，有時會有重複的現象。相對於官僚組織或事業單位結構，這種組織沒有許多層級，沒有永久部門，沒有正式的規章制度或標準化作業程序來處理例行性的問題。以上就是臨時組織或特別專案（adhocracy）組織結構的特性。在特別專案的組織結構中，水平分工的程度高、垂直分工的程度低、正式化及集權化的程度低、調適及彈性程度高，與有機結構十分相近。

特別專案的組織結構是由許多專業人士所組成，所以造成了高度水平分工的現象。而這些專業人士都不必管理當局費心，自己會自律自治，求取好的表現。同時，過多的組織層級，反而會限制組織的調適能力，所以其垂直分工程度低。

為了保持彈性，在特別專案的組織結構中，只有一些不成文的簡單規定。我們了解，只有在處理標準化的事務時，規章制度才會發生效用。同樣以專業人才為主的專業官僚，它與特別專案最大的不同點，即在於它的標準化。在面對問題時，專業官僚會很快地加以分類，並以系統的方式統一化處理。但是特別專案的組織所需要的是創新，因此標準化與正式化是不適當的。

在特別專案中，決策權十分分散。如此一來，便可以保持組織彈性，並加快處理事情的速度。另一方面，由於高階管理者不是萬事通，所以由專業人士來做決策會集思廣益，切中要點。

在特別專案組織中，整個組織不論是哪一個階層的員工，全是學有專精之士，所以技術分子幾乎不存在於組織內。在此，管理者與員工，或直線與幕僚之間的界限，是十分模糊的。專業知識愈多，權力就愈大，權力大小與個人的職位高低並沒有關連性。

1.優缺點

特別專案的優點，在於能夠迅速地對於情況的變化做反應、創新能力強，同時能夠有效地協調各種專家。選擇特別專案這種組織設計的情形是這樣的：(1)當適應性及創新性對組織而言非常重要時；(2)組織需要許多不同的專家才能完成目標

企業管理

時；(3)組織任務對技術的要求非常高，而且此任務又非常複雜且無前例可循時。

　　然而，特別專案中的主從關係、職權職責都十分不清楚，所以衝突是難免的。簡言之，特別專案沒有標準化作業程序的一切優點。相對於官僚組織，特別專案在某些情況下，會顯得較無效率。有人認為，特別專案組織最容易解散，或者為了避免許多不確定性，而轉為官僚組織。

　2.對員工的影響

　　特別專案與機械官僚是完全相反的結構。在特別專案中，成員每天都會面臨到新穎的、意想不到的挑戰，有些人會覺得很刺激，有些人也可能會感到疲於奔命。

　　在這種競爭衝勁十足的特別專案組織中工作，成員會覺得緊張而有壓力，而工作又必須持續進行，因此情緒更不易得到緩解。為了配合這種快速的工作節奏，有些人會有心理、生理、情緒上調適的問題。

第七章

激勵與增強

本章重點：

第 一 節　激勵是什麼

　　激勵是關於人類行為中的「為什麼」。為什麼人們要做事？為什麼哈利經常站在老闆這邊？為什麼哈利比莎莉還努力工作？對管理者而言，激勵是相當重要的，因為：(1)必須在工作上給予部屬適當的激勵，以達到令人滿意的工作績效；(2)管理必須自我激勵來做好工作；(3)受僱者（包括管理者與非管理者）必須擁有相當的激勵才會加入組織。

　　激勵（motivation）就是促使個人工作的欲望、需求及驅力。從另外一個觀點來看，激勵是行為受到激發及引導的過程。一個受到激勵的人會努力的工作、持續地忍受困難的工作，並鞭策自己達成重要的目標。

　　然而，由於激勵的問題相當複雜，我們無法透視人們工作的動機，因為沒有唯一的原因足以解釋人為什麼要工作。有些人是為金錢而工作；有些人則為了工作而工作；有些人則是為了某種地位或肯定。更複雜的是，一般人在不同的時間做某種工作的理由都不盡相同。因此，當一般人在上任的時候，興致勃勃的原因可能是因為新鮮感，過了一陣子還能對工作保持高度熱忱，可能是因為工作本身帶給他的滿足感。

　　有關激勵的研究可分為二大類型：(1)早期的激勵理論；(2)當代的激勵理論。

第 二 節　早期的激勵理論

　　早期的激勵理論，包括馬斯洛的需求層次論、XY理論，以及激勵保健理論。茲將以上理論說明如下。

一、馬斯洛的需求層次論

　　馬斯洛（A. Maslow）將人類的需要歸納出五種層級，依序為生理需求、安全需求、社會需求、尊重需求及自我實現的需求，由下（生理需求）而上（自我實現的需求）依序滿足（圖7-1）。在某種需要被滿足之前，係激勵因子，但在被滿足之後，即不再成為有效的激勵因子。（註①）

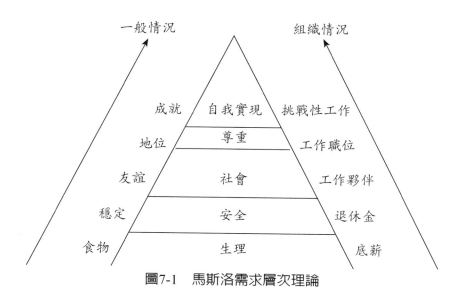

圖7-1 馬斯洛需求層次理論

當較低層次的需求獲得相當滿足後，下一個層次的需求便會呈現並主宰這個人的行為。一個人就是照著此層級逐漸往上邁進的。根據這個觀點，馬斯洛的理論主張，雖然沒有一種需求可以完全被滿足，但是得到相當程度滿足後，那需求便不再具有激勵作用。

1.生理需求：在需求層次的底端就是生理需求（physiological needs）。如食物、性、空氣等，這些都是生存及執行生命功能所必需。在組織內，生理需求常被適當的報酬、工作環境（如盥洗室、適當的照明、舒適的溫度及通風設備等）所滿足。「一簞食，一豆羹，得之者生，弗得則死」，可見滿足生理需求的重要。

2.安全需求：次一個需求就是安全需求（security needs）。安全需求是個人對於實體及情緒環境的需求，例如：對衣服、住所、免於缺錢憂慮、工作安全的需求。在工作場所中，這些需求會被工作保障、訴怨制度（使員工免於受到不公平待遇）、保險及退休制度所滿足。在經濟不景氣、百業蕭條的今日企業環境下，人們特別重視安全需求的滿足。

3.社會需求：社會需求（social needs）又稱歸屬需求（belongingness needs），是與社會程序有關的需求。社會需求包括：對愛、關懷的需求、被同儕接納的需求。家庭、社區、工作上的友誼會滿足我們的社會需求。管理者可藉著員工互動、讓員工感覺到他們是工作團隊的成員，來滿足員工的社會需求。

4.尊重需求：尊重需求（esteem needs）包括二種不同的需求：(1)對正面自我形象及自尊的需求；(2)受別人肯定及尊重的需求。管理者可提供各種外在的成就

象徵，如職位、舒適的辦公室等，來滿足員工的尊重需求。在比較內在的層次上，管理者可提供具有挑戰性的工作來滿足員工的成就感。

5.自我實現的需求：在馬斯洛的需求層次論中的最高層次，是自我實現的需求（self-actualization）。自我實現的需求是發揮潛力使自己精益求精、止於至善的需求（個人需要不斷地成長及發展）。自我實現的需求可能是管理者最難滿足部屬的一種需求。事實上，有人認為這種需求的滿足完全依靠自己。不論如何，管理者可塑造滿足自我實現需求的文化，例如：讓部屬有機會參與決策（與他們工作有關的決策），或者讓他們有機會學習並活用新資訊、新技能。

馬斯洛的需求理論廣泛地受到認同及接納，並大受管理者的歡迎。這可歸功於該理論在直覺上合乎邏輯，而且容易理解。然而，也有許多研究並不支持此理論，因為馬斯洛的觀點並未得到實證的支持。

二、XY理論

馬格瑞格（D. McGregor）曾提出二個有關於人類的論點：X理論（負面的）及Y理論（正面的）。（註②）

在X理論之下，管理者所做的四個假設為：

‧天生不喜歡工作，而且不論在何時，盡可能地逃避它。

‧既然員工不喜歡工作，所以他們必須被逼迫、控制或威脅、責備，才能達成目標。

‧員工會逃避責任，同時只要可能的話，就會去尋求正式的指揮。

‧大多數的工作者會把安全放在其他與工作有關的因素上，而缺乏較高的工作熱忱。

而和X理論相對的Y理論，有正向的四個假設：

‧員工把工作視為理所當然的，如同休息或玩樂一般。

‧人們對於承諾的目標，會訂出自己的方針和自我控制。

‧大部分的人會學著接受和尋求責任。

‧他們是富有創造力的，也就是具有一種革新的、決斷的能力，這種能力是員工普遍具有的，而不是只局限於一些管理者。

如果你接受馬格瑞格的分析，你認為激勵暗示著什麼？在馬斯洛理論的骨架中，X理論假定「低層次的需求支配著個體」，Y理論假定「高層次的需求支配著個體」。而馬格瑞格自己認為，Y理論較X理論來得恰當，所以他提出這樣的主

張：讓員工參與決策制定、負責或擔任具挑戰性的工作，用這些方法來提高員工的激勵作用。

　　然而人性就像一個大染缸，七情六慾皆摻雜其中，換句話說，人有自私的一面，亦有慷慨的一面；有情緒化的一面，亦有理性化的一面；有惡的一面，亦有善的一面；有欺詐的一面，亦有誠篤的一面；有溫和的一面，亦有暴躁的一面。這些「面」（我們不妨將其稱為「人性的基本因素」）隨著不同的對象（人）、時間（時）、地點（地）、事物（事），不同的互動關係、互動次數、互動時間的長短、互動的人數，不同的角色、規範與目標，被適當地（至少是當事人認為適當地）「喚引」出來，而表現出某種特定的行為。從另外一個角度來看，人的行為是在合作與競爭之間、愛與恨之間、友誼與敵人之間、或和諧與不和諧之間，呈現之不同程度和各式各樣的行為模式。

　　因此，對於從事某種工作性質的員工（例如：從事研究發展的人，以及在裝配線上的作業人員），如果逕自根據X理論或Y理論對於人性的基本假設進行歸類，則不僅犯了以偏概全的錯誤，對於複雜的人性亦似乎做了太過於單純的詮釋。

三、激勵保健理論

　　激勵保健理論（motivation-hygiene theory）是由心理學家赫茲柏格（Frederick Herzberg）所提出的，又稱雙組因子理論或二因論（dual factor theory）。（註③）他認為，員工與工作會有某種關連，及員工的工作態度為決定個人成敗的關鍵因素。赫茲柏格想要發現：人們到底想從工作中得到什麼？於是他要求受試者詳細描述他們覺得工作特別好或特別壞時的情況，並將受試者的反應加以歸納，找出影響工作態度的因素。赫茲柏格從12份調查報告中，得到影響員工工作態度的因素，如圖7-2所示。

　　研究結果發現，受試者對工作特別滿意或特別不滿意的回答截然不同。如圖7-2所示，某些因素似乎與工作滿足有關（如圖的右半部），而其他的因素則與工作不滿足有關（如圖的左半部）。

　　內在因素如成就感、他人的認同、工作本身、職責、進步及個人成長等，皆與工作滿足有關。對工作滿意的員工，所回答的多半是以上的因素。相對地，對工作不滿意的員工，所回答的是公司政策、管理制度、督導方式、人際關係及工作環境等這些外在因素。

　　赫茲柏格的研究發現，「滿足」（satisfaction）的相反並不是傳統認定的「不

企業管理

滿足」（dissatisfaction），因此就算把工作中的「不滿足」因素完全剔除，員工也不會因此而得到「滿足」。赫茲柏格認為，「滿足」是相對於「無滿足」（no satisfaction），而「不滿足」是相對於「無不滿足」（no dissatisfaction），如圖7-3所示。

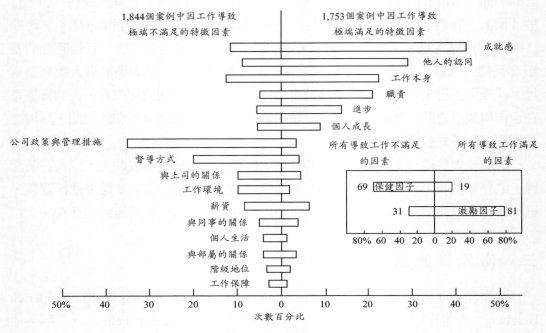

圖7-2　保健因子與激勵因子的比較

　　根據赫茲柏格的說法，導致工作滿足與不滿足的因素是截然不同的。因此，如果管理者僅致力於剔除那些導致員工不滿意的因素，只能平息員工的不滿，但是卻不能激勵員工。

　　赫茲柏格認為公司政策、行政管理、督導方式、人際關係、工作環境及薪資等為保健因子（hygiene factor），管理者把這些因素處理好之後，員工不會不滿足，但是尚未達到滿足階段。如果想激勵員工努力工作，赫茲柏格建議，應把重點放在強調成就感、認同、工作內容本身、職責及個人成長等，這些讓員工內心感到充實的因素上。

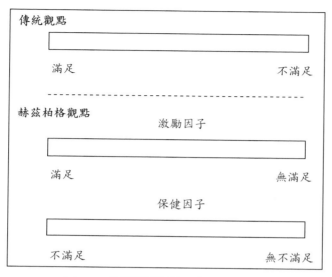

圖7-3　滿足與不滿足觀點的對照

　　這個理論的提出引起很大的爭議，以下五點最受批評：

　　．赫茲柏格的研究過程受限於其方法。當事情順遂時，人們總認為是自己努力的結果，而當事情不順遂時，人們總歸諸於外在環境。

　　．赫茲柏格所使用的研究方法的信度（reliability）值得懷疑。既然研究者必須對受試者的回答進行內容分析和解釋，那麼很可能對內涵相似的回答做不同的解釋而曲解受試者的原意。

　　．赫茲柏格的實驗沒有對工作的滿足情形做整體性的衡量。也就是說，一個人可能不喜歡他工作中的某一部分，但整體上他還是接受了這項工作。

　　．赫茲柏格的理論忽略了一些情境變數。

　　．赫茲柏格假設工作和生產力之間相關，但整個研究的方法只考慮到工作滿足，並沒有考慮到生產力方面的問題。因此要針對這個研究下結論時，我們必須先假設工作滿足和生產力之間有高度正相關才行。（註④）

　　儘管有以上各種批評，赫茲柏格的激勵保健理論仍然被廣泛應用。許多企業更是直接地擴大員工的參與，讓他們擔負較多規劃和控制上的責任，以提高其工作滿足。

　　另外，赫茲柏格的發現和「員工想從工作中得到什麼」的調查結果相當一致。由美國國家民意調查中心所做的全國性調查可知，在美國超過半數的白人男性員工認為，選擇工作職務最重要的是，要看它是否有意義和挑戰性，以及是否能產

生成就感，這和赫茲柏格的結論不謀而合。除此之外，讓人們選出最重要的職務特性時，選擇「有意義的工作」的人，比選擇「有升遷機會和高收入」的人多三倍，並且比「希望工作時間短而自由時間多」的人多七倍。（註⑤）

第三節 當代的激勵理論

　　早期的激勵理論是眾所周知的，但是在嚴格的檢視之下，其立論基礎及應用性都有許多值得爭議的地方。當代的激勵理論包括：「存在—關係—成長」理論、麥克理蘭的需求理論、認知評估理論、目標設定理論、增強理論、公平理論，以及期望理論。這些理論都有一個共同點，就是都具有相當程度的效度（validity），而且有許多的研究論文支持。但是不能斷定，這些研究是百分之百正確的。值得注意的是，我們說「當代」的激勵理論，並不表示它們是在最近提出來的，而是說這些理論較能解釋現代的員工激勵行為。

一、「存在—關係—成長」理論

　　ERG理論是阿德佛（C. Alderfer）根據馬斯洛的需求理論修正而來的。阿德佛提出三個核心需求——存在（existence）、關係（relatedness）和成長（growth）——而形成ERG理論。

　　除了以三個需求代替五個之外，阿德佛的ERG理論和馬斯洛的理論有何不同呢？ERG理論認為：(1)同一時間可以有一個以上的需求被滿足；(2)如果高層次的需求被抑制，則較低層次的需求將增強。

　　阿德佛的ERG理論並不同意馬斯洛的較低層次的需求須被滿足後，較高層次的需求才有被實現的可能，他認為當一個人的存在和關係需求尚未被滿足時，他仍可追求成長的滿足，甚至是同時追求三個需求的滿足。同時ERG理論認為教育程度、家庭背景和文化環境的不同，都會導致每個人對各種需求有不同的重視程度。

二、麥克理蘭的需求理論

　　麥克理蘭（D. McClelland）曾提出「成就、權力和親和需求理論」。（註⑥）這三種需求的定義如下：

　　‧成就需求（need for achievement, nAch），亦即超越他人，創造成功的需求。

　　‧權力需求（need for power, nPow），亦即約束他人行為的需求。

　　‧親和需求（need for affiliation, nAff），亦即建立親密人際關係的需求。

　　前面曾提及，有些人之所以會有強烈追求成功的衝動，是因為心理上的成就感，而不是因為報酬。他們會有把事情做得更好或是更有效率的渴望，這渴望就是成就需求。麥克理蘭發現，高成就需求的人，比其他人有把事情做得更好的渴望，而他們喜歡的情形是：盡個人的責任，找尋求問題的狀況，希望很快地得到回饋資料，使他們知道是否需要改進，並且訂立富挑戰性的目標。高成就感的人並非好賭之徒，他們不喜歡僥倖的成功。重要的是，他們避免做讓自己感覺太簡單或太難的事情。

　　高成就需求者最喜歡接受的問題，是它的成功機率是二分之一的，他們不喜歡成功機率太小的，因為他們不能從成功中獲得滿足感。相同地，他們也不喜歡成功機率太高的，因為那並不可貴，當成敗比例一樣時，他們從努力中得到滿足感的機率最大。

　　權力需求是指想影響或控制他人的渴望。高權力需求者更關心影響力和地位的取得，以及喜歡身處在競爭性、地位取向的情境。

　　麥克理蘭提出的第三個需求是親和需求，所謂親和需求，是指渴望被他人喜歡和接受的需求。高親和需求者會努力去爭取友誼，喜歡和他人合作而不喜歡競爭的情況，並且渴望獲得親密人際關係，以及和他人有深刻的了解。

　　根據許多研究顯示，成就需求和工作之間是有關連的，也就是說，如果某人具有高成就需求特徵時，這人應該是掌管自己企業的企業家。值得注意的是，高成就需求者並不一定就是一個好的主管，特別是在大組織之中。

　　再者，一個最好的管理者應是一個高權力需求而低親和需求的，因為一個高權力需求者，需要在管理上發揮影響力，並且一個人若在組織裡爬得愈高，他的權力需求也愈大，因此高權力地位是會由高權力需求所表現出來的行為得來的。

三、認知評估理論

　　在1960年代的晚期，學者提出外在的工作獎賞，如獎金，會降低夥同工作本身而來的興趣。這個見解（後來被稱為認知評估理論，cognitive evaluation）曾經被廣泛的研究，並受到許多學者的支持。（註⑦）

傳統上，動機理論被分內在動機（如成就感和責任感）和外在動機（如獎賞和升級等），而彼此不互相影響。但是認知評估理論並不認為如此。它指出，當組織用外在激勵鼓勵員工時，員工的內在激勵，也就是對工作本身的興趣會減少。

為何會有這種情形出現呢？最常見的解釋是：當沒有外在激勵存在的時候，一個人會把自己之所以做一件工作解釋成自己的興趣，而外在激勵增加時，個人因受到獎賞的影響，外在動機增加，自然內在動機減少。如果認知評估理論成立，它將會對管理者有很大的幫助。薪資學家從前認為薪資或其他的獎賞能鼓勵員工，但從認知評估理論得知，它只會降低員工對工作的興趣。

認知評估理論雖然受到部分學者的支持，但它仍受到抨擊，尤其是在研究的方法和解釋上。外在激勵的增加是否真會導致內在激勵的減少，答案並不肯定。首先，很多研究的對象是學生而不是賺取薪資的組織成員。以另一觀點來說，對枯躁的工作而言，外在酬賞可增加內在動機。因此，這理論運用在組織中會有所限制，因為低層次的工作沒有足夠的滿足感以形成高的內在激勵，雖然許多管理階層的人，其所產生的內在酬勞不被外在激勵所影響。所以，認知評估理論在組織中能解釋的部分既不屬於高階層，也不屬於低階層，它只能解釋介於這兩者之間的部分。

四、目標設定理論

明確而富有挑戰性的目標，具有相當的激勵力量。另外，目標設定理論還強調，如果相關條件（例如：能力和接受目標的意願）都相同的話，目標愈困難，工作績效愈良好；比較容易達成的目標雖易為人接受，但那將無法充分發揮組織的人力資源。研究顯示，員工參與目標設定後會提高工作績效，但另有一些研究顯示，由上級直接指定其目標，反而會使績效升高，所以在這方面並沒有定論。事實上，員工參與目標設定，它的作用只在於提高員工接受目標的意願，和工作績效的提高並無直接關係。（註⑧）

綜合上述可知，明確而富有挑戰性的目標，具有相當的激勵力量。雖然無法斷言，參與式的目標設定會導致比較好的工作績效，但有一句話是值得管理人員謹記的：「隱藏在目標設定背後的企圖心，是一股強有力的激勵力量。」

目標設定理論是否要考慮到任何情境因素？或者我們可以說，困難而具體的目標的確能夠提升績效嗎？除了回饋之外，個體對目標的承諾（goal commitment）及自我功效或稱自信（self-efficacy），也會影響到目標與績效的關連性。

目標設定理論假設個體會對目標負責，也就是說，不會降低原先設定目標的要

求水準，也不會半途而廢。這種對目標負責到底的態度，通常會出現在目標是團體一致同意的、當事人為內控型個性，或者目標是由自己設定而不是由他人指派的。

　　自信是指個體相信自己能夠擔任此一任務。愈有自信的員工，愈能確信自己有能力完成任務。所以，在面臨困難的時候，自信心不足的人較有可能停滯不前或者乾脆放棄。而有高度自信的人，則會盡力克服困難。此外，高度自信的人若得到負面回饋時，會繼續不斷地努力，而自信心不足者便會自暴自棄。

五、增強理論

　　和目標設定理論相對的是所謂的「增強理論」（reinforcement theory）。目標設定理論是由認知方面著手的激勵方法，它是假設目標能指引努力的方向，而增強理論卻是一種直接由行為著手，並直接改變行為的方法。

　　增強理論認為某種行為係受某種結果的影響。員工可選擇從事多種行為，而選擇某種行為係受其行為結果（或其所認知的行為結果）所影響。基本的增強理論有四：（註⑨）

　　・正面增強（positive reinforcement）：在特定行為後，提供員工所欲的需求。

　　・負面增強（negative reinforcement）：在特定行為後，取消員工所不欲的結果。

　　・懲罰（punishment）：在特定行為後，提供員工所不欲的結果。

　　・削弱（extinction）：在特定行為後，減弱員工所欲的需求。

　　部門主管應了解，何者能夠增強其所冀求的行為，並對「行為結果」加以有效掌握。詳細說明，請見第七節權變性增強。

六、公平理論

　　沒有比較，就沒有所謂的公平與否。人們會把自己的付出（input）和報償（outcome）關係和其他人做一番比較，一旦覺得有不公平的現象，就想辦法做些矯正予以消除。（註⑩）以上說明的就是公平理論（equity theory）。我們和他人比較的情形如表7-1所示。我們會選定一些參考對象（referent）來做為比較的對象，歸納起來大致有四類：

表7-1　公平理論

比率的比較	知覺
$O/I_A < O/I_B$	不公平（認為自己的報酬偏低）
$O/I_A = O/I_B$	公平
$O/I_A > O/I_B$	不公平（認為自己的報酬偏高）
O/I_A：代表員工認為自己的付出與報償之比 O/I_B：代表員工認為他人的付出與報償之比	

‧組織內自比（self-inside）：在同一組織內，員工將現今的工作與以往曾擔任的另一個工作做比較。

‧組織外自比（self-outside）：員工以現今的工作，與自己以往在其他組織的工作做比較。

‧組織內他比（other-inside）：在同一組織內，員工以自己現今的工作與他人現今的工作做比較。

‧組織外他比（other-inside）：員工以現今的工作，與其他組織他人的工作做比較。

所以，員工比較的對象可能是鄰居、朋友、在其他組織工作的同僚，或自己曾擔任的工作。員工對於參考對象所掌握的資訊，以及參考對象所具有的吸引力，都會影響到他（她）選擇誰做為參考對象。比較對象的選擇也會受到員工薪資水準、教育水準及年資所影響。薪資及教育水準較高的員工，視野較為廣闊，所擁有的資訊較為豐富，所以較可能以外界人士做為比較對象。年資較淺的員工，往往並不熟悉同一組織內的其他員工，因此，他們會以自己的工作經驗做為比較的基礎。另一方面，資深的員工會以同事為參考的對象。

選定比較對象之後，經過比較如果覺得不公平，便可能採取以下行動：

‧改變自己的付出（例如：不要太賣力）。

‧改變自己的報償（例如：在按件計酬的薪資制度下，會增加產量，但同時降低品質）。

‧改變對自我的認知（例如：「以往我總是以為自己的工作成果尚可，但是現在我明白自己比別人強多了」）。

‧改變對他人的認知（例如：珍妮的工作其實不過爾爾）。

‧改變參考對象（例如：「我賺的錢雖然沒有研究所同學多，但比起大學同學我是強多了」）。

‧辭職。

　　公平理論認為，人們不僅關心自己的努力得到多少報償，也關心自己和他人的付出與報償間有何差異。以自己的付出（如努力、經驗、教育水準及能力）為基準，與自己的報償（如薪資水準、加薪幅度、組織認同及其他因素）相較。當人們認為不公平時（即自己的報償與付出的比值和他人不相等時），內心所引發的壓力就會成為激勵作用的驅動力，促使他們把情況導回公平狀態。

　　因此，針對不公平待遇，公平理論提出了四個提議：

　　‧在按時計酬的情況下，相較於受到公平待遇的員工而言，過度報償的員工會有投入更多、提高產量及品質，使得報償／投入的比率能趨於相等。

　　‧在按件計酬的情況下，相較於受到公平待遇的員工而言，過度報償的員工會投入更少，但也同時提高品質。但是在計件報酬的情況下，提高產量（增加投入）只會增加彼此的差距，因此過度報償的員工有可能選擇提高品質而非數量。

　　‧在按時計酬的情況下，相較於受到公平待遇的員工而言，報償偏低的員工會投入更少，即減少生產或降低產出品質。

　　‧在按件計酬的情況下，相較於受到公平待遇的員工而言，報償偏低的員工會有投入更多，但卻是大量低品質的產品。增加的數量和劣質的品質，使得員工不必付出更多，卻可以獲得更高的報償。

　　以上四種提議已得到證實，但是需要符合二個條件：(1)在大多數的工作情況下，過度報酬導致的不公平，顯然比不上因報酬偏低所造成的影響。人們在過度報酬的情況下，較能處之泰然，並能將之合理化；(2)並不是每個人對於公平的感受都是一樣的敏感。有些人寧願自己的報償／投入比率較參考對象低。換言之，公平理論的論點似乎是針對一般世俗之人所做的論斷。

　　值得注意的是，探討公平理論的研究多以金錢來概括員工所希望的報償，而忽略了有些人也會從其他的報償（如代表身分地位的頭銜、專屬的豪華辦公室等非金錢式的報償）來尋求公平性。（註⑪）

　　最近的研究已經將公平性或公正性的定義加以延伸。傳統上，公平理論所著重的是分配正義（distributive justice），也就是員工所認知的在報酬數量及分配上的公平性。但是公平性這個問題應該考慮到程序正義（procedural justice），也就是員工所認知的，在分配報酬程序上的公平性。研究證據顯示，在員工的滿足感方面，分配正義的影響大於程序正義。但是，程序正義會影響員工的組織承諾、對上司的信任以及離職的打算。（註⑫）

　　總之，對大多數的員工而言，公平理論指出，相對性的報酬及絕對的報酬都會明顯地影響到激勵作用。但是還有一些重要論點尚待澄清。例如：員工如何處理相

對牴觸的資訊，例如：(1)工會認為員工所受的待遇明顯低於其他同業，而管理當局卻認為公司做了許多改善；(2)員工如何定義「付出」與「報償」呢？這些因素如何隨時間而改變呢？儘管有這些問題存在，公平理論仍在詮釋激勵作用方面，提供了重要的省思。

七、期望理論

期望理論是一個整合而全盤性的理論。它主張個人將採取某一個行動的傾向，取決於該行動造成某種結果的可能性。因此，它包括以下三種重要變數：

· 吸引力（attractiveness）：個人認為行動後的結果和達成目標後的獎賞。

· 績效與報償的關連（performance-reward linkage）：個人相信「工作達到某種水準後，獲得獎賞的程度」。

· 努力與績效的關連（effort-performance linkage）：個人認為投入某一程度的心血，可達到的績效水準。

由上可知，一個人是否有努力的意願，決定於自己的目標和其認為是否值得投入心血去達成那些目標，這就是期望理論所要說明和運用的基本觀念，以下是期望理論所主張的流程關係（圖7-4）：

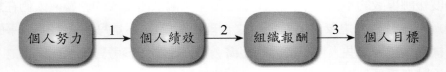

1 努力與績效的關係
2 績效與報酬的關係
3 報酬與個人目標的關係

圖7-4　期望理論所主張的流程關係

首先，員工會考慮到「工作會給自己什麼結果呢？」結果可能是好的，像薪資、安全、友誼、信任、福利、才能施展及親密的人際關係等；反之，結果可能是不好的，像勞累、枯燥、挫折、焦慮、粗暴的管理、解僱等。要注意的是，結果的本質並不重要，最重要的是員工對結果的主觀知覺評價。

當評價過工作結果後，員工會衡量結果吸引他的程度——是好？是壞？或不好也不壞？這是一個心理上的問題，和每個人的價值觀、人格與需要有關。當他覺得結果很有價值、對他很重要時，他會想辦法做進一步的努力，去獲得那些結果。而

如果他覺得那結果對他無益，他就不去做那些工作。而有些人可能覺得結果對他無關緊要。

　　至於，他應該採取怎樣的行動，才能獲得那些結果呢？結果本身對員工行為不能有任何影響，除非他很明顯知道要怎麼做才能得到該結果。例如：他會想知道：「在評斷工作績效時，如何才是表現良好呢？」或者「工作績效的良好與否，是根據什麼來評定的呢？」

　　最後，員工會衡量「付出努力後，能達到表現良好的機會有多大」，員工會衡量他的能力、權限和對各種變數掌握的情形，並衡量他能達到績效的機會。

　　簡言之，佛榮於1964年所提出的期望理論共分為三個階段：(1)對期望的認知（expectancy perception），例如：「假如我做這個決定，我會成功嗎？」(2)對媒介的認知（instrumentality perception），例如：「如果我成功了，我會得到怎樣的結果？」(3)對價值的認知（valence perception），例如：「我認為這個結果對我的價值有多大？」（註⑬）

八、能力與機會

　　支援性的資源（如現代化的辦公室、充足的光線、極佳的設備及工具等）是否充足，往往足以輔助或阻礙個人工作上的成就。

　　員工績效是能力與激勵的函數，也就是說，績效= f（能力×激勵）。如果能力或激勵中有一項不足的話，績效就會受到負面影響，這可以說明「勤能補拙」的道理。

　　在上述公式中，還要考慮到「發揮的機會」（opportunity to perform）這個變數。因此，公式應改為：績效= f（能力×激勵×發揮機會）。換句話說，即使個人有能力，也樂意賣力工作，但如果有障礙存在，使他無法一展所長時，相對的，績效必然會受到限制。這個情形如圖7-5所示。

　　當你想了解，為什麼一個能幹的員工，在出乎意料之外達不到預期的績效水準時，你應該看看其周遭的環境是否具有支援性。也就是說，他是否有充分的工具設備及支援性的資源？是否有令他舒適的工作環境？同事之間會互相幫忙嗎？有足夠的時間完成工作嗎？如果答案是否定的，其績效必然會受到負面影響。

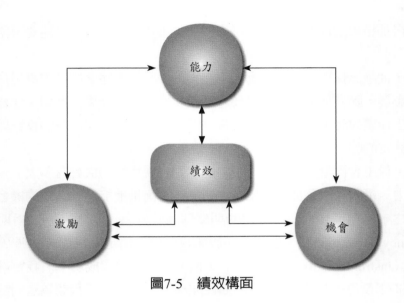

圖7-5　績效構面

第 四 節　激勵理論的整合

　　本章中，我們討論了很多激勵理論，其中有些理論已經得到了實證的支持。也因為如此，我們在處理上變得更加複雜。所以必須將這些激勵理論間的關係整合起來，以能更容易了解激勵理論。近代激勵理論的整合如圖7-6所示，我們將從圖的左邊開始說明。

　　模式首先指出，機會的存在與否會促進或阻礙個體的努力。而個體的目標會影響個體的努力，此個體目標與努力的迴路，正符合目標設定理論的觀點──目標能引導行為。

　　期望理論認為，若員工感受到努力與績效之間、績效與報償之間，以及報償與滿足個人目標之間，均存在強烈關係時，他將投入更多的努力。而這些關係又受到某些因素影響。

　　以努力與績效之間的關係而言，員工若想努力以達到好的績效，他必須具備勝任工作的能力，並認為組織的績效評估制度可以公正地評鑑出他的績效。而對績效與報償之間的關係而言，必須讓員工認為他所得到的報償是來自於績效，而不是年資、個人偏好或其他標準。如果認知評價理論可以有效運作在實際的工作場合，我們就可以預測，以績效做為報償的基礎會降低個體的內在激勵作用。

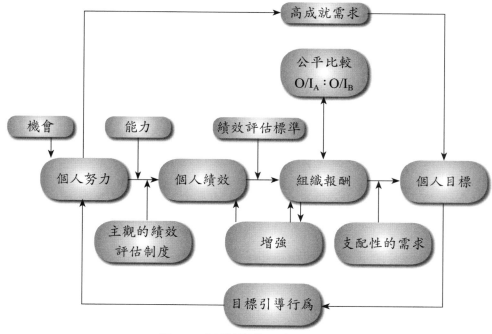

圖7-6　近代激勵理論的整合

　　期望理論中的最後一個環節是報償與個人目標滿足之間的關係。此時可以再導入ERG理論。若員工因績效表現所獲得報償正可以滿足個人目標上的主要需求，則激勵作用就可以達到最高。

　　從圖7-6中，我們可以看到此模式包含：成就需求、增強理論及公平理論。高成就需求者的表現，並不會受到組織對其績效評估或組織提供的報償而有所差異，因此，對於高成就需求的人，可以由模式中的努力而直接跳升到個人的目標。值得注意的是，只要工作能夠給予高成就需求者承擔個人職責的機會、適度的回饋及適度的風險性，他們就會有自我鞭策的能力，並不會在意期望理論提出的「努力與績效」等關連性。

　　模式中的增強理論，確認了組織的報償會加強個人的績效。如果員工認為管理當局所設計的報償制度，可以反映出他的工作表現，則這些報償便可以強化員工的行為，而繼續保持良好的績效。報償在公平理論中也扮演著極為重要的角色。個體會拿自己付出後所得的報償，與他人的付出與報償做比較（$O/I_A : O/I_B$），一旦發現不公平，就會影響到他們努力的水準。

企業管理

第 五 節　激勵理論在管理上的涵義

在本章所討論的激勵理論中，並未一一針對我們所關心的四個依變數（生產力、工作滿足、曠職率與離職率）來加以討論。例如：有些理論只解釋了離職行為，有些則強調生產力，而且每個理論的預測效度也有所不同。在本節中，我們將：(1)檢視這些激勵理論在解釋這四個依變數的能力；(2)評鑑各激勵理論的預測能力。（註⑭）

一、需求理論

在各激勵理論中，有四個理論是以需求為重點，例如：馬斯洛的需求層級論、激勵保健理論、「存在─關係─成長」理論以及麥克理蘭的需求論。其中以麥克理蘭需求論的解釋力最強，特別是在成就需求及生產力關係的探討上。其他三個理論可以運用在解釋及預測工作滿足方面。

二、目標設定論

「明確且困難的目標，會使員工的生產力提高」，這已是不爭的事實。根據這個證據，我們可以說，目標設定論對生產力有很強的解釋力。但是，此理論並沒有涉及工作滿足、離職率及曠職率的探討。

三、增強理論

此理論在推測工作數量及品質、努力的持續性、曠職行為、倦怠行為及意外事故的頻率上，有非常好的成果，但是它並沒有探討員工的工作滿足及離職行為。

四、公平理論

公平理論雖然探討的四個變數，但是它在預測曠職行為、離職行為方面的能力較強，至於在預測員工生產力的差異上就顯得相當弱。

五、期望理論

期望理論專注於績效變數。實證研究顯示，此理論在解釋員工生產力、曠職率及離職率上的能力相當強。但期望理論假設，員工在做決策時，其自由裁決量（自主性）幾乎沒有受到任何限制，這點顯然與事實有所出入。

對於重大的決策而言（例如：考慮接受工作、離職），期望理論的預測能力相當好。畢竟人們在做重大決策時會比較謹慎，他們會仔細考慮這種可行方案的利弊得失。但是對於較典型的工作，尤其是較低層的工作而言，期望理論的解釋力就變得比較弱，因為這類型的工作受到了許多限制，例如：工作方法、上司的監督，以及公司的政策等。因此，我們可以下一個結論：對於較複雜及愈高層的工作而言，期望理論在解釋員工生產力方面具有較高的準確性。

第 六 節　激勵理論的解釋強度

表7-2顯示了幾個著名的激勵理論，包括：需求理論、目標設定論、增強理論、公平理論、期望理論，在解釋及預測生產力、曠職行為、離職行為及工作滿足上的強度（準確性）。雖然主要是根據大量實證研究的結果，但是仍帶有一些主觀的判斷（也就是說，讀者在了解時，應持若干保留的態度）。公平理論的解釋強度雖然不是最強的，但是它能夠解釋更多的向度。不論如何，此表是在激勵理論的迷霧中，提供了一個導航儀。

表7-2　激勵理論的解釋強度[a]

變項	理論				
	需求	目標設定	增強	公平	期望
生產力	3[b]	5	3	3	4[c]
曠職行為			4	4	4
離職行為				4	5
工作滿足	2			2	

[a] 評估尺度由1至5，5為最強。

[b] 適用於高成就動機的個體。

[c] 僅適用於幾乎無「員工自主性」的工作。

來源：E. J. Landy and W. S. Becker, "Motivation Theory Reconsidered," in L. L. Cummings and B. M. Staw (eds.) *Research in Organization Behavior* 9 (Greenwich, CT: JAI Press, 1987), p.33.

第七節　權變性增強

　　權變性增強或稱增強的權變性（contingencies of reinforcement），涉及行為及影響該行為的前導及後續環境事件之間的關係，準此，增強的權變性包括：前導因素（antecedent）、行為以及結果。（註⑮）

　　前導因素是行為的刺激因素或簡稱刺激（stimulus）。某種行為發生的機率可由提供或不提供刺激因素而改變。

　　結果是行為所產生的。行為的結果可以是正面的，也可以是負面的，其間的差別在於是否能達成目標而定。管理者對於部屬的反應取決於他們的行為結果（但有時取決於行為本身，姑不論結果為何）。

　　茲舉權變性增強之例。首先，管理者與部屬共同設定目標（例如：設備的明年銷售業績要達到1億元），然後就要去執行某些活動（例如：每週拜訪4個新客戶、每週固定宴請現有的客戶、參加「行銷與推銷」研習營）以達成目標。如果部屬達成了銷售目標，管理者就要獎賞部屬（這個行動是取決於目標達成的情形）。但是，如果部屬未能達成銷售目標，管理者將不做任何表示或者責備部屬。

　　為了進一步了解權變性增強，我們必須先了解權變性的幾種類型。首先，根據員工的行為來決定是否要加諸或取消某種事物或東西。正面事物（positive events）是員工所欲的，負面事物（negative events）是員工所惡的。

　　將這些事物加以合併，就可產生四種權變性的增強類型，如圖7-7所示。此圖也顯示了某種特定的增強類型會增加或減少員工某種行為的可能性。記住：增強（不論是正面或負面）永遠會增加員工採取某種行為的頻率，而削弱（omission or extinction）及處罰（punishment）永遠會減少增加員工採取某種行為的頻率。

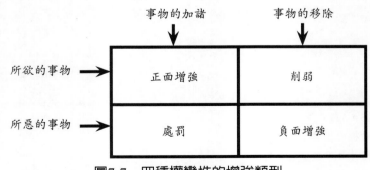

圖7-7　四種權變性的增強類型

一、正面增強

增強是權宜性的行為。它可以增加某一特定行為發生的機率。正面增強（positive reinforcement）就是在所欲的行為之後提供所欲的結果。例如：管理者在員工表現出某種行為（如達到銷售目標）之後，提供正面的報酬（positive rewards，例如：加薪、升級等）。

(一) 增強與報酬

增強與報酬常被混為一談。報酬是個人覺得「所希望得到的」，或是「令他感到愉快的」東西。因此，報酬是否為增強物（reinforcer），應視個人的看法而定。基本上，報酬如果能增加某種特定行為發生的機率，才可視為增強物。

(二) 初級與次級增強物

初級增強物（primary reinforcer）乃是個人不必去了解增強物之價值的事物或東西。對大多數人而言，食物、居所、水都是初級增強物。初級增強物並沒有永遠增強的效果。當我們吃完大餐之後，食物就不是增強物了。

組織內大多數的行為是被次級增強物（secondary reinforcer）所影響。次級增強物基本上是具有中性價值的東西，但是由於個人過去的經驗，這些東西就會產生某種價值（不論是正面的、負面的）。金錢是次級增強物的典型例子。雖然金錢不能直接使我們滿足基本需求，但是它的價值在於使我們可以用它來買需要的（或是不需要的）東西。組織通常提供員工初級及次級增強物。

(三) 組織報酬

組織通常提供怎樣的報酬？物質報酬（material rewards，包括薪資、紅利、福利等）是顯而易見的。除了物質報酬之外，許多組織還提供不是那麼「立即而明顯的」的報酬，例如：口頭嘉獎、指派所期望的工作、改善工作環境、給予更多的年假等。在日本聲寶公司，表現良好的員工會被指派到「金徽工作小組」中工作，直接向總經理報告。這種特權使他們有無比的榮譽感，並激發其他人有更好的表現，希望有朝一日也能加入專案小組。表7-3列出了組織報酬。值得注意的是，只有組織成員認為這些報酬是「希望得到的」或「令他們感到愉快的」東西，它們才能夠成為增強物。

表7-3　組織報酬

物質報酬	輔助性報酬	地位象徵
薪資	交通車接送	位於角落的辦公室
加薪	健康保險	有窗戶的辦公室
股票選擇權	養老金計畫	地毯
利潤分享	休假及病假	窗簾
延期報償	娛樂設施	壁畫
紅利	托兒服務	手錶
誘因計畫	俱樂部會員	戒指
代墊		
社會／人際關係報酬	工作中的報酬	自我管理的報酬
讚許	成就感	自我慶賀
提供個人發展機會	負有責任的工作	自我讚許
微笑、拍肩及其他非語言訊號	工作自主性	學習新的知識及技術，以自我發展
要求提供意見	從事重要的工作	更高的「自我價值」意識
邀請喝咖啡或進餐		
牆壁上的徽章		

二、負面增強

　　負面增強（negative reinforcement）是指當員工表現出滿意的行為之後，將不愉快的東西加以移除的情形。透過這種方式，所冀望的行為之發生機率就會增加。負面增強常與處罰混為一談，因此，兩者皆以不愉快的事情去影響行為。然而，負面增強是增加所冀望的行為的發生頻率（所希望的行為發生得愈多愈好），而處罰則是減少不冀望之行為的發生頻率（所不欲的行為發生得愈少愈好）。

　　當員工所做的事情沒有達到所期望的水準時，管理者常會用負面增強的方式。例如：除非達到既定的業績標準，否則不恢復已經被取消的公司旅遊。在日常生活中，負面增強的例子也是比比皆是。例如：父母要小孩子罰跪，直到他們說實話為止；警察拷打嫌疑犯，直到他們吐露實情為止（法令已明令禁止）。

　　從另外一個角度來看，由於我們要移除不愉快的東西或事件（例如：被扣薪水、被當眾奚落等）發生，而自我約束或匡正自己的行為（例如：要求自己準時）。這種情形稱為「避免學習」（avoidance learning）。又如，與其看到電腦頻頻出現錯誤訊息，不如徹底把程式語言、設計邏輯弄清楚。

三、削弱

削弱是指所有增強物皆停止運作的情形。增強是增加所欲行為的發生頻率，而削弱是減少所惡行為的發生頻率，進而徹底的移除所惡行為。易言之，如果行為沒有得到增強，該項行為就會逐漸消失。大學教授如不想學生在課堂上發問，就會對舉手發問的學生採取不理睬的行為，由於缺乏正面增強的結果，漸漸地學生就會減少發問的行為。

削弱可以減少那些不利於組織目標達成的行為。削弱的步驟如下：

・確認要減少或剔除的行為。

・確認那些支持這些行為的增強物。

・停止這些增強物。

在減低不欲行為（或所惡行為）或妨礙正常工作的行為時，削弱是一個有用的技術。削弱也常被視為未能正面增強行為的後果。在這種情形之下，行為的削弱可能是「偶發的」。管理者如果不能增強所欲行為，他可能就是在不知情的情況下使用削弱。結果所欲行為發生的頻率可能會不經意的減少。

削弱會有效減少員工的不良行為，但是它不會自動地將不欲的行為**轉換**成所欲的行為。當停止實施削弱之後，除非有新的行為取代以前的行為，否則不欲的行為又會復發。因此，當實施削弱時，應該與其他的增強並用，才能激發所欲的行為。

四、處罰

處罰是當某些行為發生之後，所產生的不愉快結果。處罰的目的在於減低不良行為發生的頻率。

組織通常利用幾種類型的不愉快事情來處罰員工。在物質方面，處罰包括：減薪、降級、調職、解僱等。除非員工犯了嚴重的錯誤，否組織不會採取這些處罰方式。

人際間的處罰（interpersonal punishment）是組織中常見的處罰方式，例如：口頭申誡等。非語言的處罰方式，例如：皺眉、咆哮、侵略性的身體語言等，也是常見的方式。

處罰的實施必須掌握以下原則：

・處罰的權變性原則（principle of contingent punishment）：也就是處罰必須針對不良的行為。

・處罰的立即性原則（principle of immediate punishment）：也就是處罰必須

企業管理

在行為之後立即實施。

　　‧處罰的輕重原則（principle of punishment size）：也就是處罰愈重，對不良行為的制止力愈強。

五、負面效應

　　有人認為，組織應盡量避免使用處罰的方式，因為它會帶來許多負面效應（negative effects），尤其是長期性的負面效應。雖然藉由處罰可抑制員工的不良行為，但其所造成的的不良後果可能不是管理者始料所及的。處罰的潛在負面效應包括：(1)不良行為的復發；(2)不良的行為反應；(3)具有侵略性、破壞性的行為；(4)冷漠、毫無創新的行為；(5)對管理者的畏懼；(6)高曠職率與離職率。

第八節　權變性增強的綜合討論

　　在提供正面增強物以使得所欲行為能夠持續不斷時，這些正面增強物對員工而言要有價值。如果員工一向很準時上班，管理者可加以讚許，以正面增強他的行為。如果員工過去因常常遲到而受到責備，但是最近上班準時起來，管理者可用負面增強的方式——不再做任何令他發窘的言論。管理者希望員工會因為避免不愉快的事情發生在其身上而變得準時起來。

　　如果此員工還是一直遲到，管理者可用削弱或是處罰的方式，來遏止這個不良行為。在採取削弱的方式時，管理者不會去理睬這個員工。採取處罰方式時，管理者會對員工加以申誡、罰鍰或是停職，如果還是一直遲到，管理者可開除此員工。以下原則可做為管理者在實施權變性增強時的指導方針：

　　‧不要向所有的員工提供相同的報酬。

　　‧如果未能對行為做適當的處理，就會增強該行為。

　　‧藉著報酬的提供，管理者可以增強員工的行為。

　　‧要仔細地檢視採取行動（提供報酬）及不採取行動（不提供報酬）的結果。

　　‧讓員工了解哪些行動會得到增強。

　　‧讓員工了解他們錯在哪裡。

　　‧不要在眾人面前處罰員工。

・對行為所做的反應要與行為本身相當，對員工所應獲得的報酬，不要縮水。

第 九 節　增強的時程

增強的時程（schedule of reinforcement）所要討論的是，什麼時候提供增強物最為恰當，一般而言，增強的時程可分為：

・連續性增強與間歇性增強（continuous reinforcement and intermittent reinforcement）。

・固定時距與變動時距（fixed internal schedule and variable internal schedule）。

・固定比率時程與變動比率時程（fixed ratio schedule and variable ratio schedule）。

連續性增強是指行為每一次發生後就立即提供增強物的情形。但由於管理者不見得有時間或機會，在員工每次表現良好行為之後就提供增強物，因此間歇性增強在組織中比較常見。在間歇性增強的情況下，增強物是在良好行為發生若干次後才提供的。

間歇性增強可用時距（interval）及比率（ratio）再加以細分。時距時程（interval schedule）是指在某段時間之後才提供增強物的情形。比率時程（ratio schedule）是指在某個次數之後再提供增強物的情形。這二種時程可以再細分為固定的或變動的時程，因此間歇性增強有四種時程：固定一定時制（fixed interval）、變動一定時制（variable interval）、固定一定率制（fixed ratio）以及變動一定率制（variable ratio），如圖7-8所示。

	定時制	定率制
固定	固定一定時制	固定一定率制
變動	變動一定時制	變動一定率制

圖7-8　增強時程的分類

　　第一種是固定－定時制。即每隔一段時間，就給予報償（如薪資報償）。時間是主要的變數，而且固定不變。在許多國家，這是最普遍的薪酬制度。如果你是支領週薪、半月薪、月薪或其他以約定時間為基準的，則是固定－定時的薪酬制度。

　　第二種是變動－定時制。這是指薪酬在某一段時期發放，但是發放的時間不確定。換句話說，就是增強的時間不可預知。當老師在學期初宣布，這學期有幾個小考（考試次數不確定），全部小考占學期總成績20%，這就是變動－定時制。同樣地，公司的稽核人員每年不定期的到各部門稽查，也是變動－定時制。

　　第三種是固定－定率制。當行為反應的出現累積到某一次數，即給予薪酬。例如：按件計酬的方式——員工根據完成品件數的多少來支領薪水。如成衣廠的員工每縫好12個拉鍊，可以拿到50元。在這個例子中，增強物（錢）是依照縫拉鍊的件數而定——每縫12個，員工就多賺50元。

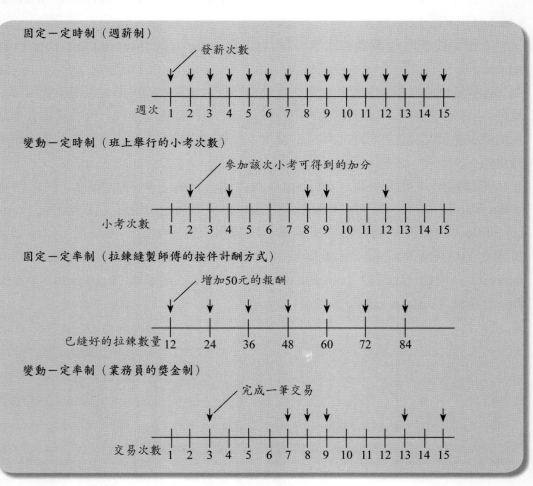

圖7-9　間歇型增強時程的四種制度

　　第四種是變動一定率制。薪酬根據個人行為的不同而有差異，例如：業務員的獎金制。有時候業務員只要拜訪2個客戶，就可以做成某種額度的業績；但有時候業務員必須拜訪20個或更多客戶，才能達到同額的業績。業務員的獎金多寡，是根據他所達成的業績多少而定。

　　圖7-9是以上四種時程的圖示說明。

　　表7-4說明這些時程的形式，以及其對績效與行為的影響。

表7-4　增強時程的比較

時程	報酬的形式	對績效的影響	對行為的影響
固定一定時制	以固定時距為基礎提供報酬（如週薪或月薪）	導致平平的或時好時壞的績效	行為的快速消失
變動一定時制	以不同的時距來提供報酬（如每月不定時的突擊檢查、嘉獎或提供報酬）	導致中等的、稍微穩定的績效	行為的慢速消失
固定一定率制	以「反應的次數」來提供報酬（如計件報酬）	很快的導致穩定的、高的績效	行為的中度消失
變動一定率制	對某些行為提供報酬（如銷售獎金是以銷售的客戶數為基礎，但客戶數是經常有變化的）	導致極高的績效	行為的慢速消失

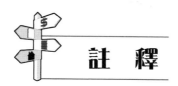

註　釋

①A. Maslow, *Motivation and Personality* (New York: Harper and Row,1954).

②Douglas McGregor, *The Human Side of Enterprise* (New York: McGraw-Hill, 1960).

③F. Herzberg, "One More Time: How Do You Motivate Employees?" *Harvard Business Review*.46, 1968, pp.53-62.

④R. J. House and L .A. Wigdor, "Herzberg's Dual-Factor Theory of Job Satisfaction and Motivations: A Review of the Evidence and Criticism," *Personnel Psychology*, Winter 1967, pp.369-89.

⑤C. N. Weaver, "What Workers Want from Their Jobs," *Personnel*, May-June 1976, p.49.

⑥D. C. McClelland, *The Achieving Society* (New York: Van Nostrand Reinhold, 1961).

⑦R. Charms, *Personal Causation: the Internal Affective Determinants of Behavior* (New York: Academic Press, 1968).

⑧E. A. Locke, "Toward a Theory of Task Motivation and Incentives," *Organizational Behavior and Human Performance*, May 1968, pp.157-89.

⑨B. F. Skinner, *Contingencies of Reinforcement* (New York: Appleton-Century-Crofts, 1969).

⑩P. S. Goodman, "Social Comparison Process in Organization," in B.M. Staw and G.R. Salancik (eds.), *New Directions in Organizational Behavior* (Chicago: St. Clair, 1977), pp.97-132.

⑪J. Greenberg and S. Ornstein, "High Status Job Title as Compesation for Underpayment: A Test of Equity Theory," *Journal of Applied Psychology*, May 1983, pp.285-97.

⑫R. C. Dailey and D. J. Kirk, "Distributive and Procedural Justice as Antecedents of Job Dissatisfaction and Intent to Turnover," *Human Relations*, March 1992, pp.305-16.

⑬V. H. Vroom, *Work and Motivation* (New York: Wiley, 1964).

⑭E. J. Landy and W. S. Becker, "Motivation Theory Reconsidered," in L. L. Cummings and B. M. Staw (eds.) *Research in Organization Behavior* 9 (Greenwich, CT: JAI Press, 1987), pp.24-35.

⑮F. Luthans and R. Kreitner, *Organizational Behavior Modification and Beyond* (Glenview, Il: Scott, Foresman, 1985).

自我評量

1. 激勵是什麼？為什麼對管理者而言，激勵是相當重要的？有關激勵的研究可分為哪二大類型？

2. 試繪圖說明馬斯洛的需求層次論。

3. 馬格瑞格（D. McGregor）曾提出二個有關於人類的論點：X理論及Y理論。試說明在X理論、Y理論之下，管理者所做的假設。

4. 激勵保健理論（motivation-hygiene theory）是由心理學家赫茲柏格（Frederick Herzberg）所提出的，又稱雙組因子理論或二因論（dual factor theory）。他認為，員工與工作會有某種關連，及員工的工作態度為決定個人成敗的關鍵因素。赫茲柏格想要發現什麼？研究結果發現了什麼？並繪圖扼要說明激勵保健理論。

5. 激勵保健理論的提出引起很大爭議，最受批評的地方是什麼？

6. 試說明阿德佛（C. Alderfer）所提出的「存在—關係—成長」理論。除了以三個

需求代替五個之外，阿德佛的 ERG 理論和馬斯洛的理論有何不同呢？

7. 試說明麥克理蘭（D. McClelland）的需求理論。

8. 傳統上，動機理論被分為內在動機（如成就感和責任感）和外在動機（如獎賞和升級等），而彼此不互相影響。但是認知評估理論並不認為如此。何謂認知評估理論？

9. 明確而富有挑戰性的目標，具有相當的激勵力量。目標設定理論所強調的是什麼？目標設定理論是否要考慮到任何情境因素？

10. 試比較目標設定理論與增強理論。

11. 何謂公平理論？試說明我們和他人比較的各種可能情形。選定比較對象之後，經過比較如果覺得不公平，便可能採取哪些行動？針對不公平待遇，公平理論提出了哪四個提議？最近的研究將公平性或公正性的定義做了什麼延伸？

12. 期望理論是一個整合而全盤性的理論。它主張個人將採取某一個行動的傾向，取決於該行動造成某種結果的可能性。因此，它包括哪三種重要變數？試繪圖說明期望理論所主張的流程關係。

13. 試繪圖說明能力、機會、激勵與績效這四個變數之間的關係。

14. 試分別就公平性（equity）、期望（expectancy）、強化（reinforcement）、需求（needs）等四種觀點，說明企業主管如何利用薪資來激勵部屬。

15. 金錢是一般組織用以激勵員工的重要工具，此種工具對於工作具有的激勵效果究竟有何影響？試由激勵理論討論之。

16. 激勵理論在管理上有何涵義？

17. 何謂權變性增強？試舉例加以說明。

18. 為了進一步了解權變性增強，我們有必要了解權變性的幾種類型。首先，根據員工的行為來決定是否要加諸或取消某種事物或東西。正面事物（positive events）是員工所好的，負面事物（negative events）是員工所惡的。將這些事物加以合併，就可產生哪四種權變性的增強類型？試繪圖加以說明。

19. 增強的時程（schedule of reinforcement）所要討論的是什麼時候提供增強物最為恰當。一般而言，增強的時程可分為：連續性增強與間歇性增強（continuous reinforcement and intermittent reinforcement）；固定時距與變動時距（fixed internal schedule and variable internal schedule）；固定比率時程與變動比率時程（fixed ratio schedule and variable ratio schedule）。試分別加以說明。

第八章

領　導

本章重點：

1. 特質論

2. 行為論

3. 權變論

4. 領導近年來的趨勢

企業管理

　　有些人認為領導就是管理的代名詞，但是這種看法是不正確的。領導是管理的一部分，但不是全部。有效的領導必須能夠說服他人，激發他們工作的熱忱，並達成既定的目標。如果管理者無法激勵部屬，並引導他們朝向目標邁進，則規劃、組織、決策等管理活動，便無用武之地。（註①）

　　有關領導者的角色一直是被廣泛探討、研究的課題。事實上，它也是受爭議最多、最受注目的主題。本世紀以來，「領導」成了各派行為科學家所研究的焦點。

　　領導是「在二人以上的人際關係，其中一人試圖影響他人以達成既定目標的過程」，由此觀之，領導是一種影響過程。狹義而言，其為主管對部屬的影響；廣義而言，群體中任何一個人對另外一個人的影響即是。

　　不論「領導」多麼引人注目，然而，各學者專家對於「怎麼樣的人才是好的領導者」，或是「領導者所應做的是什麼」，均未曾獲得一致性的結論。

　　晚近的許多理論家也都以不同的觀點和角度來研究「領導」。雖然很可能像是「瞎子摸象」，但是每一個理論、研究、觀點，都對「領導」的看法有獨到之處，值得我們了解。

第 一 節　特質論

　　企業負責人領導企業，就像將帥帶領部隊。關於將帥素質和謀略的討論，不計其數，其中不朽的《黃石公三略》扼要說明將帥的素質，單是上略中的〈論將〉一篇即有精準剖析。該文指明：將帥應積極培養好的素質，尤其是警惕與克服自己身上的不良品質。任何不良品質對普通人是小事，但對領導者來說就會成為「放大的缺點」，進而導致「嚴重的後果」。這些缺點，扼要的說是「八患」、「三失」和「四誡」。八患是「拒諫」——不聽下屬意見；「策不從」——不採納謀士的良策；「善惡同」——善惡不分；「專己」——一意孤行；「自我」——自我炫耀；「信讒」——聽信讒言；「貪財」——貪圖錢財；「內顧」——貪圖女色。作者更精準而量化地說明犯錯與敗亡的關連性：「將有一，則眾不服。有二，則軍無式（沒有法紀）。有三，則下奔化（全軍潰散）。有四，則禍及國。」總而言之，所患毛病愈多，危害也愈多，必定傷害到所帶領的人和整個組織。「三失」則指：(1)將謀洩——把計畫洩漏；(2)外窺內——奸細窺得內情；(3)財入營——不義之財進入。將帥犯了其中一項錯誤，軍隊必定會潰散和失敗。至於「四誡」，指的是謀

淺慮短的「無慮」；怯懦無能的「無勇」；輕舉妄斷的「妄動」和責怪他人的「遷怒」。我們很輕易就能找到一些例子證明因領導者有這些缺失而導致個人由權力高峰墜落，而他所帶來的組織兵敗如山倒。若其對手知道他有這些患、失、誠，對準其致命傷來一陣子猛攻，他很快就慘敗了。敵人「不勞而攻舉」，並不是因為敵人有多強，而是找到了罩門，對準猛刺即可致人於死，至少可使其失敗到無法翻身。（取材自彭懷眞，優點多不如缺點少，震旦月刊，386期，2002年11月，頁20）

我們每一個人對於「有效領導者應具有怎樣的特質」這個問題，都能勾勒出一個完美的形象——領導者必須膽識過人、精力充沛、目光遠大、體恤部屬等，林林總總，不一而足。我們很容易將具有這些特質的人與不具有這些特質的人（稱為「跟隨者」）分開，我們常聽一般人說，世界上的人可分為二類，即領導者與跟隨者。聽多了之後，我們自然會接受這個事實：領導者確實具有某些特性。

事實上，假如我們能夠確認出有效領導者的特質，就不難設計出一個遴選領導者的有效方法。然後，就可以用這個測驗來遴選具有領導潛力的人，或是做為晉升的依據。

然而，領導者應具有哪些特質呢？著名的心理學家李文生（Levinson, 1981）提供了二十項領導者特質：（註②）

1.觀念化、組織化的能力：整合不同的資料，以結合成一個一致性的參考架構（frame of reference）的能力。

2.對模糊的容忍力。

3.智慧。

4.精確的判斷。

5.接管負責的能力。

6.具有處理策略問題的能力。

7.成就導向（成就動機很強）。

8.對他人感覺的敏感度。

9.積極參與，認同組織。

10.成熟。

11.接受資訊與批評，與別人合作時能保持立場。

12.清晰表達的能力。

13.高度的身體及心智精力。

14.能夠適應高度的壓力。

15.幽默感。

16.具有清楚界定的個人目標，此目標並與組織目標符合一致。

17.堅毅。

18.時間管理的能力。

19.正誠。

20.重視社會責任的履行。

不幸的是，這些領導者的特質並沒有得到公認，而且在統計上的效度（validity）也值得懷疑。在某些場合，外向、支配性、人際間的敏感性、適應力及野心勃勃，可以用來分辨領導者與跟隨者，但是在某些其他情況之下，跟隨者比較具有這些特質。但是最近的研究指出，自信心強、智慧高、自我實現欲望高的領導者，其管理效能比較高。但是我們不容易判定，這些特質是造成有效管理者的原因還是結果。

由於我們無法百分之百的確認就任某職位的主管應有的特質，因此，很可能在人事的遴選上犯了許多錯誤。例如：以不適當特性做為遴選主管人才的標準，會使得真正的人才被埋沒，而使得不適當的人反而當上主管。

那麼，我們有更好的方法來決定有效的領導者嗎？首先，我們要了解，好的領導者的特質，是隨著情況的變化而改變的。例如：在戰時有效領導者的特質必然與平時不一樣；在政府機關做為一個好主管的特質，必然與民營或私人企業有別。想一想西方歷史上的幾個偉人，林肯對自由平等的提倡、拿破崙在策略運用上的智慧與邱吉爾的堅毅果決，都為後人所崇仰，但他們所具有的特質各不相同。我們不難了解，在他們的時代中，各有不同的規範（norms）與價值，而在該時代中，社會所面臨的問題也不同。也許要在那個時代、那個社會環境，才能突顯出這些偉人之所以偉大的地方。同時，我們也應了解，領導者的效能及其在被領導者心中所建立的印象（形象）有關，但是形象這個東西是相當主觀的；一個行事果斷、作風明快的人，在有些人心目中是一個良好的領導者，在另外一些人心目中可能是一個霸氣過重的獨裁者。

用以上方式來看「領導」，要比「領導者應具備什麼特質」更為複雜。前者是以「情境」（situation）的觀點來看領導，而後者是以「屬性」來看領導。以情境的觀點來研究領導的方式認為，在一個特定的環境之下，個人的屬性（特質）必須配合情境因素，才能決定誰是成功的領導者。我們可以進一步說明，以「屬性」來看領導，似乎認定了領導能力是天生的，先天上不具備某種特質的人，可能一輩子也做不成好的領導者。而以「情境」觀點或是以下將說明的「行為」觀點來看領導，是認為領導力是後天的，也就是可以經由培養、訓練而得。

第 二 節 行為論

　　1950年，哈佛大學教授貝爾斯（R. F. Bales）發展了一套信度很高、涵蓋面很廣的程序和方法，用以觀察群體討論的行為，並對群體中個人的行為加以記錄。他做了資料分析之後，發現了二種截然不同的領導風格：任務（task）及社會情感（social-emotional）。前者著重於「把工作完成」的行為，諸如記錄時間、澄清問題，以及提出新構想；而後者著重於「在群體中促使人際功能達到最適化」的行為，諸如紛爭的調解、鼓勵別人等。這個對領導風格的二個不同著重點（達成任務和人際關係），不僅是貝爾斯的主要架構，而且也成了以後從不同出發點研究領導風格的基礎。其中較有名的是美國俄亥俄大學的研究、密西根大學的研究，以及管理格矩（managerial grid）。

一、俄亥俄州立大學的研究

　　美國俄亥俄大學（Ohio State University）研究領導的方法，是讓部屬描述他們主管的行為。所用的問卷稱為「領導行為描述問卷」（Leadership Behavior Description Questionnaire, LBDQ）。把這些問卷所獲得的資料加以分析之後，發現有二種截然不同的領導風格：體恤（consideration）、制度（initiating structure），如下所示。（註③）

　　確認出領導者的行為特質，並不是俄亥俄州立大學所研究的唯一目標，這項調查研究也發現，體恤、制度及生產力、士氣之間的關係。長久以來，利用LBDQ量表所做的研究，共同的發現如下：體恤部屬的領導者會使部屬更加滿足、缺勤率低、較少抱怨。至於體恤部屬和員工生產力之間的關係則比較不明顯。研究也發現，以任務為導向的領導者與員工生產力之間，也沒有必然的關係。體恤項目與制度項目如表8-1所示。

表8-1　體恤項目與制度項目

體恤項目	制度項目
友善而容易親近	讓團體成員了解他們被期待的是什麼
一視同仁	鼓勵團體成員使用標準化的程序
改變前，預先通知	決定應該完成的工作及完成工作的方法
關心團體成員的福祉	指派特定的工作給團體成員去執行 安排工作完成的時程

二、密西根大學的研究

密西根大學（Michigan University）調查研究中心的領導研究，大約和俄亥俄州立大學的研究同時開始，兩者並且有相同的研究目的：研究和測量與績效有關的領導者行為特質。（註④）

密西根大學的研究也得到二個領導行為的向度，分別命名為員工導向（employee-oriented）和生產導向（production-oriented）。員工導向的領導者，較注重人際間的關係，了解每個部屬的個別需求，並且接受成員間的個別差異。相反地，生產導向的領導者較強調工作的技術或作業層面——他們主要關心的是達成團體目標，而團體成員只是達成目標的手段而已。

密西根研究者的結論強烈支持領導者的員工導向行為；員工導向的領導者與較高的團體產出、較高的工作滿足相關。而生產導向的領導者則和較低的團體產出、較低的工作滿足有關。

三、管理格矩

管理格矩（managerial grid，又稱管理格道）是布來克（R. R. Blake）及莫頓（J. S. Mouton）所提出的一套極有系統的組織發展方案。其目的是把組織帶到一個「組織卓越」（organizational excellence）的理想情況，換句話說，組織不僅要達成目前的任務，而且還要發掘及培養創造新機會的能力。他們認為：「組織的所有人員學到了管理格矩的精義之後，他們就可用來改善人員遴選、訓練及發展的績效；鼓勵參與及投入（involvement）；訂立目標、解決衝突等」。（註⑤）

管理格矩組織發展的基本理論認為，在管理行為的背後有若干基本前提：

1.對生產的關心度（concern for production）。

2.對人的關心度（concern for people）。

3.層級（hierarchy），亦即主管應該如何透過組織階層來達成組織目標。

此二人將「以生產為重」（以橫軸表示），以及「以員工為重」（以縱軸表示）交互影響的各種管理作風，標示在他們所稱的格矩上（如圖8-1所示）。

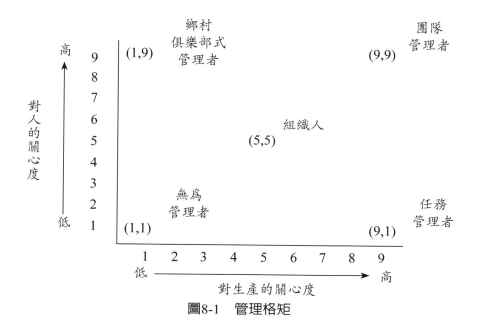

圖8-1　管理格矩

基本上他們把領導作風分成五種：

1.（1,1）型──無為管理者（do-nothing manager），亦稱枯竭管理者（impoverished management）。他們會以最少的努力來完成工作，並認為這才是留住組織成員最適宜的方法。這些管理者會保持中立，只依賴標準作業程序做事。

2.（9,1）型──任務管理者（production pusher），亦稱職權──順從（authority-compliance）。他們會藉著工作環境的安排，來獲得作業的效率，使人為的干預減到最低程度。

3.（1,9）型──鄉村俱樂部式管理者（country club manager）。他們會關切員工的需求，建立良好的人際關係，以及令人舒適而友善的組織環境。

4.（5,5）型──組織人（organization man），亦稱中庸管理者（middle-of-the-road management）。他們會在「完成工作」與「保持員工士氣」之間取得平衡，他們認為這樣就可以獲得適當的組織績效。

5.（9,9）型──團隊管理者（team management），亦稱團隊建造者（team builder）。他們會將任務與人際關係加以整合。他們認為，生產力的提高、工作的順利完成，取決於人們的奉獻，以及對組織目標的「共融性」。

利用管理格矩來進行組織發展共有六個程序或步驟，茲將各步驟的內容及做法敘述如下：

第一階段──管理格矩專題研討會。首先由組織內最高管理階層參加管理格

矩的專題討論會，然後再回到組織內訓練下一階層的經理們。討論會中採取多種問卷，以便了解各研究小組中各成員（也就是每位經理）的個人管理風格。問卷的答案要公開發表，使各主管能在別人的協助下，了解自己的風格與行事的特色。

第二階段——團隊合作的發展。主管在此階段中，至少要與二組（亦即與上司及部屬）進行團隊合作的發展工作。本階段的主要目標在於診斷團隊內可能存在的特定障礙，並認明可以促成團隊內合作發展的機會。

第三階段——各群體間的發展。改進群體之間的關係有下列幾個步驟：(1)每個參加者要先預備一份書面報告，說明理想工作關係與實際工作關係的差距情形；(2)二組人員會面，各敘己見，並做比較；(3)二組共同研究如何改善雙方的關係。

第四階段——發展理想的策略組織模式（strategic organizational model）。前三階段的目的，在於促使組織成員的行為更為有效。第四階段到第六階段涉及到基礎的企業邏輯（fundamental business logic），目的在於增加企業營運成功的可能性。

在第四階段中，組織的最高主管要依下列六個基本方向，研究達成組織卓越的方法。這六個基本方向是：(1)明訂公司的財務目標；(2)清晰定義組織活動性質；(3)明訂目標市場的性質與範圍；(4)發展組織結構；(5)發展組織決策的基本政策；(6)發展促進組織成長的具體方案。

第五階段——實施理想的策略模式。組織的市場、環境等基本方向加以界定之後，便須依據所發展出來的具體方案確實執行。同時每一個獨立單位應有企劃小組的設立，而且企劃小組的協調者與公司策略執行委員，必須確保公司上下在策略推行期間內，都能清楚地了解所實施的策略。

第六階段——系統化的評估。在此階段，企業必須採用許多標準化的工具來衡量組織的績效。系統化的評估包括利用一份有一百題的問卷，檢討個人行為、團體合作的情形、群體間的關係、問題解決的情形、公司的策略以及組織文化等。

四、建立團隊

在所有的組織之中，大部分的工作都要靠團隊小組的合作才能完成。這些團隊可能是長期存在的一個單位，也可能是為了解決某些特定的問題而成立的短期專案小組。

在一個以解決問題為主的團隊中，其建立團隊的目的有二：

1.欲藉著多數人的力量與智慧，發揮集思廣益，群策群力的效果。

2.希望能透過這個群體，使得每位成員都能獲得其個人的滿足與激勵。

建立團隊的模式可分以下四種：

1.建立目標模式（goal-setting model）——此一模式特別強調群體目標的認同，並藉以影響群體中個人和集體的行為。

2.人際模式（interpersonal model）——此一模式的基本假設是，如果群體中人際關係良好，則達成目的的效果也必然較佳。此一模式主要的目的，在於提高成員間彼此的信任感、信心、支持，以及不帶有價值判斷的（也就是價值中立的）有效溝通等。

3.角色模式（role model）——此一模式是以一種會議的方式，讓大家面對面澄清彼此的工作角色，也就是說，由成員討論決定「到底誰該做什麼」。

4.管理格矩模式（management grid model）——此即布來克與莫頓所提出的模式中的第一階段，如上述。

第 三 節　權變論

研究領導的學者了解，欲建立有效的領導模式來預測什麼是成功的領導，是一件相當複雜的事情，並非單靠幾個特質或行為就足夠。特質論與行為論忽略了「情境」這個因素的影響。領導類型和效能間的關係所顯示的是：在某一個情境下，某一型的領導方式或許是最合適的，但在另外一個情境下，另一型的領導方式可能較適合。

該如何定義「情境」呢？我們應了解，領導效能隨著情境而變是一件事，而如何確認這些情境又是另一回事。

有不少研究企圖確認影響領導效能的關鍵因素。有一位研究者在整理有關文獻後發現，作業特性（例如：複雜度、型態、技術、工作規模等）是影響領導效能的重要變數；另一些研究則認為，領導者的上司類型、團體的規範、控制的幅度、外界的威脅與壓力、時間的要求和組織氣氛等，才是重要的影響變數。

以下我們說明領導的六種情境模式：

1.專制—民主連續向度模式（autocratic-democratic continuum model）。

2.費得勒情境模式（Fiedler's situational model）。

3.赫西—布蘭查德情境領導論（Hersey-Blanchard situational leadership model）。

企業管理

4.領導者—成員交換理論（leader-member exchange theory, LMX）。

5.路徑—目標理論（path-goal theory）。

6.領導者參與模式（leader-participation model）。

一、專制—民主連續向度模式

專制—民主連續向度模式將專制和民主行為視為二個極端。但事實上，它們只是一個連續帶上許多位置中的二點（圖8-2）。（註⑥）

圖8-2　領導—行為連續向度

在其中一個極端的情況下，領導者做決策，告知他的部屬，並希望他們落實這個決策；在另一個極端的情況下，領導者完全和他的部屬分享決策的權力。這二個極端之間還有許多領導類型，要選擇哪一種類型，則視領導者的權力、統御團體的方法等情境因素。雖然此模式代表一種情境理論，但在研究其他情境因素後，我們可以發現這只是一種較單純的理論。

在此模式下，決策時領導者使用權威的程度和部屬擁有的自由度，呈現一定的關係。此一連續向度的模式，可視為一種零和賽局（zero-sum game）；一方所得到的，是另一方所失去的，反之亦然。但是大部分用此種模式的研究，只強調極端的二個位置而已。

學者在評論11篇個別研究後，發現其中7篇顯示出參與式的領導對產量有正面效果。一般而言，我們發現參與式領導比非參與式領導會導致部屬更大的滿足。但是在有關生產力方面，我們就比較難下結論了。

有些研究發現，參與式團體生產力較高，有些研究則發現，非參與式的團體較有效率；另有一小部分的研究則認為，專制式管理的工作團體和民主式的工作團體之間，在生產力上沒有明顯的差別。

二、費得勒情境模式

　　權變模式認為，最適當的領導是領導者個性與情境因素的互動關係所造成的。這個觀點濫觴於費得勒。他認為特殊的個性變數在決定領導者的績效中，扮演著一個關鍵性的角色。他並發展出「最不受歡迎的同事」（least preferred coworker）量表，來衡量這個激勵的導向（motivational orientation）。他利用這個量表，詢問各個受測試的主管就他們與人共事的經驗中，勾勒出具有哪些特性的同事，是他們（也就是這些受測試的主管）最不願共事的。（註⑦）這個量表的每個向度均由極端的形容詞所組成，列之如下：

愉快的	——	不愉快的
友善的	——	敵意的
拒人於千里之外的	——	容納別人的
緊張的	——	輕鬆的
疏遠的	——	親近的
冷漠的	——	溫暖的
支持性的	——	具有敵意的
沉悶的	——	有趣的
好爭辯的	——	隨和的
陰鬱的	——	開朗的
開放的	——	警戒的
倒戈的	——	忠誠的
不值得信賴的	——	值得信賴的
體貼的	——	不體貼的
不爽快的	——	爽快的
典雅的	——	不典雅的
沒有誠意的	——	有誠意的

　　將這些量表給予適當的點數之後，研究者可設定高點數，表示對「不受歡迎的同事」的評斷採取比較寬容的態度，也就是說，具有高點數的受測試主管是「關係導向」（relationship oriented）；這些主管會透過良好的人際關係來完成某種任務。相反地，低LPC評點表示受測試主管是「任務導向」（task oriented）；他們會藉著明確而標準化的工作程序、大公無私的胸襟去完成某件任務。因此，「高LPC評點」的領導者認為，良好的人際關係是完成某件任務的先決條件。而「低LPC評

企業管理

點」的主管則認為任務第一，人際關係倒在其次。

費得勒模式的第二個關鍵因素就是「情境有利性」（situational favorableness），也就是領導者在某種情境之下，所具有的控制力及影響力。「情境有利性」是用三個不同的指標來加以衡量——領導者與部屬之間關係的品質、任務結構化程度，以及領導者所具有的職權。如果某領導者得到部屬的支持；同時也知道應該做什麼、如何做；他們也具有對部屬施予獎懲的工具的話，那麼這樣的領導者就比較具有控制力及影響力（也就是說，其「情境有利性」較高）。詳言之：

1.**領導者和部屬的關係**：部屬對領導者信任、有信心、尊敬的程度。

2.**工作結構**：工作派任程序化的程度。

3.**職位權力**：領導者在權力上的變項，例如：遴選、解僱、訓練、升遷、調薪等影響力的大小。

那麼「情境有利性」與「領導者的LPC評點」之間到底有什麼關係？具有高、低LPC評點的領導者，在什麼狀況之下表現最好？費得勒經過廣泛研究之後，獲得了一致性的結論：在情況極有利或極不利的情況之下，以任務為導向（也就是「低LPC評點」）的領導者最為有效。另一方面，對領導者而言，是中度有利或不利的情況之下，以人際關係為導向的領導者最為有效，這種情形可以從圖8-3清楚得知。

費得勒模式能夠使我們預測，在一個特定的工作上，哪一類型的領導者會最有績效，同時也建議如何改變情境因素，以配合領導者的人格特質。但是，這個模式並沒有告訴我們，如何改變領導者的人格特質以適應環境。再者，工作情況也不是一成不變的，而這些改變通常都不是領導者所能控制的。

在某一個情況之下，能夠發揮領導效能的主管，在一個新的情況之下，能夠繼續發揮這種效能嗎？如果他的領導行為不做某些修正，我們很懷疑領導效能會增進多少。「江山易改，本性難移」，任何一個領導者的「激勵變數」（例如：偏好建立人際關係、或是處處以任務為重）會具有穩定性、持久性。我們認為，領導者具有彈性領導風格的情形是不太可能的；我們訓練一個領導者，使他們調整其人格特質，以適應環境的可能性極為渺茫。

費得勒深知領導者的風格不易改變，因此共同發展了一個稱為「領導者配合」的訓練課程，此課程著重於訓練領導者如何做情況診斷，並且如何改變這些情況來配合領導者的風格。訓練課程共費時3到4小時，內容包括個案研討，受訓者要回答有關個案的各種問題，在答正確之後，再進行下一個個案。在進行個案討論之前，使受訓者先了解費得勒情境理論的精義，然後再填寫LPC量表來決定他們所

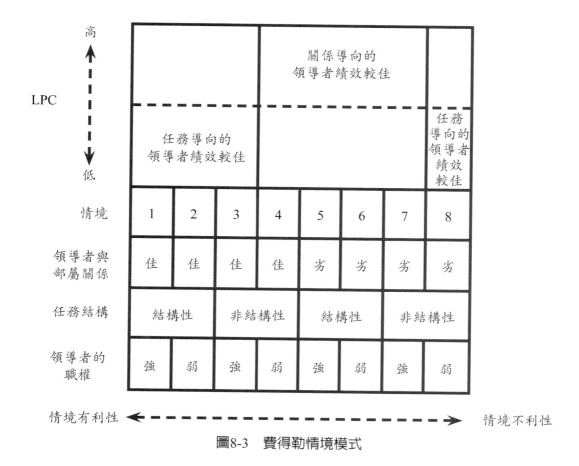

圖8-3　費得勒情境模式

偏好的領導風格（這些「風格」就是他們必須塑造，而且配合他們所面臨情況的特質）。準此，費得勒認為，操縱情況因素來配合領導風格，似乎比改變風格來配合情況簡單得多。

　　綜合言之，我們該如何應用費得勒的模式呢？我們可從領導者型態和情境的配合中尋得。個人的LPC分數可以決定他們最適當的情境，而這情境是由領導者和部屬之間的關係、工作結構、職位權力所構成的，但我們要記得費德勒的觀點——每個人的領導型態是固定的。此外，有二種方法可以增加領導效能：一是使領導者配合情境，例如：在一個滿足度不高的組織中，工作取向的領導者會使績效增加；另一個方法是改變情境，配合領導者，情境的配合可由工作結構和職位權力的增減達成。假設一個工作取向的領導者在4的情況下，若他能增加職位權力，則這位領導者將會創造出3的情境，讓績效增加。

認知資源論——費得勒情境模式的最新補充資料

近年來，費得勒與其同事賈西亞（Joe Garcia）共同致力研究如何處理先前模式中的一些重大疏忽，以使其模式具有更完整的觀念性架構。（註⑧）他們企圖解釋領導者獲得良好團體績效的過程，此過程稱為認知資源論（cognitive-resource theory）。

認知資源論有二個前提假設：

1.有智慧、有才幹的領導者比欠缺智慧、才幹的領導者更能明確地陳述許多有效的計畫、決策及行動策略；

2.領導者可經由指導式行為（directive behavior）向部屬傳達他們的計畫、決策和策略。

在此，費得勒與賈西亞顯示了壓力與認知資源（如經驗、年資、智慧）對領導者績效的重要影響。

此新理論的本質可以濃縮成三個預測結果：

1.只有在支持性、沒有壓力的領導環境裡，指導式行為如能與高智慧連結，才會產生良好績效；

2.在高度壓力的情境中，工作經驗與工作績效呈正相關；

3.在領導者感覺沒有壓力的情境下，領導者的智慧能力與團體績效有關。

三、赫西—布蘭查德情境領導論

在領導理論中，赫西和布蘭查德的情境領導論是最普遍被實行的一種理論；（註⑨）而它也已被用為訓練的計畫，例如：美國的五百家銀行、開拓農機（Caterpillar）、IBM及全錄（Xerox）等公司均已採用，同時軍事、政府機構亦廣為接受。

此二人的情境領導論，是將管理重心放在追隨者身上。成功的領導者應隨著部屬成熟度的增加，來選擇正確的領導風格。

根據赫西和布蘭查德的定義，「成熟度」指的是人們為自己行為負責的能力及意願。它的組成包括工作及心理二方面；工作上的成熟度所強調的是個人知識與技能，如果個體在工作上表現高度的成熟，則他會有足夠的知識、能力及經驗去執行該工作職務，而不需其他人的指示；心理的成熟則與做某事的動機有關。同樣地，表現高度心理成熟的個體，並不需要太多的外在鼓勵，因為他們的動機是發自內心。部屬的成熟度可分為四個階段：

1.R_1：代表低度成熟度。個體既無能力又無意願對工作負責，他（她）既無法勝任又缺乏信心。

2.R_2：代表低度至中度的成熟度。個體雖然能力不足，但有意願從事必要的工作任務。他（她）需要被鼓勵，但現階段缺乏適當的技能。

3.R_3：代表中度到高度的成熟度。個體有能力但缺乏意願從事領導者要求的任務。

4.R_4：代表高度成熟度。個體既有能力又有意願從事工作任務。

這個情境論使用了工作導向及關係導向二個向度。赫西和布蘭查德更進一步地結合兩者的高低程度，而發展出四種領導模式：告知（S_1, telling）、推銷（S_2, selling）、參與（S_3, participating）、授權（S_4, delegating）。茲將此四種領導模式分述如下：

1.S_1：告知（高度工作導向、低度關係導向）。領導者定義角色並告訴部屬如何、何時、何地去做不同的任務。它所強調的是指導式的行為。

2.S_2：推銷（高度工作導向、高度關係導向）。領導者提供指導式及支援式行為。

3.S_3：參與（高度關係導向、低度工作導向）。領導者與部屬分享決策，而領導者主要扮演的是溝通與連繫的角色。

4.S_4：授權（低度關係導向、低度工作導向）。領導者提供極少的指導及支援。

圖8-4為整合式的情境領導模式。由此圖可以看出，當被領導者成熟度逐漸提升時，領導者的控制行為會持續減少，甚至關係行為也逐漸減少。

在R_1階段，被領導者需要明確且特別的指引；在R_2階段，對被領導者的指導及關懷都需要。指導（高工作行為）是為了彌補部屬能力上的不足；關懷（高關係行為）則是企圖收買人心；到了R_3階段時，激勵成為核心問題，支持性而非指導性的參與式風格最能解決問題；最後的R_4階段，領導者不需要做太多的事情，因為被領導者已有能力，也有意願負擔工作責任。

我們可以約略看出，此模式的領導風格和管理格矩中的四個極端型領導作風十分相似。告知式相當於（9,1）型的領導者；推銷式相當於（9,9）型的領導者；參與式相當於（1,9）型的領導者；而授權式相當於（1,1）型的領導者。但是赫西與布蘭查德卻不這麼認為。他們辯稱管理格矩所強調的是關心生產和員工，這二個向度是屬於態度面的問題。相反地，情境領導則是強調領導者工作和關係的行為層面。

我們認為，雖然赫西與布蘭查德這二位學者有如此的主張，但這二個模式實際上是大同小異的。我們可以在管理格矩的架構中，反映出被領導者的四階段成熟度，因而提升對情境領導理論的了解。

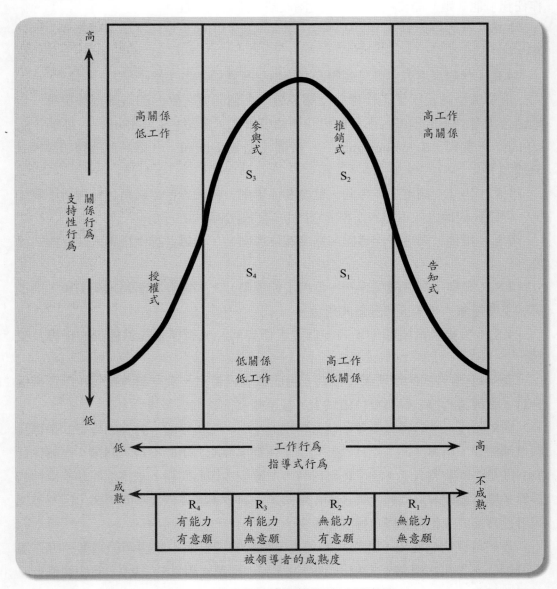

圖8-4　赫西與布蘭查德的情境領導論

四、領導者─成員交換理論

到目前為止，我們所討論的領導理論都假設領導者都是一視同仁的對待部屬。但是以你在團體中的經驗，你是否曾注意到領導者常會對不同的部屬表現出不同的行為？領導者是否較偏愛其「圈內」的部屬？如果你的回答是「是」，那麼就表示你會同意格林（George Graen）及其同事所觀察到的領導者─成員交換理論（leader-member exchange theory, LMX）。

領導者─成員交換理論認為，由於某種原因及因素，領導者會和部屬中的某一個小團體建立特別的關係。這些人所組成的內團體（in-group）或稱為「小圈圈」，會受到領導者的信任、關注，並且擁有不少的特權。而那些落在外團體（out-group）的部屬，則分享較少的領導者時間（領導者在他們身上花的時間較少）、領導者可控制的報酬較少，而他們和領導者的互動關係則建立在正式的權威上，如圖8-5所示。

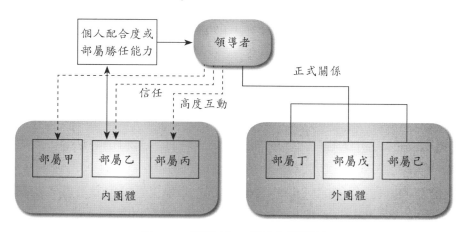

圖8-5 領導者─成員交換理論

領導者─成員交換理論也認為，在領導者與部屬之間互動的早期，領導者就會將部屬歸類為內群體（「自己人」）或外群體（「外人」），而這種關係通常會具有相當的穩定性。（註⑩）雖然領導者如何挑選內團體成員的過程仍不清楚，但有研究證據顯示，領導者會依部屬的某種特質（例如：年齡、性別、態度、外向性格）來挑選，或是比外團體成員更具勝任能力而加以挑選。（註⑪）領導者─成員交換理論預測，屬於內團體的部屬會有較高的績效表現、較少的離職率，並且對其上司有較大的滿意度。

領導者—成員交換理論同樣獲得許多研究者的支持。值得注意的是，實證研究顯示，領導者對待部屬有差別待遇，而此差別待遇是早有盤算的（並不是隨機產生的）。因此，隸屬於內團體或外團體，將會影響員工的工作績效及工作滿足感。（註⑫）

五、路徑—目標理論

路徑—目標理論（path-goal theory）是相當受到重視的領導理論，它是由豪斯（Robert House）所提出的。（註⑬）此理論是一種領導權變模式，它的主要成分是取自俄亥俄州立大學領導研究中的制度與體恤，並結合了動機期望理論。

此理論的中心議題是，領導者的主要工作是幫助其部屬達成他們的目標，及提供必要的指導及支援，以確保他們的目標可以配合團體或組織的目標。「路徑—目標」一詞意味著，具有效能的領導者應該幫助部屬澄清可以達成目標的途徑，並減少途徑中的障礙與危險，以使得部屬能夠順利完成目標。

根據路徑—目標理論，如果領導者的行為是可以被接受的，那麼該行為必然會影響部屬的立即滿足感或未來滿足感。領導者的行為如果有激勵性，就必須：(1)使部屬的需求滿足全憑其績效而定；(2)提供有助於提高績效的訓練、指導、支持和獎賞。為了檢視以上陳述，豪斯確認了四種領導行為：

1.指導式領導者（directive leader）：這類的領導者會讓部屬知道上司對他的期望，以及完成工作的程序，並對如何完成工作任務有特別的指導。此與俄亥俄州立大學領導研究中的制度向度雷同。

2.支持性領導者（supportive leader）：這類領導者十分友善，並對部屬的需求表示關心。此與俄亥俄州立大學領導研究中的體恤向度雷同。

3.參與式領導者（participative leader）：這類的領導者在做決策前，會諮詢部屬的意見並接受其建議。

4.成就取向領導者（achievement-oriented leader）：這類領導者會設定挑戰性目標，期望部屬發揮最大的潛能。

與費得勒領導者行為的觀點相較，豪斯是假設領導者具有彈性，兩者顯然不同。路徑—目標理論隱含著領導者會視情境不同，而有上述各種不同的領導行為。

如圖8-6所示，路徑—目標理論有二組情境變數（或稱權變變數）來調解領導行為與結果的關係。一是部屬控制範圍以外的環境因素（包括工作結構、正式職權系統、工作團體）；另一為部屬的個人特性（包括內外控個性、經驗、領悟力）。

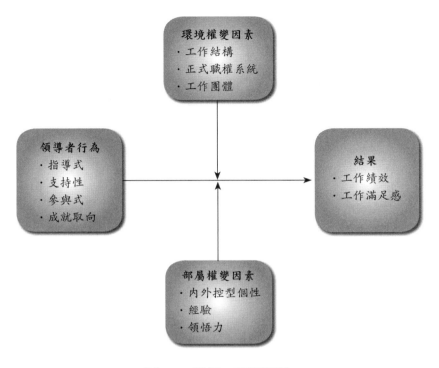

圖8-6　路徑─目標理論

如果部屬要獲得最大的結果（包括工作績效、工作滿足感），環境因素決定了哪類的領導行為最具輔助效果。而部屬的個人特性，則決定了環境與領導行為應如何相互配合。所以，如果外在環境因素不健全，或者領導者與部屬的個人特性不相符，那麼領導者的行為將會沒有效能。

　　以下是根據路徑─目標理論導出的假設：

　　1.當工作不明確，缺乏結構化或深具壓力時，指導式領導可以使得部屬有較大的工作滿足感。

　　2.當部屬所執行的是結構化的任務時，支持性領導可以導致部屬有較高的工作績效與工作滿足感。

　　3.正式職權關係愈清楚、愈僵化，則領導者應該表現出較多的支持性行為，並減少指導式行為。

　　4.當工作團體內部存在衝突時，指導式領導將可以導致較高的工作滿足感。

　　5.部屬若屬於內控型個性的人（也就是相信自己可以掌控命運，成敗皆因自己所造成），那麼用參與式領導會讓他有更高的滿足感；部屬若屬於外控型個性的人（也就是相信自己是受命運所掌控，成敗皆因環境所造成），那麼較適合用指導式

領導；

6.當工作結構模糊不清，但透過努力還是可以獲得高績效時，成就取向的領導者將能提高部屬的期望。

以上假設普遍地受到研究的支持。研究證據都支持這個理論邏輯：當領導者願意補償員工或工作情境中所缺少的東西時，會對員工的工作績效與工作滿足感有正面影響。如當工作任務已經相當清楚，或是員工也有足夠經驗、領悟力、能力來執行其任務時，若領導者還花費時間去解說或給予指導，則不僅會造成無效的領導，而且還會讓員工覺得受到侮辱。

路徑—目標理論的遠景如何？該理論架構已經做過測試，並獲得高度的研究支持。無論如何，我們希望看到更多的研究投入，加入其他有效的中介變項，以擴充此理論的解釋範圍。

六、領導者參與模式

在「領導是受領導風格及情境因素所影響」這方面，做過廣泛研究的人首推心理學家及管理教育學家佛榮（V. Vroom）。佛榮及其同事葉頓（P. Yetten, 1973）以決策過程做為有效領導的關鍵性因素，並企圖發掘在什麼情況之下，不同的領導風格最能發揮效果。（註⑭）決策過程是一個社會化的過程，因為領導者很少是關起門來自己做決策的——他需要別人提供資訊。1988年，佛榮和耶果（A. G. Jago）將先前的研究略加修改，提出了更新的理論。2000年，佛榮和耶果又做了新的修正。（註⑮）

（一）決策效能

決策效能（decision effectiveness）會受到三個因素所影響：決策品質（decision quality）、決策接受（decision acceptance），以及決策時間壓力（decision time penalty，penalty在英文中有處罰、障礙的意思）。

1.決策品質：指在處理某件事情（或情況）時所使用的方法是否正確，進而能否達到預期結果的程度。

2.決策接受：指決策能夠產生承諾（commitment）的程度。承諾是指接納、支持與促使其實現的努力。如果決策能與員工的價值觀、偏好一致，則員工比較會對於這個決策產生承諾，也就是會接納、支持及實現這個決策；反之，員工認為對他們有害的決策，如解僱、降級、減薪等，是不會產生承諾的。

3.決策的時間壓力：指決策的緊迫性。航管人員、緊急救難小組、核能廠操作人員在遇到緊急事件時，所做的決策（或決定如何處理）是相當緊迫的。緊迫的決策往往會掛一漏萬。

從以上的說明，我們可以了解：

$$決策效能 = 決策品質 + 決策接受 - 決策的時間壓力$$

(二)整體效能

整體效能（overall effectiveness）不僅受到決策效能的影響，也會受到時間成本及員工發展效益所影響：

$$整體效能 = 決策效能 - 成本 + 員工發展$$

由於諮商式及參與式的領導會花費許多時間與精力，因此會產生負效果。佛榮和耶果將這些負效果稱為人力資金成本（human capital cost）。我們應知道，時間是相當寶貴的資源，而它的真實成本要看它如何被使用而定。

諮商式及參與式的領導也有正面效應：(1)可以幫助培養員工的技術及管理技能；(2)促進團隊合作；(3)加強員工對組織目標的忠誠及承諾。

(三)領導風格

佛榮和耶果把重點放在「領導者在做決策時，讓部屬參與的程度」，發展出五種領導風格或者做決策的策略；從參與程度最低的「個人決定」，到參與度最高的「授權」。這五種策略是：

1.個人決定（decide）：你（領導者）自己解決問題、自己做決策，並善用從群體、他人獲得的相關資訊。然後你會逕自發布結果，或者「推銷」給他人。

2.個別諮詢（consult individually）：你對團體成員分別提出問題，在聽取他們的建議之後做決定。

3.群體諮詢（consult group）：在會議中，你向團體成員提出問題，在聽取他們的建議之後做決定。

4.促成（facilitate）：在會議中，你向團體成員提出問題，你所扮演的是促成者（facilatiator）角色，也就是對於所要解決的問題加以界定，並說明決策的限制。你的目標是達成成員間的共識。你要確信，不要因為你的職位，而讓你的意見

企業管理

受到格外重視。

5.**授權**（delegate）：在先前約定的範圍內，你允許團體做最後決定。群體成員會診斷及分析問題，發展並選擇可行方案。除非被公開要求，否則在團體決策中不要做任何干預。你是扮演幕後角色，提供必要的資源與鼓勵。

(四)問題診斷

佛榮和耶果進而提出了七個問題，使管理者在任何情況下據以作答。每個問題均須以「高」或「低」來作答，這些「高」或「低」就能在他們所發展的決策模型中引導出各種路徑。對這七個問題不同的「高」或「低」的組合，決定了最適的決策過程（也就是上述的五種領導風格）。這七個問題是：

1.**決策重要性**（decision significance）：要解決的問題對組織或專案的重要性是否很高？如果要解決的問題對組織或專案的重要性很高，領導者就必須積極地參與。

2.**承諾重要性**（importance of commitment）：要落實這項決策，部屬對於這個決策的承諾支持是否重要？如果在落實決策的過程中，部屬的高度承諾非常重要，領導者就要將部屬納入決策過程中。

3.**領導者技能**（leader expertise）：對於要解決的問題，領導者的技能如何？如果領導者沒有足夠的資訊、知識及技術，領導者就要透過部屬的協助。

4.**承諾可能性**（likelihood of commitment）：如果領導者必須單獨做決策，部屬對此決策的承諾是高還是低？如果不論管理者如何做決策，部屬通常配合，則決策過程中的部屬參與便顯得相對不重要。

5.**對目標的團體支援**（group support for goals）：部屬對於工作團隊或組織目標的支援情況如何？如果部屬對組織目標的支援程度低，則領導者不應讓團體逕自做決策。

6.**團體技能**（group expertise）：對於要解決的問題，團體成員的知識、技能如何？如果部屬具備足夠的知識及技術，領導者就要充分授權。

7.**團隊能力**（team competence）：團體成員是否有能力及承諾形成工作團隊來解決問題？如果有，領導者要授權給他們。

佛榮和耶果所建立的模式，能使領導者了解在遇到決策問題時，所應採取的最佳「做決策」的策略或是領導風格。在企圖解決某特定問題時，管理者應先回答上述七個問題，然後再依據對「問題診斷」所做的回答（「高」或「低」），依序在決策模式中對應出應循的路線，如表8-2所示。

表8-2　決策模式

左側整欄標示：問題陳述

決策重要性	承諾重要性	領導者技能	承諾可能性	對目標的團體支援	團體技能	團隊能力	
H	H	H	H	-	-	-	個人決定
H	H	H	L	H	H	H	授權
H	H	H	L	H	H	L	
H	H	H	L	H	L	-	群體諮詢
H	H	H	L	L	-	-	
H	H	L	H	H	H	H	促成
H	H	L	H	H	H	L	
H	H	L	H	H	L	-	個別諮詢
H	H	L	H	L	-	-	
H	H	L	L	H	H	H	促成
H	H	L	L	H	H	L	
H	H	L	L	H	L	-	群體諮詢
H	H	L	L	L	-	-	
H	L	H	-	-	-	-	個人決定
H	L	L	-	H	H	H	促成
H	L	L	-	H	H	L	
H	L	L	-	H	L	-	個別諮詢
H	L	L	-	L	-	-	
L	H	-	H	-	-	-	個人決定
L	H	-	L	-	-	H	授權
L	H	-	L	-	-	L	促成
L	L	-	-	-	-	-	個人決定

第四節　領導近年來的趨勢

本節將討論四個近年來有關領導的研究趨勢，分別是：

1. 領導的歸因理論（attribution theory of leadership）。
2. 魅力領導理論（charismatic leadership theory）。
3. 處理型領導與變換型領導（transactional vs. transformational leadership）。
4. 高瞻遠矚領導（visionary leadership）。

　　這些研究的主題幾乎都不再強調複雜的理論，所以它們所討論的領導頗能符合實務界的觀點。

一、領導的歸因理論

　　歸因理論是處理人們試圖將因果關係加以合理化的理論。例如：當某事發生時，人們總要將之歸因於某種原因。在領導理論的範疇中，歸因理論認為領導只不過是人們對領導者所作的一種歸因罷了。（註⑯）利用歸因的架構，研究人員發現：人們總愛將領導者描述為「擁有聰明及外向的個性、口若懸河、積極進取、理解力強以及勤勉奮發等特質」。（註⑰）同樣地，高制度—高體恤的領導風格往往被視為是最好的。

　　在組織中，歸因架構說明了在某些狀況之下，人們喜愛用領導來解釋組織的結果（不論成功或失敗）。當一個組織不是有極端負面的績效，就是有極端正面的績效時，人們才會傾向於以領導歸因來解釋這個現象。一些高階管理者在公司遭遇到重大財務危機時，總是會被無情的批評（將公司的運作不良歸因於他的領導無方），雖然他的領導和公司的經營未必有所關連。相同地，領導歸因也說明，為什麼這些高階管理者往往也會因為公司財務狀況極佳而獲得讚譽，雖然他的領導與公司的財務狀況並無太大的關連。

二、魅力領導理論

　　魅力領導理論是歸因理論的擴充。此理論是指跟隨者（被領導者）在看到特定的行為時，會將之歸因為英雄式的領導或非凡的領導。大部分有關魅力領導的研究，是為了鑑別哪些行為可以區分出何者為有魅力的領導者，何者為缺乏魅力的領導者。

　　豪斯（Robert House, 1977）的研究中發現，魅力型領導者有三個主要的個人特徵：極度的自信、具有支配性，以及對自己的信念堅定不移。（註⑱）班尼斯（Warren Bennis, 1984）在研究美國90位最有效能、最有成就的領導者之後，發現魅力領導者有四個共同的能力：

　　1.他們對目標有願景及理想。

　　2.他們能夠清楚地與部屬溝通這個理想，並使得部屬很快認同。

　　3.他們對其理想有一致且專注的追求。

　　4.他們知道自己的長處，並適當地加以發揮。（註⑲）

最近所做的廣泛分析，是由加拿大麥及爾大學（McGill Univ.）的康格（Conger and Kanungo, 1988）等人所完成的。他們主張魅力型領導者具有以下特色：

1.有一個急欲達成的理想目標。

2.本身對此目標有強烈的承諾。

3.揚棄傳統、果斷自信。

4.是激進的改革者，而不是固守傳統的人。（註⑳）

那麼，魅力型的領導者對其跟隨者的影響又是如何？愈來愈多的研究證據顯示，魅力型的領導者與高績效水準、跟隨者滿意度之間，具有顯著的相關性。在魅力型的領導者之下工作的人們，通常會被激發付出更多的努力，而且因為他們喜歡其領導，所以會有更多的工作滿足感。

值得注意的是，要達到高水準的員工績效，並不一定需要魅力型的領導，除非跟隨者的任務含有意識形態的成分。這或許可以解釋，為什麼魅力型的領導者的出現，很可能是在政治動盪、宗教紛爭、戰爭期間，或在廠商引進革命性的新產品或面臨倒閉危機時。事實上，一旦戲劇性改革的需要減緩時，魅力型的領導者反而可能成為組織的負債，因為魅力型的領導者那種絕對的自信，經常會成為一種反效果。他們不能主動地傾聽他人的意見，當受到具有侵略性的部屬挑戰時，便會暴跳如雷，仍然我行我素地堅持自己的「正義」。

三、處理型領導與變換型領導

處理型領導者與變換型領導者的主要差別，在於變換型領導者比較具有領袖魅力。本章大多數的領導理論，如俄亥俄州的研究、費得勒的模式、路徑—目標理論、領導者參與模式等，都是著重在處理型領導者上。處理型領導者會藉由角色的澄清和工作上的要求來建立目標方向，並藉此引導或激勵其跟隨者。而變換型領導者則會鼓勵跟隨者將組織的利益置於個人私利之上，而且對跟隨者會有深厚的、特別的影響。例如：奇異公司的總經理威爾許（Jack Welch）就是典型的變換型領導者。他會注意個別跟隨者所關心的事物及其需求的變化；他會幫助跟隨者以新的角度來看舊的問題，以改變他們對問題的意識；他會刺激、喚起，以及激勵跟隨者盡更大的努力，以達成團體的目標。

然而，處理型領導並不是與變換型領導相互對立的。變換型領導是建立在處理型領導之上的，其所造成的部屬努力及績效水準，遠超過僅用處理型領導所產生

的。此外，變換型領導者不只是有領導魅力，他還會企圖教導跟隨者有能力質問自己的觀點，甚至質問領導者所建立的觀點。

總之，相當的研究證據指出，和處理型領導相較，變換型領導會有較低的員工離職率、較高的員工生產力及較高的員工滿足感。

四、高瞻遠矚領導

高瞻遠矚的領導者能夠替組織及組織內的各單位，創造出一個實際的、值得信賴的、有吸引力的遠景。（註㉑）如果適當地將這個遠景加以落實，組織就可以整合各種技術、人才及資源，眾志成城的達成組織目標。

願景（vision）不同於方向設定（direction setting）。願景是對未來的一種期許、一種想像，它提供了改善現狀的創新方法；它充分地了解到傳統的價值，並奠基於優良的傳統美德，進行必要的組織改變；它可以激發人們的熱心及承諾；它是結合員工以達成目標的混凝土；它是使組織克服萬難、迎向未來的動力。

21世紀的組織如果缺乏高瞻遠矚的領導必然無法生存。尤其是在技術急遽改變、人才的文化背景歧異、面臨全球競爭、顧客的需求多變、各利益團體壓力不斷的環境下，沒有高瞻遠矚的領導的組織，必然會被競爭的潮流所淹沒。

一項對1,500位高階管理者（其中870位來自20個不同的國家）所做的調查顯示，「強烈的願景觀」（strong sense of vision）是他們認為在西元2000年時，組織的主管最需要的領導特質。（註㉒）

「願景」到底是什麼？說起來簡單，但實際建立並不容易。以下是若干實例：「要成為財務服務界唯一的軟體供應者」、「成為美國的領導性華裔美人公關公司」、「成為北美最能聽到顧客聲音的汽車內部設計者」。

願景一旦描繪出來之後，高階管理者必須要能夠將此願景解釋給他人了解，因此，他需要相當有效的口頭及文字溝通技術。然後，他必須身體力行。最後，他必須確信每個部門、每個人都覺得這個願景值得努力去實現。

重要名詞

特質論

認為「有效領導者應具有某種特質」的看法，例如：認為領導者必須膽識過人、精力充沛、目光遠大、體恤部屬等，林林總總，不一而足。我們很容易將具有這些特質的人與不具有這些特質的人（稱為「跟隨者」）分開，我們常聽一般人說，世界上的人可分二類，即領導者與跟隨者。聽多了之後，我們自然會接受這個事實：領導者確實具有某些特性。事實上，假如我們能夠確認出有效領導者的特質，就不難設計出一個遴選領導者的有效方法。然後就可以用這個測驗，來遴選具有領導潛力的人，或是做為晉升的依據。

體恤項目

體恤項目包括：友善而容易親近、一視同仁、改變前，預先通知、關心團體成員的福祉。

制度項目

制度項目包括：讓團體成員了解他們被期待的是什麼、鼓勵團體成員使用標準化的程序、決定應該完成的工作及完成工作的方法、指派特定的工作給團體成員去執行、安排工作完成的時程。

員工導向

員工導向（employee-oriented）的領導者，較注重人際間的關係，了解每個部屬的個別需求，並且接受成員間的個別差異。

生產導向

生產導向的管理者主要關心的是達成團體目標，而團體成員只是達成目標的手段而已。

管理格矩

管理格矩（managerial grid，又稱管理格道）是布來克（R. R. Blake）及莫頓（J. S. Mouton）所提出的一套極有系統的組織發展方案。其目的是把組織帶到一個「組織卓越」（organizational excellence）的理想情況；換句話說，組織不僅要達成目前的任務，而且還要發掘及培養創造新機會的能力。他們認為：「組織的所有人員學到了管理格矩的精義之後，他們就可用來改善人員遴選、訓練及發展的績效；鼓勵參與及投入（involvement）；訂立目標、解決衝突等」。

任務管理者

（9,1）型——任務管理者（production pusher）。其藉著工作環境的安排，來獲得作業的效率，使人為的干預減到最低程度。

鄉村俱樂部式管理者

（1,9）型——鄉村俱樂部式管理者（country club manager）。關切員工的需求，建立良好的人際關係，以及令人舒適而友善的組織環境。

無為管理者

（1,1）型——無為管理者（do-nothing manager）。以最少的努力來完成工作，是留住組織成員最適宜的方法。管理者的主要責任是保持中立，只要依照標準作業程序做事即可。

組織人

（5,5）型——組織人（organization man）。在「完成工作」與「保持員工士氣」之間取得平衡，就可以獲得適當的組織績效。

團隊管理者

（9,9）型——團隊管理者（team builder）。生產力來自於任務與人際關係的整合。工作的順利完成，取決於人們的奉獻，以及對組織目標的「共融性」。

專制—民主連續向度模式

專制—民主連續向度模式將專制和民主行為視為二個極端。但事實上，它們只是一個連續帶上許多位置中的二點。

在此模式下，決策時領導者使用權威的程度和部屬擁有的自由度，呈現一定的關係。此一連續向度的模式，可視為一種零和賽局（zero-sum game）；一方所得到的，是另一方所失去的，反之亦然。但是大部分用此種模式的研究，只強調極端的二個位置而已。

費得勒情境模式

費得勒認為，最適當的領導是領導者個性與情境因素的互動關係所造成的。特殊的個性變數在決定領導者的績效中，扮演著一個關鍵性的角色。

他並發展出「最不受歡迎的同事」（least preferred coworker）量表，來衡量這個激勵的導向（motivational orientation）。他利用這個量表，詢問各個受測試的主管就他們與人共事的經驗中，勾勒出具有哪些特性的同事，是他們（也就是這些受測試的主管）最不願共事的。

將這些量表給予適當的點數之後，研究者可設定高點數，表示對「不受歡迎的同事」的評斷採取比較寬容的態度，也就是說，具有高點數的受測試主管是「關係導向」（relationship oriented）；這些主管會透過良好的人際關係來完成某種任務。相反地，低的LPC評點表示受測試主管是「任務導向」（task oriented）；他們會藉著明確而標準化的工作程序、大公無私的胸襟去完成某件任務。因此，「高LPC評點」的領導者認為，良好的人際關係是完成某件任務的先決條件。而「低LPC評點」的主管則認為任務第一，人際關係倒在其次。

費得勒模式的第二個關鍵因素就是「情境有利性」（situational favorableness），也就是領導者在某種情境之下，所具有的控制力及影響力。

那麼「情境有利性」與「領導者的LPC評點」之間到底有什麼關係？具有高、低LPC評點的領導者，在什麼狀況之下，表現最好？費得勒經過廣泛研究之後，獲得了一致性的結論：在情況極有利或極不利的情況之下，以任務為導向（也就是「低LPC評點」）的領導者最為有效。另一方面，對領導者而言，是中度有利或不利的情況之下，以人際關係為導向的領導者最為有效。

赫西─布蘭查德情境領導論

在領導理論中，赫西和布蘭查德的情境領導論是被實行得最普遍的一種理論。

此二人的情境領導論，是將管理重心放在追隨者身上。成功的領導者應隨著部屬成熟度的增加，來選擇正確的領導風格。

根據赫西和布蘭查德的定義，「成熟度」指的是人們為自己行為負責的能力及意願。它的組成包括工作及心理二方面；工作上的成熟度所強調的是個人知識與技能，如果個體在工作上表現高度的成熟，則他會有足夠的知識、能力及經驗去執行該工作職務，而不需其他人的指示；心理的成熟則與做某事的動機有關。同樣地，表現高度心理成熟的個體，並不需要太多的外在鼓勵，因為他們的動機已發自內心。部屬的成熟度可分為四個階段：R_1、R_2、R_3、R_4。

這個情境論使用了工作導向及關係導向這二個向度。赫西和布蘭查德更進一步地結合兩者的高低程度，而發展出四種領導模式：告知（S_1, telling）、推銷（S_2, selling）、參與（S_3, participating）、授權（S_4, delegating）。

當被領導者成熟度逐漸提升時，領導者的控制行為會持續減少，甚至關係行為也逐漸減少。

領導者─成員交換理論

格林（George Graen）及其同事所觀察到的領導者─成員交換理論（leader-member exchange theory, LMX），說明了領導者會偏愛其「圈內」的部屬。

領導者─成員交換理論認為，由於時間的壓力，領導者會和部屬中的某個小團體建立特別的關係。這些人所組成的內團體（in-group）或稱為「小圈圈」，會受到領導者的信任、關注，並且擁有不少的特權。而那些落在外團體（out-group）的部屬，則分享較少的領導者時間（領導者在他們身上花的時間較少）、較少領導者可控制的報酬，而他們和領導者的互動關係則建立在正式的權威上。

路徑─目標理論

路徑─目標理論（path-goal theory）是相當受到重視的領導理論，它是由豪斯（Robert

House）所提出的。此理論是一種領導權變模式，它的主要成分是取自俄亥俄州立大學領導研究中的制度與體恤，並結合了動機期望理論。

此理論的中心議題是，領導者的主要工作是幫助其部屬達成他們的目標，及提供必要的指導及支援，以確保他們的目標可以配合團體或組織的目標。「路徑—目標」一詞意味著，具有效能的領導者應該幫助部屬澄清可以達成目標的途徑，並減少途徑中的障礙與危險，以使得部屬能夠順利完成目標。

根據路徑—目標理論，如果領導者的行為是可以被接受的，那麼該行為必然會影響部屬們的立即滿足感或未來滿足感。領導者的行為如果有激勵性，就必須：(1)使部屬的需求滿足全憑其績效而定；(2)提供有助於提高績效的訓練、指導、支持和獎賞。為了檢視以上陳述，豪斯確認了四種領導行為：指導式領導者（directive leader）、支持性領導者（supportive leader）、參與式領導者（participative leader），以及成就取向領導者（achievement-oriented leader）。

路徑—目標理論有二組情境變數（或稱權變變數）來調解領導行為與結果的關係。一是部屬控制範圍以外的環境因素（包括工作結構、正式職權系統、工作團體）；另一為部屬的個人特性（包括內外控個性、經驗、領悟力）。如果部屬要獲得最大的結果（包括工作績效、工作滿足感），環境因素決定了哪類的領導行為最具輔助效果。而部屬的個人特性，則決定了環境與領導行為應如何相互配合。所以，如果外在環境因素不健全，或者領導者與部屬的個人特性不相符，那麼領導者的行為將會沒有效能。

決策效能

決策效能（decision effectiveness）會受到三個因素所影響：決策品質（decision quality）、決策接受（decision acceptance）以及決策時間壓力（decision time penalty，penalty在英文中有處罰、障礙的意思）。

決策效能＝決策品質＋決策接受－決策的時間壓力

整體效能

整體效能（overall effectiveness）不僅受到決策效能的影響，也會受到時間成本及員工發展效益所影響：

整體效能＝決策效能－成本＋員工發展

領導者參與模式

在「領導是受領導風格及情境因素所影響」這方面，做過廣泛研究的人首推心理學家及管理教育學家佛榮（V. Vroom）。佛榮及其同事葉頓（P. Yetten, 1973）以決策過程做為有效領導的關鍵性因素，並企圖發掘在什麼情況之下，不同的領導風格最能發揮效果。決策過程是一個社會化的過程，因為領導者很少是關起門來自己做決策的——他需要別人提供

資訊。1988年，佛榮和耶果（A. G. Jago）將先前的研究略加修改，提出了更新的理論。2000年，佛榮和耶果又提出修正模式。

佛榮和耶果把重點放在「領導者在做決策時，讓部屬參與的程度」，發展出五種做決策的策略，從參與程度最低的「完全不讓部屬參與」，到參與度最高的「與部屬充分協調合作」。

佛榮和耶果進而提出了七個問題，使管理者在任何情況之下據以作答。每個問題均須以「高」或「低」來作答，這些「高」或「低」就能在他們所發展的決策模式中引導出各種路徑。對這七個問題不同的「高」或「低」的組合，決定了最適的決策過程（也就是五種領導風格）。

領導的歸因理論

歸因理論是處理人們試圖將因果關係加以合理化的理論。例如：當某事發生時，人們總要將之歸因於某種原因。在領導理論的範疇中，歸因理論認為領導只不過是人們對領導者所作的一種歸因罷了。利用歸因的架構，研究人員發現：人們總愛將領導者描述為「擁有聰明及外向的個性、口若懸河、積極進取、理解力強以及勤勉奮發等特質」。同樣地，高制度—高體恤的領導風格往往被視為是最好的。

在組織中，歸因架構說明了在某些狀況之下，人們喜愛用領導來解釋組織的結果（不論成功或失敗）。當一個組織不是有極端負面的績效，就是有極端正面的績效時，人們才會傾向於以領導歸因來解釋這個現象。一些高階管理者在公司遭遇到重大的財務危機時，總是會被無情的批評（將公司的運作不良歸因於他的領導無方），雖然他的領導和公司的經營未必有所關連。相同地，領導歸因也說明，為什麼這些高階管理者往往也會因為公司財務狀況極佳而獲得讚譽，雖然他的領導與公司的財務狀況之間沒有多大關連性。

魅力領導理論

魅力領導理論是歸因理論的擴充。此理論是指跟隨者（被領導者）在看到特定的行為時，會將之歸因為英雄式的領導或非凡的領導。大部分有關魅力領導的研究，是為了鑑別哪些行為可以區分出何者為有魅力的領導者，何者為缺乏魅力的領導者。

豪斯（Robert House, 1977）的研究中發現，魅力型領導者有三個主要的個人特徵：極度的自信、具有支配性，以及對自己的信念堅定不移。班尼斯（Warren Bennis, 1984）在研究美國90位最有效能、最有成就的領導者之後，發現魅力領導者有四個共同的能力：(1)他們對目標有願景及理想；(2)他們能夠清楚地與部屬溝通這個理想，並使得部屬很快認同；(3)他們對其理想有一致且專注的追求；(4)他們知道自己的長處，並適當地加以發揮。

處理型領導

大多數的領導理論，如俄亥俄州的研究、費得勒的模式、路徑—目標理論、領導者參與模

式等,都是著重在處理型領導者上。處理型領導者會藉由角色的澄清和工作上的要求來建立目標方向,並藉此引導或激勵其跟隨者。

變換型領導

變換型領導者則會鼓勵跟隨者將組織的利益置於個人私利之上,而且對跟隨者有深厚的、特別的影響。例如:奇異公司的總經理威爾許(Jack Welch)就是典型的變換型領導者。他會注意個別跟隨者所關心的事物及其需求的變化;他會幫助跟隨者以新的角度來看舊的問題,以改變他們對問題的意識;他會刺激、喚起,以及激勵跟隨者盡更大的努力,以達成團體的目標。

變換型領導是建立在處理型領導之上的,其所造成的部屬努力及績效水準,遠超過僅用處理型領導所產生的。此外,變換型領導者不只是有領導魅力,他還會企圖教導跟隨者有能力質問自己的觀點,甚至質問領導者所建立的觀點。

總之,相當的研究證據指出,和處理型領導相較,變換型領導會有較低的員工離職率、較高的生產力及較高的員工滿足感。

高瞻遠矚領導

高瞻遠矚的領導者能夠替組織及組織內的各單位,創造出一個實際的、值得信賴的、有吸引力的願景。如果適當的將這個願景加以落實的話,組織就可以整合各種技術、人才及資源,眾志成城的達成組織目標。

願景(vision)不同於方向設定(direction setting)。願景是對未來的一種期許、一種想像,它提供了改善現狀的創新方法;它充分地了解到傳統的價值,並奠基於優良的傳統美德,進行必要的組織改變;它可以激發人們的熱心及承諾;它是結合員工以達成目標的混凝土;它是使組織克服萬難、迎向未來的動力。

21世紀的組織如果缺乏高瞻遠矚的領導必然無法生存。尤其是在技術急遽改變、人才的文化背景歧異、面臨全球競爭、顧客的需求多變、各利益團體壓力不斷的環境下,沒有高瞻遠矚的領導的組織,必然會被競爭的潮流所淹沒。

註 釋

①K. Davis, *Human Relations at Work* (New York: McGraw-Hill, 1967), pp. 96-97.

②H. Levinson, "Criteria for Choosing Chief Executives," *Harvard Business Review*, July-August

1981, pp.114-118.

③R. M. Stogdill and A. E. Coons, *Leader Behavior: Its Description and Measurement, Research Monograph 88* (Columbus: OSU, Bureau of Business Research, 1951).

④R. Khan and D. Katz, "Leadership Practices in Relation to Productivity and Morale," D. Cartwright and A. Zander (eds.), *Group Dynamics: Research and Theory*, 2nd ed. (Elmsford, N.Y.: Row, Paterson, 1960).

⑤R. R. Blake and J .S. Mouton, The Managerial Grid (Houston:Gulf, 1964); R.R. Blake and J. S. Mouton, "A Comparative Analysis of Situationalism and 9,9 Management by Principle," *Organizational Dynamics*, Spring 1982, pp.20-43.

⑥R. Tannenbaum and R.H. Schmidt, "How to Choose a Leadership Pattern," *Harvard Business Review*, March-April 1958, pp.95-101.

⑦F. E. Fiedler, *A Theory of Leadership Effectiveness* (New York: McGraw-Hill, 1967).

⑧E. E. Fiedler and J. E. Garcia, *New Approaches to Effective Leadership: Cognitive Resources and Organizational Performance* (New York: John Wiley & Sons, 1987).

⑨P. Hersey and K.H. Blanchard, "So You Want to Know Your Leadership Style?" *Training and Development Journal*, February 1974, pp.1-15.

⑩G. Graen and J. Cashman, "A Role-Making Model of Leadership in Formal Organizatiions: A Development Approach," in J. G. Hunt and L. L. Larson (eds.), *Leadership Frontiers* (Kent, OH: Kent State University Press, 1975), pp.143-65.

⑪D. Dunchon, S. G. Green, and T. D. Taber, "Vertical Dyad Linkage: A Longitudinal Assessment of Antecedents, Measures, and Consequences," *Journal of Applied Psychology*, February 1986, pp.56-60.

⑫A. Jago, "Leadership: Perspective in Theory and Research," *Management Science*, March 1982, pp.331.

⑬Robert J. House, "A Path-Goal Theory of Leadership," *Administrative Science Quarterly*, September 1971, pp.321-38.

⑭V. H. Vroom and P.W. Yetton, *Leadership and Decision-Making* (Pittsburg: University of Pittsburg Press, 1973).

⑮V. H. Vroom and A. G. Jago, "Leadership and the Decision-Making Process," Organizational Dynamics 28< No.4, Spring 2000, pp.82-94.

⑯J. C. McElroy, "A Typology of Attribution Leadership Research," *Academy of Management Review*, July 1982, pp.413-17.

⑰R. G. Load, C. L. Devader, and G. M. Alliger, "A Meta-Analysis of the Relation Between Personality, Traits and Leadership Perceptions: An Application of Validity Generalization Procedures," *Journal of Applied Psychology*, August 1986, pp.402-10.

⑱Robert J. House, "A 1976 Theory of Charismatic Leadership," in J. G. Hunt and L. L. *Larson, eds Leadership: The Cutting Edge* (Carbondale: Southern Illinois University Press, 1977), pp.189-207.

⑲Warren Bennis, "The Competence of Leadership," *Training and Development Journal*, August 1984, pp.15-19.

⑳J. A. Conger and R. N. Kanungo, "Behavioral Dimensions of Charismatic Leadership," in J. A. Conger and R. N. Kanungo, *Charismatic Leadership* (San Francisco, Jossey-Bass, 1988), pp.78-97.

㉑M. Sashkin, "The Visionary Leader," in J. A. Conger and R. N. Kanungo (eds.) *Charismatic Leadership* (San Francisco, Jossey-Bass, 1988), pp.124-25.

㉒L. B. Korn, "How the next CEO Will be Different," *Fortune*, May 22, 1989, p.157.

自我評量

1. 特質論與行為論的前提有何不同？
2. 試說明以下各研究單位（或個人）在領導理論上的重要發現：
   (1)俄亥俄州立大學的研究。
   (2)密西根大學的研究。
   (3)布來克及莫頓。
3. 在行為論的領導模式中，是否認為「人」（人際關係）與「事」（工作績效）難以兼得？為什麼？
4. 試說明利用管理格矩來進行組織發展的主要程序。
5. 在所有的組織之中，大部分的工作都要靠團隊小組的合作才能完成。這些團隊可能是長期存在的一個單位，也可能是為了解決某些特定問題而成立的短期專案小組。在一個以解決問題為主的團隊中，其建立團隊的目的有哪二種？
6. 何謂權變式的領導？就你所了解，領導的權變因素有哪些？
7. 下列是有關專制—民主連續向度模式的問題：
   (1)試說明在何種情況之下，民主決策會暴露最大的缺點？

(2)專制式的領導是否有其適用的情境？

(3)何種領導方式可獲得部屬的最大滿足？為什麼？

(4)何種領導方式可獲得較高的團隊生產力？為什麼？

8. 費得勒的情境模式中，管理者可用哪些情境來判斷使用哪種管理風格？

9. 試評論：費得勒與賈西亞承認，支持認知資源論的資訊並不十分充足，而且有些實證研究結果也不盡相同。因此，認知資源論有再深入研究的必要。

10.下列是有關赫西—布蘭查德模式的問題：

(1)試設計一套問卷來衡量部屬的成熟度。

(2)依部屬不同的成熟度，管理者可用哪些領導方法？

(3)如果部屬不成熟，但是以授權的方式領導，會產生何種結果？

(4)如果部屬成熟，但是以告知的方式領導，會產生何種結果？

11.下列是有關領導者—成員交換理論的問題：

(1)此理論的主張是什麼？

(2)何以會有內團體與外團體？

(3)此理論可預測什麼？

(4)在外團體的人是否永無機會成為內團體的人？為什麼？

12.以下是有關路徑—目標模式的問題：

(1)領導者的主要工作是什麼？

(2)路徑—目標模式與赫西—布蘭查德模式有何相通之處？

(3)管理者有哪些領導風格？

(4)這些領導風格應隨著什麼樣的情況而變化？

13.試說明在下列情況應如何應用領導者參與模式：

(1)購買房屋。

(2)購買轎車。

(3)交男（女）朋友。

(4)小孩子上哪間幼稚園。

(5)出國進修計畫。

(6)為公司建立網路與工作站。

(7)各部門對硬軟體的採購由採購小組來統籌。

(8)將所有在DOS環境下的應用軟體改成視窗應用軟體。

14.試說明領導的歸因理論。

15.何謂魅力領導理論？

16.試比較處理型領導與變換型領導。

17.試説明高瞻遠矚領導。

第九章

控　制

本章重點：

1. 控制過程
2. 控制種類
3. 適當控制的準則
4. 績效衡量的問題
5. 總公司績效衡量
6. 高階管理者的評估
7. 事業單位績效衡量
8. 功能部門績效衡量
9. 員工賦能時代的控制

　　「從一個人為自己訂下的標準就可以看出他的品格。一個員工在沒有主管的監督下，仍能高度自我要求完成應盡的義務，即是符合現代企業管理趨勢的好員工。」

　　　　　　　　　　　　　　　　　　　——Ray Kroc，麥當勞公司董事長

第 一 節　控制過程

　　管理功能中最後的一個部分就是對工作活動的績效做評估及控制。控制是跟隨著規劃而來的，（註①）它可使管理者確信是否達成了目標。規劃涉及目標、策略及方案的擬定，而控制涉及實際績效與預期績效（目標）的比較，並提供回饋以使管理者採取矯正的活動。

　　控制的過程可以用「控制模式五階段」加以說明：(1)決定要衡量的標的物；(2)建立績效標準；(3)衡量實際績效；(4)比較實際的與標準的績效；(5)採取矯正行動。

1.決定要衡量的標的物

　　管理者必須明確地說明要監視及控制什麼執行的過程及結果。這些過程及結果必須要能以客觀的、一致的方法來加以衡量。著眼點應放在過程中的重要因素，也就是會產生最大費用及最多問題的因素。

2.建立績效標準

　　用以衡量績效的標準就是對目標的詳細說明。每個標準都要有某種程度的容忍範圍（tolerance range），例如：±3%。

3.衡量實際績效

　　即以客觀標準來對實際發生的情形加以衡量。

4.比較實際的與標準的績效

　　如果實際的績效在理想的容忍範圍內，則衡量過程不必採取矯正行動。

5.採取矯正行動

　　如果實際的績效在理想的容忍範圍之外，則必須採取矯正行動。管理者必須檢視：

　　(1)這種偏離的情形是否是短暫的？

　　(2)所設定的標準是否太高？

　　(3)實施的過程是否有問題？

第 二 節　控制種類

控制的種類可依組織階層及事件發生的先後次序分為二大類。

一、依組織階層分類

如第一章的「策略層級」所述，組織有三個層級，分別為策略階層、管理階層及作業階層。而每個階層都有其控制的重點。依組織階層而區分的控制類型共有三種：(註②)

1.**策略控制**（strategic control）：適用於策略階層，所重視的是基本策略方向的問題。

2.**戰術控制**（tactical control）：適用於管理階層，所重視的是策略計畫執行的問題。

3.**作業控制**（operational control）：適用於作業階層，所重視的是極短期企業活動的問題。

如同策略有層級一般，控制也有層級。在總公司階層（corporate level），控制所著重的是維持整個企業各活動的均衡，因此策略及戰術控制是最適當的。在事業單位階層，控制所著重的是競爭地位的保持及改善，所以戰術控制最為恰當。在功能部門階層，控制的角色之一，就是發展及提升功能部門的獨特能力。由於控制的時間幅度較短，因此戰術及作業控制在這個階層最為重要，策略控制只占相對小的部分。

為了有效達成目標，高階管理者必須確信各個控制層級均能有效整合，並順利運作。不幸的是，過去幾十年來，許多企業的高階管理者忽略了策略控制的重要性，他們所做的充其量不過是事業單位主管、功能部門經理所用的戰術及作業控制。有關組織這三個階層的控制，本章將在稍後說明。

二、依事件發生的先後次序分類

控制的類型可依事件發生的先後次序分為三類：(1)事前控制（preliminary control）；(2)事中控制（concurrent control）；(3)回饋控制（feedback control）。

(一)事前控制

　　事前控制程序包括管理者對增加獲利率的各種努力，以使得實際行動的結果能符合預定的績效水準。從這個觀點來看，政策（policy）是執行事前控制的有效工具，因為政策是指引未來行動的方針，但是，我們有必要細分政策的擬定與執行的不同。政策的擬定是規劃功能的一部分，而政策的執行則隸屬於控制功能。同理，工作說明與工作規範亦是控制功能的一部分，因為它事先決定了工作者的活動。同時，我們有必要區分任務結構的「界定」（defining）與「用人」（staffing）的不同，前者屬於組織的功能（organizing function），而後者屬於控制的功能。

　　事前控制是指組織對資源的品質與數量在事先做好「把關」的工作，即所謂的「防患於未然」。人力資源的獲得必須配合由組織所界定的工作需求，換言之，員工必須有體力或智能去執行所指派的工作。物料必須符合品管要求，並且在適當的時間及地點提供。除此之外，必須擁有適當的資本才能進行設備的添置計畫。財務資源必須在適當的時間提供適當的數量。這些企業活動都可在事先加以周密規劃，以免發生意外事件。預防重於治療，在企業管理上，事前的控制可以節省許多因規劃不良所衍生的成本。在這種情形之下，規劃與控制是焦孟不離的。

　　企業組織是一個開放系統，必然會與外界的環境互動。在互動的過程中，企業組織藉著人力、材料、設備、機具的輸入，經過處理運作之後，以產品或服務的型態，輸出於環境之中。在企業和環境互動的介面（interface）上，必然會產生許多交易活動。輸入的品質亦不免有良莠不齊的情形，組織的界限防守單位（如人事部門、採購部門、驗收部門）之功能，即在於將不良的輸入（例如：不良的人員、有瑕疵的材料）摒棄於組織之外，否則這些不良的輸入一旦混入組織之內，必然會產生不良的運作及輸出。

1.人力資源

　　組織的功能之一就是界定工作條件，以及事先決定工作擁有者的技術條件。這些條件的明確程度不一，主要是依任務（工作）和本質而定。工廠內作業的技術條件，可以用身體屬性或動作靈巧來衡量。然而，管理者的工作則不易用實質的條件來衡量。

　　事前控制是透過人員（包括管理人員及非管理人員）的遴選及安置的程序而達成。（註③）組織必須向內或向外招募適當的人員以達成任務。人員招募必須考慮工作條件、申請者的技能和特性。在工作期間的訓練，更是現代企業經管理中不可缺少的重要工作。

2.物料

物料必須符合品質標準，才能產生優良的產品。同時，組織必須保有適當的存貨，才能使生產作業持續不斷。近年來，在物料的事前控制方面發展出許多方法。例如：利用統計抽樣的方法來代替全檢。

3.資本

企業獲得資本目的，在於更替既有的設備，或是擴充現有的產能。資本的獲得必須以潛在獲利率為考量的基礎。企業的資本預算（capital budget），就是針對短期、中期、長期的資本來源及用途的計畫。以目前的基金交換長期資金，稱為投資決策（investment decisions），而對投資計畫的篩選，大都必須基於經濟分析。在資本的事前控制方面，還本期間法、會計報酬率、淨現值及內部報酬率這些方法都涉及標準的建立，而資本的獲得皆必須符合所設定的標準（見第十一章）。

4.財務資源

在財務資源的事前控制方面，我們必須了解企業必須擁有適當的財務資源，才能夠支付日常作業中所衍生的費用，例如：企業必須採購原料，支付工資、利息及償還到期的貸款等。對財務資源的獲得及成本的控制稱為預算，尤其是現金及營運資金預算（working capital budgets），對企業而言更是重要。

為了使用資金運用的過程順利進行，管理者可依所設定的財務比率來進行財務活動，例如：管理者可設定流動比率（current ratio），亦即流動資產除以流動負債，以判斷對流動資產的投資是否太高或太低。如果流動比率偏離了所設定的標準，就必須採取適當的矯正行動。（註④）

（二）事中控制

事中控制又稱為同時控制。事中控制是管理者指揮其部屬時所從事的活動。指揮（direction）指的是：(1)管理者指示其部屬如何採取適當的方法及程序；(2)監督部屬以確信工作能夠適當的完成。

指揮須經由正式的指揮鏈（chain of command），因為管理者的責任是將上級的命令解釋給部屬了解。「將上級的命令解釋給部屬了解」這件事的相對重要性，幾乎完全取決於部屬工作的本質，例如：裝配線的組長所發揮的功能較少，其所屬作業人員只需依照工作規範做事即可，但是研究發展部門經理必須花很多時間在指揮上，因為研究發展工作本身是既複雜又具多樣性，所以主管必須花較多精力在解釋上級的命令。

指揮是第一線主管的基本責任，但是企業中的每位主管均應負指揮之責，指揮

部屬必須依循組織中明訂的政策及目標，而政策及目標的決定便是規劃的功能。顯然，當一位經理在組織的階梯往上爬時，爬得愈高，指揮功能便相對顯得不重要，而規劃功能便顯得愈重要。

如前所述，指揮的範圍及內容隨著工作性質的不同而異。除此之外，尚有若干因素影響了指揮的形成。例如：由於指揮基本上是個人溝通過程，因此資訊的數量及清晰度便是重要因素。部屬必須接收到明確的資訊，才能去完成工作。值得注意的是，太多瑣碎的資訊反而無濟於事。

評估指揮的有效性就等於評估溝通的有效性。命令必須合理、清晰表達，並符合組織的整體目標。在傳達命令時，主管的態度（例如：民主或獨裁式的）也與指揮的有效性息息相關。

指揮涉及對部屬每日工作的監督。如果發現偏離標準的情形，就必須以示範、教導的方式責成部屬立即採取矯正行動，以使得部屬能達成既定的績效標準。

（三）回饋控制

回饋控制法所著重的是最後結果。而其矯正行動所強調的是資源獲得的過程或實際的活動。這種控制的類型是以過去的結果來引導未來的行動。例如：溫度調節器可感應室內溫度，進而調節室內溫度。在企業組織中，回饋控制的方法有：預算、標準成本分析、財務報表分析、品質管理及員工的績效考評等。（註⑤）

在事前控制（preliminary control）、事中控制（concurrent control）及回饋控制（feedback control）這三種控制的類型中，其矯正行動所著重的焦點均不相同。如圖9-1所示，事前控制是基於有關資源的屬性或特性的資訊，因此其矯正行動的重點是在資源；事中控制的方法是基於與活動有關資訊，因此其矯正行動係針對活動；回饋控制的矯正行動所針對的並不是結果，而是資源和活動。

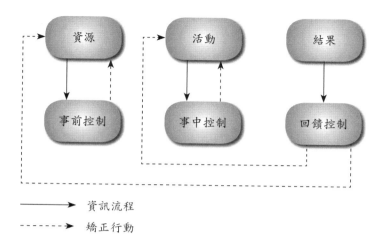

⟶　資訊流程

------➤　矯正行動

圖9-1　矯正行動所著重的焦點

　　以事前、事中、回饋控制為基礎，將以上所討論的技術加以整理，如表9-1所示。

表9-1　控制類型與技術

控制的類型	控制的技術
事前控制	人員的遴選及安置、用人 物料檢驗 資本預算 財務預算
事中控制	指揮
回饋控制	預算 標準成本分析 財務報表分析 品質管理 員工的績效考評

第 三 節　適當控制的準則

　　在設計控制系統時，主管應記住：控制是追隨策略的（control follow strategy）。控制活動的目的在於確保策略實施得適當，適當控制的準則如下：

1.控制必須在較少的資訊下,對事件做可靠的描述,過多的控制會造成混淆。必須將注意力集中在能產生八成績效的二成因素上(80-20法則)。

2.不論在衡量上的困難,控制必須監視有意義的活動及績效。如果事業單位間的合作對企業績效相當重要,則必須建立一些數量化的(定量的)或非數量化的(定性的)衡量標準。

3.控制必須要有及時性,以免事過境遷再亡羊補牢,則無濟於事。

4.必須使用短期及長期控制,如果只強調短期控制,則短期的管理導向就會應運而生。

5.控制必須採取例外原則,也就是只對超出先前決定的容忍範圍之外的活動,採取必要的行動。

6.採取正面強化(positive reinforcement)。應強調超過標準即給予獎勵,而不是低於標準則施予處罰。否則管理者會傾向於捏造報告,或對於標準的設定採取討價還價的行為。

令人驚奇的是,績效卓越的公司通常只有幾個正式的目標控制制度。他們通常著重在關鍵成功因素上,其他的因素就會由公司文化所規範。由於公司文化可以輔助及增強公司的策略導向,因此這些公司不需要廣泛的正式控制制度。公司文化愈根深柢固於員工的心中,以及愈有行銷導向,則愈不需要政策手冊、組織圖或詳細的程序及規則。在這些公司中,即使最基層的員工也了解在大多數的情況應該怎麼做,因為公司文化已內化(internalize)為他們的行為準則。

第 四 節　績效衡量的問題

績效的衡量是評估及控制的關鍵部分。常見的二個控制問題是:

1.缺乏客觀的(或數量化的)目標或績效標準。

2.資訊系統無法提供及時的、有效的資訊。

如果缺乏客觀的、及時的衡量標準,要做作業性決策就已經相當困難,更遑論策略性決策。值得注意的是,即使能夠利用數量化的、及時的標準,也不能保證必定會產生卓越的績效。

如果將控制的重點放在監視上,或將重點放在容易衡量的行為上,會容易產生干擾組織整體績效的負面效果。最常見的負面效果是短期導向(short-term oriented)及目標倒置(goal displacement)。

一、短期導向

在許多情形下，高階管理者既不分析目前作業對策略的長期影響，亦不了解策略對公司使命的影響。他們不做長期評估的理由是：（註⑥）

1.他們不了解其重要性。

2.他們相信短期考慮比長期考慮更為重要。

3.他們個人的績效並不是以長期來考量的。

4.他們並沒有時間做長期分析。

投資報酬率的一種限制就是它以短期來衡量績效。在理論上，投資報酬率並不局限於短期的衡量，但在實務上，用投資報酬率來衡量公司長期獲利情況的例子並不多見。

如果總公司及事業單位管理者的績效是以「年度的投資報酬率」為基礎來評估，則他們必然會集中努力於具有短期正面效應的因素上。因此，事業單位負責人會投資於具有短期收益成效的計畫，而膨脹投資報酬率的數字。他們會減少廣告、維護及研發的支出（這些支出所產生的效果較為無形、長遠），以突顯今年的利潤。

二、目標倒置

績效的衡量如果實施得不夠謹慎，反而會使得整體績效更為低落。在這種情況之下，一個反功能的副作用，也就是目標倒置就會發生。這是一個手段與目標混淆的現象。如果當初協助管理者達成目標的活動（亦即手段）變成了目標本身，則是目標倒置的現象。（註⑦）目標倒置有二種類型：行為替代（behavior substitution）及局部最適化（suboptimization）。

(一)行為替代

並非所有的活動都可以很容易地加以數量化及衡量，例如：對「合作性」及「主動性」來設定衡量的標準則非易事。職是之故，管理者比較會重視那些比較容易衡量的行為。問題是，比較容易衡量的行為不見得與好的績效有關。同時，一般員工會從事那些比較容易被認定及獎賞的行為，而不管這些行為對於目標達成的貢獻如何。

目標管理（management by objectives, MBO）的缺點就是其評估的範圍及標準不能反映工作的實際績效。它的目標設定的範圍，通常都是在那些比較容易衡量的

企業管理

部分，如投資報酬率、銷售的增加或成本的節省。在專業的、服務性的、幕僚的工作方面，這個缺點就會特別顯著。

(二)局部最適化

採取責任中心制的大型公司，可能會產生局部最適化的情形。由於每個事業單位及功能部門視本身為獨立實體，故在協調合作上不免會產生本位主義。各單位各自為政的結果，使得整體最適化（total optimization）不易達到。

第 五 節　總公司績效衡量

衡量績效的基礎隨著公司目標而定。有些衡量的基礎，如投資報酬率（return on investment, ROI），在衡量公司或事業單位是否達成獲利目標方面是相當適當的，但以這個基礎來衡量公司的其他目標（如社會責任、員工發展）則顯得格格不入。

固然獲利是公司的主要目標，但是只用投資報酬率來衡量還嫌不足。投資報酬率是在衡量一段期間事情發生後的獲利情形，但它不能告訴我們現在及未來發生的情形。準此，公司有必要發展能夠預測未來可能獲利的衡量基礎。這個基礎通常被稱為「引導」（steering）或「前饋」（feed-forward）控制，因為它們所衡量的是影響未來獲利的變數。

一、衡量總公司績效

在衡量總公司績效方面，普遍所採用的基礎是投資報酬率。投資報酬率是稅前淨利除以總資產的比率，使用投資報酬率有其優點及限制。

(一)優點

1.投資報酬率是單一而涵蓋面廣泛的數據，幾乎被任何所發生的事情所影響。

2.投資報酬率可衡量事業單位主管利用其資產以獲得利潤的情形，它也是評估資本投資計畫書的標準。

3.投資報酬率是可用來比較許多事業單位的共同標準。

4.投資報酬率是鼓勵有效使用現有資產的誘因。

(二)限制

1.投資報酬率的高低受到公司折舊政策的影響很大。各事業單位對於折舊攤提方式的不同,會影響到其投資報酬率,例如:加速的折舊攤提會影響到投資報酬率。

2.投資報酬率會受到帳面價值的影響。具有較多的折舊資產的舊工廠,會有比較低的投資基礎,因此其投資報酬率會偏高。

3.在許多事業單位間有交易的情形下,必有移轉價格(transfer price)的發生。所產生的費用會影響利潤。由於在理論上,移轉價格必須以「對整個廠商利潤所造成的影響」為基礎來計算,因此有些投資中心就不免會受到損失。再說公平的移轉價格也不易決定。

4.產業的吸引力及獲利的可能性,會影響某一事業單位的投資報酬率。

5.投資報酬率所考慮的是短期獲利情形,但事業單位的主管常被以長期觀點來衡量其績效。

6.商業循環常影響投資報酬率,使得管理者的績效評估不甚公平。

其他的衡量基礎還包括每股盈餘(earning per share, EPS)以及權益報酬率(return on equity, ROE)。在衡量公司的過去及未來績效方面,每股盈餘有二個限制:

1.由於公司間所採用的會計準則不同,因此對每股盈餘的計算各異。

2.每股盈餘的計算是以預計的收入為準。將收入變成現金會有時間上的落差,因此每股盈餘未考慮貨幣的時間價值。

由於權益報酬率也是基於會計為基礎的資料來計算的,故也有缺點。基於這些理由,在衡量總公司的績效方面,使用每股盈餘及權益報酬率並不是恰當的。 (註⑧)

二、利益關係者的衡量

任務環境中的利益關係者,通常都會非常關心公司的活動及績效。這些利益關係者,每個人都有評估公司績效的標準。這些標準包括公司活動對利益關係者直接及間接的影響。利益關係者所用的衡量標準如下(表9-2):

表9-2　利益關係者所用的衡量標準

利益關係者	短期衡量	長期衡量
顧客	銷售量、銷售額、新顧客、滿足新顧客需求的數目	銷售成長、顧客基礎的轉變、影響顧客的能力
供應商	原料成本、交貨時間、存貨的數量、原料的可獲得性	原料成本、交貨時間及存貨的增加率；供應商所提的新構想
財務團體	每股盈餘、股票價格、權益報酬率	權益報酬率的成長
員工	提供建議的數目、生產力、訴怨數	內部升遷數、離職率

來源：R.E.Freeman, *Strategic Management: A Stakeholder Approach* (Boston: Ballinger Publishing Company, 1984), p.179.

三、附加價值的衡量

三個衡量總公司績效的標準，如表9-3所示。這些衡量標準是基於附加價值（value-added）觀點而建立的，所衡量的是公司對社會的直接貢獻。附加價值是銷售額與原料成本（及採購的零件）的差異。

表9-3　衡量總公司績效的三個標準─附加價值觀點

績效特性	傳統衡量標準	新標準
成長	銷售額、銷售量、資產額	附加價值
效率	毛利、淨利、淨利／銷售額	附加價值報酬率
資產利用	投資報酬率、權益報酬率、每股盈餘	附加價值報酬率／投資報酬率
附註：附加價值＝銷售額－原料成本及採購成本等		
附加價值報酬率＝（稅前淨利／附加價值）×100%		

來源：Charles W. Hofer, "Rova: A New Measure for Assessing Organizational Performance," *Advances in Strategic Management* (Greenwich, Conn.: Jai Press, 1983), pp.43-55.

附加價值報酬率（return on value added, ROVA）是稅前淨利除以附加價值的商數，並將此商數轉換成百分比。在成熟的產業或市場演進的飽和階段，附加價值報酬率會維持在12%到18%之間。（註⑨）附加價值報酬率是衡量不同產業間公司績效的最佳標準。

四、股東價值

以會計報表為基礎所產生的數據，如投資報酬率、權益報酬率、每股盈餘

等，並不是企業經濟價值的可靠指標。

許多績優的公司採用股東價值（shareholder value）做為衡量公司績效及策略管理效能的指標。（註⑩）股東價值（又稱股東財富）是股利之和再加上股票增值（stock appreciation）。一項針對500家大公司的高階管理者所做的研究顯示，有30%的投資計畫是用「對股東財富的預期貢獻」來審核的。（註⑪）

第 六 節　高階管理者的評估

董事會在評估高階管理者時，不僅應採用數量化的衡量標準，也考慮到與策略管理實務有關的因素如下：（詳如表9-4所示）

表9-4　高階管理者的評估之例

評估標準	極優	優	中等	劣	極劣
定性的					
建立策略方向					
建立管理團隊					
領導品質					
培育繼承者					
策略執行					
員工關係					
技術創新					
與董事會的關係					
與投資者的關係					
與社區的關係					
與政府的關係					
計量的					
2-5年的EPS					
股東總報酬率					
股東權益報酬率					
現金流量					
股票價格					
帳面價值					
股息發放率					

來源：R. Brossy, "What Directors Say About Their Role in Managing Executive Pay," *Directors & Boards,* Summer 1986, pp.39-40.

1.高階管理者是否設定合理的長期目標？

2.他是否擬定了創新的策略？

3.他是否適當地指揮其部屬，以發展出切合實際的執行計畫、排程及預算？

4.他是否發展及使用適當的標準，以評估總公司及事業單位的績效？

5.在做關鍵性的決策之前，他是否能提供董事會有關的資料？

以上所述就是董事會在評估高階管理者時所考慮的問題。董事會所使用的標準必須由雙方（董事會及高階管理者）先前所同意的目標延伸而來。如果與社區保持良好的關係及改善工作場所的安全是今年欲達成的目標，則此二項必須包括於評估項目之中。除此以外，導致利潤的因素亦應包括在內，例如：市場占有率、產品品質及投資密集度等。

在傳統上，美國企業的高階管理者的報酬是以其企業規模，而不是以其所獲得的利潤來衡量的。（註⑫）這種情形勢必然使得企業不斷地擴充其規模，而承擔產能擴充過度的風險。

高階管理者的報酬必須反映其策略績效，也就是對事業組合、對事業單位使命、對短期財務及長期策略的管理績效，這種做法稱為策略誘因管理（strategic incentive management）。

一項針對56家公司的20,000位管理者所做的研究調查顯示，在誘因報酬占事業單位主管總報酬的大部分時，則該事業單位會產生更高的利潤。（註⑬）

衡量標準及報酬是否配合策略目標？我們可用三種方法來加以檢視：

1.加權因素法（weighted factor method）。

2.長期評估法（long-term evaluation method）。

3.策略資金法（strategic-funds method）。

茲將這三種方法說明如下。

一、加權因素法

加權因素法特別適用於績效因素，其重要性隨著各個事業單位的不同而異的場合。高度成長的事業單位可能用市場占有率、銷售成長、未來報酬，以及未來導向的策略資金方案來衡量其績效；低度成長的事業單位可能用投資報酬率及現金流量來衡量其投資報酬率；中度成長的事業單位可能用以上因素的綜合來衡量其績效。表9-5即是加權因素法之例。

表9-5 策略誘因管理的加權因素法之例

SBU成長情況	因素	權數
高度成長	資金報酬率	10%
	現金流量	0%
	策略資金方案	45%
	市場占有率增加	45%
	小計	100%
中度成長	資金報酬率	25%
	現金流量	25%
	策略資金方案	25%
	市場占有率增加	25%
	小計	100%
低度成長	資金報酬率	50%
	現金流量	50%
	策略資金方案	0%
	市場占有率增加	0%
	小計	100%

來源：Paul J. Stonich, "The Performance Measurement and Reward System: Critical to Strategic Management," *Organization Dynamics*, Winter 1984, p.51.

二、長期評估法

　　長期評估法係對於達成長期目標的管理者給予報酬的一種方法。例如：高階管理者委員會會以今後五年的每股盈餘成長來設定目標。報酬的給予係決定於在此期間內高階管理者達成目標的程度。

　　如果在這段期間高階管理者離職，則將一無所獲。這個強調股票價格的方法，比較適用於公司的高階管理者，而不是事業單位主管。

三、策略資金法

　　策略資金法會鼓勵高階管理者進行長期的發展，而不是一味地專注於目前的一般作業。公司的會計報表中，應將策略資金做為目前投資報酬率項下中特別的一項。準此，產生目前收入的費用自然不同於投資於企業未來發展的費用。管理者可在短期及長期基礎上被評估。應用在事業單位的策略資金法，如表9-6所示。

表9-6 應用在事業單位的策略資金法

銷貨	$12,300,000
銷貨成本	6,900,000
毛利	$5,400,000
營運費用（一般行政費用）	−3,700,000
銷貨報酬率	1,700,000 (33%)
策略資金	−1,000,000
稅前淨利	$700,000 (13.6%)

來源：Paul J. Stonich, "The Performance Measurement and Reward System: Critical to Strategic Management," *Organization Dynamics*, Winter 1984, p.51.

以報酬制度獲得預期策略綜效的有效方法，就是綜合加權因素、長期評估以及策略資金法。其步驟如下：

1.以策略資金法將策略資金與短期資金予以分開。

2.替每個事業單位發展加權因素。

3.以稅前淨利（由策略資金法算出）、加權因素、對公司及事業單位的長期績效為基礎來衡量績效。

在未來，這些誘因計畫可能會被大多數公司所採用。奇異公司及西屋公司皆已採用了這些衡量方法。

第七節 事業單位績效衡量

具有事業單位的公司，可用衡量總公司績效的標準（如投資報酬率）來評估事業單位的績效。預算是一個相當重要的控制工具。在策略形成及執行階段，高階管理者會批准事業單位的一系列方案及作業預算。在評估及控制階段，實際的費用將與計畫的費用做比較，並評估差異的程度。除此以外，高階管理者也需要主要因素（新顧客接觸數、訂單量、生產力）的定期彙總統計報告。（註⑭）

一、評估策略事業單位

在許多公司中，每個策略事業單位每二年必須被仔細評估一次。這項評估是由策略指導委員會（Strategy Guidance Committee）所主辦，委員會的成員包括：最

高主管、財務副總經理、負責營運的副總經理、稽核長、助理稽核、負責企業發展的副總經理等。每位策略事業單位的負責人在委員會面前提出其對每一個市場區隔的主要策略時，該委員會就會評估該策略事業單位的目標、策略、淨資產報酬率、銷售報酬率、資產週轉率、市場占有率策略等。該委員會也會評估競爭、相對的長處及弱點。

　　該委員會以各種角度來評估策略事業單位，並詢問許多深入的問題，諸如此策略事業單位：

1.對公司整體的貢獻如何？
2.能使公司整體獲得均衡嗎？
3.會增加或減少公司的商業循環特性？
4.能否配合公司的技術、製程及配銷系統？
5.能成功的競爭嗎？
6.其顧客與競爭者如何看它？
7.會傷害或改善公司的形象？
8.在建立、維持、收割方面，其任務及作業模式是什麼？
9.其目前策略適當嗎？
10.我們能贏嗎？如果能，如何贏？
11.如果此策略事業單位曾做過策略上的改變，為什麼？
12.我們對它的獲利率所做的分析之後，提議什麼？

二、責任中心

　　當組織的規模擴大或面臨日益複雜的經營環境時，管理者（尤其是高階管理者）必須透過授權的方式，將組織劃分成若干個責任中心（responsibility center），並將控制的焦點由作業控制（operations control）移轉為財務控制（financial control）。責任中心設計的精神強調單位的「獨立性」，亦即責任中心的管理者有權獨立制定決策，而總公司則依其可控制、可影響的範疇，結算並評估責任中心的績效。

　　責任中心依其管理者所能掌握的資產與控制的範圍，可分為四種類型：成本中心（cost centers）、收入中心（revenue centers）、利潤中心（profit centers），以及投資中心（investment centers）。（註⑮）

(一)成本中心

成本中心的管理者只能控制成本，但無法控制收入或投資水準。例如：生產程序中的作業皆可以成本中心的方式評估其績效，而績效的評估則以實際成本與預期成本做比較，如果實際成本比預期成本高，則為不利差異；反之則為有利差異。（註⑯）

(二)收入中心

收入中心是一種責任中心，其控制的是收入而不是所銷售產品、服務的製造或取得成本；易言之，在衡量生產（通常以生產單位或銷售量來衡量）時，並不考慮資源成本（如薪資）。收入中心所被評估的是效能（effectiveness），而不是效率（efficiency）。例如：比較某一銷售地區的效能，是比較其實際銷售與預期銷售。

由於收入中心僅以收入作為績效的衡量指標，因此缺乏成本概念，造成資源的濫用。例如：為刺激銷售的大量促銷或是不計一切的滿足顧客的予取予求，造成了支出的成本遠大於所創造的效益。

(三)利潤中心

利潤中心對績效的衡量，同時考量其收入及支出。準此，其所控制的不僅是收入，而且也包括產品及服務的成本。當組織單位可控制其資源、產品或服務時，就可將之建立成利潤中心。在這種情況下，公司可以切割成若干事業單位或獨立的生產線，而各事業單位負責人在能夠保持某種滿意的利潤水準的前提下，組織就可以賦予他相當的自主權。

一個製造部門可由標準成本中心轉變成利潤中心。準此，它在將產品銷售給銷售部門或下游的生產部門時，可以收取移轉價格（transfer price）。在每單位製造成本與轉移價格之間的差價，就是利潤中心所獲得的利潤。

移轉價格的設定可以考慮以市場價格（如果存在公平市價時）或標準成本（考慮成本加成以及產能的機會成本）為基準，或是透過組織單位間的協商、管理者仲裁價格為基礎。由於移轉價格涉及到組織單位間的收入及成本，因此管理者需要審慎為之，規則的設定要能兼顧公平性與合理性，同時也要避免組織單位間據以玩弄政治手腕，而忽略組織整體策略上的考量。

(四)投資中心

投資中心是一種責任中心。與利潤中心相同,投資中心的績效亦是以資源及產品(或服務)的差異來評估的,但是投資中心更進一步考慮到中心所使用到的長期投資。

在大型公司內的許多事業單位,往往會使用大量的資產(例如:廠房及設備),以製造出產品。如果以利潤為基礎來衡量其績效,便會產生誤導的現象,因為會忽略所使用資產的規模。例如:公司內的甲、乙事業單位都賺取同樣的利潤,但是甲的廠房總值300萬元,而乙的廠房總值100萬元,相形之下,顯然乙更有經營效率,因為乙能向其股東提供更高的投資報酬。

在評估投資中心的績效時,最常用的標準就是投資報酬率。另外一個標準就是經濟附加價值(economic value added),也就是淨收入減去所使用資產的經濟成本(或機會成本)。

通用汽車曾利用投資報酬率的觀念,來對整個公司的營運加以控制,其控制方式與對分權式組織的控制方式相同。(註⑰)在通用公司,投資報酬率的界定如下:

$$投資報酬率 = 利潤率 \times 資本週轉率$$

為了增加投資報酬率,管理者可增加資本週轉率(也就是增加銷售量)或增加利潤率(也就是增加收入以及/或者減少成本及費用)。

大多數具有單一事業的公司,都傾向於綜合採取成本及收入中心制。在這些公司內,大多數的管理者皆是功能專員(例如:行銷專家),而且是針對預算來管理。總獲利率是在總公司階層加以彙總。具有支配性產品的公司(以多角化到幾個小的事業的公司,但依靠某一單一的產品線做為收入及利潤的主要來源),通常會綜合採取成本、收入及利潤中心制。具有許多事業單位的公司,傾向於採取投資中心制,但在公司內,不同事業單位中,也可能採取責任中心制。(註⑱)

第 八 節 功能部門績效衡量

功能部門有:行銷(marketing)、生產及作業(production & operations)、財務(finance)、人力資源(human resource)、資訊(information),以及研究發展

（research & development）等部門。

部門的績效稽核是綜合性的（評估範圍廣，不只注意幾個問題點）、系統化的（稽核時應循序漸進、合乎邏輯）、獨立性的（從事稽核的人與被評估的計畫是獨立的）以及定期的（稽核是每隔一定的時間就做，並非等到危機來時才做）。

一、行銷

1.事業宗旨

本公司的事業宗旨是否為市場導向？

2.行銷策略

本公司是否具有足夠的資源，並採取適當的行銷策略以達成行銷目標？本公司的各種行銷資源是否已妥善分配於各市場區隔？

3.行銷組織稽核

在「正式結構」方面：本公司的各項行銷業務，是否已依職能別、產品別、最終消費者別、銷售地區別，妥善設計適當的組織結構？在「主要效率」方面：公司的各銷售部門間，是否有良好的溝通與工作關係？公司有無負責加強訓練、激勵及評估的部門？

4.輔助效率

本公司的行銷部門、研究發展部門、採購部門及財務管理部門之間，是否能通力合作，群策群力？

5.行銷制度稽核

在「行銷資訊系統」方面：本公司的行銷資訊系統，是否能提供有關市場情況、競爭者動向等有關資訊？行銷管理資訊系統是否重視資訊的輸入？（要使策略發展的過程有效的話，應先決定所需的資訊，並決定如何以有效率及有效果的方法取得資訊，然後再決定分析、處理及儲存資訊的方式）行銷管理資訊系統是否能即時的分析及制定決策？（即是用「線上系統」（on-line system）來蒐集、分析資料，並做策略性決策）這種系統是否具有足夠的結構化程度（如此才能解決複雜的問題）；是否具有足夠的敏感度（如此才能偵察出做決策的需要）；是否具有足夠的彈性（如此才能應用在不同的情境之中）？在「行銷規劃制度」方面：本公司的行銷規劃制度是否有效？銷售配額的決定是否有適當的基礎？

在「行銷控制制度」方面：本公司的行銷控制制度是否足以確保年度計畫目標的實現？在「新產品開發制度」方面：本公司開發新產品的過程是否合理？哪些因

素阻礙了新產品的開發？

6.行銷生產力稽核

在「獲利能力分析」方面：本公司各產品、市場、地區及通路的獲利能力如何？在「成本效益分析」方面：本公司是否有何種行銷活動所顯現的成本過高？應當採取何種成本降低措施？

7.行銷組合策略稽核

在「產品」方面：本公司的產品線的目標如何？是否考慮增加或剔除哪些產品？在「價格」方面：本公司的產品定價目標如何？是否能有效運用價格來促銷？在「配銷通路」方面：本公司是否已有足夠的市場涵蓋及市場服務？在「推銷人力」方面：本公司的推銷人員是否已達成公司目標？如何激勵推銷人員？在「廣告、促銷、公共形象」方面：本公司的廣告業務目標及廣告媒體是否恰當？是否有謹慎設計提升公共形象的方案？

二、生產及作業

1.公司目前的製造／服務目標、策略、政策及方案是什麼？

它們是否界定清楚，或者只是從績效和（或）預算中作推論？它們是否能配合公司的任務、目標、策略、政策及內外環境？

2.作業的類型及範圍如何？

3.製造及服務的作業是否亦受自然災害、政府及國際罷工、原料供應等因素所影響？

4.是否適當的利用到作業槓桿？

5.與競爭者比較，公司的作業績效如何？

6.製造經理是否適當的製造觀念、技術來評估及改善總公司和事業單位的績效？

7.在策略管理過程中，製造經理扮演著什麼角色？

三、財務

1.公司目前的財務目標、策略、政策及方案是什麼？

它們是否界定得相當清楚，或者只是從績效和（或）預算中做推論？它們是否能配合公司的任務、目標、策略、政策，以及內外環境？

2.公司在財務比率方面

　　流動性、獲利率、活動率及槓桿比率的情形如何？從這個分析中所呈現的趨勢是什麼？如將財務報表以通貨膨脹做調整，是否與原來的報表有很大的差異？這些趨勢對過去績效的影響如何？對未來的影響如何？分析的結果是否支持公司過去及未來的策略決策？

　　3.與類似的公司比較，本公司的財務績效如何？

　　4.財務經理是否以適當的財務觀念與技術來評估及改善總公司和事業單位的績效？

　　5.在策略管理過程中，財務經理扮演著什麼角色？

四、人力資源

　　1.公司目前的人力資源管理目標、策略、政策及方案是什麼？

　　它們是否界定得相當清楚，或者只是從績效和（或）預算中做推論？它們是否能配合公司的任務、目標、策略、政策及內外環境？

　　2.在個人與工作配合方面，做得如何？

　　考慮離職率、訴怨、員工訓練及工作生活的品質。

　　3.與類似的公司比較，公司的人力資源管理做得如何？

　　4.人力資源經理是否具有適當的製造觀念及技術，來評估及改善總公司和事業單位的績效？

　　考慮工作分析計畫、績效評估制度、工作說明書、人員訓練及發展計畫、態度調查、工作設計方案等。

　　5.在策略管理過程中，人力資源經理扮演著什麼角色？

五、資訊

　　1.公司目前的資訊管理目標、策略、政策及方案是什麼？

　　它們是否界定得相當清楚，或者只是從績效和（或）預算中做推論？它們是否能配合公司的任務、目標、策略、政策及內外環境？

　　2.在資料庫管理、自動化作業、協助管理者做例行性決策方面，資訊系統的績效如何？

　　3.與類似公司比較，資訊系統的績效如何？發展到哪個階段？資訊經理是否適當的製造觀念及技術來評估與改善總公司及事業單位的績效？

4.他們知道如何建立複雜的資料庫、進行系統分析，以及建立交談式的決策支援系統嗎？

5.在策略管理過程中，資訊經理扮演著什麼角色？

六、研究發展

1.公司目前的研發目標、策略、政策及方案是什麼？

它們是否界定得相當清楚，或者只是從績效和（或）預算中做推論？它們是否能配合公司的任務、目標、策略、政策及內外環境？在公司的績效中，技術扮演什麼角色？在公司的任務及策略下，基礎的、應用的或工程上的研究是否適當？

2.研發的投資報酬率如何？

3.公司是否有足夠的技術能力？

4.與類似的公司比較，公司在研發方面的投資如何？

5.在策略管理過程中，研發經理扮演著什麼角色？

第 九 節　員工賦能時代的控制

當公司行銷全球，在變化急遽的市場競爭時，依賴傳統控制——設定標準、比較實際情況與標準、採取矯正行動——的問題也漸漸浮現。歷史已有四百年的英國巴林斯銀行（Barrings）被一個叫李森（Nicholas Leeson）的新加坡金融交易詐欺者搞得幾乎天翻地覆。席爾斯百貨（Sears, Roebuck and Company）在承認其機械人員向顧客建議做不必要的維修後，被判賠6,000萬美元。

像這樣的問題很難用傳統控制方法，如採用預算及會計報告來解決。尤其在市場變化急遽、員工賦能（employees empowerment）的今日，管理者必須要採取一些新的控制方法，才不會使得員工行為偏離正軌而失控，造成無比的損失。

哈佛大學教授及控制專家賽門斯（Robert Simons）認為，21世紀管理者所需面對的基本問題，就是組織控制必須要有彈性、創新與創意。在動態的激烈競爭環境下，管理者不能花所有的時間與精力在確信每件事情的結果都和所預期的一樣。管理者如果認為藉由僱用適當人員、提供員工所要的東西，就可以做好控制，那是不切實際的事情。相反地，今日的管理者必須鼓勵員工自行做過程改善，自行解決顧客滿足的問題——用一種有效的方法。（註⑲）換言之，最好的控制方式就是控制員

工有效地做好自我控制。

一、傳統控制的危險

在「員工賦能」的時代，利用傳統控制方式具有四個潛在的危險：

1.無法在事前詳細了解每個細節：以前賓士轎車是怎麼獲得品管優良美譽的？品管檢驗人員在出貨前，很勤快、很細心地檢查所有成品，如果發現瑕疵品，便送回生產線重做或修補。但在競爭激烈、品質意識高漲的今日環境，這種品管方式顯得太沒效率了！比較好的方式是讓員工有「內建的」品質意識，因此他們會在鎖一個螺絲或安裝車窗時，就已經做好品質。但是要如何讓員工做到這樣？首先，要激發員工的工作意願，讓他們覺得好像是替自己的公司做事，也就是要「賦能」（empower）員工。即使最完整詳盡的控制手冊，也不可能鉅細靡遺地列舉每一個控制細節、可能的錯誤、或是可能捅大婁子的行為。環境變化得愈快，愈難預期每一個可能的問題，因此，也愈來愈必須依賴員工的自我控制。

2.你不可能監控每一個人的每項工作：不論是針對金融操作員或者是線上作業人員，身為主管的你不可能整天盯著他們做每件事情。環境變化得愈快，員工的工作地點愈分散，你愈不可能做到。同樣地，在這種情況下，自我控制變得益形重要。

3.規劃前提的改變：由於科技、市場的變化一日千里，過去的規劃前提已如明日黃花。在1996年以前，微軟公司的比爾‧蓋茲（Bill Gates）做夢也沒想到網際網路在未來的發展潛力，還一股腦兒地將發展重心放在個人電腦的作業系統上；直到1996年，微軟公司的管理當局才體認到他們對網際網路的假設是錯誤的。所幸他們有早期的預警系統，使他們及時改弦易轍。

4.創意不是靠控制逼出來的：你或許可以緊密地監視裝配線上的作業，控制人員的作業品質與數量。但是要使得員工有創意、主動性，並用傳統的監督方法來控制其創意，不僅是困難的，也是不可能的。創意與主動性需要員工的自我控制。

基於以上的原因，許多公司逐漸以讓員工自我控制的方式，使每件事情在控制中順利運作，而不是用傳統的控制方式（如預算）。在自我控制方面，最好的一種方式就是賦能（empowerment）。所謂賦能就是讓自我管理的團隊或個人培養充分的自信，獲得充分的工具、訓練與資訊來完成其工作。在心態上，他們好像是在替自己的公司做事，而不是受僱於某公司。

然而，具有創意、自我管理截然不同於受控制、被監督。你不能強迫員工具有

創意；尤其是如果你還在用傳統的控制方式，更不可能讓員工有創意。在賦能時代的控制，也就是如何讓員工做到自我管理與創意，需要一種新型的控制方法，也就是承諾導向的控制工具（commitment-based control tools）。以下我們將比較傳統控制法與承諾導向控制法。

1.傳統的控制方法先設定標準，然後監督績效。傳統的控制方法有三種類別：診斷控制系統（diagnostic control systems）、邊界控制系統（boundary control systems），及互動控制系統（interactive control systems）。診斷控制系統（如預算）可讓管理者確認主要目標是否達成。邊界控制系統也就是「確認員工可能會陷入某種陷阱的行為」而訂出政策。例如：「接受某供應商餽贈禮物」的倫理規則。互動控制系統基本上利用與員工面對面的對話來執行控制。

2.承諾導向的控制方法是讓員工自己希望要把事情做好，所強調的是自我控制。例如：豐田公司不遺餘力地灌輸員工該公司的經營理念及價值觀，諸如團隊、品質、尊重別人、承諾的重要，以期讓員工做到自我控制。

二、承諾導向控制法

管理者必須至少使用二種方法來鼓勵員工做到自我控制，這二種方法是：灌輸信念系統（經營理念），以及建立員工承諾。

(一)信念系統

塑造員工的共有價值觀（shared value）可以使得公司做好控制。沃爾瑪（Wal-Mart）的共有價值觀是「勤（work hard）、誠（honesty）、溫（neighborliness）、儉（thrift）」，這些價值觀是共有的意識形態，可使員工有方向感及目的感（sense of purpose），而這些「感」都會促使員工做正確的事情（這就是效能），以及以正確的方式做事情（這就是效率），不論員工的工作地點有多遠，或不論公司有無控制手冊、監督人員。

如欲塑造共有的價值觀，組織必須是有機式的（organic），也就是組織必須拋棄科層體制（官僚體制）的包袱，而成為一個有創意的、敏感的組織。這樣才能使員工主動積極、自我管理。員工有了共有的價值觀之後，便不需要被唆使、敦促、控制，就會積極地、主動地去做正確的事情。

改變導向的、應變式的組織應塑造什麼共有的價值觀呢？重視利益關係者、員工賦能（employee empowerment）、團隊精神、開放、誠懇、信任及爭取第一，這

企業管理

些都是值得塑造的共有價值觀。

(二)建立員工承諾

要使組織目標成為員工個人的目標，必須先獲得員工承諾。所謂承諾（commitment）是指「認同組織、參與組織」。一個承諾於組織的人（如承諾輔仁大學的榮老師）會強烈的信任、接受組織的目標及價值、願意竭盡心力為組織的生存及成長而努力，並以成為組織的一分子為榮，積極地參與組織所舉辦的活動。因此，這個人會將組織目標視為自己的目標。

組織要如何獲得員工的承諾呢？首先，組織應尊重個人，也就是信任員工、視員工為最重要的資產、公平地對待每位員工、誠意地提供員工最佳的福利。

如何做到尊重個人？組織必須將以下各項加以制度化：(1)明確地告訴員工「員工第一」；(2)將「員工第一」這個訊息透過小冊子、手冊、講義、公司通訊等媒介散發出去；(3)僱用具有「員工第一」理念的人員，並透過講習、訓練加以灌輸；(4)坐而言不如起而行，使「員工第一」的理念能夠徹底落實。

除此之外，組織還必須：(1)鼓勵雙向溝通；(2)建立「命運共同體」的觀念；(3)提供願景（mission）；(4)強調工作保障，但不百分之百的保證；(5)提供財務報酬，利潤分享；(6)鼓勵員工自我實現，所謂自我實現是，成為本我（本來的自己）的欲望，或能夠變成自己認為能變成的人之欲望。

重要名詞

控制

管理功能中最後的一個部分就是對工作活動的績效作評估及控制。控制是跟隨著規劃而來的，它可使管理者確信是否達成了目標。規劃涉及目標、策略及方案的擬定，而控制涉及到實際績效與預期績效（目標）的比較，並提供回饋以使管理者採取矯正的活動。

策略控制

適用於策略階層，所重視的是基本策略方向的問題。

戰術控制

適用於管理階層，所重視的是策略計畫執行的問題。

作業控制

適用於作業階層，所重視的是極短期企業活動的問題。

事前控制

事前控制程序包括了管理者對增加獲利率的各種努力，以使得實際行動的結果能符合預定的績效水準。從這個觀點來看，政策（policy）是執行事前控制的有效工具，因為政策是指引未來行動的方針。

事前控制是指組織對資源的品質與數量在事先做好「把關」的工作，所謂「防患於未然」就是這個意思。人力資源的獲得必須配合由組織所界定的工作需求；換言之，員工必須有體力或智能去執行所指派的工作。物料必須符合品管要求；並且在適當的時間及地點提供。

界線防守單位

組織的界限防守單位是指人事部門、採購部門、驗收部門，這些單位的功能是將不良的輸入（例如：不良的人員、有瑕疵的材料）摒棄於組織之外，否則這些不良的輸入一旦混入組織之內，必然會產生不良的運作及輸出。

事中控制

事中控制又稱為同時控制。事中控制是管理者指揮其部屬時所從事的活動。指揮（direction）指的是：(1)管理者指示其部屬如何採取適當的方法及程序；以及(2)監督部屬以確信工作能夠適當的完成。

事後控制

又稱為回饋控制，回饋控制所著重的是最後結果。而其矯正行動所強調的是資源獲得的過程或實際的活動。這種控制的類型是以過去的結果來引導未來的行動。例如：溫度調節器可感應室內溫度，進而調節室內溫度。在企業組織中，回饋控制的方法有：預算、標準成本分析、財務報表分析、品質管理及員工的績效考評等。

短期導向

是指高階管理者既不分析目前作業對策略的長期影響，亦不了解策略對公司使命影響的情形。

目標倒置

績效的衡量如果實施得不夠謹慎，反而會使得整體績效更為低落。在這種情況之下，一個反功能的副作用，也就是目標倒置就會發生。這是一個手段與目標混淆的現象。如果當初協助管理者達成目標的活動（亦即手段）變成了目標本身，則是目標倒置的現象。

行為替代

並非所有的活動都可以很容易地加以數量化及衡量，例如：對「合作性」及「主動性」來

設定衡量的標準則非易事。職是之故,管理者比較會重視那些比較容易衡量的行為。問題是,比較容易衡量的行為不見得與好的績效有關。同時,一般員工會從事那些比較容易被認定及獎賞的行為,而不管這些行為對於目標達成的貢獻如何。

局部最適化

採取責任中心制的大型公司,可能會產生局部最適化的情形。由於每個事業單位及功能部門視本身為獨立實體,故在協調合作上不免會產生本位主義。各單位各自為政的結果,使得整體最適化(total optimization)不易達到。

前饋控制

固然獲利是公司的主要目標,但是只用投資報酬率來衡量還嫌不足。投資報酬率是在衡量一段期間事情發生後的獲利情形,但它不能告訴我們現在及未來發生的情形。準此,公司有必要發展能夠預測未來可能獲利的衡量基礎。這個基礎通常被稱為「引導」(steering)或「前饋」(feed-forward)控制,因為它們所衡量的是影響未來獲利的變數。

EPS

earning per share(EPS)是指每股盈餘。

ROE

return on equity(ROE)是指權益報酬率。

附加價值

三個衡量總公司績效的標準(成長、效率及資產利用)是基於附加價值(value-added)而建立的,所衡量的是公司對社會的直接貢獻。附加價值是銷售額與原料成本(及採購的零件)的差異。

附加價值報酬率

附加價值報酬率(return on value added, ROVA)是稅前淨利除以附加價值的商數,並將此商數轉換成百分比。在成熟的產業或市場演進的飽和階段,附加價值報酬率會維持在12%到18%之間。附加價值報酬率是衡量不同產業間公司績效的最佳標準。

股東價值

許多績優的公司採用股東價值(shareholder value)做為衡量公司績效及策略管理效能的指標。股東價值(又稱股東財富)是股利之和再加上股票增值(stock appreciation)。一項針對500家大公司的高階管理者所做的研究顯示,有30%的投資計畫是用「對股東財富的預期貢獻」來審核的。

策略誘因管理

高階管理者的報酬必須反映其策略績效,也就是對事業組合、對事業單位使命、對

短期財務及長期策略的管理績效。這種做法稱為策略誘因管理（strategic incentive management）。

加權因素法

加權因素法特別適用於績效因素，其重要性隨著各個事業單位的不同而異的場合。高度成長的事業單位可能用市場占有率、銷售成長、未來報酬以及未來導向的策略資金方案來衡量其績效；低度成長的事業單位可能用投資報酬率及現金流量來衡量其投資報酬率；中度成長的事業單位可能用以上因素的綜合來衡量其績效。

長期評估法

長期評估法係對於達成長期目標的管理者給予報酬的一種方法。例如：高階管理者委員會會以今後五年的每股盈餘成長來設定目標。報酬的給予係決定於在此期間內高階管理者達成目標的程度。

如果在這段期間，高階管理者離職，則將一無所獲。這個強調股票價格的方法，比較適用於公司的高階管理者，而不是事業單位主管。

策略資金法

策略資金法會鼓勵高階管理者進行長期的發展，而不是一味地專注於目前的一般作業。公司的會計報表中應將策略資金做為目前投資報酬率項下中特別的一項。準此，產生目前收入的費用自然不同於投資於企業未來發展的費用，管理者可在短期及長期基礎上被評估。

責任中心

當組織的規模擴大或面臨日益複雜的經營環境時，管理者（尤其是高階管理者）必須透過授權的方式，將組織劃分成若干個責任中心（responsibility center），並將控制的焦點由作業控制（operations control）移轉為財務控制（financial control）。責任中心設計的精神強調單位的「獨立性」，亦即責任中心的管理者有權獨立制定決策，而總公司則依其可控制、可影響的範疇，結算並評估責任中心的績效。

責任中心依其管理者所能掌握的資產與控制的範圍，可分為四種類型：成本中心（cost centers）、收入中心（revenue centers）、利潤中心（profit centers）與投資中心（investment centers）。

成本中心

成本中心的管理者只能控制成本，但無法控制收入或投資水準。例如：生產程序中的作業皆可以成本中心的方式評估其績效，而績效的評估則以實際成本與預期成本做比較，如果實際成本比預期成本高，則為不利差異；反之則為有利差異。

收入中心

收入中心是一種責任中心，其控制的是收入而不是所銷售產品、服務的製造或取得成本；

易言之，在衡量生產（通常以生產單位或銷售量來衡量）時，並不考慮資源成本（如薪資）。收入中心所被評估的是效能（effectiveness），而不是效率（efficiency）。例如：比較某一銷售地區的效能，是比較其實際銷售與預期銷售。

由於收入中心僅以收入做為績效的衡量指標，因此缺乏成本概念，造成資源的濫用。例如：為刺激銷售的大量促銷或是不計一切地滿足顧客的予取予求，造成了支出的成本遠大於所創造的效益。

利潤中心

利潤中心對績效的衡量同時考量其收入及支出。準此，其所控制的不僅是收入，而且也包括產品及服務的成本。當組織單位可控制其資源、產品或服務時，就可將之建立成利潤中心。在這種情況下，公司可以切割成若干事業單位或獨立的生產線，而各事業單位負責人在能夠保持某種滿意的利潤水平的前提下，組織就可以賦予他相當的自主權。

一個製造部門可由標準成本中心轉變成利潤中心。準此，它在將產品銷售給銷售部門或下游的生產部門時，可以收取移轉價格（transfer price）。在每單位製造成本與轉移價格之間的差價，就是利潤中心所獲得的利潤。

移轉價格的設定可以考慮以市場價格（如果存在公平市價時）或標準成本（考慮成本加成以及產能的機會成本）為基準，或是透過組織單位間的協商、管理者仲裁價格為基礎。由於移轉價格涉及到組織單位間的收入及成本，因此管理者需要審慎為之，規則的設定要能兼顧公平性與合理性，同時也要避免組織單位間據以玩弄政治手腕，而忽略組織整體策略上的考量。

投資中心

投資中心是一種責任中心。與利潤中心相同，投資中心的績效亦是以資源及產品（或服務）的差異來評估的，但是投資中心更進一步考慮到中心所使用到的長期投資。

在大型公司內的許多事業單位，往往會使用大量的資產（例如：廠房及設備），以製造出產品。如果以利潤為基礎來衡量其績效，便會產生誤導的現象，因為會忽略了所使用資產的規模。例如：公司內的甲、乙事業單位都賺取同樣的利潤，但是甲的廠房總值300萬元，而乙的廠房總值100萬元，相形之下，顯然乙更有經營效率，因為乙能向其股東提供更高的投資報酬。

在評估投資中心的績效時，最常用的標準就是投資報酬率。另外一個標準就是經濟附加價值（economic value added），也就是淨收入減去所使用資產的經濟成本（或機會成本）。

通用汽車曾利用投資報酬率的觀念，來對整個公司的營運加以控制，其控制方式與對分權式組織的控制方式相同。在通用公司，投資報酬率的界定如下：

投資報酬率＝利潤率 × 資本週轉率

為了增加投資報酬率，管理者可增加資本週轉率（也就是增加銷售量）或增加利潤率（也就是增加收入以及／或者減少成本及費用）。

大多數具有單一事業的公司，都傾向於綜合採取成本及收入中心制。在這些公司內，大多數的管理者皆是功能專員（例如：行銷專家），而且是針對預算來管理。總獲利率是在總公司階層加以彙總。具有支配性產品的公司（以多角化到幾個小的事業的公司，但依靠某一單一的產品線作為收入及利潤的主要來源），通常會綜合採取成本、收入及利潤中心制。具有許多事業單位的公司，傾向於採取投資中心制，但在公司內不同事業單位中也可能採取責任中心制。

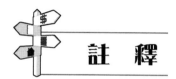

註　釋

①有些學者將規劃與控制稱為是連體嬰（Siamese twins）。

②P. Lorange, M. Morton, and S. Goshal, *Strategic Control* (St. Paul, Minn.: West Publishing, 1985).

③R. L. Mathis and J. A. Jackson, *Personnel: Human Resource Management* (St. Paul, Minn.: West Publishing, 1985).

④其他在財務資源控制方面常用的比率，可參考本書在「財物管理」一章中有關「財務分析」的說明。

⑤這些有關方法，將在本書「財務管理」、「生產及作業管理」、「人力資源管理」等篇章中說明。

⑥L. Reibstein, "Firms Trim Annual Pay Increases and Focus on Long Term: More Employers Link Incentives to Unit Results," *Wall Street Journal*, April 10, 1987, p.25.

⑦H. R. Bobbit, *Organizational Behavior*, 2nd ed., (Englewood Cliffs, N. J.: Prentice-Hall, 1978), pp.99.

⑧B. C. Reimann and T. Thomas, "Value-Based Portfolio Planning, Improving Shareholder Return," in *Handbook of Business Strategy*, 1986/87 Yearbook, p.21.

⑨Charles W. Hofer, "Rova: A New Measure for Assessing Organizational Performance," *Advances in Strategic Management* (Greenwich, Conn.: Jai Press, 1983), pp.43-55.

⑩A. Rappaport, "Corporate Performance Standards and Shareholder Wealth," *Journal of Business Policy*, Spring 1983, pp.28-38.

⑪V. E. Millar, "The Evolution Toward Value-Based Financial Planning," *Information Strategy*: *The*

Executive's Journal, Winter 1985, p.28.

⑫S. P. Sethi, "Top Management Compensation and Corporate Performance," *Journal of Business Strategy*, Spring 1987, p.39.

⑬H. E. Glass, "The Challenges for Strategic Planning in the Late 1980s and Beyond," in *Handbook of Business Strategy* (Boston: Warren, 1987), p.29.

⑭R. I. Daft, "The Nature and Use of Formal Control Systems for Management Control and Strategy Implementation," *Journal of Management*, Spring 1984, pp.43-66.

⑮Robert N. Anthony and John Derden, *Management Control Systems* (Homewood, Ill.: Richard D. Irwin, Inc., 1972), pp.200-203.

⑯Anthony A. Atkinson, Rajiv D. Banker, Robert S. Kaplan and S. Mark Young, *Management Accounting*, 2nd ed. (Simon and Schuster, Singapore: Prentice Hall, 1997), pp.558-561.

⑰A. P. Sloan, *My Years with General Motors* (Garden City, N.Y.: Doubleday, Anchor Books, 1972), p.159.

⑱J. R. Galbraith and R.K. Kazanjian, *Strategy Implementation: Structure*, Systems and Process (St. Paul: West Publishing Co.,1986), pp.85-86.

⑲Robert Simons, *Levers of Control: How Managers Use Innovative Control Systems to Drive Strategic Renewal* (Boston: Harvard Business School Press, 1995), p.80.

自我評量

1. 試舉二個臺灣企業實例說明企業控制的過程。

2. 試說明並比較組織階層的控制。

3. 以下是有關「依照事件發生程序所做的控制」的問題：

    (1)依照事件發生程序所做的控制有哪三種類型？試舉例加以說明。

    (2)試評論：「在家族企業內，這些界限防守單位，很可能因為某種『關係』或某種壓力，使得他們難以秉持公平公正的原則，或被迫放棄組織既定的規則。」

4. 試說明適當控制的準則。

5. 有些管理專家認為控制會使個人喪失自由度。你同意嗎？為什麼？

6. 在衡量績效時，如果只重視監視及衡量績效的行為，則會產生干擾組織整體績效的負面效果。最常見的負面效果有哪些？如何克服這些負面效果？

7. 如以ROI來衡量總公司的績效，有何優點及限制？

8. 如何以短期及長期觀點來衡量利益關係者？

9. 何謂附加價值？如何衡量附加價值？與傳統的衡量標準相較，附加價值報酬率有何優點？

10. 如何衡量股東價值？

11. 衡量高階主管績效的最重要的三個標準是什麼？為什麼？

12. 如何確信衡量的標準是否符合策略目標？

13. 我們可以用哪些標準來衡量策略事業單位的績效？

14. 責任中心（responsibility center）的四種類型是以什麼基礎來分類的？

15. 試說明下列情況應採取何種責任中心制？為什麼？

　　(1)具有單一事業的公司。

　　(2)具有支配性產品的公司。

　　(3)具有許多事業單位的公司。

16. 為何以利潤為基礎來衡量投資中心的績效，便會產生誤導的現象？

17. 試說明衡量下列功能部門的標準：

　　(1)行銷（marketing）。

　　(2)生產及作業（production & operations）。

　　(3)財務（finance）。

　　(4)人力資源（human resource）。

　　(5)資訊（information）。

　　(6)研究發展（research & development）。

18. 試說明在員工賦能時代，「控制」有何新的詮釋？

19. 傳統控制的危險有哪些？

20. 何謂承諾導向控制法？

第叁篇

企業功能

第十章

行銷管理

本章重點：

1. 行銷是什麼
2. 行銷觀念
3. 行銷經理的工作
4. 行銷規劃程序
5. 網際網路行銷

第 一 節　行銷是什麼

　　一家典型的沃爾瑪（Wal-mart）能提供15,000種產品供顧客採購。社會需要某些行銷功能，以便將生產者及中間商組織起來，以滿足社會上每一分子的需要。準此，行銷亦是社會活動中重要的一環。

　　行銷是由個人或組織透過產品、服務、概念的創造，以及定價、配銷及促銷活動，在動態的環境之下，加速「令人滿意的交易活動」的進行。這個定義可應用於營利及非營利組織，其顧客及客戶可能包括個別消費者、商業團體、非營利機構、政府部門，甚至外國廠商等。大多數的顧客及客戶，必須付出金錢代價，才能獲得產品及服務，但是有些人亦可從私人或政府補助，免費或以低價獲得。（註①）茲將上述定義的主要構成因素分述如下。

一、行銷活動是由個人及組織所執行

　　行銷包括了個人、群體及組織所從事的活動，而行銷者（marketers）就是從事行銷活動的個人、群體及組織。所有的組織，不論其為商業或非商業組織（例如：學校、慈善機構、醫院等），皆透過行銷活動來加速有效交易的進行。大學及其學生之間就有交易的進行；為了要獲得知識、歡樂、膳宿、學位，學生必須放棄從事其他工作的時間、金錢及機會。同樣地，學校當局提供了教學、餐廳、醫療服務、娛樂、休閒、土地及設備的利用。即使住家附近的自營小商店，也必須決定哪一些產品可滿足消費者的需求、如何安排進貨、如何標價、如何展示產品、如何做廣告、如何提供顧客服務等。

二、行銷著重於產品、服務及概念

　　產品是可觸摸的實體（physical entity）。服務是無形的產品，它是在實體上無法擁有的某種事蹟、行為或績效，例如：銀行服務、長途電話服務等。提供服務的行銷者有航空公司、乾洗店、美容院、財務機構、醫院、育嬰中心等。概念包括觀念（concepts）、哲學、形象及課題（issue），例如：健美中心提供成員減肥及控制飲食習慣的觀念；政黨、教會及學校等也會提供某些觀念、哲學、形象及課題。

　　行銷起始於「潛在顧客的需求」（potential customer needs），而不是製造過

程。行銷必須企圖預測某些需要。行銷必須應該決定所需開發的產品及服務，其中包括了有關產品設計、包裝、價格或費用、信用及收款政策、運輸及倉儲政策、廣告及銷售的時機及地點，以及售後的保證、服務甚至回收政策。

　　但這並不表示行銷必須取代生產、會計及財務活動，而是行銷藉著分析顧客的需要，以引導並協調這些活動。企業及非營利機構的活動，畢竟都是在於滿足顧客及客戶的需求。

三、行銷活動涉及到產品、價格、配銷及促銷

　　有效的行銷涉及到許多活動，有些活動可由生產者執行；有些活動可由中間商執行，這些中間商可向生產者及其他中間商購得產品之後再加以轉售；有些活動是由購買者所從事的。行銷並不包括人類及組織所有的活動；它只涉及到能促成及加速有效交易的活動。

　　行銷的主要決策或活動包括：產品（product）、價格（price）、配銷（place），以及促銷（promotion）這些決策。這些決策的英文均以P開頭，故稱為4P策略，亦稱為行銷組合策略（marketing mix strategies）。請注意，這些活動僅是最具代表性的活動，而每個活動可再細分為若干個次活動。

四、行銷發生在動態環境之下

　　行銷環境包括了許多動態因素：法律、政府管制、政治、社會壓力、經濟情況的改變，以及技術突破等。這些動態因素會影響行銷活動在促進交易行為時的有效性。

五、行銷可建立令人滿意的交易關係

　　交易的發生必須符合四個條件：

　　1.參與者必須是二個或二個以上的個人、群體或組織。

　　2.一方必須擁有對方所希望擁有的某種有價值的東西。

　　3.一方必須願意放棄這個有價值的東西，以換取對方所擁有的有價值的東西。行銷交易的目標即在於使獲得的報酬高於所付出的代價；

　　4.交易的雙方必須能夠溝通及運送。

　　交易雙方所擁有之有價值的東西，通常是產品、時間、服務、金錢、資訊、地

位、感覺。當交易發生時，雙方會互換有價值的東西，如圖10-1所示。

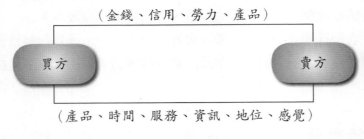

（金錢、信用、勞力、產品）

買方　　　　　　　　　　賣方

（產品、時間、服務、資訊、地位、感覺）

圖10-1　交易關係

　　交易必須使雙方均感到滿意。一項針對行銷經理所進行的研究顯示，32%認為顧客滿意是最重要的行銷觀念，（註②）準此，所有的行銷活動均須以創造及維持令人滿意的交易活動為導向。為了維持交易關係的長久，買賣雙方均須感到滿意。

　　任何企業的策略性選擇方案中，最重要的是決定要向哪些顧客提供服務。（註③）銷售者的滿意可能來自與某一個特定的顧客進行交易，或從特定的交易中獲得利潤，或是協助某個組織達成其目標。

　　對行銷者而言，與買方保持良好的關係是重要的。買賣雙方在互動的過程中，買方會對賣方未來的行為產生某種期許。為了達到買方的期許，賣方必須以誠信原則來進行交易。誠信的買賣關係會產生雙方的互賴關係。買方會依賴賣方提供資訊、零件及服務等，而賣方也會依賴買方的長期惠顧。

　　愈來愈多的消費性產品公司為了維持與買方的長期關係，而紛紛建立溝通管道——例如：用對方付費的方式，讓顧客免費打電話詢價、抱怨等。對家電、電腦、通訊設備、辦公室自動化設備、農機及工業機械業者而言，服務支援將成為競爭優勢所在。（註④）像武器系統這樣的大專案或產品，在銷售之後及交貨前後，買賣雙方必有相當多的互動。這類產品的銷售者必須與買方建立良好的關係。在這種情況之下，銷售只不過是關係建立的開始。（註⑤）

第二節　行銷觀念

　　行銷觀念指的是，透過一系列的、協調的、能夠達成組織目標的活動，提供產品以滿足消費者的需求。消費者滿足（consumer satisfaction）是行銷的主要觀念。

易言之，企業或個人是以消費者的需要和欲望為導向，並透過整合的行銷力量，來滿足消費者的需要。具有行銷觀念的企業或個人會：

1.發掘什麼東西會滿足消費者的欲望。

2.根據上述的資訊，製造消費者所需要東西（而不是製造生產者所能製造的東西）。

3.持續地改變、調整、發展產品，以同步滿足顧客不斷改變的欲望和偏好。

行銷觀念所強調的是顧客的重要性，並且認為行銷活動自始至終都必須以顧客為尊，也就是說，以滿足顧客需求為首要。

在這裡我們要說明需要（need）、欲望（wants）及需求（demands）的差別。「需要」是個人感覺到某種基本滿足被剝奪的情況。人們對於食衣住行育樂、安全、歸屬、受尊重都有需要，滿足了這些需要，才能夠生存及「活得有意義」。需要並不是由社會及行銷者所創造的，它們自然的存在於人類的生物系統之內。「欲望」是「對於特定滿足物的企盼，這些特定的滿足物能夠滿足更深一層需要」。例如：我們需要食物，但對漢堡有欲望；我們需要衣服，但對皮爾卡登皮飾有欲望；我們需要受尊重，但對凱迪拉克有欲望。「需求」是對於特定產品的欲望，它是受到我們是否有能力、有意願去購買所影響。如果我們有購買能力時，欲望就會變成需求。許多人對於凱迪拉克都有欲望，但只有少數人有能力及意願去購買它。

在滿足顧客的需求這方面，企業所必須考慮的，不僅是顧客短期的、立即的需求，而且亦應考慮到長期的、廣泛的需求。組織如果只是短視的、只是滿足顧客現在的需求，而缺乏長期視野，必然不可能永續經營。為了滿足顧客的短期、長期需求，企業必須整合及協調各個部門的活動，這些部門包括：研發、生產、財務、會計、人事、資訊，以及行銷部門。

行銷觀念並不是行銷的第二個定義，它是一種思考方式，是一種指引組織總體活動的管理哲學。將行銷觀念加以落實的企業就會具有市場導向（market orientation），而整個企業活動都能與行銷觀念符合一致的企業，則稱為行銷導向組織（market-orientation organization）。行銷科學研究院（Marketing Science Institute, MSI）對於市場導向的定義如下：組織整體性的蒐集有關顧客目前的、未來的需求的市場資訊，並將此資訊散布在組織的各部門中，並對變動的環境做整體性的回應。（註⑥）

高階管理者、行銷經理、非行銷經理及顧客在發展和實施行銷導向中，都扮演著很重要的角色。根據行銷科學研究院的研究，在此過程中，高階管理者是最重要的因素之一。非行銷經理必須和行銷經理進行開放式的溝通，以交換有關顧客的重

企業管理

要資訊。最後，市場導向也涉及對於顧客需求變動的回應；和顧客發展一種友善的關係，可以確信對顧客需求改變所做的回應將能獲得顧客的滿意，同時又能達成組織目標。

行銷觀念並不是一味地為了滿足顧客而犧牲組織的博愛哲學。採取行銷觀念的企業不是因為必須滿足顧客需求，而犧牲了自己的目標。企業的總體目標可能是增加利潤、市場占有率、銷售額或三者皆是。行銷觀念所強調的是，企業在滿足顧客需求的過程中，達成企業目標。因此，實施行銷觀念會使得組織和顧客兩者均能同蒙其利。

將行銷觀念加以落實

行銷觀念聽起來很合理，但這並不意味著易於付諸實施。欲將行銷觀念加以落實，組織必須著眼於某些一般條件並體認幾個問題。因為這些條件和問題，行銷觀念並未被一般企業完全採用。

由於行銷觀念所影響的不僅是行銷活動，而是所有的商業活動，組織的高階管理者必須真心誠意地採用它。高階管理者必須把行銷觀念完全納入其管理哲學中，使得顧客變成組織最關切的部分。

第一步，管理當局必須建立行銷資訊系統（marketing information systems, MkIS），以使得他們能發現顧客真正的需求，並使用這些資訊去創造令人滿意的產品。沒有這些充分的資訊系統，企業不可能成為顧客導向。

管理當局的第二個主要任務是重組組織。為了要滿足顧客的目標和組織自己的目標，組織必須能協調所有的活動。因此，組織的內部營運方式、若干個部門的整體目標可能需要重新建立。若行銷部門的主管不是高階管理者，則應讓他成為高級幕僚。行銷觀念的落實不僅需要高階管理者的支持，也需要組織全體各階層人員的支持。

組織如果能夠滿足上述的二個條件，還不見得就能順利落實行銷觀念。因為：(1)對於一項特定產品，企業滿足顧客需求的能力會有其限制。在大量生產的經濟中，大部分的企業無法依每個顧客需求訂製產品；(2)雖然一個公司可能嘗試去了解顧客需求，但可能無法做到。即便能夠做到，產品的開發卻有困難。常有公司花費大量金錢和時間研究顧客需求，但產品的銷售仍然不好；(3)企業在努力滿足社會中的某些成員時，便會不能滿足其他成員；(4)組織在重整期間，可能會有員工士氣低落的問題。

第 三 節　行銷經理的工作

行銷經理的主要工作就是擬定周全的行銷計畫，並且付諸實現。要擬定周全的行銷計畫，他（她）必須遵循有效的行銷規劃程序。行銷規劃程序包括：

1. 分析行銷機會與威脅。
2. 建立行銷目標。
3. 研究及選擇目標市場。
4. 發展行銷組合策略。
5. 發展行動方案，並設定這些行動方案的預算。
6. 建立行銷組織結構。
7. 執行行銷方案。
8. 控制行銷方案。

第 四 節　行銷規劃程序

一、分析行銷機會與威脅

機會之所以產生，乃是因為環境變化造成未被滿足的欲望及需求之故，或者是因為行銷者掌握了情勢及時效，並採取行動接觸到目標市場。例如：網際網路消費者渴望獲得更多的資訊，希望能方便的比價、希望能方便快速的訂購到國外產品，則網際網路行銷的機會便產生了。

根據IDC的研究報告指出，全球上網人口有60%住在美國以外的地區，但78%的網站都是英文，網際網路上的語言障礙大於生活。因此以色列的Babylon.com（www.babylon.com）認明此事實，掌握了行銷機會，推出多國語言翻譯系統，協助解決這種資訊溝通的鴻溝。

當滿足需求及欲望之門緊閉之際，威脅便產生了。換句話說，威脅是不利的趨勢或情況。例如：消費者因為害怕狂牛症，因而不敢吃牛肉，對牛肉商而言無疑是一種很大的威脅。

在行銷規劃中，了解環境的機會與威脅是非常重要的一環。在達能公司強調乳

果能促進健康的例子中,他應該考慮到競爭者的反彈。事實上,在美國的乳果市場競爭得非常激烈。許多公司紛紛提供折扣券以招徠顧客,並大幅地增加廣告預算。Kellog公司甚至不惜削價競爭。達能公司如果未能針對這些反彈(威脅)採取必要措施的話,便會遭到淘汰的噩運。

當情況允許企業採取某些行動,以滿足某些特定顧客的需求時,行銷機會就產生了。行銷人員必須要能認明及分析行銷機會。

(一)組織內部因素

當分析機會時,所要考慮的組織內部因素包括:組織目標、財務資源、管理技術、組織的長處及弱點、成本結構。

所應追求的行銷機會應與組織總體目標一致,否則不是失敗,便是會強迫公司改變其長期目標。財務資源則顯然地限制了一個公司所能追求的行銷機會。管理技巧和經驗亦復如是;試探進入一個不熟悉市場的可能性時,應視自己是否具有此方面的管理技巧和經驗,並且必須特別小心。面對不同的行銷機會,組織的優勢很可能會變成弱點。同樣地,組織成本結構亦是如此。

(二)行銷環境力量

行銷環境(包括:政治、法律、政府管制、社會、經濟及競爭、技術等)會影響購買者及行銷組合。

在確認及評估行銷的機會及威脅時,行銷部門需要建立及運作可靠的行銷資訊系統。行銷研究是現代行銷觀念中不可或缺的一環,因為只有透過研究才能夠對消費者的欲望、需求、購買行為等做深入了解,進而才能夠滿足他們的需要。正式的研究方法有調查法(survey)、實驗法(experiment)及觀察法(observation)。除此之外,企業還要建立內部會計制度(internal accounting system),以快速地、正確地獲得有關產品別、顧客別、地區別、銷售人員別、產業大小等資訊。

二、建立行銷目標

行銷目標說明了透過行銷活動所達到的結果。行銷目標的設定必須:清楚、容易客觀的衡量,以及具有時間幅度。

行銷經理可以產品導入或創新的程度、銷售額、每單位利潤、市場占有率來設定目標。在設定這些目標時,行銷經理不應忘記,任何環境層面的改變會影響企業

是否能達成目標。例如：法律的通過或重新詮釋、從毫不相關的行業所發展出來的技術、人們購買或生活習慣的改變、材料供應的短缺及價格上漲等因素，均會影響企業目標的達成。同時由於企業環境詭譎多變，因此在設定目標時必須保持適度的彈性。

　　行銷目標必須配合事業單位、總公司的目標。表10-1中假設總公司的目標是「五年內獲得15%的投資報酬率」，為了實現這個目標，事業單位必須設定「五年內增加銷售額$10,000,000」的目標，而為了實現事業單位的目標，行銷部門必須在市場占有率、廣告支出、新市場滲透、產品的重新設計、新產品的研究發展方面，分別設定目標。

表10-1　企業內目標的配合

總公司目標	事業單位目標	行銷部門目標
五年內獲得15%的投資報酬率	五年內增加銷售額$10,000,000	市場占有率 廣告支出 新市場滲透 產品的重新設計 新產品的研發

三、研究及選擇目標市場

(一)蓮花公司選擇目標市場之例

　　為了響應教育部推動「資訊教育基礎建設計畫」及近期政府的擴大內需方案，美商蓮花（Lotus）推出針對國民中小學設計的「超值學校包」，內含e-mail系統、網站及校務行政系統，除了可以幫助實踐「送e-mail到中小學」及「校校有網站，班班有網頁」的目標外，也可做為中小學校務行政作業電腦化的工具。Lotus的Domino Server、Notes、SmartSuite等系統，與微軟同類產品競爭激烈，雖然微軟挾其強力行銷與高既有市場占有率的優勢，在群組軟體、電子郵件系統、辦公室應用軟體市場上，遠比Lotus知名；不過在學校應用系統這方面，微軟卻並沒有像蓮花這樣，自行開發製作成套的「軟體包」，讓學校能享受「一次購足」的方便。蓮花的策略，可說是在微軟產品強勢壓境的壓力之下，一種聰明、加值的做法。微軟主要是依賴各家獨立軟體開發商或是大專院校本身，在微軟產品的平臺上，以微軟的開發工具，來開發校務適用的各種軟體系統。

Lotus在此次全省擴大內需校園巡迴展示會中，展出e-mail、校園網站及校務行政系統一次購足的學校包，Lotus學校包內含電子郵件，中英文全文檢索功能，及13套老師及家長們必用的網站應用系統。

這13套網站應用系統包括：學校、老師與家長、學生緊密互動的電子連絡簿、每週菜單、留言板、活動快報、討論區、考古題庫系統、輔導室信箱、電子公布欄；另有與校務行政有關的網站管理員、學籍查詢系統、公文簽核系統、資訊設備叫修、文件管理系統等。

網站管理員提供上千種美工圖案、音效檔和三百多種網頁樣式，讓各校老師可直接修改，完成網站建置；也可經常變換美工圖案，增加學校網站的活潑性與可看性。並具有自動維護及預約更新網站內容的功能，不致再加重老師維護及管理。

電子連絡簿可讓家長查詢學生最近的班際活動，利用網頁和老師做雙向溝通，或預約與老師面談、電話訪問的時間。學校網頁上也包含每週菜單詳細內容，讓家長充分了解學生在校的飲食狀況。留言板則可做為大家表達意見的園地，例如：每週菜單建議、活動心得等，讓學校可做為改善校務的參考。

學生並能利用網頁上提供的「電子輔導室信箱」功能做問題諮詢，這部分的留言可採用公開或隱密二種方式。討論區則可提供各類型不同的主題，供學生、老師與家長在線上發表文章、討論問題。其「考古題庫系統」可用來建置各科系、各年級的考古題目，也具備線上測驗功能及全文檢索功能，利用關鍵字即可快速查詢相關文件。

另外還有公文簽核系統，讓學校能透過電子郵件傳送公文，簡化簽核流程；這套系統可在公文中插入多媒體和文書資料檔案。當然，它具備文件加密功能，以確保公文傳送的安全。

最後，文件管理系統包括學校章程、教職員手冊及教學文件三大項目，讓老師可以存放教材資料。資訊設備叫修系統則可透過瀏覽器填寫維修申請單，同時提供線上查詢維修狀況功能。

(二)定義

目標市場（target market）是「企業以其所創造、維持的行銷組合來滿足某一群體的需求及偏好的一群人」。在選擇目標市場時，行銷經理必須評估可能的市場，看一看進入這個市場對於公司的利潤及成本的影響。

行銷經理可以將目標市場定義成「一個廣大的人群」，或是「一個相對小的人群」。雖然企業可以用單一的行銷組合，將其所有的努力專注於一個目標市場，它

也可以用不同的行銷組合，專注於若干個目標市場。

四、發展行銷組合策略 (註⑦)

如前所述，行銷組合包括四個要素：產品、價格、配銷及促銷。這四個要素又稱為「行銷組合決策變數」，因為行銷經理要針對每一個要素決定它的類型、大小等。行銷組合變數通常被視為「可控制的變數」，因為它們可以被改變，但是改變是有程度的。

行銷經理必須發展出一個能夠完全符合目標市場需求的行銷組合。要做到這點，他（她）必須詳細蒐集有關這些需求的資訊。

我們可以再仔細地研究一下有關於行銷組合變數的決策和活動。表10-2是有關於行銷組合變數的部分決策和活動。（註⑧）

表10-2　與行銷組合變數有關的可能決策及活動

行銷組合變數	可能的決策及活動
產品	新產品的發展及市場測試；調整現有產品；剔除不再能滿足顧客欲望的產品；發展牌名及品牌政策；創造品質保證及建立品質保證的程序；規劃包裝事宜（包括材料、大小、形狀、顏色及設計）
價格	分析競爭者的價格；發展定價政策；決定定價的方法；依不同類型的顧客來決定折扣；建立銷售的條件
配銷	分析各種不同的配銷通路；設計適當的配銷通路；設計有效的方案以建立經銷商的關係；設立配銷中心；發展及實施有效率的產品運送程序；建立存貨控制；分析運輸的方法；使得整體配銷成本達到最小化；分析批發、零售出口的最可能地點
促銷	建立促銷目標；決定促銷的主要類型；選擇及排程（scheduling）廣告媒體；發展廣告訊息；衡量廣告的有效性；僱用及訓練銷售人員；發展銷售人員的報酬制度；建立銷售區域；規劃及實施銷售促銷努力（sales promotion efforts）；準備及散播公眾報導

若以行銷組合策略（4P）來分析個人電腦（PC）產業，我們可以發現桌上型個人電腦市場，目前正處在空前未有的激烈爭奪戰中。自從戴爾公司（Dell）首先以低價的郵購策略促銷PC取得消費者認同之後，Compaq公司亦從善如流地宣布降價40%，直接引爆了PC價格戰；緊接著，日本的DEC公司亦宣布該公司PC調降售價46%，日本蘋果公司亦宣布調降售價20%。隱含在這一連串降價數字背後的現象，乃是產品結構與行銷通路上的改變。在產品結構上，除了蘋果電腦成功的市

場定位及區隔外，各PC廠商的主機功能差異程度並不高（製造主機的技術已相當成熟），加上消費者購買PC時幾乎都不重視品牌屬性，因此，基本上，在品牌差異化及品牌策略上，已無法找到適當的立足點。此外，傳統上過長的行銷通路，削減了許多應得的利潤，因此許多公司紛紛開始縮短其行銷通路。例如：我國許多到歐洲設廠的PC業者也採取直營方式，盡量不透過中間的代理商及中間商。甚至IBM、Apple、Zenith等公司已開始仿效戴爾公司的行銷方法，展開直銷郵購的業務。

(一)產品決策

產品可能是一個財貨、服務或概念。產品變數所涉及的是研究消費者對於產品的需求，並設計出一個他們所希望的產品。

(二)價格決策

價格變數所涉及的是建立定價政策、決定產品價格的活動。價格是行銷組合中相當具有關鍵性的要素，因為消費者所關切的是在交換中所獲得的價值。價格常被用來做為競爭的工具，例如：西南航空公司（South West）由於堅持低價而在美國航空業占有一席之地。在2001-2004年間，美國航空業損失了數十億美元，解僱了數千名員工，在這麼不景氣的環境下，西南航空仍能以低價競爭而獲利，顯然除了價格低廉之外，還有其他的致勝祕訣。

(三)配銷決策

為了要滿足消費者的需求，產品必須要能在正確的時間、正確的地點提供。在處理配銷變數時，行銷經理必須能夠提供足量的產品，並且盡量壓低存貨、運輸及倉儲成本。

(四)促銷決策

促銷變數所涉及的是告知某一個（或若干個）目標市場有關本公司、本公司產品有關的訊息活動。除此以外，促銷可能是教育消費者有關產品的特色，或者鼓勵消費者對於某一個政治、社會議題，採取某一個立場等。

（五）個案實例

1.Minnetonka公司之例

組織的「策略」是整體性的計畫，而「方案」或戰術是執行策略的特定行動。茲以Minnetonka公司所推出的液體肥皂為例，說明戰術行動的層面。當該公司推出此一創新的產品時，就面臨到市場領導者如戴爾公司（Dial，擁有15.6%的市場占有率）及寶鹼公司（Procter & Gamble）的Ivory香皂的直接競爭。然而這個初生之犢在短短的六個月內就奪取了6%的市場占有率，此種績效應歸功於其戰術計畫的成功：

(1)產品：以Softsoap（軟性肥皂）為品牌名稱，清楚地表達了產品本身及形式。

(2)包裝：形狀呈橢圓形，瓶蓋是透明的，瓶子四周有柳條紋。

(3)價格：零售價1.50美元，等於六塊香皂的價錢。

(4)廣告：透過電視及印刷媒體，廣告預算600萬美元。

(5)促銷：提供折扣券（可便宜0.15美元）。

(6)配銷：透過食品掮客銷售到超級市場。

在t期，該公司的行銷組合可以下列方式來表示：

$$(P_1, P_2, P_3, P_4)_t$$

其中，P_1＝產品品質，P_2＝價格，P_3＝促銷，P_4＝配銷。

如果Minnetonka公司針對其Dial產品所發展的產品品質為1.3（平均＝1.0），定價為$1.50，促銷費用每月為$500,000，配銷費用每月為$80,000，則在t期，其行銷組合為：

$$(1.3, \$1.50, \$500,000, \$80,000)_t$$

我們不難發現，像上述這種情況的可能組合實在太多了。行銷經理必須決定各種可能組合的行銷費用分配（allocation of the marketing dollars）。他（她）可以建立銷售反應函數（sales response functions）來檢視各個行銷組合變數對銷售量的影響。

不論採取何種戰術，企業均應以整體觀點來考量，不可顧此失彼、因小失大。在整合各種戰術計畫時，行銷經理可用計畫評核術（program evaluation and

企業管理

review techniques, PERT，由美國太空總署所發展），來訂定各種行動方案的內容、執行次序（先後次序或並行作業）及完成的時間。

2.捷安特之例

1997年捷安特在中國的銷售量高達53萬臺自行車，根據中國國家統計局調查，1997年捷安特在中國自行車銷量排名第二，除了西藏、黑龍江之外，都有捷安特的蹤跡，1998年預估在中國可銷售65萬臺。根據「中國自行車協會」調查，1997年捷安特在上海自行車零售市場銷售量及銷售額都排名第二，在售價、質量、款式造型、色彩、服務和信譽方面，捷安特也都名列前茅。

自行車在中國被視為民生必需品，中國每年生產4,000萬臺自行車，不過今天在中國中國擁有1臺捷安特自行車已成為身分地位的象徵。

在中國最便宜的捷安特要賣到460多元人民幣，最貴的要2,000多元人民幣，比同型其他品牌的自行車貴30%，但許多趕時髦的中國年輕人對捷安特趨之若鶩。

為了深入中國市場，捷安特捨棄中國自行車廠慣用官方的五金交通產品行銷通路系統，自己建立獨立經銷網際網路，在中國開設15家直營店，由直營店負責各地的自行車批發，同時還在主要都會成立了135家專賣店和500多家店中店，全中國的百貨公司都可買到捷安特。

雖然捷安特昆山廠被中國官方歸類為外資企業，但是捷安特強調「全球品牌，當地生根」的策略，不論在哪裡投資，就把自己定位為當地企業，迎合當地特性，來開發生產適合當地的自行車。

從前中國的自行車廠是按照國外的規格生產，採用28吋車架，車身太高，一般人騎車碰到紅綠燈時往往必須下車，捷安特累積了數十年的經驗，針對中國人體型採用26吋車架，騎車遇到紅綠燈時，不必下車，只要坐在椅墊上就可以停下來。

在中國自行車是主要交通工具，除有代步的功能外，還必須兼具載貨功用，所以捷安特在中國生產的自行車大多附有菜籃和貨架。

「有廣告才是好東西」是中國人的消費特性，因此，捷安特不惜拿出3%以上的營業額在中國打廣告，電視、公車、足球等運動競賽看板都可看到捷安特的廣告。每年固定贊助上海自行車隊參加國際自行車比賽，1998年更配合世界杯足球賽在全國13個省舉辦有獎徵答，反應熱烈收到20多萬張抽獎明信片。

五、發展行動方案及擬定預算

行銷部門在發展行動方案時，就是在決定做什麼、何時做、由誰做、如何

做、花費多少的問題。「花費」的決定是很重要的，因為不論行動方案如何周詳可行，如果缺乏財務資源，則必將功虧一簣。

行動方案所涉及的成本即為預算（budgeting）的範疇。預算是在某一特定期間內對收入及支出的預估。它顯示出在特定的價格之下，所期望的產品銷售數量及所衍生的利潤，它也顯示出發展、製造及行銷這些產品的成本。

企業如欲充分發揮行銷計畫的功能，必須協調計畫中的每個活動，預算即是達成協調的最佳媒介。它可以預估每個活動的預期績效，然後再將這些活動加以整合，並顯示在預計財務報表（pro-forma financial statement，如現金預算、生產預算、銷售預算等）。

設定促銷預算的方法（如銷售百分比法、競爭等價法、所有資金法、任務法），均可用來做為訂定預算的工具。另外一個由德州儀器公司（Texas Instrument）所發展的零基預算（zero-based budgeting），也是一個很實用的方法。零基預算是分析整個作業（包括目前的與計畫的行動）的有效工具，零基預算與傳統式預算的最大差別，在於零基預算不以以往的預算為參考點，易言之，它並不事先認定目前的活動有存在的必然性。它好像認為目前的組織活動並不存在，因此預算要從「零」（zero）開始做。零基預算的優點在於它可使整個組織以成本效益的觀點，重新評估所有的活動。值得注意的是，如果預算的過程規劃得不夠周密的話，實施起來會有極大的困難。（註⑨）

六、發展行銷組織結構

企業在將其行銷策略落實之前，必須要建立組織結構——也就是界定負有不同責任的個人之間的相互關係。一個企業如何整合其行銷活動的方式，取決於該企業對行銷著重的程度，更進一層觀之，取決於該企業是生產導向、銷售導向亦或行銷導向。例如：在銷售導向的企業內，銷售與廣告經理是與生產及作業經理、財務經理屬於同一個組織階層，而在行銷導向的企業內，銷售及廣告是屬於行銷功能的一部分，因此行銷經理與生產及作業經理、財務經理屬於同一個組織階層。

行銷部門在一個企業中的「地位」，可用若干種方式加以界定；這些不同的方式是依產品的種類及形式、目標市場的本質，以及該企業所需提供服務的地理區域而定。在決定組織結構時，企業通常劃分部門的基礎是企業功能別、產品別、地區別、顧客形式等，有些公司甚至採用矩陣式組織（matrix organization）。

企業管理

七、執行行銷方案

　　企業在建立實施行銷策略的組織結構，並且發展了行動方案、擬定預算之後，就應將此行動方案加以落實。策略的擬定與執行是不可分割的，而策略的擬定並不僅是高階管理者的責任，而是所有直線主管的責任。策略執行時應考慮到「麥金錫7-S架構」（McKinsey 7-S framework）。（註⑩）圖10-2顯示了麥金錫7-S架構，前三個因素分別為策略（strategy）、結構（structure）及制度（system），稱為成功的「硬性」因素；後四個因素，分別為風格（style）、用人（staff）、技術（skill）及共有的價值觀（shared values），稱為成功的「軟性」因素。實施方案時，要特別注意這些因素。

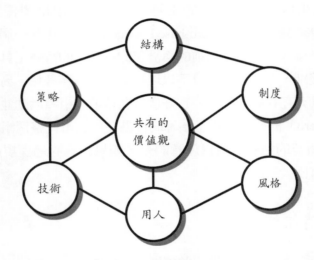

圖10-2　麥金錫7-S架構

來源：Thomas J. Peters and Robert H. Waterman, Jr. *In Search of Excellence: Lessons from America's Best Run Companies* (New York: Harper & Row, 1982), pp.10-12.

　　根據麥金錫公司的發現，成功的企業（如寶鹼、達美航空、麥當勞、開拓農機等）除了重視上述硬性因素之外，還特別重視軟性因素。風格是指公司內的員工均分享（具有）相同的思考及行為模式；如在麥當勞每位員工均對顧客面帶微笑。技術是指公司內的每位員工均具備實施策略的有關技術；用人是指公司會僱用稱職的人員、訓練他們，並指派他們到適當的工作崗位，使他們能發揮所長；共有的價值觀是指員工均具備同樣的主要價值觀及使命感。成功的企業其員工均有配合策略的共有文化。（註⑪）

行銷策略的執行也涉及到如何以有效能、有效率的方式來指揮部屬,以發揮其能力及技術,達成組織目標。如果沒有良好的指揮,員工會對應完成什麼工作、如何完成、完成的優先次序各憑己見,結果會相互掣肘,使得生產力大為降低。管理者的領導風格(集權式或授權式)、透過溝通所產生的行為規範,以及在自主性工作團體的協議等,都會影響指揮。

要使新策略有效落實,行銷經理必須進行有效的授權。他必須激勵員工、與員工進行有效的溝通、協調行動,以使員工達到管理者的期望,進而獲得高績效。管理者要有強烈的動機去發掘解決執行問題的新方法,而不要在無意義的衝突上浪費了寶貴的資源,這個目標有時候必須非正式地透過強勢公司文化才能達成。在這個公司文化下,員工對於群體工作、對組織目標及策略的承諾,都會有一致的規範及價值觀。這個目標也可以透過行動計畫(action plan)或者全面品管(Total Quality Management, TQM)來達成。(註⑫)

八、控制行銷方案

控制行銷方案包括:建立績效標準、分析績效、採取矯正行動。

(一)建立績效標準

控制行銷方案的過程包括設定績效標準、評估實際績效,並將實際的績效與所設定的績效標準做比較。控制的成效端視績效標準的有效性及資訊回饋的正確性而定。績效的標準可用四個層面來建立:銷售標準(總銷售、產品別銷售額、部門別銷售額、地區別銷售額等)、消費者滿足程度(購買量、品牌忠誠度、重複購買率、品牌印象、抱怨數等)、成本(總成本、產品別成本、部門別成本、地區別成本等)以及利潤(總利潤、產品別利潤、部門別利潤、地區別利潤等)。

(二)分析績效

行銷經理可用銷售分析以檢視各產品別、部門別、地區別等銷售額占總銷售額的百分比;可用銷售差異分析來檢視產品別、部門別、地區別等為基礎時,實際績效與預期績效的差異情形;可用行銷控制表、行銷成本分析(如直接成本法、共同成本法、全部成本法、邊際貢獻法)以及行銷稽核(marketing audit)來分析績效。

(三)採取矯正行動

績效以適當的方法加以分析之後,行銷經理便可採取適當的行動:(1)剔除造成實際與預測績效差異的因素(如增加銷售人員);(2)改變戰術計畫以適應非能力所能控制的情境(調整價格與競爭者抗衡);(3)短期內不採取策略,但須調整長期策略(如對現有產品不加調整,同時進行新產品的發展)。

行銷經理應該注意下列因素可能影響矯正行動實施的效果:難以明白造成差異的真正原因、了解問題與採取行動之間的時間落差延遲,以及預算的限制。

第 五 節　網際網路行銷

近年來,由於網際網路的科技突破,上網人數如雨後春筍般地踴躍,更由於經濟部推動百萬商家上網計畫,因此網際網路行銷變成值得相當重視的新潮流。我們應了解,網際網路行銷是傳統行銷的輔助工具,絕無百分之百取代傳統行銷的可能。例如:在「見面三分情」的中國社會,人員推銷(personal selling)還是占有舉足輕重的地位。企業在強化傳統行銷活動的過程中,如能輔之以網際網路行銷,便可獲得如虎添翼之效。在本節,我們將說明網際網路行銷的意義及效益。

一、網際網路行銷意義

網際網路行銷(Internet marketing),又稱為虛擬行銷(cyber marketing),它是針對網際網路的特定顧客或商業線上服務的特定顧客,來銷售產品和服務的一系列行銷策略及活動。它透過網際網路使得消費者可以透過線上工具和服務來取得資訊、購買產品。網路行銷者(Internet marketer)就是利用網際網路以進行行銷活動的企業,以及/或者此類企業的行銷部門、行銷部門經理。

值得注意的是,網際網路行銷規劃必須配合及支援公司的整體行銷規劃。網際網路行銷只是行銷方式的一種,並不是唯一的方式。欲獲得有效的網際網路行銷效果,網際網路行銷者必須鎖定特定的消費群,這是其他媒體難以做到的。

二、網際網路行銷的效益

公司一旦進行網際網路行銷後,便會獲得許多效益。表10-3列出各公司所獲得

的實質行銷效益。值得注意的是，我們可將公司所爭取的效益分成二種模式：改進導向（improvement-based）及利潤導向（revenue-based）。

表10-3 網路行銷效益的實例

改進導向	釋例	利潤導向	釋例
加強 品牌建立 產品項目建立 品質	迪士尼 英特爾 NPR	網路服務供應商 主辦 聯盟 廣告 銷售佣金 潛在顧客	ACO and Dilbert Exite and Amazon Tech/Web Amazon Associates Edmunds
效率 　成本降低 　免費試用	Cisco 大英百科	來自使用者 產品銷售 使用者付費 訂購 成束銷售	戴爾電腦 Wet Foot Press WSJ 科學雜誌
效能 經銷商支援 　供應商支援 　資訊蒐集	GM GE Double Click		

三、網際網路對行銷的影響

Infinet公司副總裁Gordon Barrel對於網際網路上許多人各行其道、毫無遊戲規則的景況，感慨良多。他有個絕妙的譬喻：「網際網路上什麼事情都可能發生，WWW（World Wide Web，全球資訊網）應該是Wide West Wrestling（蠻荒西部角力賽）的縮寫。」

1999年初時，玩具反斗城（Toys "R" Us）宣布將在英國提供免費的網際網路服務。根據預測，英國市場的網路零售在2003年時，將會增加到50億美元。玩具反斗城希望當英國的上網人數愈來愈多時，公司的銷售量及廣告收入都會增加。（註⑬）以下我們將討論行銷策略中四個重要的因素：行銷研究、目標市場、廣告以及公共關係。

企業管理

(一)行銷研究

對任何公司而言，網際網路都是有價值的行銷研究工具。在電子商務上，行銷研究更是不可或缺的。目前，各企業都可以研究利基市場，並適當調整其行銷策略決策。透過行銷研究，企業可以檢視購買形式，例如：購買特定產品的人是誰？這些人還購買些什麼產品？確認所銷售的地理區域。透過網際網路，蒐集資料的潛力是無與倫比的。除了可追蹤其利基市場外，公司還可以很有效率地以匿名的方式，來追蹤競爭者的定價及廣告策略。企業可以很容易地比較競爭者的價格，就好像顧客可以很容易地做比價一樣，吸引消費者的技術同時可嘉惠銷售者。

(二)目標市場

在討論到網際網路的優勢時，也許最無可爭議的、「最令人生畏懼」，就是它的無遠弗屆——幾乎可以達到想像不到的任何市場。線上商店的「隆重開幕」也不要幾小時的時間，之後全世界的消費者就會在你的商店門口大排長龍（這是比較樂觀的看法）。你可以將你的網站設計得「客製化」，以吸引一個或多個市場利基。只要你能夠滿足供應的要求（不缺貨），在合理的時間內提供高品質的產品，你就有接觸到目標市場的潛力。你的遠景取決於你的生產能力。你迫在眉睫的重要問題是：「你能夠實事求是嗎？」這裡的「事實」，是指「你可能被短期的大量訂單弄得焦頭爛額。」

(三)廣告

廣告至少可在三方面發揮作用。企業可利用其網站：(1)吸引網際網路遨遊者，並使他們變成購買者；(2)吸引廣告商，做為收入的新來源；(3)與其他的網站連結，形成策略夥伴。

雖然網路廣告收入比其他形式的廣告收入還低，但是網際網路廣告收入有漸增的趨勢。網際網路廣告局（Internet Advertising Bureau, IAB）曾估計，1997上半年網際網路廣告收入總額是3.4億美元，比上一年同期增加了322%。（註⑭）但是橫幅廣告（ad banners）已經相當浮濫，具有「悟性」的購買者覺得它們相當惱人。廣告價格也是起起伏伏的，定價也沒有準則。目前的經驗法則是，如果某一網站非常受歡迎，則其廣告價格必然高得驚人。

(四)公共關係

公司的新聞稿及重大事件可以登在網站上，以做快速宣告。企業可與供應商、製造商、經銷商及策略夥伴，保持密切的連繫，以獲得最新的消息。這些新消息可透過企業內網路、企業間網路及網際網路來傳遞（我們將在第十四章詳細討論）。網站可以是公布公司好消息的佈告欄，也可以是向購買者免費提供訊息的地方。能夠這樣做，商譽自然增加。

在說明正面的公共關係所發揮的威力方面，藍山藝術公司（Blue Mountain Arts）便是一個典型的例子。藍山藝術公司成立於1971年，在先前沒有任何成交的情況下，居然躍居為最受歡迎的採購網站，這種成就實在令人既羨慕又忌妒。這個銷售問候卡的小型出版公司，在1996年9月架設了網站（www.bluemountainarts.com）。由於網頁設計得精巧，又免費提供感性訴求的電子賀卡，沒多久這個網站就造成了空前的轟動。旋踵之間，藍山藝術公司就超越了賀軒公司（Hallmark）及美國賀卡公司（American Greetings）（後兩者的電子卡是要收費的）。架設網站之後，藍山藝術公司的核心事業每年成長20%。在架設網站之前，出版事業在支援線上賀卡事業的同時，本身仍有淨利潤。企業負責人舒茲夫婦（Stephen and Susan Polis Schutz）特別強調，他們要成為網際網路溝通的「感性中心」（emotional center）的重要性。他們和顧客建立了令人羨慕的良好關係。他們都遲遲不願意將網站變成一個利潤中心，但是潛在的投資者及第二代的負責人（他們的兒子傑瑞得）都在催促他們早日轉型。誰會贏？目前仍不得而知。順便一提的是，由於舒茲夫婦饒富詩意及感性的賀卡設計，他們每年從滿意的顧客那裡收到的感謝函不知凡幾。

四、成功網際網路行銷者的特性

在線上購買愈來愈風行之際，商店、型錄及網站這三者之間的界限變得愈來愈模糊。要在市場上獲得領導地位，網際網路行銷者必須在以下三方面拔得頭籌。

考慮一下三個基本的課題：(1)市場趨勢；(2)顧客服務；(3)獲利性。網際網路行銷者不斷面對的挑戰就是在隨時掌握趨勢之餘，還要提供顧客一些獨特的東西。在傳統商店中，顧客服務是相當重要的，在網際網路行銷上亦然。但是提供服務的成本（人工成本）占了預算中一個相當大的比例。雖然要回收投資於架設網站的成本需要一段時間，但如果你在價格及產品上沒有競爭力的話，那麼也不會產生足夠的消費者需求來支持這個網站。

 **企業管理**

我們可以很清楚地了解，具有優勢領導者的電子商務公司，都會在市場上獲得優勢地位。他們有很多成功的秘方。這些公司的創業者或者高級決策者都有良好的個性和心理特徵。成功的網際網路行銷除了行銷者必須具備某些個性之外，還要以敏銳的行銷技術來配合。在大型企業中，高階管理者或總經理會成為各級經理及幕僚人員的表率，他們的思想及行為會漸漸地孕育成企業文化。在小型企業中，其創始人就擔任高階管理者、高級銷售員的職務，因此創始人的風格常常會影響他的企業願景（company mission）。

成功的網際網路行銷者是具有創意（creativity）、洞察力（insightful）、果決性（decisiveness）、合作性（collaborative）、專業性（professional）及投入（dedication）、領導力（leadership）及諮商技術（negotiation skill）的，如表10-4所示。

表10-4　成功網際網路行銷者的特徵

創意（creativity）	可以將平凡無奇的東西變成不可思議的東西
洞察力（insightful）	了解什麼東西最能激勵消費者
果決性（decisiveness）	會對市場趨勢的變化做立即的反應
合作性（collaborative）	會去尋找互蒙其利的交流
專業性（professional）	對任何工作瞭若指掌
投入（dedication）	對於工作永遠保持精力與熱忱
領導力（leadership）	眼光遠大，不怕成為第一
諮商技術（negotiation skills）	會以開放的、誠實的方式達成協議

五、創意

網際網路行銷者的特徵就是創意以及在表達上的想像力。他們有能力將平凡的東西變成非凡的東西，他們可以把虛擬的影像加以觀念化。他們可以把看似無關的東西加以整合，產生新穎的、令人不可思議的表達形式。有創意的人對於例行工作會感到厭煩；他們需要求新求變。他們會把創意帶到網站的設計上，並且不時地更新，以滿足其求新求變的需求。

六、洞察力

洞察力是看透事情的表面，深入事情核心的能力。成功的網際網路行銷者就是

具有直覺（intuition）、知覺（perception）的人。一般而言，他們會知道行為背後的心理動機。這些特徵使他們能夠解釋顧客的需要及欲望。長久以來的一個問題：「我會有什麼好處？」（顧客心中自問），對於有洞察力的人根本不是挑戰，因為成功的網際網路行銷者早就知道顧客的個性及心中的需要。

七、果決性

　　成功的網際網路行銷者在因應市場改變而採取行動時，不會猶豫不決、優柔寡斷。他們對於新的需求會做立即的反應，並調整策略，雄心萬丈的將策略加以落實。如果碰到瓶頸，他們也會改弦易轍，不是一年後，而是立即行動。

八、合作性

　　成功的網際網路行銷者所重視的是團隊合作，而不是單打獨鬥。他們非常重視互惠的互動，他們會和顧客、供應商及商業夥伴共同研究如何才能將產品有效的導入市場。他們會與供應鏈中的各成員共同合作，將交易流程變得更有效率、更有獲利性。

九、專業性

　　某一領域的專家會有「專業性」的美譽。成功的網際網路行銷者必然具有網際網路行銷的專業性，例如：如果某領域是需要高度專業性的，那麼此網際網路行銷者本身不是技術專家，就是延攬技術專家的專家。做為一個專業人員，他自然知道品質，以及無瑕疵的產品、服務代表什麼意義。

十、投入

　　成功的網際網路行銷者會對目前的工作做百分之百的投入。他們的網站是最高的優先，而不是可有可無的東西。從設站到完成，這些網際網路行銷者無不注意各個過程細節。這就是說，他們會非常留意供應鏈的需求、顧客服務要求、市場變化、產品品質、生產及交貨等問題。在網站的更新方面，以及在整體行銷策略的落實方面，他們從頭到尾都會保持相當的精力及熱忱。

企業管理

十一、領導力

　　成功的網際網路行銷非靠有效的領導不可。成功的網際網路行銷者在因應市場趨勢、提供顧客服務，以及達成最終的獲利目標方面，無不扮演著一個領導者的角色。這些領導者個人優於其競爭者的原因，在於他們不畏懼創新、不畏懼成為先鋒。成功的網際網路行銷者在某一方面或其他方面，總有優於其競爭者的地方。他們可能是第一個將產品及服務推出市場的人，第一個以低成本、高品質、顧客導向、客製化進行電子商務的人。他們相信，逆水行舟，不進則退，所以會不遺餘力地不斷找尋新方法以維持市場領導者地位。他們會追蹤經濟的、社會的、市場的趨勢，並觀察這些趨勢對其未來動向的衝擊。

十二、諮商技術

　　成功的網際網路行銷者在與供應商、商業夥伴建立合作協議書時，會利用優異的諮商技術。他們會保護本身的利益，也會公平地對待他人。他們會舉辦公開的商業討論，達成公平的交易。對於協議書的條款，他們也會以開放的、誠實的心態來完成。

　　沒有這些特性，你會成功嗎？祕訣是你要知道你的長處及弱點，並截長補短。

　　1.創意是可以購買的，圖形藝術師、設計師、文案撰寫者都可以僱用來創造網頁上的圖案及文字，以吸引消費者的光臨及再度光臨。

　　2.雖然你不可能購買直覺，但是透過對消費者心理的深入了解，可以增加你個人的洞察力。對於在網際網路上所發布的研究及市場調查的深入了解，你對購買者的需求及欲望就有更深一層的知覺。利用市場研究來擴展你的參考架構，對於認知運算（cognitive computing）的研究發現，尤其要活學活用。

　　3.當你能獨當一面，而且由於資訊充裕，進而使你對於做高品質決策有信心時，果決性自然而然就會出現。但是有時候，你並未獲得應有的資訊。你要分析各個可行方案，找出其優點與缺點，使風險降到最低。

　　4.與你的顧客、供應商、商業夥伴的合作性需要開放及誠懇的心靈，以及對供應鏈的深入了解。如果你不甚了解這些潛在的聯盟夥伴，或者你不甚了解如何使得交易流程更具效率，你就要花該花的時間去深入了解他們運作的細節。你也要了解你們之間互相的影響，以及對顧客的影響。

　　5.你可以自己擁有專業性，也可以聘僱專業人員。如果是聘僱的話，你要找到

最優秀的人才，才會建立品質的聲譽。

6.在建立網站的早期，由於新奇感所致，你可能會積極的投入。然而，長期的投入才是使顧客再度光臨的不二法門。忘記這件事了嗎？電子商務銷售在1998年聖誕節的顧客滿意度遠低於上一年。幾年的成功就能獲得品質的保障了嗎？即使曾經是市場領導者的企業也經歷過許多問題。

7.身為一個領導者，不要淨管些雞毛蒜皮的小事，要顧全大局。你所從事的是什麼行業？將重點從「以正確的方法做事」（效率），轉移到「做正確的事情」（效能）。確信你的行為舉止要像個領導者，才會在市場上得到領導者的地位。

8.當你與你的顧客、供應商、商業夥伴坐下來擬定協議書時，諮商技術會使你受用不盡。如果你不是一個有技術的談判者，就要聘請有技術的人（如律師、財務專家、會計師等）來幫忙。

重要名詞

行銷
行銷是由個人或組織透過產品、服務、概念的創造，以及定價、配銷及促銷活動，在動態的環境之下，加速「令人滿意的交易活動」的進行。

動態環境
行銷環境中的因素：法律、政府管制、政治、社會壓力、經濟情況以及技術等，都會隨著時間而做改變。

交易關係
在交易的雙方中，賣方所擁有有價值的東西通常是產品、時間、服務、金錢、資訊、地位、感覺。而買方所擁有有價值的東西通常是金錢、信用、勞力、產品。當雙方會互換有價值的東西時，所產生的關係稱為交易關係。

交易必須使雙方均感到滿意。一項針對行銷經理所進行的研究顯示，32%認為顧客滿意是最重要的行銷觀念，準此，所有行銷活動均須以創造及維持令人滿意的交易活動為導向。為了維持交易關係的長久，買賣雙方均須感到滿意。

行銷觀念
行銷觀念指的是透過一系列的、協調的、能夠達成組織目標的活動，提供產品以滿足消費者的需求。消費者滿足（consumer satisfaction）是行銷的主要觀念。易言之，企業或個人

是以消費者的需要和欲望為導向，並透過整合的行銷力量，來滿足消費者的需要。具有行銷觀念的企業或個人會發掘什麼東西會滿足消費者的欲望？根據上述資訊，製造消費者所需要東西（而不是製造生產者所能製造的東西）；持續地改變、調整、發展產品，以同步滿足顧客不斷改變的欲望和偏好。

行銷觀念所強調的是顧客的重要性，並且認為行銷活動自始至終都必須以顧客為尊，也就是說，以滿足顧客需求為首要。

需要

「需要」（need）是個人感覺到某種基本滿足被剝奪的情況。人們對於食衣住行育樂、安全、歸屬、受尊重都有需要，滿足了這些需要才能夠生存及「活得有意義」。需要並不是由社會及行銷者所創造的，它們自然地存在於人類的生物系統之內。

欲望

「欲望」（wants）是「對於特定滿足物的企盼，這些特定的滿足物能夠滿足更深一層需要」。例如：我們需要食物，但對漢堡有欲望；我們需要衣服，但對皮爾卡登皮飾有欲望；我們需要受尊重，但對凱迪拉克有欲望。

需求

「需求」（demands）是對於特定產品的欲望，它是受到我們是否有能力、有意願去購買所影響。如果我們有購買能力時，欲望就會變成需求。許多人對於凱迪拉克都有欲望，但只有少數人有能力及意願去購買它。

行銷管理

涉及到行銷經理的如何擬定周全的行銷計畫，並且付諸實現。要擬定周全的行銷計畫，他（她）必須遵循有效的行銷規劃程序。行銷管理也涉及到行銷部門人員的管理，如領導及激勵行銷人員等。

行銷機會

行銷環境變化所造成未被滿足的欲望及需求的情形。當情況允許企業採取某些行動，以滿足某些特定的顧客的需求時，行銷機會就產生了。行銷人員必須要能認明及分析行銷機會。

行銷威脅

當滿足需求及欲望之門緊閉之際，威脅便產生了。

組織內部因素

組織內部因素包括：組織目標、財務資源、管理技術、組織的長處及弱點、成本結構，這是分析行銷機會時所要考慮的因素。

行銷環境力量

包括政治、法律、政府管制、社會、經濟及競爭、技術等行銷環境因素，這些因素會影響購買者及行銷組合。

行銷目標

行銷目標說明了透過行銷活動所達到的結果。行銷目標的設定必須：清楚、容易客觀的衡量，以及具有時間幅度。

行銷經理可以產品導入或創新的程度、銷售額、每單位利潤、市場占有率來設定目標。

目標市場

目標市場（target market）是「企業以其所創造、維持的行銷組合來滿足某一群體的需求及偏好的一群人」。在選擇目標市場時，行銷經理必須評估可能的市場，看一看進入這個市場對於公司利潤及成本的影響。

行銷經理可以將目標市場定義成「一個廣大的人群」，或是「一個相對小的人群」。

行銷組合策略

行銷組合包括了四個要素：產品、價格、配銷及促銷。這四個要素又稱為「行銷組合決策變數」，因為行銷經理要針對每一個要素決定它的類型、大小等。行銷組合變數通常被視為「可控制的變數」，因為它們可以被改變，但是改變是有程度的。

產品決策

產品可能是一個財貨、服務或概念。產品決策所涉及的是研究消費者對於產品的需求，並設計出一個他們所希望的產品。

價格決策

價格決策所涉及的是建立定價政策、決定產品價格的活動。價格是行銷組合中相當具有關鍵性的要素，因為消費者所關切的是在交換中所獲得的價值。價格常被用來做為競爭的工具。

配銷決策

為了要滿足消費者的需求，產品必須要能在正確的時間、正確的地點提供。在擬定配銷決策時，行銷經理必須能夠提供足量的產品，並且盡量壓低存貨、運輸及倉儲成本。

促銷決策

促銷決策所涉及的是告知某一個（或若干個）目標市場有關本公司、本公司產品有關的訊息活動。除此以外，促銷可能是教育消費者有關產品的特色，或者鼓勵消費者對於某一個政治、社會議題，採取某一個立場等。

行動方案

涉及到決定做什麼、何時做、由誰做、如何做、花費多少的問題。

預算

行動方案所涉及的成本即為預算（budgeting）的範疇。預算是在某一特定期間內對收入及支出的預估，它顯示出在特定的價格之下，所期望的產品銷售數量及所衍生的利潤。它也顯示出發展、製造及行銷這些產品的成本。

行銷組織結構

界定負有不同責任的個人之間的相互關係。一個企業如何整合其行銷活動的方式，取決於該企業對行銷著重的程度。在決定組織結構時，企業通常劃分部門的基礎是企業功能別、產品別、地區別、顧客形式等，有些公司甚至採用矩陣式組織（matrix organization）。

控制行銷方案

控制行銷方案的過程包括設定績效標準、評估實際績效，並將實際的績效與所設定的績效標準做比較。控制的成效端視績效標準的有效性及資訊回饋的正確性而定。績效的標準可用四個層面來建立：銷售標準（總銷售、產品別銷售額、部門別銷售額、地區別銷售額等）、消費者滿足程度（購買量、品牌忠誠度、重複購買率、品牌印象、抱怨數等）、成本（總成本、產品別成本、部門別成本、地區別成本等）以及利潤（總利潤、產品別利潤、部門別利潤、地區別利潤等）。

矯正行動

績效以適當的方法加以分析之後，行銷經理便可採取適當的行動：(1)剔除造成實際與預測績效差異的因素（如增加銷售人員）；(2)改變戰術計畫以適應非能力所能控制的情境（調整價格與競爭者抗衡）；(3)短期內不採取策略，但須調整長期策略（如對現有產品不加調整，同時進行新產品的發展）。

行銷經理應該注意下列因素可能影響矯正行動實施的效果：難以明瞭造成差異的真正原因、了解問題與採取行動之間的時間落差，以及預算的限制。

註 釋

①Philip Kotler, *Marketing Management: Analysis, Planning, Implementation and Control*, 9th ed. (Englewood Cliffs, N. J.: Prentice-Hall, 1988), p.6.

②C. Ferrell and G. Lucas, "An Evaluation of Progress in the Development of a Definition of Marketing," *Journal of the Academy of Marketing Science*, Fall 1987, p.20.

③E. Webster, "Marketing Strategy in a Slow Growth Economy," *California Management Review*, Spring 1986, p.101.

④M. Lele, "How Service Needs Influence Product Strategy," *Sloan Management Review*, Fall 1986, p.63.

⑤Theodore Levitt, "After the Sale is Over," *Harvard Business Review*, September-October. 1983, pp.87-93.

⑥A. Kohli and B. Jaworski, "Market Orientation:The Construct, Research Propositions and Managerial Implications," *Journal of Marketing*, April 1990, pp.1-18.

⑦在這個階段，Philip Kotler（1997）認為是設計差異化及定位策略、新產品及服務的發展、測試及推出、產品生命週期的管理、設計市場領導者、挑戰者、跟隨者及利基者策略，以及全球市場策略。有興趣進一步了解的讀者可參考：Philip Kotler, *Marketing Management: Analysis, Planning, Implementation, and Control*, 9th ed., (Englewood Cliffs, N.J.: Prentice-Hall Inc., 1997), Chap.9-14.

⑧此為E. Jerome McCarthy所提出，有關細節可參考：*Basic Marketing: A Framework Approach*, 9th ed. (Homewood, Ill.: Richard D. Irwin, 1981)。除此以外，我們可參考另外二種分類：(1) Frey（1961）認為所有的行銷決策變數可以分為二類，其一為提供（offering），包括產品、包裝、品牌、價格及服務；其二為方法及工具（methods and tools），包括配銷通路、人員推銷、廣告、促銷及公眾報導。有興趣的讀者可參考：Albert W. Frey, *Advertising*, 3rd ed. (New York: Ronald Press, 1961,) pp.30; (2) Lazer and Kelly（1962）提出三種分類：產品及服務組合、配銷通路，以及傳播組合。可參考：William Lazer and Eugene J.Kelly, *Managerial Marketing: Perspective and Viewpoints*, revised ed. (Homewood, Ill.: Richard D. Irwin, 1962), p.413.

⑨P. Stomich, "Zero Base Planning-A Management Tool," *Managerial Planning*, July-August 1976, pp.1-4.

⑩J. Peters and R. Waterman, *In Search of Excellence: Lessons From America's Best-Run Companies* (New York: Harper & Row, 1982), p.10.

⑪T. F. Deal and Kennedy, A. A. Corporate Cultures: The Rites and Rituals of Corporate Life (Reading, Mass.: Addison-Wesley, 1982).

⑫Henry I. Ansoff, "Strategic Management of Technology," *Journal of Business Strategy*, Winter 1987, p.37.

⑬Bernadette Tiernan, *e-tailing* (Chicago, Il.: Dearborn Financial Publishing, 2000), p.44.

⑭Bernadette Tiernan, *e-tailing* (Chicago, Il.: Dearborn Financial Publishing, 2000), p.45.

1. 「行銷是個人的及社會的一系列活動，涉及到交易關係的產生、接受及進行。」在此定義中你認為對於行銷說清楚、完整了嗎？如果不是，應如何補充？

2. 經濟學大師凱因斯（John Maynard Keynes）曾說過：「經濟學的理論並不是提供能夠應用在政策方面的一系列解決方案。它是一種方法而不是教條，它是心智的裝備，思考的技術，可使具有經濟理論基礎的人獲得正確的結論。」試比較這個論點與本章對行銷所下的定義。

3. 試簡要說明下列各產品或服務的行銷主要決策或活動：

   (1)兒童讀物。

   (2)麥當勞。

   (3)DVD。

   (4)醫院。

   (5)歌劇院。

4. 行銷活動是由誰來執行？試舉例說明。

5. 何謂動態環境？行銷者如何因應動態環境？

6. 試比較產品、服務及概念。

7. 行銷如何建立令人滿意的交易關係？試舉例說明。

8. 小華是一位資訊系統開發人員，問道：「我為什麼要學習行銷？」試提出令他滿意的答案。

9. 何謂「行銷觀念」？具有及不具有行銷觀念的企業和個人，在做法上會有什麼不同？試舉例說明。

10. 企業應利用什麼技術來評估行銷機會與威脅？

11. 何以行銷目標必須配合事業單位、總公司目標？

12. 如何落實行銷觀念？

13. 簡單說明你（妳）今天起床2小時內的活動，並說明行銷如何影響這些活動。

14. 敘述行銷規劃的主要步驟。這些步驟的關連性如何？

15. 在行銷管理的過程中，涉及哪些管理活動？

16. 何以說行銷觀念是經營企業最有效、最合理的方法？

17. 機會與威脅各代表什麼意義？如何了解一個行銷單位所面臨的機會與威脅？下列組織所面臨的機會與威脅有哪些？

　　(1)產銷個人電腦的公司。

　　(2)錄影帶出租店。

　　(3)傳統書局。

　　(4)電影院。

　　(5)輔仁大學（或貴校）。

　　(6)微軟公司。

　　(7)美國線上（America On Line）。

　　(8)英國BBC廣播公司。

18. 行銷目標應有哪些特性？在建立行銷目標時應考慮哪些因素？一個CD交換中心的行銷目標是什麼？

19. 何謂目標市場？試以下列廠商為例，說明其目標市場各是什麼？

　　(1)中型廣告公司。

　　(2)統一奶粉。

　　(3)大同電冰箱。

　　(4)麥當勞。

　　(5)Pentel簽字筆。

　　(6)微軟公司的Office及NT。

　　(7)IBM的筆記型電腦ThinkPad。

　　(8)中國信託的信用卡。

　　(9)7-Eleven。

　　(10)Omega手錶。

　　(11)彭蒙惠（Doris Brougham）主持的「大家說英語」。

　　(12)輔仁大學（或貴校）。

20. 何謂行銷組合？試以下列產品為例，說明其行銷組合策略。

　　(1)微軟公司的辦公室軟體Office 2007。

　　(2)DVD。

　　(3)男士西裝。

　　(4)無敵電子辭典。

　　(5)聲寶電視。

　　(6)HP LaserJet 1100（雷射印表機）。

21.何謂品牌？品牌有哪些屬性與價值？

22.中間商存在的理由是什麼？中間商如何提供時間與地點的效用？中間商如何提供服務？中間商可解決什麼問題？

23.如何發展行銷行動方案？行動方案與預算之間有何關係？預算的建立有哪些方式？哪些方式最為有效？為什麼？

24.何以在執行行銷方案時應考慮到麥金錫7-S架構的配合？

25.試舉例說明以下行銷活動的行動方案：

(1)產品包裝的改變。

(2)發動廣告戰。

(3)產品推出時，透過優惠來吸引顧客（可以你家附近最近開張的涮涮鍋為例）。

(4)建立一個新的銷售出口（如零售店）。

26.試評論以下說法對不對，並說明理由。企業如欲充分發揮行銷計畫的功能，必須協調計畫中的每個活動。預算即是達成協調的最佳媒介。它可以預估每個活動的預期績效，然後再將這些活動加以整合，並在預計財務報表（pro-forma financial statement，如現金預算、生產預算、銷售預算等）顯示出來。

27.何謂組織結構？試比較功能別、產品別、地區別、顧客類型別、矩陣式組織的優劣及適用情況。

28.與傳統趨勢延伸的預算方式相較，零基預算有何明顯的優點？

29.在執行行動方案時，可使用的管理技術有哪些？如何有效的使用這些技術？試舉一個實例說明行銷行動方案。

30.何謂控制？對行銷方案所建立的績效標準有哪些？如何分析績效？如何採取適當的矯正行動？

31.試說明網際網路行銷意義。

32.網路行銷有何效益？

33.網際網路對行銷有何影響？

34.試說明成功網際網路行銷者的特性。

第十一章

生產及作業管理^(註①)

本章重點：

企業管理

生產及作業管理（production and operation management, POM）既是一門學科，亦是實務，其觀念及原則大都基於科學管理及管理科學，它也借用到行為科學的許多概念。由於作業及生產管理是屬於企業管理學的一支，因此它也是應用導向的（application-oriented）。（註②）

第 一 節　生產及作業管理的本質

生產及作業管理所涉及的不僅是製造業，它可也以應用在像銀行、運輸公司、醫院及診療所、學校、保險公司等服務業。任何生產有形產品（如汽車、刮鬍刀）及無形服務（如電腦程式的諮詢、美容等）的組織，均須應用有效的生產及作業管理。

一、系統觀點

生產及作業管理專家將組織視為一個系統（system）。一個系統是經由互相影響、互相依賴的次系統集合而成。生產及作業管理部門是組織中的一個重要的次系統。

生產及作業管理是一個重要的功能，因為它能夠影響其他像財務、行銷功能的行為及績效。這三個企業功能的關係可從「組織是一個系統」的觀念看得更清楚。行銷次系統主要應付的是對企業的需求面；而財務次系統所著重的是企業的控制面；生產及作業管理次系統的功能，在於將輸入因素轉換成輸出因素，所負責的是企業的供給面。不論需求如何殷切，必須要有供給才行。基於生產及作業管理的觀點，提供足夠的產品和服務以滿足需求，是組織的首要任務。（註③）

二、財貨及服務

對生產及作業管理者而言，產品是經由生產系統所實現的「投入—轉換—產出」，產品可包括財貨（goods）和服務（service）。財貨可被定義為「可移動的個人所有物」（movable personal property），例如：汽車、家庭電腦、桌椅及微波爐等。而資本財（capital goods）則是「不可移動的個人所有物」，例如：房屋或工廠。服務係由顧客、客戶所要求的活動，是另外一種形式的產出。

　　將輸入因素轉換成財貨及服務的過程稱為「生產功能」（production function）。這個「輸入—轉換—財貨及服務」的過程會受到非預期性的隨機事件所影響。例如：農場經營者將土地、設備、人工、技術等轉換成穀物、牛肉、牛奶的過程，會受天氣、政府法令，以及設備故障等因素的影響。表11-1說明了若干組織的輸入、轉換、隨機事件及主要產出的情形。

表11-1　生產系統及其特性

系統	輸入	轉換活動	隨機事件	產出
克萊斯勒汽車	鋼 玻璃	汽車裝配	政府管制 競爭者的推出新車	汽車
全民醫院	病人	診斷 手術 復健	勞保支付的規定改變	復原的病人
海霸王	魚蝦 飢餓的顧客 侍者	食物的準備	食物的價格上限 侍者的罷工	滿足口腹之慾的顧客
大海電腦公司	電路板 電腦語言	個人電腦的裝配 軟體發展	競爭者的動向	電腦及軟體
大學	高中畢業生	上課 利用圖書館 聽演講	圖書館藏書的遺失 教授的辭職	受過教育的畢業生

第 二 節　生產及作業經理的工作

　　在進行有效的轉換過程時，生產及作業經理應特別注意設計（design）與生產（production）這二項功能。（註④）在設計方面，生產及作業經理應考慮的問題包括：製程選擇、產能規劃、布置、工作設計、地點決策，如表11-2所示。

　　在生產方面，生產及作業經理的責任包括：整體規劃、存貨管理、物料需求計畫、生產排程以及品質管理，如表11-3所示。

表11-2　生產及作業經理的責任（在設計方面）

決策領域	基本問題
設計	
製程選擇	組織應使用哪種製程？
產能規劃	需要多大產能？組織如何對產能需求做最佳的配合？
布置	設備應置於何處？
	什麼建築和設備會使工作具有經濟性？
	需要何種機具、人工技術及程序？
工作設計	什麼方法最能激勵員工？
	如何改進生產力？
	如何衡量工作績效？
	如何改進工作方法？
地點決策	何處為設施（工廠、倉庫）的最佳地點？

來源：Franklin G. Moore and Thomas E. Hendrick, *Production/Operations Management*, 9th ed. (Homewood, Ill.: Richard D. Irwin, 1985), p.12.

表11-3　生產及作業經理的責任（在生產方面）

決策領域	基本問題
生產	
整體規劃	中程規劃中需要多大的產能？
	如何以最佳的方式達到此產能？
存貨管理	成品中的存貨水準應是多少？
	原料及在製品的水準應是多少？
	應購買還是自行製造零組件？
	安全存量是多少？
物料需求計畫	何時需要哪些原料、零件與半成品？
	何時應訂貨？
生產排程	如何決定工作的優先次序？
	如何進行有效的工作分派，以便能充分利用產能？
	使用哪一組設備？
品質管理	如何符合行銷部門所訂的品質水準？
	如何進行內部作業以檢查出瑕疵品？
	如何補救？

來源：Thomas M. Cook and Robert A. Russell, *Contemporary Management: Text and Cases* (Englewood Cliffs, N.J.: Prentice-Hall), 1980, p.10.

　　以上分別是以設計及生產的觀點，將生產及作業經理的責任加以分類。表11-4是生產及作業經理的一般責任。

表11-4　生產及作業經理的責任（一般責任）

主題	問題
維護	如何維護組織的設備？ 要事先的預防還是事後的維修？ 維護工作要外包還是由內部負責？
能源管理	過程中是否具有能源效率？ 是否可利用另外一種能源？
工作衡量與標準	在合理的情況之下，員工的產出是多少？ 如何彌補理想與實際的差距？
安全	設備及機具是否安全？ 過程中是否產生有害物質？ 機器是否太吵？ 如何達到政府規定的標準？
採購	應向誰購買零組件？ 如何驗收？

來源：Franklin G. Moore and Thomas E. Hendrick, *Production/Operations Management*, 9th ed. (Homewood, Ill.: Richard D. Irwin, 1985), p.12.

第 三 節　製程選擇

　　製程選擇涉及到組織選擇生產或提供貨品及服務的方法。基本上，製程選擇與產能規劃、設施布置、設備、工作設計息息相關。（註⑤）

一、自製或外購

　　製程選擇的第一步驟是決定自製、外購一些或全部的產品或服務，或者轉包一些或全部的產品或服務。有些製造商或許決定採購某些零件而不自製。

　　臺灣的許多電腦廠商採購絕大部分的零件而只從事裝配作業。許多廠商將印製產品說明書的作業、警衛服務、維修服務等外包出去，在自製或外購決策中，通常要考慮以下因素：

　　1.**可提供的產能**：組織如果有足夠或充裕的產能，才能夠生產產品或提供服務。

　　2.**專才**：組織如果缺乏某方面的專才，購買或許是更為合理的替代方案。

　　3.**品質**：組織如果缺乏獲得高品質產品或服務的技術，購買或許是更為合理的

替代方案。

4.需求的特性：如果市場對於某產品的需求非常殷切、穩定，則組織自製會比較有利，而需求變動大的小訂單最好由他人處理。

5.成本：自製或外購的成本必須與前述各種因素一起來衡量。不言而喻，廠商自然會選擇成本較低的那個決策。

二、生產型態

生產型態基本上有三種：連續性生產（continuous production）、間斷性生產（intermittent processing），以及專案性生產（project-based production），詳述如下。

(一)連續性生產

連續性生產是指高度專業化系統，它提供了標準化產品的大量輸出，換言之，連續性生產是生產標準化產品的生產方式。報紙、化學品、清潔劑等都是連續性加工的例子。連續性加工的高度標準化產品，係由於高度標準化加工方式與設備所產生的。由於專業化及分工，所以工人的技術要求通常相當低。

半連續性生產（semi-continuous production）又稱反覆性加工（repetitive processing），是指產出可以允許某種程度的變異。產品具有高度的類似性，但不完全相同。汽車、電視機、電腦、計算機及音響等，都是半連續性生產的例子。

(二)間斷性生產

間斷性生產適用於處理各種不同加工條件的少量產品。間斷性生產是指處理各種不同加工條件的生產方式。分批生產（batch production）是間斷性生產的一種形式。在分批生產中，加工的條件與設備相同，但是某些材料會因批次而異。例如：冰淇淋的製造，先分批生產草莓冰淇淋之後，再分批生產奶油冰淇淋。

訂貨生產（order production）是另外一種間斷性生產方式。所謂訂貨生產，是指依顧客的需要而進行單位或小批量的生產或服務。訂貨生產與分批生產不同，訂貨生產的加工步驟與加工內容變化很大。汽車修理是訂貨生產的典型例子。表11-5顯示了連續性生產、半連續性生產、分批生產以及訂貨生產，這四種生產型態的特性。

表11-5　四種生產型態的特性

項目＼生產型態	連續性生產	半連續性生產	分批生產	訂貨生產
特性	高度標準化的財貨或服務	標準化的財貨或服務	半標準化的財貨或服務	訂製的財貨或服務
數量	極高	高	低到中	低
設備彈性	極低	低	中	極高
優勢	極有效率、數量極大	單位成本低、數量大、有效率	彈性	能處理不同的工作
缺點	生產僵硬、缺乏變化、生產變更時成本高昂，若生產停頓成本極高	彈性低、若生產停頓成本極高	時程安排不易	單位成本高、產品規劃與時程安排複雜
製程釋例				
製造	鋼鐵廠、紙漿廠	裝配線	麵包廠	機械廠
服務	中央加溫系統	自助餐	教室	美容院、理髮店
產品服務釋例				
產品	鋼鐵、紙、麵粉	汽車	糕餅	特殊工具
服務	糖、空氣調節	洗車	教育	髮型

(三)專案性生產

專案性生產適用於處理複雜而具有特殊目的的工作，而「只此一次」的專案常見於橋梁、房屋及高速公路的建造。

第 四 節　產能規劃

一、意義與風險

產能（capacity）往往指的是生產系統在一定期間內正常生產的產出上限。而產能擴充（capacity expansion）包括廠商的擴廠、購買機器設備、在國外投資設立分公司、增加旅客的承載量（航空公司的座位增加），以及擴大店面（例如：餐飲業）等。

企業管理

　　產能變更可以說是廠商所面臨的一個最重要的（也許也是最困難的）策略性決策，因為產能變更的前置時間通常較長，而且最主要的是，廠商必須以對未來的判斷，來做目前資源投入的決策。

　　由於未來的環境變化莫測，競爭者、消費者的動向亦難掌握，因此廠商在做產能變更決策時，更應謹慎行事。如果一窩蜂地跟進，盲目地擴充，雖有可能短期獲利，但是當環境一經改變之後，不僅使得廠商血本無歸，而且陷入騎虎難下的困境。

　　廠商在產能變更的策略性問題，就是如何一面增加產能，來鞏固或增強競爭地位或市場占有率，一面避免同業競相擴充，以致僧多粥少，無羹可分。

　　產業的產能不足，似乎不是問題。具有敏銳商業頭腦的廠商，如果不是受到本身無法克服的因素的限制，哪肯放過有利可圖的擴充機會？產能擴充過度，才是真正的大問題。在美國，由於產能擴充過度而造成嚴重後果的產業實例，比比皆是。例如：紙業、造船業、生鐵業、鋁業、化學工業等，都歷經過產能過度擴充的情形。

　　在消費性產品的行業，產能擴充過度的風險尤其大。因為消費品的需求是有週期性的、多變的，而且產品差異化的程度相對較小，消費者的忠誠度又低。消費者通常以價格的高低，做為購買決策的標準。廠商為了要在價格上具有競爭力，不惜購入現代化的機器設備，並以大量生產壓低成本，產能擴充於焉產生。

　　如果大多數的廠商都採取這種擴充產能、壓低成本的策略，引發所謂的「割喉競爭」（cut-throat competition）勢必難免。競相殺價的結果，廠商有利可圖嗎？

二、衡量

　　在衡量產能的標準中，沒有一項會適用於每一種情況。因此，產能的衡量必須隨時調整以符合目前的情況。表11-6顯示了常用的衡量產能的參考標準。

表11-6　常用的衡量產能的參考標準

事業	投入	產出
汽車製造	人工小時、機器小時	每批汽車數
鋼鐵工廠	鎔爐大小	每週鋼鐵噸數
石油煉油廠	煉油設備大小	每天油料加侖數
農場	田畝和牛數	每年穀物噸數 每週牛奶加侖數

（續）表11-6

事業	投入	產出
餐館	桌數	每天供應餐飲數
戲院	座位數	每週表演場次數
零售商	展示區大小、收銀員人數	每天的銷售量

第 五 節　布置

　　布置決策對短期生產成本與效率具有重大影響。有三種不同的布置型態大致用於三種不同的生產型態：產品布置（product layout）用於連續性生產；功能式布置（functional layout）用於間斷性生產；而固定位置布置（fixed-position layout）用於專案性生產（如果專案加工需要布置時）。以下我們將說明產品布置與功能式布置。

一、產品布置

　　產品布置的主要目的是要造成連續性生產（大量製造）的順遂。當然，要達到大量製造的目的，除了產品布置外，還需要高度標準化作業，以及高度標準化的產品或服務。我們知道，大量生產能夠降低單位成本，而且還能將專業化設備的高成本分攤到許多產品單位上。

　　在連續性生產的情況下，由於每種產品都是遵循著相同的生產程序，故通常都可以使用固定路徑的物料搬運設備，例如：在二種作業站之間以輸送帶搬運，結果可形成生產線（production line）或裝配線（assembly line）。

二、功能式布置

　　功能式布置的主要目的，在於促進加工項目的執行，或提供各種不同加工需求的服務。功能式布置的主要特色是在某部門或其他功能性團體，執行類似的活動。例如：機器工廠常有研磨、鑽孔等部門，不同的產品可能有不同的加工需求與作業程序，因此在各種不同的路徑上，物料搬運設備（如堆高機、吉普車、燃料箱）有必要用於處理各種不同製造過程的產品。由於功能式布置是依照機器型態來安排設

企業管理

備，而不是依照加工順序來安排設備，因此整個生產較不可能因為某個機器故障或停機而全面停止。

　　功能式布置在服務業中也是非常普遍。例如：醫院、大專院校、銀行、汽車修理廠、航空公司與公立圖書館。例如：醫院有某些部門或單位專長於外科、婦產科、小兒科、精神科、急診與老人科等。

第 六 節　工作設計

　　有關工作設計的課題包括：工作分析、工作重新設計、工作排程。

一、工作分析

工作特性理論

　　三個重要的工作特性理論是：工作必要屬性理論（requisite task attribute theory）、工作特性模式（job characteristics model），以及社會資訊處理模式（social information processing model）。

1.工作必要屬性理論

　　工作特性的有關研究濫觴於1960年代中期特納及勞倫斯（Turner and Lawrence）的研究。（註⑥）他們的研究目的，在於發現不同的工作對員工滿足及缺勤率的影響。他們假設：員工喜歡複雜而富挑戰性的工作，因為這樣的工作會增加滿足感、減少缺勤率。他們以六個工作特性來界定工作複雜性（job complexity）：(1)多樣性或變化性（variety）；(2)自主性（autonomy）；(3)責任（responsibility）；(4)知識及技能（knowledge and skills）；(5)所需的社會互動（required social interaction）；(6)選擇性的社會互動（optional social interaction）。在此這六個項目的評點愈高，則工作的複雜性愈高。

　　他們的研究發現證實，缺勤率是可以由工作複雜性來加以預測的。從事高複雜工作的員工，有比較好的出勤率。在開始分析時，他們無法證實工作複雜性與員工滿足感之間的關係，但是將員工的背景因素導入之後，才發現其間的關係。在考慮到員工居住地點是屬於「郊區或都市」這個背景因素之後，發現居住在都市、從事低度複雜工作的員工，會有高度的工作滿足感；居住在郊區、從事高度複雜性工作

的員工，會有高度的工作滿足感。

2.工作特性模式

工作特性模式是海克曼及歐頓（Hackman and Oldham）提出來的。（註⑦）他們發展了五個描述工作的構面：

(1)技術多樣性（task variety）：工作的完成需要各種不同活動的程度。為了從事各種不同的活動，工作者必須使用不同的技術、發揮不同的才華。

(2)工作完整性（task identity）：工作需要整體完成或完成可認明的各部分的程度。

(3)工作重要性（task significance）：工作對別人的生活及工作產生重大影響的程度。

(4)自主性（autonomy）：在工作排程及實現該工作所需要的程序方面，工作能夠向工作者提供大量的自由、獨立性及自由裁決的程度。

(5)回饋（feedback）：個人所落實的工作活動結果得到直接、明確的有關於其工作績效資訊的程度。

表11-7說明了以上各項程度高低的工作。

表11-7　工作特性項目程度高低的工作

工作特性	程度	例子
技術多樣性	高	汽車修車廠的操作員，他要做電子修護、重組引擎、打造車體，並與顧客互動
	低	汽車修車廠的操作員，整天都在做噴漆的工作
工作完整性	高	家具製造商，他必須設計家具、選購木材、製造各種物件，然後拼裝成一套家具
	低	家具工廠工人，他操作車床，只做桌腳
工作重要性	高	在醫院加護病房照顧病人的人員
	低	清掃醫院地板的人
自主性	高	電話安裝員，他可以每天安排自己的行程，沒人監視他，自己決定最有效的安裝方式
	低	電話服務生，他必須按照一定的程序接收訊息
回饋	高	電子工廠的作業員，他在組裝收音機後，自己檢驗是否正常
	低	電子工廠的作業員，他在組裝收音機後，交由品管控制員來測試是否正常並做調整（修護）工作

修正自：G. Johns, *Organizational Behavior, Understanding and Managing Life at Work*, 4th ed. (Harper Collins College Publishers, 1981).

　　圖11-1是工作特性模式的圖示說明。注意前三個構面（技術多樣性、工作完整性、工作重要性）能共同創造有意義的工作的情形。如果某一工作有這三種特性，則工作者必認為其工作是重要的、有價值的，以及值得投入的。具有自主性特性的工作，會使工作者承擔工作成敗的責任。如果工作能提供回饋，則工作者就可以了解其工作績效。

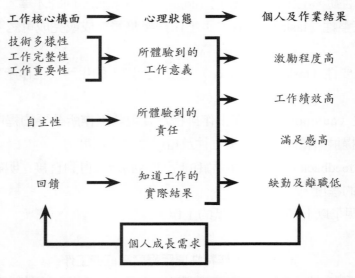

圖11-1　工作特性模式的圖示說明

來源：J. R. Hackman and G. R. Oldham, "Motivation Through the Design of Work: Test of a Theory," *Organizational Behavior and Human Performance*, August 1976, pp.78-80.

　　從激勵的觀點來看，此模式闡述如下的情形：如果工作者了解到（也就是說，知道工作活動的實際結果）他所在意的工作（也就是說，所體驗到工作意義性）表現得很好，必然會獲得內在報酬（個人所體驗到的責任）。工作者在這三種心理狀態上所感受的愈多，他的激勵程度、工作績效及滿足感就會愈高，缺勤及離職情況也就愈少。圖11-1中的工作核心構面及結果之間的關係，會受到個人成長需求程度（也就是個人在自尊及自我實現上的欲望）所影響。換言之，具有高度個人成長需求的工作者，會比低度者更能感受到上述三種心理狀態。

　　核心構面可以合併成稱為激勵潛力分數（motivating potential score, MPS）的預測指標。其公式如下：

$$激勵潛力分數 = \left(\frac{技術多樣性 + 工作完整性 + 工作重要性}{3}\right) \times 自主性 \times 回饋性$$

3.社會資訊處理模式

社會資訊處理模式說明了人們對其工作的看法是來自於主觀的認知，而不是客觀因素。此模式說明了員工在因應他人（包括同事、主管、朋友、家人、顧客等）所提供的社會線索或資訊（social cues or information，例如：別人對於你的工作價值持肯定或否定的意見）時，會採取某種特定的態度及行為。

假如你在新任某職位時興致勃勃、幹勁十足，但是你的同事經常抱怨此工作，說這個工作單調乏味，又得不到老闆的信任。久而久之，你會真的認為你的工作就像同事說的那樣，雖然你的工作內涵從來沒有改變過。

二、工作重新設計

當管理者想要重新設計或改變部屬的工作內容時，他可以利用以下的方法：(1)工作輪調（job rotation）；(2)工作擴大化（job enlargement）；(3)工作豐富化（job enrichment）；(4)工作簡化（job simplification）；(5)以團隊為基礎的工作設計（team-based design）。

（一）工作輪調

如果部屬因工作的過度例行化（overroutinization）而感到厭煩時，可以採用工作輪調的方式。工作輪調又稱為交叉訓練（cross-training）。當員工的工作不再具有挑戰性時，就可以將員工調到同一階層的另外一個工作，而這個新工作的技術要求與原工作是類似的。

工作輪調的好處是，它可以使得員工從事具有差異性的工作，而降低對工作的厭惡感，進而提升其工作動機。當然工作輪調也可以使組織獲益，因為透過工作輪調，員工的技術廣度增加了，這樣使得組織在工作安排上更有彈性，對於環境的改變也愈有適應力。

然而，工作輪調也不是沒有缺點。首先，組織的訓練成本會增加，而且員工從事新工作的生產力必然不理想（至少短期如此）。工作輪調也會造成困擾，工作群組的成員必須適應新加入者，而群組負責人（組長）必須解決新加入者所提出的各種問題。最後，對於想在某一特定領域一展所長的人，工作輪調無疑是打擊士氣。

（二）工作擴大化

工作擴大化是由增加工作的數目，使一個工作變「大」，例如：一個生產作業線上的員工，由原先的「鎖一個零件」，變成了「組裝一整個組件」，或者一個教授本來只負責教學，現在還增加了「管理期刊」的編輯工作。

工作擴大化的成效並不如預期中的好。正如一位員工所說的：「以前只有一個工作使我厭煩，但經過工作擴大化之後，現在有三個工作使我不勝其煩。」然而，有些公司的實施成效不錯，例如：美國製鞋公司將大部分的生產線改為一個「模組工作區」（modular work area），工作區內的員工需要執行三個製造步驟，而不是傳統生產線上的一個動作。結果，該公司的生產力大增，而且員工更重視品管。

所以，工作擴大化雖可增加工作的多樣性，但是無法百分之百的將工作變得更有意義、更富挑戰性。為了改善這些缺點，因此有工作豐富化的產生。

（三）工作豐富化

工作豐富化是工作擴大化的延伸，工作擴大化是給予員工更為完整的工作，工作豐富化是讓員工掌握更大的控制權，同時肩負通常是由上司所擔任的工作——即工作的規劃、執行即評估。所以，工作豐富化可讓員工享有更多的自由度，在完成一項完整的工作任務之餘，更可使他（她）增加知識，獲得進步、成長及責任感。同時他（她）也可以得到績效的回饋，以自我評鑑工作的績效，並做適時地修正。

管理當局如何將工作豐富化呢？藉由先前所介紹的工作特性模式，我們可發現工作中某種型態的改變，最能提高員工的士氣，如圖11-2所示。

對於圖11-2，我們可做以下的說明：

1.工作合併（combine tasks）：管理者應試圖把現有的及瑣碎的工作任務，結合成一個新的、範圍更大的工作，以提升技術的多樣性及工作的完整性。

2.形成自然的工作單位（create natural work units）：讓員工所擔任的工作成為一個具體而富有意義的整體性工作。讓他覺得工作是一件重要且有意義的事情，而不是一堆瑣碎且令人厭煩的工作。

3.與客戶建立關係（establish client relationship）：客戶是產品及服務的使用者。只要情況允許，管理者應促使員工與客戶建立直接的關係，以提高員工技術的多樣性、自主性及工作績效的回饋性。

4.工作的垂直擴充（expand job vertically）：工作的垂直擴充可使得員工享有原本屬於管理階層的職責及控制權。如此可縮短員工在執行與控制之間的距離，進而增加了他的自主性。

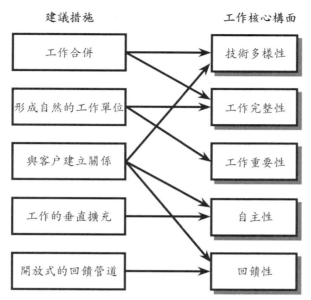

建議措施　　　　　　　　　工作核心構面

工作合併　→　技術多樣性

形成自然的工作單位　→　工作完整性

與客戶建立關係　→　工作重要性

工作的垂直擴充　→　自主性

開放式的回饋管道　→　回饋性

圖11-2　工作特性模式對工作豐富化的指引

　　5.開放式的回饋管道（open feedback channel）：藉著回饋的增加，員工不僅可以知道自己的表現如何，也可以知道自己的績效是否有進步。最理想的情況是，員工在工作進行時，就可直接得到回饋，而不是由管理者間接的傳達。

　　花旗銀行為處理金融交易所的所有內部員工，設計了一套工作豐富化方案。（註⑧）因為原先的工作分得太細，每位員工必須不斷地重複做同樣的事情，因此導致員工對工作不滿，而且也將不滿表現在日常的行為上。當敵對的情緒愈積愈深，失誤率也跟著增加。有鑑於此，管理當局針對有關客戶服務的工作全部加以再設計。首先，他們將許多瑣碎的工作整合為一，而且讓員工對於某產品群客戶，完全負起整體交易與服務的職責。在新設計的工作中，員工不僅直接與客戶接觸，而且直接處理整個交易過程。實施工作豐富化的結果，不僅提高工作品質，而且也提高了員工的士氣及滿足感。

　　花旗銀行的例子並不表示工作豐富化是毫無瑕疵的。實證研究顯示，工作豐富化的確可以降低離職率與曠職率，但對關鍵性的生產力而言，情況就不一定了。（註⑨）某些時候，工作豐富化的確能提高員工的生產力，但有些時候反而會降低生產力。

(四)工作簡化

工作簡化是以科學方法,有系統地分析現行的工作,剔除不必要的程序單元,以使得工作更有效率。

(五)以團隊為基礎的工作設計

團隊的組成在組織中有愈來愈普遍的趨勢。以團隊為基礎的工作設計要獲得高績效的話,必須滿足以下情況:(1)當團隊工作需要其成員利用各種不同的高級技術時;(2)團隊工作是整體性的、有意義的,而且具有可見的結果時;(3)團隊的工作結果對於其他人有重大影響時;(4)團隊成員具有相當高的自主性時;(5)團隊的工作可獲得週期性的、值得信賴的績效回饋時。

團隊的組成也對工作群組的成功有重大影響。在針對團隊作工作設計時,要注意以下各項:(1)團隊成員具有必要的技術來完成工作;(2)團隊的規模要夠大;(3)成員具有人際關係能力及技術;(4)在才華及視野方面,成員之間有相當程度的差異性。

三、工作排程

大多數的人都是每週工作5、6天,每天工作8小時。在一天中,他們在固定的時間開始及結束工作。但是,現在愈來愈多的組織採取另外的工作排程(work schedule),例如:集中每週工作天、縮短每週工作天、彈性時間,工作分享(job sharing)、電子通勤(telecommuting),來做為提高員工動機、增加生產力及滿足感的方法。

(一)集中每週工作天

在集中每週工作天方面,最普遍的做法就是變成四個每天工作10小時的工作天。這個4-40計畫(4天40小時)可讓員工一週放3天假,因此可安排較長時間的計畫(例如:3日遊),也可以使員工避開上下班的尖峰時間、減少每週的通車往返次數。

支持這種措施的人認為,它可以增加員工的熱忱、士氣及組織承諾;提高生產力、減低成本;減少機器的閒置時間;減少加班費、離職與缺勤;吸引人們加入組織。

目前約有四分之一的美國企業向某些員工提供「4個工作天」的計畫,比1980

年代末期增加了一倍。最近一項全國性的調查顯示，三分之二的工作者喜歡4個工作天（每天工作10小時），而較不喜歡標準的五個工作天（每天工作8小時）。（註⑩）

如果在工作過程中，啟動及結束的時間較長，則集中每週工作天最能提高生產力，但是對工作績效並沒有顯著影響。

(二)縮短每週工作天

每週工作4天、32小時，聽起來如何？但如果要減薪20%的話呢？西歐國家的組織正考慮以縮短每週工作天來解決高失業率的問題（每人的每週工作時間減少，以讓更多的人就業），但是工會認為，縮短每週工作天可以，但是要減低工資免談。

西歐國家有2,000萬人失業。為了要解決這個問題，德國、法國、西班牙及比利時正認真考慮以減薪20%、縮短每週工作天的方式，來使更多的人就業。

失業率高達約12%的法國及德國，政府的壓力迫使企業管理當局採取這項措施。Volkswagen向代表著103,000名員工的工會發出最後通牒：如果不接受4個工作天、減薪20%的提議，將要減少三分之一個工作機會。

縮短每週工作天對員工的影響至今尚不十分清楚。這種措施雖能產生更多的就業機會，但員工所關心的是對他（她）個人的影響，而不是整個國家的就業率。顯而易見的，縮短每週工作天，薪資維持原狀的話，會提高員工的滿足感，但會降低生產力。

(三)彈性時間

彈性時間（flextime）可以使得員工在某種限制的條件之下，決定何時工作。員工的每週工作時數必須達到規定的時數，但是可以在某種限制之內，自由變換工作時間。

圖11-3顯示，在每天的工作時間中，包括核心時間（core time）及彈性時間。除了午餐的1小時外，核心時間是從上午9點到下午3點，辦公室開放時間是從上午6點到下午6點。

在核心時間，每位員工必須在辦公室；在其他時間，員工可以自由選擇，只要在辦公室時間累積到2小時即可。有些公司允許員工累積加班時間，如果達8小時，每週就可休假1天。

彈性時間	核心時間	午餐	核心時間	彈性時間

6 A.M.　　　　9 A.M.　　　　正午　1 P.M.　　　　3 P.M.　　　　6 P.M.

圖11-3　彈性時間的圖示

彈性時間變得愈來愈受歡迎。一項針對員工數超過1,000人的調查顯示，53%的專職人員喜歡彈性時間制度。（註⑪）彈性時間的好處有很多：(1)減少缺勤率；(2)增加生產力；(3)減少加班費用；(4)減少對管理當局的敵意；(5)紓解工作所在地的交通壅塞；(6)解決了員工偷懶的問題；(7)提高員工的自主性及責任，進而提高員工的工作滿足感。

彈性時間的缺點是：它不適合每個工作。本來就是在組織內工作的職位（如內勤職員、祕書），彈性時間會運作得很好，但是對外務工作（如銷售代表）、必須長時間固守的工作（如接待員）而言，彈性時間的運作則不甚恰當。

(四) 工作分享

工作分享是工作排程上的一項創新。工作分享是2人（或以上）來分擔傳統上每週40小時的工作。例如：甲從8點做到12點，而乙則是從下午1點到5點繼續做同樣的工作；或者甲乙輪流，一人工作一天。

雖然工作分享愈來愈受到歡迎，但是它還不如彈性時間來得普遍。在美國，約有30%的組織採用工作分享的措施。（註⑫）

從管理者的觀點而言，工作分享制度可以使組織獲得更多的人才（因為一個工作由2人來做），但是所付出的薪資卻是一樣的。從員工的觀點而言，工作分享制度會增加彈性；對於每週不適合工作40小時的人（如單親母親）而言，可增加他們的工作動機及滿足感。

(五) 電子通勤

對大多數的人而言，電子通勤是近乎理想的方式，因為：(1)他們不必再於尖峰時間飽受塞車之苦；(2)不必親自到公司上班；(3)他們有更多的彈性時間；(4)他們在家可自由穿著；(5)他們不會受到同事的干擾。

電子通勤的情形是這樣的：工作者在家裡利用電腦工作，這部電腦與公司的電腦主機做24小時的連線。目前在美國，約有1,000萬人在家裡「上班」，所做的事情包括：利用電話接單、填寫報告或其他表單、處理或分析資訊。（註⑬）電子通勤

是成長非常快速的工作排程方式。西元2000年時，美國約有6,000萬人（約占全美工作人口的一半）在家裡處理公務。（註⑭）

　　實施電子通勤所要考慮的因素如下：(1)在家裡工作久了以後，是否會漸漸地疏忽了「辦公室政治」？(2)管理當局在考慮加薪及升遷時，會不會對在家工作的人另眼相待？(3)家裡的方便（如冰箱、床鋪、電話）及可能的干擾（如鄰居、小孩）會不會對意志力不強、自我約束力不高的人，產生不良的影響？

第七節　地點決策

一、重要性

　　現代組織都將地點視為重要的決策。在生產及作業設計方面，地點決策之所以重要的原因，有二個基本的理由：(1)地點決策的影響深遠，倘若做錯了決策，必須付出昂貴的代價；(2)地點決策會影響生產成本（包括固定成本及變動成本）、收益與生產及作業本身。例如：不適的地點選擇可能導致超額運輸成本、合格勞工的短缺、競爭利益的喪失、原料供應的不足，或其他對生產及作業有不良的影響因素。

二、地點的選擇方法

　　在地點的選擇方面，有四個基本的方法可供管理者做好規劃：

　　1.**擴展現有的設備**：廠商如果有足夠的空間，而且此地點具有其他地點所沒有的優點時，此一選擇不失為一個好方法。

　　2.**增加新地點，但仍保留現有的地點**：這是許多零售商所採用的方法。這種方法是維持占有率，並避免競爭者進入市場的一種防衛性策略，但值得注意的是，在一家購物場所（如新莊的洪金寶商圈）開一家新店，只會吸引已經光顧同一地區現有商店的顧客，而不會擴大市場。

　　3.**關閉某一地點而移到另一地點**：市場的改變、材料的供應、運輸成本、生產成本等，常會迫使公司做此選擇。組織必須將地點搬移的成本、利潤，與留在原地的成本、利潤做比較，再做這個決定。

　　4.**維持原狀**：如果仔細分析、比較後，發現沒有任何地點比現在的地點更好，

則「一動不如一靜」。

三、地點選擇的一般程序

組織在做地點決策時，應考量到其規模大小、性質及生產範圍。地點決策的一般程序通常涵蓋下列步驟：

1.決定評估地點方案的標準，例如：收入的增加或社區服務。

2.辨識重要的因素，例如：市場或原料的地點。

3.發展地點方案，例如：包括：(1)找尋一般地區；(2)在一般地區中找尋少數的社區；(3)在某一社區中找尋地點。

第 八 節　整體規劃

在生產規劃的範疇中，整體規劃（aggregate planning）是指中期（2-12個月）的產能規劃。如果企業所面臨的需求情況具有季節性，那麼整體規劃更扮演著一個重要的角色。

整體規劃基本上是一種大範圍的規劃方法。規劃者通常是以組織整體的產品或服務來規劃，而不是以個別產品來規劃。舉例來說，為了達到整體規劃的目的，生產電視機的規劃者不會分別關心21吋、25吋及27吋的電視機，而將各種尺寸的電視機看成一體來規劃，就好像此廠商只是生產一種電視。

管理者在做整體規劃時，其決策考慮的範圍非常廣泛。此決策會考慮到定價變動、促銷、預收訂單、加班、兼職工人、轉包、增減工作數與堆積存貨等。

第 九 節　存貨管理

存貨（inventory）是指貨品的存量或儲存。存貨計畫與存貨管理的主要考慮因素，在於區別存貨項目的需求是獨立的（independent），還是相依的（dependent）。相依需求（dependent demand）項目是指專用於最終產品或製成品生產上的零件或組件。在這種情況下，零組件的需求衍生於成品的需求。獨立需求

（independent demand）項目是指製成品或是最終產品，通常這些成品不會用來製造另一個成品。

　　不適當的存貨管理可能導致存貨不足或存貨過多。存貨不足會導致缺貨損失、銷貨損失、顧客不滿與生產瓶頸。存貨過多會使資金凍結、倉儲成本增加、管理費用增加等。為了獲得適當的存貨，管理系統必須做到以下的事情：

　　1.利用存貨會計系統（inventory accounting system）來追蹤所持有的存貨與訂購中的存貨。

　　2.可靠的需求預測，包括可能的預測誤差（forecast error）；了解前置時間（lead time）與前置時間變異性（lead-time variability）。

　　3.合理的估計：(1)存貨持有成本（holding cost）；(2)訂購成本（ordering cost）或交易成本（transaction cost）；以及(3)短缺成本（shortage cost）。

　　4.建立存貨項目的分類系統。

一、存貨會計系統

　　存貨會計系統可以是定期的，也可以是永續的。在定期盤點制（periodic inventory system）中，定期（如每週、每月）執行存貨項目的計算，以便決定每一個項目要訂購多少。永續盤點制（perpetual inventory system）又稱連續盤點制（continuous inventory system），乃是持續地追蹤存貨的制度，故能提供每項存貨目前水準的資訊。

二、需求預測與前置時間資料

　　既然存貨是用來滿足消費者的需求的，因此基本上管理者應對需求時間與數量做可靠的估計。管理者也必須知道前置時間，也就是訂購後多久才能交貨。此外，還必須知道需求與前置時間可能的變異程度。潛在的變異性愈大，額外存貨（以防止兩次交貨之間的缺貨）的準備就要愈多。從這裡我們可以了解，預測與存貨管理之間的關係極為密切。

三、成本資料

　　與存貨有關的三種成本是：存貨持有成本、訂購成本以及短缺成本。存貨持有成本是指存貨實質的成本，包括：利息、保險、稅金、折舊、過時、變形、損壞、

遭竊、破損、倉儲成本（照明、溫度、租金、安全），以及機會成本（可用於別處的資金而凍結於存貨的機會成本）。訂購成本是指與訂購、進貨有關的成本，包括開立發票、檢驗到達貨品的品質與數量、把貨品移到暫時儲藏室等有關成本。短缺成本是指當需求超過持有存貨的供給時所衍生的成本，包括滯銷的機會成本、商譽損失、延遲成本等。

四、分類系統

廠商所持有的存貨類別，在投資金額、潛在利潤、銷售、使用數量、存貨短缺罰金方面各有不同，所以我們不能將各種存貨類別「一視同仁」的認為相同重要。ABC方法（ABC approach）就是依據存貨的重要性，將存貨項目加以分成三個等級：A（非常重要）、B（次重要）及C（不重要）。在實務上，「重要性」是以「每年使用（銷售）金額」（每單位金額乘以年使用量）來計算。

第 十 節　物料需求規劃

物料需求規劃（material requirement planning, MRP）是一種以電腦為基礎的資訊系統設計，用來處理相依需求存貨（dependent demand，如原料、零件、組件）的訂購與日程安排。將某特定數量製成品的生產計畫轉換成零件的需求，並用前置時間資料倒推來決定何時訂購與訂購多少。

我們可以從圖11-4左邊看出物料需求規劃的全貌。物料需求規劃的投入是物料表，它指出製成品是由什麼組成的；日程安排總表指出欲生產多少製成品與何時生產；存貨紀錄檔案指出目前有多少存量或有多少正在訂購的貨品。

在圖11-4中間，顯示了我們所使用的MRP電腦程式，這些程式可以處理資料，並決定在計畫時間幅度內每個時期的淨需求。

在圖11-4右邊，顯示了MRP的輸出，這些輸出包括了變更、發出訂單、計畫訂購的日程安排、例外報告、計畫報告、績效控制報告等。

製造資源計畫（Manufacture Resource Plan, MRP-II）是在物料需求計畫上發展出的一種規劃方法和輔助軟體。製造資源計畫是在考慮企業實際生產能力的前提下，以最小的庫存保證生產計畫的完成，同時對生產成本的加以管理。實現企業物流、資訊流和金流的統一。MRP-II是對製造業之企業資源進行有效規劃的整體方

法。它是以生產計畫為主軸，對企業製造的各種資源進行統一的計畫和控制，使企業物流、資訊流、金流流動暢通的動態回饋系統。現代的MRP-II借鑑和結合了及時製造（Just in Time, JIT）、全面品管的思想和理念。在MRP-II的基礎上，目前已經發展出企業資源計畫（Enterprise Resource Planning, ERP）等管理思想和軟體。

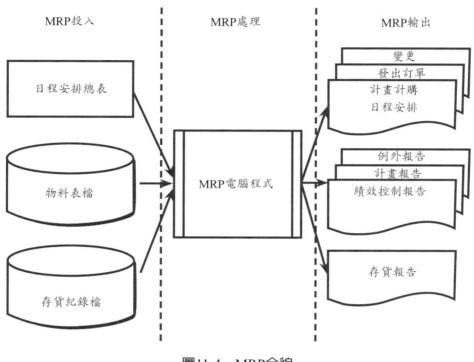

圖11-4　MRP全貌

第 十 節　生產排程

　　在設計了最適當的製造程序之後，必須進行排程（scheduling）的工作，也就是決定在哪個時間生產哪個產品和服務。排程可分為長期排程（long-term scheduling）與短期排程（short-term scheduling）。長期排程是預測、估計產品及服務的需求，以便於人力、產能、原料等之規劃。短期排程則涉及人員每月或每週的活動，包括工作流程、原料的決定等。（註⑮）

第　十二　節　品質管理

　　品質管理是利用產出標準或特性的資訊,來審視製造程序是否在掌握之中(亦即是否產出可接受的產出)。管理當局必須決定產出的標準,這些標準可能是重量、長度、一致性或瑕疵。過去十年來,日本商社所強調的品質亦成為重要的產出標準。同時大多數的企業也利用分析技術(例如:隨機抽樣)來進行品質管理分析。

　　在生產及作業管理中,物料必須符合品質標準,才能產生優良的產品。近年來,在物料控制方面發展出許多方法。例如:利用統計抽樣的方法來代替全檢。抽樣方法固然可減低檢驗時間,但是必須承受某種程度的風險。假如管理當局設定了「不良率超過3%即拒收」的標準。然後驗收人員便會抽樣若干個標本,並計算其不良率。如果不良率超過3%,則退回這批貨或再進行隨機抽樣(這是一個重要的管理決策)。驗收單位可能會犯二種錯誤:接受不良品(整批訂貨的不良率超過3%,但從抽樣中無法得知,故予以接受),或棄卻良品。管理當局必須權衡這二種錯誤所產生的相對成本之後,再建立一個適當的品管制度。

　　不論如何,物料的事前控制是一個相當例行性、規則性的作業。由於物料驗收作業的標準很容易衡量,資訊(有關樣本)的獲得亦易,接受或棄卻(或再行抽樣)的決定,亦是非常明確,因此在獲得標準結果的情形之下,決策是相當「自動的」。例如:驗收標準可以如此設定:「如果不良率低於3%,則接受整批訂單;如果不良率超過5%,則拒收整批訂單;如果在3-5%之間,則再進行抽樣。」管理當局必須針對第二次抽樣決定驗收的程序。

　　對製造商而言,品質管理一向是非常重要的。然而,由於近年來服務業的蓬勃發展,因此,在航空公司、旅館、醫療機構及財務機構等這些提供服務的公司中,品質管理亦占有舉足輕重的地位。

　　全面品管(total quality management, TQM)的觀念及實務已在各個績優公司普遍地落實。在全面品管的方法下,整個組織機構從總經理以下,應承擔、參與或追求永無止境的財貨及服務品質改進。全面品管的主要特色包括:專案小組的成立、尋求並解決問題、強調對顧客的服務,以及永無止境的致力於生產系統的改善。

一、全面品管

　　作業管理的主要目標之一就是使得生產程序盡可能的有效。但是，何謂「有效」以及如何達成是非常關鍵的問題。傳統上，西方的管理者是以內部標準（通常是生產數量）、重視員工以及獨立的品質檢驗來看生產作業。相形之下，品質管理理念是從外部標準（顧客角度）、重視系統以及體認到「品質是工作程序的重要部分」來看生產作業，（註⑯）所以品質管理是顧客導向的，界定品質標準的就是顧客。品質管理觀點強調「系統影響績效」的重要性，傳統的西方管理者所強調的是員工激勵與能力水準，但品質管理觀點所強調的卻是生產系統的特性，認為這些特性是影響品質結果的重要因素。此外，品質管理觀點強調員工賦能，以及他們對工作程序與結果的品質所肩負的責任。因此，在品質理念的引導下，公司內的員工都要為其本身工作的品質負責。相形之下，傳統的西方管理是將品質檢驗視為是一個獨立單位，由不同的人員進行品質檢驗。根據戴明的看法，將品質檢驗視為獨立的功能（也就是說，由不同的人員進行品質檢驗）會造成員工的恐懼感。他認為，如果員工能為自己的工作程序、工作成果的品質負責，則整個工作程序會變得更為有效。

　　品質管理理念促成了所謂全面品管的發展。全面品管認為組織內的所有活動都要著重於產品的改善。全面品管被描述成「對於品質的全面承諾，培養每個人參與生產程序的態度與作為，並利用創新的科學方法以持續地改善產品與服務。」（註⑰）TQM的焦點之一就是利用統計程序控制（statistical process control, SPC）工具，因此，TQM計畫通常會強調如何訓練員工使用SPC工具，也就是培養員工使用SPC工具的能力，以衡量工作程序的品質與改善品質的效能。雖然TQM幾乎涵蓋了所有層面的品質改善，但是戴明從沒有提倡使用這個字眼。他認為，如果管理者具有品質的理念，品質問題就可有意義地改善，不需要運用獨立的、約定俗成的步驟。最近TQM似乎不像以前那麼熱門，但這並不表示品質變得比較不重要。相反地，品質一直是企業生存、獲得競爭優勢的關鍵因素。目前，品質已經成為組織經營不可或缺的一部分，換句話說，品質已經「內嵌」在管理程序之中，而不是生產程序的另外一個元素。

　　根據戴明的看法，品質的獲得是以下四個步驟交互作用的結果：計畫（plan）、執行（do）、檢討（check），以及行動（act）。這四個步驟的英文首字就是戴明品管輪（Deming Wheel）中所謂的PDCA循環。這些步驟是持續不斷地進行，最後就會達到全面品管的理想。在次循環中的每一步驟，企業都必須著重顧客需求，並強調員工參與、團隊合作（參與的成員包括供應商、員工、顧客），最重要的是塑造持續改善的組織文化。

企業管理

(一) 管理者與品質理念

戴明的TQM十四項原則（表11-8）提供了高品質程序的基本管理架構。作業管理也借用了戴明的變異論（theory of variance）。戴明認為，變異會造成不可預測性，而不可預測性會增加不確定性、弱化控制機制。由標準工作流程或活動所產生的變異現象，就是作業管理上主要的問題來源。利用品質原則以發覺這些變異，並採取矯正行動，就是持續改善的精神所在。

表11-8　戴明的全面品管十四項原則

1. 對於改善品質與服務的目的，要保持一致（有始有終，不可只是「三分鐘熱度」），實施全面品管的目的就是保持競爭力、維持生存，並提供工作機會。

2. 必須要採取新思維。現在正是新經濟時代，西方的管理者必須猛醒、接受挑戰，認明責任所在，成為改革先鋒。

3. 在獲得品質方面，不要依賴事後檢驗，要在一開始時便重視品管（要「防患未然」），剔除事後大量檢驗的必要性。

4. 以高價來獎勵企業的時代過去了。相反地，要以「降低總成本」來獎勵企業。對某一產品項目而言，要與單一供應商建立關係，以建立長期的忠誠與互信。

5. 在製造及服務系統的改善方面要精益求精，要不遺餘力地改善品質及生產力，並持續地降低成本。

6. 要做好工作訓練（透過實際工作來學習）。

7. 發揮有效領導。管理員工的目的在於提供協助；監督機械零件的目的在於使其順利運作。對管理者的監督需要全面檢驗，就好像對生產工人的監督一樣（要全面的檢驗對管理者的監督、對工人的監督做得好不好）。

8. 讓員工免於恐懼，以發揮工作效能。

9. 剔除部門之間的藩籬。在研究、設計、銷售、製造的工作人員，必須建立工作團隊。要預見生產上的問題，這些問題可能會出現在產品與服務上（就是要防患未然）。

10. 不要空喊口號，不要說教，要責成工作團隊達到零缺點、高生產力的工作目標。說教只會造成惡劣的工作關係，因為低品質、低生產力的最主要原因，是整個系統出了問題，並不是工作團隊的能力所及。

    (1)在工廠內，不要設立工作標準（配額），要用領導力來達成工作目標。

    (2)不要採取「目標管理」制度。不要用數字、量化目標來管理，要用領導力來管理。

11. 不要剝奪臨時工作者或兼職人員成為工作團隊一員的榮譽感。監督者（如工廠領班、組長）的責任要從「單純的數字」改變到「品質」。

12. 不要剝奪管理者與工程人員成為工作團隊一員的榮譽感。也就是說，尤其要剔除年度績效考評、目標管理。

13. 實施嚴格的教育計畫，鼓勵自我成長。

14. 每位員工都要為改革盡力。換句話說，改革是每位員工的責任。

來源：W. Edwards Deming, Out of Crisis. MIT Press, 1986.

在作業管理上，造成不斷變異的原因包括：設計不良、排程錯誤、設備問題（如年久失修），以及不正確的文書化作業（記錄不實）。個別員工必須肩負責任解決特定問題，例如：提醒主管有關延誤交貨的問題，或者對改善生產排程提供一些建議。

(二)員工與品質

作業經理必須確認員工能夠了解，每個人都要負起品質改善的責任。如果員工提出某些建議或問題，管理者也要樂意解決。品管圈（quality circle）的實施就是一群員工定期開會以討論如何提升品質的問題。品管圈是尋找低品質問題來源並提出解決之道的有用方法。

就像全面品管一樣，品管圈的觀念也已經深植在員工與工作團隊成員的心中（已經內化為他們的一部分）。每位員工都要設定品質目標，因此管理者可據此評估他們達成品質目標的情形，並對達成品質目標的員工給予賞識或提供獎賞。

(三)顧客與全面品管

顧客通常是透過購買決策來做出對於最終品質的決定；換句話說，顧客會購買他們覺得具有高品質的產品。公司的其他部門要負責確認顧客（尋找到目標市場）並且進行實際的交貨行動。作業管理必須著重於改善品質差距（quality gap）上，也就是顧客所需要的與顧客實際獲得的之間的差異。如果持續地監督生產程序（如本章所述），就可以了解是否真正做到改善。

(四)供應商與品質

以品質的觀點來看，供應商應被視為是企業的夥伴。產品的品質不良主要是由於不良的輸入因素所造成。這個問題可以追溯到供應商原料的品質。此外，還可能是設計上的問題。在產品設計與生產程序中讓供應商參與，可增加物料供應的穩定性與品質。

被視為夥伴的供應商，會更主動地解決問題。作業經理必須和供應商發展長期的合作關係。除了建立合夥關係之外，許多企業會先設立標準，然後要求遵守這些標準。國際標準組織（International Organization for Standardization, ISO）是全球最大的標準設定組織。它是由146個國家的全國性標準機構所形成的組織。例如：ISO會對產品與配銷建立技術標準。設立這些標準的目的，在於使得產品與服務的發展、製造（或提供）及供應更安全、更有效率，以及更具環保觀念。此外，建

立標準的目的就是要使得國際貿易更便捷、更公平。ISO有許多原則與標準,其中ISO 9000標準家族是針對組織的品質管理而設立的。ISO 1400標準家族則著重於環保,以使組織盡可能地減低對環境所造成的不利影響。詳細的說明已超過本書範圍,讀者可上ISO網站(www.iso.org/iso/en/ISOOline.frontpage)找到更詳盡的資料。

(五)品質與生產程序

作業管理是利用品質技術將焦點放在生產程序上。例如:如果能以更少的物料來製造產品的話,就可以加速裝配、減少生產步驟,因此瑕疵品也會相對減少。當產品品質改善時,在處理瑕疵品上的人工浪費也就會跟著減少,而企業的獲利性也會得到改善。雖然作業管理通常是針對產品的生產,但是它的技術也可運用到服務的提供上。

防止瑕疵品的方法就是堅守6個希格瑪(six-sigma)原則。希格瑪是以百萬為單位來衡量瑕疵品的統計方法。多數廠商所採用的標準是4個希格瑪,也就是1百萬個單位中允許有6,210個瑕疵品;5個希格瑪比4個希格瑪嚴格許多,也就是1百萬個單位中允許有233個瑕疵品。6個希格瑪是終極目標,也就是3.4百萬個單位中只允許有1個瑕疵品(無瑕疵品的機率是百分之99.999666)。

二、持續改善(Kaizen)

另外一個品質管理技術是持續改善,也就是本章個案所討論的公司Pella的做法。持續改善的(continuous improvement)的日文名稱是Kaizen,也就是針對組織的生產系統做不斷地、一點一滴地改善。Kaizen的觀念是在1985年由Masaaki Imai所提出的。(註⑱)根據Kaizen的原則,生產程序要以三個步驟來處理:維護、Kaizen、創新。

維護步驟是保持生產程序的原狀,Kaizen步驟是確認如何從小處著手來改善維護。創新是對生產程序進行改變,生產程序經過調整以後,創新的程序就又變成原狀,而下一波的Kaizen過程又要再開始。表11-9列出了Kaizen機構(Kaizen Institute)所提出在組織內實施Kaizen的建議。Kaizen原則現在已納入ISO 9000標準,並已成為品質改善努力的一部分。因此,就像TQM一樣,Kaizen在組織內的成效並不是一蹴可幾或顯而易見的。不是顯而易見的原因,是它已經融合在組織的作業管理之中,而不是成為獨立的方案。

表11-9 落實Kaizen

維護

· 質疑目前的做法，不要找藉口、不要搪塞。

· 五度質疑問題，找出造成浪費的根本原因，並提出解決之道。

Kaizen

· 在找出原因與解決之道時，要拋棄既有的想法與方法。

· 要記住Kaizen的觀念與應用是具有無限潛能的。

· 在完成事情時，要保持積極地思考，而不是消極地去想為什麼事情不能完成。

· 將智慧用在Kaizen過程與解決方案上，而不是賺錢上。

· 從困境中學習會增長智慧。

· 十個人的智慧會比一個人的知識更有價值（「三個臭皮匠，勝過一個諸葛亮」）。

創新

· 一有解決方案就要立刻執行——不要等到完美的解決方案出現。

· 立即改善錯誤以免問題變得更嚴重。

來源：The Kaizen Institute, www. Kaizen-institure.com.

　　Kaizen的主要原則之一就是減少物料、存貨、生產程序的浪費，以及剔除無謂的活動（例如：將零件從一個機器搬運到另外一個機器）。根據Kaizen機構的看法，為了產品加值所費的1秒鐘會被非加值活動抵銷掉1,000秒。（註⑲）浪費還包括無效的設備布置。實施彈性製造系統與有效的設備布置是與Kaizen不謀而合的，減少浪費的另外一個方法，就是盡量和少數的供應商進行交易，以便更能控制輸入因素。及時系統也是另外一個改善品質的作業管理技術。

三、及時系統

　　以最少的時間來生產的觀念，導致了作業管理的另外一個技術的發展。及時系統（just-in-time system, JIT system）的目標就是改善公司的獲利性，從輸入因素的獲得、轉換程序到交貨，每一個步驟的執行是因為配合下一個步驟的需要，因此整個生產程序就變得又順暢又具有整合性。

　　就像TQM、Kaizen一樣，JIT是在策略層次上執行，而不是在作業層次。產品設計、員工報酬、會計與銷售等，都會受到JIT的影響。在JIT系統下，產品要設計得愈新穎愈好，因為是在接單之後才開始生產。存貨量也比較容易調整。另一方面，在JIT系統下，產品的設計在需要時就必須完成，不然的話，產品成本就會增加。

　　在JIT系統下，輸入因素（物料、組件、勞工、能源）的存量要盡量維持在最

低的水準。當需要時（不是在需要前），輸入因素就要及時供應。要符合JIT存貨系統要求的話，廠商與供應商保持密切的關係是很重要的。沃爾瑪是透過電腦網路進行存貨的訂購作業；每一次銷售時，產品上的條碼資料就會經由掃描器讀入電腦中，當電腦系統偵測到達到預定的安全存量時，就會自動通知供應商供貨。然後，供應商就會將貨品運到指定地點。在這種供應商充分配合的情況下，供應商等於是沃爾瑪的倉庫，因為供應商必須保持足夠的存貨量以滿足沃爾瑪及時訂購的要求。

JIT的存貨系統是很有價值的，因為它可以節省倉庫的空間與人力資源成本，而且財務資源不會被日後要使用的輸入因素所綁住（如果為了未來有足夠的存貨，而現在以資金購入存貨，則此資金就不能用在其他用途）。JIT系統在確認生產的錯誤上也扮演關鍵角色。由於輸入因素是在需要上線時才投入到生產程序上，因此如果有任何瑕疵就會被馬上發現並及時更換。由於是接單生產（訂單接到後才生產），所以產品是以小量批次的方式生產。因此，在進行下一個批次之前，這個批次的生產問題就可以及時解決。

(一)看板

由日本的機械工程師Taichi Ohno所發展的看板是JIT的一種形式，看板（kanban）在日文中是「卡片」或「符號」的意思。看板是有效的存貨管理技術，當原物料的貨櫃車運到工廠（指買方）時，工廠人員就將掛在車旁的卡片取下，並交回供應商處，供應商會依據先前約定的時間再運送原物料。當前一批原物料用完時，新批的原物料就會及時補上。瀕臨破產的豐田公司在普遍實施看板系統後，搖身成為世界第三大汽車製造商，僅次於通用汽車與福特汽車。

(二)JIT的缺點

有些公司現在使用修正後的JIT系統，因為原JIT的缺點之一就是維持剛好及時存貨量、及時的供應會使廠商沒有緩衝的餘地。意外的訂單會使廠商因措手不及（因為沒有準備多餘的存貨）而錯失商機。此外，倉庫人員也被迫必須持續地監督原物料的截止日期以達到JIT的要求。

另外一個問題是人力資源供應穩定的問題。出乎意料之外的需求增加（例如：意外的訂單）會增加人力的需求，或者必須透過加班才能夠達到如期交貨的要求。這些額外的人力成本必須由廠商吸收，在此情況下，利潤自然會縮水。

另外一個相關問題是當產品需求超過預期水準時，本來用在設備維護、技術訓練的人力資源必須全部投入在產品的趕工製造上。設備未能適當的維護、人員的技

術沒有得到及時充電，以長期觀點而言，會使廠商喪失競爭優勢。

四、程序再造工程

比較大幅的品質改善就是進行釜底抽薪式的全面改變，而不是逐步調整。程序再造工程（process reengineering）就是將整個企業看成是一個嶄新的企業，也就是全部翻新涉及到實現公司使命的生產程序、提供服務程序。

研究再造工程的Michael Hammer認為，再造工程是「對於製造程序重新思考、重新設計，以使成本、品質、服務及效率獲得重大的改善」。（註⑳）因此，要實施再造工程的企業，首先必須對於現行的做法提出質疑，並且思考「為什麼」要有這樣的製造程序，以及「如何」改善這種製造程序。從這裡我們可以了解，再造工程所代表的意義及做法，遠勝於成本節省或者商業自動化。柯達公司（Kodak）能夠將新產品上市的時間減半，聯合碳化公司（Union Carbide）能夠將固定成本減少4億美元，都是拜再造工程之賜。

程序再造工程著重於程序，而不是個別活動。就樣品質管理的其他技術一樣，程序再造工程的目標是減少浪費與改善企業的獲利性。程序再造工程涉及到在本質上重新思考以及重新設計整個程序，包括別除累贅的程序、減少文書作業。實施程序再造工程所獲得的成果是在成本、品質、時間與服務上獲得全面性的改善。資訊科技已成為程序再造工程中不可或缺的一部分。

福特汽車公司的管理團隊發現，其策略事業夥伴Mazda在應付帳款部門只有5人，而福特卻有500人時，便決心對採購部門進行程序再造工程。程序再造工程實施之後，福特汽車公司的採購人員只要在線上資料庫系統上鍵入採購訂單，系統就會自動通知供應商。在接到訂貨之後，驗收人員就會和線上資料庫中的資料做比對，如果比對無誤，資料庫就會自動更新，而且付款作業也會自動進行（此電腦系統會和銀行系統與信用驗證系統連結，由銀行自動轉帳），而不是像以前必須進行填寫單據，由主管簽核之後，再去請款、付款，這些繁複的手續。如果和線上資料庫比對之後發現物料不合，就逕自退回供應商。

在實施程序再造工程之後，福特大幅裁減了應付帳款部門人員、會計人員、資料維護人員及驗收人員，程序再造工程使得整個組織的經營效率大幅提升。（註㉑）

第十三節　未來趨勢

一、生產及作業策略的角色日益重要

在未來，生產及作業策略（production and operations strategy）在企業所扮演的角色愈來愈重要，因為企業若不發展有效的生產及作業策略，則會大大降低其競爭力。

二、科技

(一)彈性製造系統

我們了解，在傳統上要使得成本低廉，必須透過大量製造。但是由於消費者愈來愈有成本意識、愈來愈挑剔（要物美價廉的東西），因此組織必須以物美價廉的東西來滿足他們的需求，這裡所謂的物美，就是指「多樣」的意思。但是製造多樣的東西會使得成本增加，所以彈性製造系統的觀念及做法就派上用場了。

彈性製造系統就是利用電腦輔助設計、電腦輔助製造，以相對較低的成本來製造少量多樣的產品。

彈性製造系統是一個相當複雜但功效發揮較大的系統。它需要電腦、控制、製造、管理等各方面的專才配合，才能發揮預期之功效。彈性製造系統由於具備了自動化生產設備，故可提高生產效率，同時它對於不同種類、批量產品具有適應的彈性。彈性製造系統的優點如下：

1.較高的機器使用率：相較傳統的批量生產工廠，更能達到較高的機器使用率，這主要是歸功於更具效率的工件搬運、離線設置，以及更佳的排程計畫。

2.降低在製品庫存數量：由於不同的零件可以同時加工，而不需分開另做處理，因此正在加工的零件數目將遠比傳統式批量生產方式來得少。

3.降低製造的前置時間：由於零件花費在製程中的時間顯著縮短，因此可以更快地交貨給顧客。

4.在生產排程上更具彈性：此項功能的存在，有助於生產排程的彈性調整，此時可做逐日調整，所以能夠隨時從容地應付顧客需求變動的狀況。

5.**較高的勞動生產力**：由於它具有較高的生產率產能，而且對於直接人力的依賴性較小，因此其每單位勞動小時的生產力將顯著地大於傳統的生產方法。

科技的突破使得生產效率大幅的提升。不可否認的，電腦科技已經對生產作業產生了莫大的衝擊。電腦輔助製造（computer-aided manufacturing, CAM）與電腦整合製造（computer-integrated manufacturing, CIM）的運用，以及產品與製程技術的提升，也影響了生產系統與產品品質的競爭性。

(二)電腦輔助製造

電腦輔助製造是指電腦在製程控制上的使用，其範圍包括數值控制（numeric control）、機器人（robot）及自動化裝配系統（automatic assembly system）。這些系統以機器代替人工，有益於減少人工、處理危險、航髒、令人生厭的事情，並提高品質。數值控制是以一套數學關係式所建立的處理指令來操縱機器的動作。

自動除羊毛機、自動焊接機，以及自動化的品質管理監視器，其間有何共通之處？有的，它們可以1天工作24小時，一週工作7天，既無怨尤，又不犯錯。這就是工業機器人（industrial robot）所具有的特性。

(三)電腦整合製造

電腦整合製造是指透過整合的電腦系統，以連接範圍廣泛的製造活動。它包括工程設計、彈性製造系統、生產計畫與管制等。電腦整合製造系統可能很簡單，例如：以一個伺服器連接二個或多個置於工作站上的彈性製造系統，也可能很複雜，例如：連接時程安排、採購、存貨控制、現場管理與配銷等。

三、工人參與

愈來愈多的公司將決策責任及問題解決的責任下授給組織中的基層工作人員。工人參與（worker involvement）的主要關鍵在於成立專案小組，並運用其知識來解決問題。

四、環保問題

汙染控制與廢棄物處理是管理人員應面對的主要問題。環境管理著重於廢棄物的減少、有毒化學物品的減少、使用易於回收的產品、設計可再生的產品或零件。不可諱言的，環保問題已造成某些企業的負擔，但是重要的是，企業應注重其製造

方法對於環境的不良影響，進而體認到環保的重要。

五、公司縮減

面臨競爭壓力、生產力減弱與股東要求提高利潤與股利，許多公司被迫降低勞工人數。這種公司縮減（corporate downsizing）的現象，會造成生產及作業經理思考如何以更少的人力獲得更多、更高品質的產品。

為了使公司減肥，許多生產及作業經理也想到利用精簡生產（lean production）的方法。他們會強調小即是美（small is beautiful）、品質、彈性、團隊、組織扁平化這些實務。

重要名詞

生產及作業管理

生產及作業管理（production and operation management, POM）既是一門學科，亦是實務，其觀念及原則大都基於科學管理及管理科學，它也借用到行為科學的許多概念。由於作業及生產管理是屬於企業管理學的一支，因此它也是應用導向的（application-oriented）。

生產及作業管理所涉及的不僅是製造業，它可也以應用在像銀行、運輸公司、醫院及診療所、學校、保險公司等服務業。任何生產有形產品（如汽車、刮鬍刀）以及無形服務（如電腦程式的諮詢、美容等）的組織，均須應用有效的生產及作業管理。

系統觀點

生產及作業管理是一個重要的功能，因為它能夠影響其他像財務、行銷功能的行為及績效。這三個企業功能的關係可從「組織是一個系統」的觀念看得更清楚。行銷次系統主要應付的是對企業的需求面；而財務次系統所著重的是企業的控制面；生產及作業管理次系統的功能，在於將輸入因素轉換成輸出因素，所負責的是企業的供給面。不論需求如何殷切，必須要有供給才行。基於生產及作業管理的觀點，提供足夠的產品和服務以滿足需求是組織的首要任務。

系統

一個系統是經由互相影響、互相依賴的次系統集合而成。生產及作業管理部門是組織中的一個重要的次系統。生產及作業管理專家將組織視為一個系統（system）。

財貨

財貨可被定義為「可移動的個人所有物」（movable personal property），例如：汽車、家庭電腦、桌椅及微波爐等。

資本財

資本財（capital goods）則是「不可移動的個人所有物」，例如：房屋或工廠。

服務

服務係由顧客、客戶所要求的活動，是另外一種形式的產出。

自製或外購

製程選擇的第一步驟是決定自製、外購一些或全部的產品或服務，或者轉包一些或全部的產品或服務。有些製造商或許決定採購某些零件而不自製。

生產型態

生產型態基本上有三種：連續性生產（continuous production）、間斷性生產（intermittent processing），以及專案性生產（project-based production）。

連續性生產

連續性生產是指高度專業化系統，它提供了標準化產品的大量輸出，換言之，連續性生產是生產標準化產品的生產方式。報紙、化學品、清潔劑等都是連續性加工的例子。連續性加工的高度標準化產品，係由於高度標準化加工方式與設備所產生的。由於專業化及分工，所以工人的技術要求通常相當低。

半連續性生產

半連續性生產（semi-continuous production）又稱反覆性加工（repetitive processing），是指產出可以允許某種程度的變異。產品具有高度的類似性，但不完全相同。汽車、電視機、電腦、計算機及音響等，都是半連續性生產的例子。

間斷性生產

間斷性生產適用於處理各種不同加工條件的少量產品。間斷性生產是指處理各種不同加工條件的生產方式。分批生產（batch production）是間斷性生產的一種形式。在分批生產中，加工的條件與設備相同，但是某些材料會因批次而異。例如：冰淇淋的製造，先分批生產草莓冰淇淋之後，再分批生產奶油冰淇淋。

訂貨生產（order production）是另外一種間斷性生產方式。所謂訂貨生產是指依顧客的需要而進行單位或小批量的生產或服務。訂貨生產與分批生產不同，訂貨生產的加工步驟與加工內容變化很大。汽車修理是訂貨生產的典型例子。

產能

產能（capacity）往往指的是生產系統在一定期間內正常生產的產出上限。而產能擴充

（capacity expansion）包括了廠商的擴廠、購買機器設備、在國外投資設立分公司、增加旅客的承載量（航空公司的座位增加），以及擴大店面（例如：餐飲業）等。

產能變更

產能變更可以說是廠商所面臨的一個最重要的（也許也是最困難的）策略性決策，因為產能變更的前置時間通常較長，而且最主要的是，廠商必須以對未來的判斷，來做目前資源投入的決策。

產品布置

產品布置的主要目的是要造成連續性生產（大量製造）的順遂。當然，要達到大量製造的目的，除了產品布置外，還需要高度標準化作業，以及高度標準化的產品或服務。我們知道，大量生產能夠降低單位成本，而且還能將專業化設備的高成本分攤到許多產品單位上。

在連續性生產的情況下，由於每種產品都是遵循著相同的生產程序，故通常都可以使用固定路徑的物料搬運設備，例如：在二種作業站之間以輸送帶搬運，結果可形成生產線（production line）或裝配線（assembly line）。

功能式布置

功能式布置的主要目的，在於促進加工項目的執行，或提供各種不同加工需求的服務。功能式布置的主要特色是在某部門或其他功能性團體，執行類似的活動。例如：機器工廠常有研磨、鑽孔等部門，不同的產品可能有不同的加工需求與作業程序，因此在各種不同的路徑上，物料搬運設備（如堆高機、吉普車、料箱）有必要用於處理各種不同製造過程的產品。由於功能式布置是依照機器型態來安排設備，而不是依照加工順序來安排設備，因此整個生產較不可能因為某個機器故障或停機而全面停止。

功能式布置在服務業中也是非常普遍。例如：醫院、大專院校、銀行、汽車修理廠、航空公司與公立圖書館。例如：醫院有某些部門或單位專長於外科、婦產科、小兒科、精神科、急診與老人科等。

工作必要屬性理論

工作特性的有關研究濫觴於1960年代中期特納及勞倫斯（Turner and Lawrence）的研究。他們的研究目的，在於發現不同的工作對員工滿足及缺勤率的影響。他們假設：員工喜歡複雜而富挑戰性的工作，因為這樣的工作會增加滿足感、減少缺勤率。他們以六個工作特性來界定工作複雜性（job complexity）：(1)多樣性或變化性（variety）；(2)自主性（autonomy）；(3)責任（responsibility）；(4)知識及技能（knowledge and skills）；(5)所需的社會互動（required social interaction）；(6)選擇性的社會互動（optional social interaction）。在此這六個項目的評點愈高，則工作的複雜性愈高。

工作特性模式

工作特性模式是海克曼及歐頓（Hackman and Oldham）提出來的。他們發展了五個描述工作的構面：(1)技術多樣性（task variety）；(2)工作完整性（task identity）；(3)工作重要性（task significance）；(4)自主性（autonomy）；(5)回饋（feedback）。

前三個構面（技術多樣性、工作完整性、工作重要性）共同能創造有意義的工作。如果某一工作有這三種特性，則工作者必認為其工作是重要的、有價值的，以及值得投入的。具有自主性特性的工作，會使工作承擔工作成敗的責任。如果工作能提供回饋，則工作者就可以了解其工作績效。

社會資訊處理模式

社會資訊處理模式說明了人們對其工作的看法是來自於主觀的認知，而不是客觀因素。此模式說明了員工在因應他人（包括同事、主管、朋友、家人、顧客等）所提供的社會線索或資訊（social cues or information，例如：別人對於你的工作價值持肯定或否定的意見）時，會採取某種特定的態度及行為。

假如你在新任某職位時興致勃勃、幹勁十足，但是你的同事經常抱怨此工作，說這個工作單調乏味，又得不到老闆的信任。久而久之，你會真的認為你的工作就像同事說的那樣，然而你的工作內涵從來沒有改變過。

技術多樣性

工作的完成需要各種不同活動的程度。為了從事各種不同的活動，工作者必須使用不同的技術、發揮不同的才華。

工作完整性

工作需要整體完成或完成可認明的各部分的程度。

工作重要性

工作對別人的生活及工作產生重大影響的程度。

自主性

在工作排程及實現該工作所需要的程序方面，工作能夠向工作者提供大量的自由、獨立性及自由裁決的程度。

回饋

個人所落實的工作活動結果得到直接的、明確的有關於其工作績效資訊的程度。

社會資訊

他人（包括同事、主管、朋友、家人、顧客等）所提供的社會線索或資訊（social cues or information），例如：別人對於你的工作價值持肯定或否定的意見。

工作擴大化

工作擴大化是由增加工作的數目，使一個工作變「大」，例如：一個生產作業線上的員工，由原先的「鎖一個零件」，變成了「組裝一整個組件」，或者一個教授本來只負責教學，現在還增加了「管理期刊」的編輯工作。

工作輪調

工作輪調又稱為交叉訓練（cross-training）。如果部屬因工作的過度例行化（overroutinization）而感到厭煩時，可以採用工作輪調的方式。當員工的工作不再具有挑戰性時，就可以將員工調到同一階層的另外一個工作，而這個新工作的技術要求與原工作是類似的。

工作豐富化

工作豐富化是工作擴大化的延伸，工作擴大化是給予員工更為完整的工作，工作豐富化是讓員工掌握更大的控制權，同時肩負通常是由上司所擔任的工作——即工作的規劃、執行即評估。所以，工作豐富化可讓員工享有更多的自由度，在完成一項完整的工作任務之餘，更可使他（她）增加知識，獲得進步、成長及責任感。同時他（她）也可以得到績效的回饋，以自我評鑑工作的績效，並做適時的修正。

管理當局如何將工作豐富化呢？藉由先前所介紹的工作特性模式，我們可發現工作中某種型態的改變，最能提高員工的士氣。

工作簡化

工作簡化是以科學方法，有系統地分析現行的工作，剔除不必要的程序單元，以使得工作更有效率。

以團隊為基礎的工作設計

團隊的組成在組織中有愈來愈普遍的趨勢。以團隊為基礎的工作設計要獲得高績效的話，必須滿足以下情況：(1)當團隊工作需要其成員利用各種不同的高級技術時；(2)團隊工作是整體性的、有意義的，而且具有可見的結果時；(3)團隊的工作結果對於其他人有重大影響時；(4)團隊成員具有相當高的自主性時；(5)團隊的工作可獲得週期性的、值得信賴的績效回饋時。

團隊的組成也對工作群組的成功有重大影響。在針對團隊作工作設計時，要注意以下各項：(1)團隊成員具有必要的技術來完成工作；(2)團隊的規模要夠大；(3)成員具有人際關係能力及技術；(4)在才華及視野方面，成員之間有相當程度的差異性。

工作排程

有效運用工作天的方法。大多數的人都是每週工作五、六天，每天工作8小時。在一天中，他們在固定的時間開始及結束工作。但是，現在愈來愈多的組織採取另外的工作排程

（work schedule），例如：集中每週工作天、縮短每週工作天、彈性時間，工作分享（job sharing）、電子通勤（telecommuting），來做為提高員工動機、增加生產力及滿足感的方法。

彈性時間

彈性時間（flextime）可以使得員工在某種限制的條件之下，決定何時工作。員工的每週工作時數必須達到規定的時數，但是可以在某種限制之內，自由變換工作時間。

例如：在每天的工作時間中，包括了核心時間（core time）以及彈性時間。除了午餐的1小時外，核心時間是從上午9點到下午3點，辦公室開放時間是從上午6點到下午6點。

工作分享

工作分享是工作排程上的一項創新。工作分享是2人（或以上）來分擔傳統上每週40小時的工作。例如：甲從8點做到12點，而乙則是從下午1點到5點繼續做同樣的工作；或者甲乙輪流，一人工作一天。

雖然工作分享愈來愈受到歡迎，但是它還不如彈性時間來得普遍。在美國，約有30%的組織採用工作分享的措施。

電子通勤

對大多數的人而言，電子通勤是近乎理想的方式，因為：(1)他們不必再在尖峰時間飽受塞車之苦；(2)不必親自到公司上班；(3)他們有更多的彈性時間；(4)他們在家可自由穿著；(5)他們不會受到同事的干擾。

電子通勤的情形是這樣的：工作者在家裡利用電腦工作，這部電腦與公司的電腦主機做24小時的連線。目前在美國，約有1,000萬人在家裡「上班」，所做的事情包括：利用電話接單、填寫報告或其他表單、處理或分析資訊。電子通勤是成長非常快速的工作排程方式。西元2000年時，美國約有6,000萬人（約占全美工作人口的一半）在家裡處理公務。

地點決策

決定在何處設立廠房或商店的決策。現代組織都將地點視為重要的決策，組織在做地點決策時，應考量到其規模大小、性質及生產範圍。

整體規劃

在生產規劃的範疇中，整體規劃（aggregate planning）是指中期（2-12個月）的產能規劃。如果企業所面臨的需求情況具有季節性，那麼整體規劃更扮演著一個重要的角色。

整體規劃基本上是一種大範圍的規劃方法。規劃者通常是以組織整體的產品或服務來規劃，而不是以個別產品來規劃。舉例來說，為了達到整體規劃的目的，生產電視機的規劃者不會分別關心21吋、25吋及27吋的電視機，而將各種尺寸的電視機看成一體來規劃，就好像此廠商只是生產一種電視。

管理者在做整體規劃時,其決策考慮的範圍非常廣泛。此決策會考慮到定價變動、促銷、預收訂單、加班、兼職工人、轉包、增減工作數與堆積存貨等。

相依需求

相依需求(dependent demand)是指對原料、零件、組件的訂購與日程安排。將某特定數量製成品的生產計畫轉換成零件的需求,並用前置時間資料倒推來決定何時訂購與訂購多少。

相依需求項目是指專用於最終產品或製成品生產上的零件或組件。在這種情況下,零組件的需求衍生於成品的需求。

獨立需求

獨立需求(independent demand)項目是指製成品或是最終產品。通常這些成品不會用來製造另一個成品。

定期盤點制

在定期盤點制(periodic inventory system)中,定期(如每週、每月)執行存貨項目的計算,以便決定每一個項目要訂購多少。

連續盤點制

連續盤點制(continuous inventory system)又稱永續盤點制(perpetual inventory system),乃是持續地追蹤存貨的制度,故能提供每項存貨目前水準的資訊。

前置時間

前置時間就是訂購後多久才能交貨。此外,還必須知道需求與前置時間可能的變異程度。潛在的變異性愈大,額外存貨(以防止兩次交貨之間的缺貨)的準備就要愈多。從這裡我們可以了解,預測與存貨管理之間的關係極為密切。

存貨持有成本

存貨持有成本是指存貨實質的成本,包括利息、保險、稅金、折舊、過時、變形、損壞、遭竊、破損、倉儲成本(照明、溫度、租金、安全),以及機會成本(可用於別處的資金而凍結於存貨的機會成本)。

訂購成本

訂購成本是指與訂購、進貨有關的成本,包括開立發票、檢驗到達貨品的品質與數量、把貨品移到暫時儲藏室等有關成本。

短缺成本

短缺成本是指當需求超過持有存貨的供給時所衍生的成本,包括滯銷的機會成本、商譽損失、延遲成本等。

ABC方法

廠商所持有的存貨類別，在投資金額、潛在利潤、銷售、使用數量、存貨短缺罰金方面各有不同，所以我們不能將各種存貨類別「一視同仁」的認為相同重要。ABC方法（ABC approach）就是依據存貨的重要性將存貨項目加以分成三個等級：A（非常重要）、B（次重要）及C（不重要）。在實務上，「重要性」是以「每年使用金額」（每單位金額乘以年使用量）來計算。

物料需求規劃

物料需求規劃（material requirement planning, MRP）是一種以電腦為基礎的資訊系統設計，用來處理相依需求存貨（dependent demand，如原料、零件、組件）的訂購與日程安排。將某特定數量製成品的生產計畫轉換成零件的需求，並用前置時間資料倒推來決定何時訂購與訂購多少。

品質管理

品質管理是利用產出標準或特性的資訊，來審視製造程序是否在掌握之中（亦即是否產出可接受的產出）。管理當局必須決定產出的標準，這些標準可能是重量、長度、一致性或瑕疵。過去十年來，日本商社所強調的品質亦成為重要的產出標準。同時大多數的企業也利用分析技術（例如：隨機抽樣）來進行品質管理分析。

全面品管

在全面品管（total quality management, TQM）的方法下，整個組織機構從總經理以下，應承擔、參與或追求永無止境的財貨及服務品質改進。全面品管的主要特色包括：專案小組的成立、尋求並解決問題、強調對顧客的服務，以及永無止境地致力於生產系統的改善。

彈性製造系統

在傳統上要使得成本低廉，非得必須透過大量製造不可。但是由於消費者愈來愈有成本意識、愈來愈挑剔（要物美價廉的東西），因此組織必須以物美價廉的東西來滿足他們的需求，這裡所謂的物美，就是指「多樣」的意思。但是製造多樣的東西會使得成本增加，所以彈性製造系統的觀念及做法就派上用場了。

彈性製造系統就是利用電腦輔助設計、電腦輔助製造，以相對較低的成本來製造少量多樣的產品。

彈性製造系統是一個相當複雜但功效發揮較大的系統。它需要電腦、控制、製造、管理等各方面的專才配合，才能發揮預期之功效。彈性製造系統由於具備了自動化生產設備，故可提高生產效率，同時它對於不同種類、批量產品具有適應的彈性。

電腦輔助製造

電腦輔助製造是指電腦在製程控制上的使用，其範圍包括了數值控制（numeric

control）、機器人（robot），以及自動化裝配系統（automatic assembly system）。這些系統以機器代替人工，有益於減少人工、處理危險、骯髒、令人生厭的事情，並提高品質。數值控制是以一套數學關係式所建立的處理指令來操縱機器的動作。

電腦整合製造

電腦整合製造是指透過整合的電腦系統，以連接範圍廣泛的製造活動。它包括了工程設計、彈性製造系統、生產計畫與管制等。電腦整合製造系統可能很簡單，例如：以一個伺服器連接二個或多個置於工作站上的彈性製造系統，也可能很複雜，例如：連接時程安排、採購、存貨控制、現場管理與配銷等。

企業再造工程

企業再造工程（business process reengineering, BPR）的主要目的之一，在於利用資訊科技重新將工作加以建構、重新改變製造程序。所謂製造程序是指：為了針對某一個客戶或市場而提供輸出（產品或服務）的一系列活動。原料及半成品的採購、製造、新產品發展、行銷研究、產銷及儲運等都屬於製造程序。

研究再造工程的鼻祖海默（Michael Hammer, 1993）認為：「再造工程是對於製造程序重新思考、重新設計，以使成本、品質、服務及效率獲得重大的改善」。因此，要實施再造工程的企業，首先必須對於現行的做法提出質疑，並且思考「為什麼」要有這樣的製造程序，以及「如何」改善這種製造程序。從這裡我們可以了解，再造工程所代表的意義及做法遠勝於成本節省或者商業自動化。

公司減肥

面臨競爭壓力、生產力減弱與股東要求提高利潤與股利，許多公司被迫降低勞工人數。這種公司減肥（corporate downsizing）的現象，「會造成生產及作業經理思考如何以更少的人力獲得更多、更高品質的產品。

為了使公司減肥，許多生產及作業經理也想到利用精簡生產（lean production）的方法。他們會強調小即是美（small is beautiful）、品質、彈性、團隊、組織扁平化這些實務。

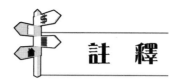
①黃榮華博士（國立工技學院博士，主修生產及作業管理，輔大企管所前長）對本章提供了寶貴的意見及看法，特致謝忱。

②Richard C. Chase and Nicholas J. Aquilano, *Production and Operations Management: A Life Cycle Approach*, 4th ed. (Homewood, Ill.: Richard D. Irwin, 1985).

③Vincent G. Reuter, "Trends in Production Management Education," *Industrial Management*, May-June 1983, pp.1-3.

④R. Wild, "Survey Report—The Responsibilities and Activities of UK Production Managers," *International Journal of Operations and Production Management*. 4, no.1, 1984, pp.69-74.

⑤R. P. Sadowski and N.J. Tracey, "Concepts to Increase Productivity Are Used in the Design of a Manufacturing Facilities," *Industrial Engineering*, September 1982, pp.61-65.

⑥A. N. Turner and P. R. Lawrence, *Industrial Jobs and the Worker* (Boston: Harvard University Press, 1965).

⑦J. R. Hackman and G. R. Oldham, "Motivation Through the Design of Work: Test of a Theory," *Organizational Behavior and Human Performance*, August 1976, pp.25-79.

⑧R. W. Walters, "The Citibank Project: Improving Productivity Through Work Design," in D. L. Kirkpatrick (eds), *How to Manage Change Effectively* (San Francisco: Jossey-Bass, 1985), pp.195-208.

⑨J. R. Hackman, and G. R. Oldham, *Work Redesign* (Reading, MA.: Addision-Wesley, 1980); R. W. Griffin, "Effects of Work Redesign on Employee Perceptions, Attitudes, and Behaviors: A Long-Term Investigation," *Academy of Management Journal*, June 1991, pp.425-35.

⑩G. Fuchsberg, "Four-Day Workweek Has Become a Stretch for Some Employees," *Wall Street Journal*, August 3, 1994, p.1.

⑪C. M. Soloman, "Job Sharing: One Job, Double Headache?" *Personnel Journal, September* 1994, p.90.

⑫"Job Sharing: Widely Spread, Little Used," *Training*, November 1994, p.12.

⑬A. LaPlante, "Telecommuting: Round Two, Voluntary No More," *Forbes ASAP*, October 9, 1995, p.133.

⑭M. Hequet, "Vitually Working," p.30.

⑮R. Schonberger, *Operations Management* (Plano, Tex.: Business Publications, 1981), pp.200-41.

⑯A. Kumar. Software takes the sting out of horseradish production: System automatically ages ingredient and end-item lots ensuring stock won't be wasted. *Food Engineering*, 75, 2003, p. 78.

⑰N. Logothetis, *Managing for Total Quality* (Hertfordshire, UK: Prentice Hall International, 1992), p. 5.

⑱M. Imai, *Kaizen: The Key to Japan's Competitive Success* (New York: Random House, 1986).

⑲Wal-Mart, *Annual Report*, 1999.

⑳Michael Hammer and James Champy, *Reengineering the Corporation: A Minisfesto for Business Revolution* (New York: Harper Collins, 1993), pp.92-98.

㉑R. M. Stair and G. W. Reynolds, *Fundamentals of Information Systems*. (Boston: Thompson Learning, 2001), p. 113.

1. 試以大海腳踏車製造工廠為例，試說明以下各點的意義：
   (1)製程選擇。
   (2)產能規劃。
   (3)布置。
   (4)工作設計。
   (5)地點決策。
   (6)整體規劃。
   (7)存貨管理。
   (8)MRP。
   (9)生產排程。
   (10)品質管理。
2. 試說明經營良好及不良的國內外工廠實例，並說明造成此種結果的主要原因。
3. 組織是由行銷、財務、生產及作業這些子系統所組成，試說明這三個子系統的互動情況，以及如何透過互動達成組織目標。
4. 試舉例說明五個系統的輸入、轉換活動、隨機事件及產出。

5. 在進行有效的過程管理時，生產及作業經理應特別注意哪些功能？為什麼？

6. 在決定應採取何種生產型態時，產品品質、經濟因素、所需數量、人力資源及所擁有之技術會如何影響所採取的生產型態？

7. 試評論以下論述：

(1)生產的轉換過程的設計涉及決定設備的選擇、生產過程的形式及工作流程的型態。

(2)轉換過程可以是連續的（continuous）、斷續的（discrete）或是「只此一次」的專案。連續的過程通常是非常專業化的、所產出的是某種形式的產品（如20吋海灣型電視）或服務（例如：稅務指導）。斷續的生產則會使用到各種不同的設備，例如：以工作站的生產方式，製造顧客所訂做的東西。

8. 試舉例比較四種生產型態。

9. 何謂產能？如何衡量以下組織的產能？

(1)銀行。

(2)廣告公司。

(3)速食業者。

(4)大學（或貴校）。

(5)7-Eleven。

10. 何以產能容易擴充過度？

11. 何以在消費性產品的行業，產能擴充的風險尤其大？

12. 在產能擴充的形式上，所應考慮的重要因素是什麼？為什麼？

13. 試比較產品布置與功能式布置。

14. 工作必要屬性理論的主要內容是什麼？

15. 何以說缺勤率可由工作複雜性來加以預測？

16. 試以工作必要屬性理論的六個特性，來說明以下職業的複雜性：

(1)政府的政務官。

(2)公司的總經理。

(3)公司的人力資源經理。

(4)大學教授。

(5)7-Eleven超商的店長。

(6)生產線上的領班。

(7)母親。

17. 居住在城市或郊區的人，對工作滿足感有何不同？為什麼？

18. 工作必要屬性理論在實務上及學術上的貢獻是什麼？

19. 工作特性模式中所描述的工作構面是什麼？試舉例說明。

20. 試列出激勵潛力分數的公式，並以下列的工作為例加以說明。

(1) 披薩店經理。

(2) 新聞記者。

(3) 實習醫生。

(4) 警察。

(5) 祕書。

(6) 程式設計師。

(7) 中階經理。

(8) 小學教師。

21. 試說明工作設計中社會處理資訊模式的意義及應用。

22. 試說明下列工作重新設計的方法的意義、優缺點及應用實例：

(1) 工作輪調。

(2) 工作擴大化。

(3) 工作豐富化。

(4) 工作簡化。

23. 何以集中每週工作天、縮短每週工作天、彈性時間，工作分享（job sharing）、電子通勤（telecommuting）可提高員工動機、增加生產力及滿足感？

24. 為什麼現在組織都將地點視為重要的行銷策略、生產策略？

25. 如何做好地點規劃？

26. 何以整體規劃對於廠商非常重要？

27. 在做存貨管理時，為什麼要了解相依需求及獨立需求？

28. 試比較定期盤點制與連續盤點制的優缺點。

29. 為什麼預測與存貨管理之間有著密切關係？

30. 我們為什麼要將存貨做ABC分類？

31. 試繪圖說明MRP，並說明更先進的MRP。

32. 試分別說明全面品管、持續改善、及時系統、程序再造工程。

33. 試說明彈性製造系統的特色及功能。

34. 試說明資訊科技在生產製造中所發揮的功能。

第十二章

財務管理^(註①)

本章重點：

企業管理

第 一 節　財務經理的工作

　　財務經理的工作是對於資金的來源、使用及控制作有效的管理。他（她）必須從內部或（及）外部來源中獲得資金，並且分配於不同的用途。公司內資金的流通必須有效地加以監督，所有這些任務，都必須能夠輔助及支援總公司的整體策略。

　　財務經理必須對資金的運用加以分析，以了解某策略運用資金的情形。外部產生的短期及長期資金的組合，以及內部產生資金的數量及時機，皆必須配合總公司的目標、策略及政策。

　　在公司透過投資活動與融資活動來創造價值的過程中，財務經理扮演著相當重要的角色。財務管理的主要目的在於規劃、獲得及利用資金，以使得公司的價值達到最大化的程度。財務管理所要探討的重要問題包括：

　　1.公司應該投資多少？且應該將資金投資到哪些特定的資產上面？

　　2.公司應該如何制定投資決策，才能夠在風險固定的情況下，使得報酬率（rate of return）達到最高，或者在報酬率固定的情況下，可使風險降到最低的最佳投資組合（optimal portfolio）？

　　3.公司應該如何籌措資金，也就是說，應該如何搭配負債與權益，才能夠形成一個可使得資金成本（cost of capital）降到最低的最佳資本結構（optimal capital structure）？

　　4.公司所產生的盈餘有多少要保留下來，供再投資之用？有多少要做為股利發放給股東？

　　為了解答上述問題，公司的財務經理必須制定資本預算決策（capital budgeting decision）、長短期融資決策（long term and short term financing decision）、股利政策（dividend policy），以及營運資金政策（working capital decision）。這些基本政策對於企業的生存、獲利與成長會產生相當重大的影響。例如：國內有些企業往往把屬於短期負債性質的資金做為長期投資用，以致現金流入量（cash inflow）與現金流出量（cash outflow）不能配合，陷入週轉不靈的窘境；又如有些企業由於未能做好資本預算工作，以致盲目擴充，虧損累累。（註②）

第二節　資本預算決策

對資本預算（capital budgeting）技術了解是相當重要的。有效的財務部門應能以額外的支出及收入，來分析及排列像土地、建築物、設備這樣的固定資產的投資。然後以一些標準（如還本期間法、會計報酬率、淨現值、內部報酬率）來評估（或排列）這些投資方案，並做成決策。

資本預算的課題包括：評估法則、現金流量的估計，以及風險評估。本章將就評估法則做一說明。

評估法則

如本書在「控制」一章所說明的，企業獲得資本目的，在於更替既有的設備，或是擴充現有的產能。資本的獲得必須以潛在的獲利率為考量的基礎。企業的資本預算（capital budget）就是針對短期、中期、長期的資本來源及用途的計畫。以目前的基金交換長期資金，稱為投資決策（investment decisions），而對投資計畫的篩選大都必須基於經濟分析。在資本的事前控制方面，還本期間法、會計報酬率、淨現值及內部報酬率這些方法都涉及標準的建立，而資本的獲得皆必須符合所設定的標準。

(一)還本期間法

還本法（payback method）是最單純、運用得最廣泛的方法。這個方法是計算出資本的未來現金收入能抵償其原始成本的期間。例如：其經理考慮購買一部機器，這部機器能在今後四年（機器的估計生命）每年節省$4,000的人工成本。機器成本為$8,000，而稅率是50%。則額外的稅後現金流量（additional after tax cash inflow）的計算方式為：

額外的現金流量（人工成本的節省）		$4,000
減　所得稅		
收入增加金額	$4,000	
折舊增加金額（$8,000/4）	2,000	
稅前淨利增加數	$2,000	
所得稅（50%）	1,000	
稅後淨現金流入		$3,000

企業管理

準此，償還期間的計算如下：

$$\$\,8,000 / \$3,000 = 2.67 \text{（年）}$$

也就是說，這部機器在2.67年會抵償的支付的原始成本。如果管理當局所設定的標準是「三年還本」，則購買這部機器是適當的投資。

就做為一個詳估資本來源的標準而言，償還法有若干個限制：(1)未見獲利率的衡量；(2)未考慮貨幣的時間價值，因此它未考慮現有貨幣價值為更高的事實；(3)還本期的標準任意設定，沒有明確、客觀的指標做為判定是否接受投資專案的標準；(4)還本後的現金流量略而不計。

(二)會計報酬率

在會計作業上常用於衡量獲利率的方法就是計算會計報酬率（accounting rate of return）。利用上述的例子，會計報酬率的計算方法如下：

收入增加額		$4,000
減　折舊（$8,000/4）	$2,000	
減　所得稅	$1,000	
總額外支出		3,000
稅後淨利增加額		$1,000

額外的稅後淨收入除以原始成本，即得會計報酬率：

$$\$1,000 / \$8,000 = 12.5\%$$

而計算出來的會計報酬率再與可接受的最低獲利率做比較，然後再做接受或拒絕此項投資的決定。此法的優點為易於計算，而其缺點在於未考慮貨幣的時間價值，且非以現金基礎計算。

(三)淨現值

淨現值（net present value, NPV）係以專案的折現率或資金成本將各期的現金流入（出）折算至基期，用以衡量專案所產生的淨收益。若淨現值為正，代表專案可以產生正面的收益，值得投資；反之，若淨現值為負，代表專案所產生的現金流入，在考量貨幣的時間價值後，小於所投資的現金，因此應放棄專案。

淨現值法修正了上述方法（會計報酬率）的缺點，其評估準則不僅客觀明

確，且以折現現金流量為基準，考慮貨幣時間價值的差異。淨現值的多寡，可以視為股東在接受投資專案所產生的淨收益。承上例，若專案的折現率為12%，則該專案的淨現值為：

$$NPV = \frac{\$3,000}{(1+12\%)} + \frac{\$3,000}{(1+12\%)^2} + \frac{\$3,000}{(1+12\%)^3} + \frac{\$3,000}{(1+12\%)^4} - \$8,000$$
$$= \$1,112 > 0$$

代表公司在投資該專案後，股東財富會增加$1,112。

(四)內部報酬率

內部報酬率（internal rate of return, IRR）是衡量獲利率的方法，並可做為篩選資本獲得的標準。內部報酬率可定義為使得專案淨現值為零的折現率。若內部報酬率大於專案的資金成本，則可接受，反之則否。利用上述的例子，其計算如下：

$$\$8,000 = \frac{\$3,000}{(1+r)} + \frac{\$3,000}{(1+r)^2} + \frac{\$3,000}{(1+r)^3} + \frac{\$3,000}{(1+r)^4}$$
$$r = 18\%$$

折現報酬率為18%，也就是說，對$8,000的投資在今後四年，每年償付$3,000，會產生18%獲利率。若專案的資金成本為12%，則可方案可以接受。

內部報酬率的優點除了上述以折現現金流量為基礎，且具有明確的評估準則外，內部報酬率可以提供較為明確的溝通，且不受投資規模的影響。然而內部報酬率為隱藏在專案現金流量內的內建函數，因此無法直接求得，需以試誤法（try & error）求算。

第 三 節　融資決策

長期融資管理的重點在於公司最適資本結構的探討，包含企業長期融資來源政策的研究，以及營運週期後剩餘資金分配的權衡，即為股利政策。長期資金的來源包含：普通股（common stock）、長期負債（long-term debt）、特別股（preferred stock），而資本結構及股利政策的探討需以資金成本做為樞紐。

一、普通股

公司成長到某一階段時,為了籌措進一步擴充所需的資金,它通常會將股票上市或上櫃,以走向資本大眾化。投資者持有普通股後,就成為公司的所有者,可以享有公司控制權及優先認股權這兩種最重要的權利。

對發行公司而言,普通股具有以下的特點:(1)沒有固定的股利負擔;(2)沒有到期日;(3)能增加公司的舉債能力。但是它也會造成公司控制權的外流,其發行費用遠較其他證券高,而且股利也無法抵減所得稅。

二、長期負債

傳統的長期負債融資工具包括:定期貸款與公司債。定期貸款通常由借款人直接發售給1-20位的貸款人,故有速度快、彈性高,以及發行成本低的優點。相反地,債券一般都由借款公司透過金融機構的承購而轉售給許多投資者。債券的類型有許多種,包括:抵押債券、信用債券、可轉換債券、附認股權證債券、收益債券與指數債券等。近年來,美國又出現了非常吸引投資者的創新負債融資工具,如零票面利率債券等。(註③)

三、特別股

特別股是被一些公司用來做為降低資金成本的長期融資工具之一。特別股對公司的盈餘與資產擁有優於普通股的求償權,不過特別股的股利通常固定不變,並且如果公司未能支付特別股股利,公司也不會因而破產。此外,特別股的股利可以累積,但公司不能將特別股股利當做費用處理,以抵減所得稅。

四、資金成本決定與資本結構政策

對一家完全使用普通股融資的公司,它的總風險完全由事業風險所構成。但在公司開始使用負債後,它的總風險包括事業風險(business risk,在未使用負債融資的情況下,公司營運本身所具有的風險)及財務風險(financial risk,在公司決定使用負債融資後,普通股股東所必須承擔的額外風險)二部分。事業風險的高低與公司的營運槓桿(operating leverage)有密切的關係,而財務風險的高低與財務槓桿(financial leverage)有密切的關係。

　　營運槓桿定義為銷售量變動百分比對公司息前稅前盈餘變動百分比的影響。經簡化後，公式變成：邊際貢獻／息前稅前盈餘。財務槓桿定義為息前稅前盈餘變動百分比對每股盈餘變動百分比的影響。簡化後的公式為：息前稅前盈餘／稅前盈餘。由以上定義可知：營運槓桿的關鍵在於固定費用，固定費用愈高，則營運槓桿愈大；而財務槓桿的關鍵在於利息費用，利息費用愈高，則財務槓桿愈大。

　　槓桿的利用可類比為雙面刃。當公司營收狀況良好時，利用高度的槓桿可以創造乘數的正面效果；反之，當公司虧絀時，高度的槓桿反而會加速公司的破產，因此，我們必須佐以損益兩平分析，藉以了解公司的經營情況。

　　損益兩平分析（break-even analysis）幾乎被80%以上的企業用來分析固定成本、變動成本以及利潤的關係。損益兩平點（break-even point, BEP）是指當總收入等於總成本時的銷售量或銷售額。決定損益兩平點的公式如下：

損益兩平點＝總固定成本／固定成本貢獻　　　　　或者

損益兩平點＝總固定成本／（售價－每單位變動成本）

　　由以上公式可知，固定成本貢獻（fixed cost contribution）等於售價減去每單位變動成本。

　　資金成本可定義為企業使用各種資金來源所需負擔的實質代價，資金成本以百分比來衡量。財務經理應分別計算特別股的資金成本，以及普通股的資金成本，除了個別資金成本的估算外，我們尚需計算加權平均的資金成本。

　　計算加權平均資金成本的目的，在於避免永續經營的企業可能因為每次籌資來源不同，造成判定投資與否的決策前後不一。例如：第一次投資專案的內部報酬率為12%，而企業以負債籌措資金的成本為10%，而第二次投資專案的內部報酬率為13%，而企業以權益籌措資金的成本為15%，原則上企業應偏好第二次投資專案，然而以個別的資金成本判斷，則會造成接受第一次專案，但拒絕第二次專案。因此，永續經營的企業應以加權平均資金成本做為專案接受與否的判定標準。

　　資金結構的決策在於探討企業是否存在一個最適的結構，可以使得公司整體的加權平均資金成本最低、公司的價值愈大。由於最適資本結構的研究偏重理論，在此不擬詳述。

五、股利政策

股利（dividend）是指公司對股東所做的支付，而股利政策（dividend policy）是指公司對於到底要將多少盈餘當做股利發放給股東，或者有多少要保留下來做為再投資所做的決定。

(一)股利政策理論

股利政策理論有三種：股利無關論（dividend irrelevance theory）、一鳥在手論（bird in the hand theory）以及所得稅差異論（tax differential theory）。茲將這三種理論簡述如下：

1.股利無關論

股利無關論主張，股利政策不會影響公司的價值或資金成本，因此無所謂最佳的股利政策存在；換言之，每一種股利政策都是一樣好。

2.一鳥在手論

「二鳥在林，不如一鳥在手」，發生在未來的資本利得，其風險會高於已掌握在手中的股利。換言之，股利的風險比資本利得的風險低，所以為了使得資金成本能降到最低，公司應該維持高股利支付率，並且提供高股利收益率給投資者。

3.所得稅差異論

在股利稅率比資本利得稅率高的情況下，採取低股利支付率政策，公司才有可能使它的價值達到最大。

(二)影響股利政策的因素

公司的管理者在制定股利政策時，應考慮到：(1)股利支付的限制；(2)投資機會等因素的影響。

1.股利支付的限制

股利支付受到債券契約、資本損害條款（impairment of capital rule）、現金的充裕性以及稅法給予公司不當累積盈餘的懲罰等因素之限制。

債券契約一般都會就公司在獲得貸款後所產生的盈餘中，能夠當做股利發放給股東的數額加以限制。在資本損害條款方面，依照法律規定，公司所支付的股利數目不得超過公司資產負債表上保留盈餘的餘額，其目的在於保障債權人的權益。在現金的充裕性方面，由於現金股利必須以現金支付，所以若公司存在銀行的現金不夠充裕，必然會影響到現金股利的發放。在稅法給予公司不當累積盈餘的懲罰方

面，如果公司發生不當累積盈餘的情事，公司必須繳納額外的不當累積稅，這是政府的規定，目的在於防止富人利用公司來逃避個人所得稅的支付。

2.投資機會

如果公司擁有相當多有利可圖的投資機會，則公司會傾向於採行低股利支付率政策。

第四節 營運資金政策

營運資金（working capital）是指現金（cash）、有價證券（marketable security）、應收帳款（account receivable）以及存貨（inventory）等流動資產。營運資金有時又稱為毛營運資金（gross working capital），而淨營運資金（net working capital）就是指流動資產減流動負債的餘額。

一、現金管理

不論是滿足交易性的需求，或是滿足投機性的需求，公司都必須持有適當的現金。如果缺乏足夠的現金，公司將面臨週轉不靈的窘境及威脅，但是現金是無法產生盈餘的資產，如果持有過量的現金，公司將會負擔昂貴的成本。

(一)現金與存貨

企業必須擁有適當的財務資源，才能夠支付日常作業中衍生的費用，例如：企業必須採購原料，支付工資及利息及償還到期的貸款等。對財務資源的獲得及成本的控制稱為預算，尤其是現金及營運資金預算（work-capital budgets），對企業而言更是重要。

這些預算所考慮的是商業活動循環（採購物料，製成成品，銷售後獲得現金）的過程中，現金流量的及時提供。現金與存貨的簡單關係，如圖12-1所示。當完成品的存貨增加時，現金的供應便會減少。因為現金必須用於物料，人工及其他費用的支付。當存貨經由銷售而減少時，現金便會增加，現金的事前控制所著重的是，在存貨遞增的時段有適量的現金可供使用。如短期財務融資。而經由銷售使存貨減少、現金增加時，更應妥善的運用現金（例如：進行短期投資）。

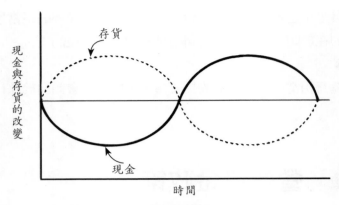

圖12-1　現金與存貨的簡單關係

為了使用資金運用的過程順利進行，管理者可依所設定的財務比率來進行財務活動，例如：管理者可設定流動比率（current ratio），亦即流動資產除以流動負債，以判斷對流動資產的投資是否會太高或太低。如果流動比率偏離了所設定的標準，就必須採取適當的矯正行動。其他在財務資源控制方面常用的比率，包括酸性測驗比率（acid-test-ratio）、存貨週轉率（inventory turnover）以及平均回收期間（average-collection period）等。

(二)內部資金流動

資金管理涉及到公司內部資金流動的管理。財務經理有必要事先了解現金盈餘及短缺的情形，以便做好財務規劃。

資金從環境中流到企業內，再流回環境是相當重要的過程。這個過程說明了資金的來源及去路的情形。良好的資金來源與去路的管理可以達到兩個目標：(1)確信利潤的流入比支出費用多；(2)確信這個情況在整個會計年度都很穩定。

一個企業的年度利潤可能會令人滿意，但是在一年中的某些月分可能會出現了費用超過利潤的情形。例如：公司在3到5月的銷售量偏低，但在9到11月的銷售量偏高，因此如果費用固定，在3到5月間，費用就會超過利潤。因此如果企業能夠與供應商協商，以賒付的方式將3月應付的金額延到9月支付（再加上4%的利息費用），則可將銷售額與費用的差距現象在整個年度看來比較平穩。對每月的資金來源及去路做分析，稱為現金流量分析（cash flow analysis）。我們可以用試算表軟體（例如：微軟公司的Excel）來做這樣的分析。

二、有價證券管理

有價證券是指能夠在短期內以接近於市價的價格被賣掉的證券，如短期國庫券、商業本票、銀行定期存單，或上市公司的股票等。公司持有有價證券的理由是：以有價證券做為現今的替代品、以有價證券當做暫時的投資。

三、應收帳款管理

在應收帳款管理中，公司所涉及的問題是：是否允許客戶在購買後的某一段特定期間中才付款？允許客戶延遲付款的銷售方式稱為信用銷售（sale on credit）。由於信用的授與會對公司產生莫大的影響，例如：放鬆信用條款雖可刺激銷貨，但是投資在應收帳款的資金、壞帳費用都會增加，而緊縮的信用政策，除銷貨下降外，信用分析與管理的費用也會隨之增加，因此信用政策的判定與調整皆須通盤考慮其淨效果，進而訂定最佳的信用政策（optimal credit policy）。

四、存貨管理

對於大多數製造業者而言，存貨可被細分為原料、在製品以及製成品三種類型。存貨管理主要探討下列三個基本問題：(1)公司應將每種產品的存貨存多少單位？(2)公司應該在某一個既定的期間中，訂購或生產多少存貨？(3)公司應該在存貨量下降到多少時，訂購或生產存貨？

第 五 節　財務情報

財務情報包括有關影響其資金流程的企業外部元素的資訊，這些外部元素包括財務機構、股東及政府等。許多公司也訂購電腦化的財務資料庫，來分析、了解企業的環境。

財務管理的功能在於控制企業內資金的流程，資訊的提供可以使得這個流程順利進行。如何了解多餘的資金來源，並決定其最佳的投資方案？為了要解決這個問題，財務情報子系統會從股東、財務機構蒐集資料及資訊，就像其他的商業資訊系統一樣，它也會蒐集政府資料。

一、股東資訊

許多企業均設有股東關係部門（或至少是股務組），以處理公司與股東間的相關事宜。從公司流向股東的資訊，通常是以年報或季報的形式呈現。

股東通常也會透過股東關係部門來表達他們的不滿，或者提供建議、構想。而每年一度的股東大會，也是他們表達意見的機會。

二、財務機構資訊

有關財務機構資訊大多數是現成的，不是列印成冊就是儲存在資料庫中。這些資料可以使企業進行資金來源、成本分析。財務機構對於企業內部的資金運用會有直接、間接的影響。在直接影響方面，中央銀行可藉著調高、調低利率來影響資金的流動。在間接影響方面，財務機構（例如：銀行、儲蓄貸款信用合作社、保險公司等）受到中央銀行的影響，進而調高、調低資金成本。

三、獲得財務情報的方法

獲得財務情報有三種主要的方法：非正式溝通、印製的文件，以及電腦資料庫。

(一)非正式溝通

大多數的財務情報來自於公司的管理者與財務機構的非正式溝通。他們可藉著電話、餐敘來交換情報。

在這方面，辦公室自動化工具扮演著「促成者」的角色。例如：視訊會議、語音會議使得非正式溝通變得更方便。

(二)印製的文件

企業從報章雜誌中也可以獲得許多財務情報。例如：《華爾街日報》（*The Wall Street Journal*）、《聯邦準備手冊》（*Federal Reserve Bulletin*）、《商業周刊》（*Business Week*）、《時代週刊》（*Time*）等，均提供了相當豐富的資訊。有些期刊雜誌並發行有光碟版。

（三）電腦資料庫

在提供財務資訊的電腦資料庫方面，由Macromedia公司發展、DIALOG資訊服務公司（DIALOG Information Services）經銷的「加拿大企業及現況」（Canadian Business and Current Affairs），從200家企業、300份雜誌及10份報紙中，收錄了200,000篇以上的文獻，並以光碟版發行。

我們可在圖書館做電腦化查詢（computerized search），我們也可以在家裡透過網路檢索。透過電腦來查詢資料，不僅快速、周全，又有成本效應。

資料庫是電腦中大量資料檔案的集合，它可以被快速地加以擴充、更新及檢索，以滿足不同的需要。資料庫可分為二大類：參考式（reference）及原始來源式（source）。參考式資料庫只提供有關的摘要、索引及有關文獻，例如：ABI/Inform（Abstracted Business Information）的資料庫包括了400個有關商業、管理、行政、銷售及行銷的文章摘要及索引。（註④）來源式則包括了該文章的詳細資料，這些資料有些是數字形式的（如普查資料），有些是文字形式的。文字形式的資料提供了全文檢索（full text search）的功能，也就是說，只要鍵入關鍵字，該資料庫就會去尋找包括這個關鍵字的有關文章。例如：道瓊新聞／檢索服務（Dow Jones News/Retrieval Service）、哈佛商業評論資料庫服務等，均具有全文檢索的能力。

第 六 節　財務預測

財務預測主要由銷售預測、資金需求預測，以及預估財務報表的編製等工作構成。（註⑤）

財務預測是預測五到十年後的資金走向，以輔助公司的策略規劃。在企業的規劃上，預測是被使用得相當廣泛的技術。在做預測時，要注意以下的三個事實：

1.所有的預測都是過去的投射。要了解未來會發生什麼的最好方法就是回顧以往，所有的預測都是應用這個觀念。由於會計資料都是在記錄已經發生的事件，所以它們是在預測上很重要的來源。

2.所有的預測都包含半結構化的決策（semi-structured decisions）。有些提供預測的變數（或簡稱預測變數）是可以量化的，但是有些則不然。

3.沒有任何預測技術是完美的。即使用在超級電腦上的頂級預測套裝軟體，也不可能百分之百、準確地預測未來。

短期預測與長期預測

短期預測（short-term forecasting）是由企業功能部門來執行的。行銷部門會預測最近的未來（如一到三年）的銷售情形。所有的企業功能部門會以銷售預測為基礎，來決定所需要的資源，例如：製造部門的物料需求計畫（material requirement plans）、財務部門的資金需求計畫，都是以銷售的預測值做為規劃的基礎。

長期預測（long-term forecasting）通常是除了行銷部門以外的部門，例如：財務部門、企劃部或者策略規劃群（strategic planning group）來執行的。

第 七 節 財務控制

財務控制可使得經理們年度作業預算，並提供有關實際支出與預算的比較報告。管理者要達成所設定的作業目標，例如：生產或銷售的數量或金額，就必須要有作業預算（operating budget）。作業預算說明了要達成作業目標所需的資金。預算通常涵蓋一個會計年度（fiscal year）。

一、預算過程

預算過程（budgeting process）包括了若干個半結構化的決策。雖然在做預算時，可以蒐集到許多輔助性的資料（例如：歷史性的會計紀錄），但還是要靠人為的直覺及判斷。

擬定預算有三種一般通用的方法：由上而下（top-down）、由下而上（bottom-up）以及參與式（participative）。

1.由上而下

由企業的高階管理者決定預算的總額，然後再由以下的各階層來分配。這種做法的邏輯是：高階管理者最能掌握企業的脈動及長期目標，因此理應由他來支配資金。然而，組織較低階層的人可能會認為這種做法不切實際。因為高階管理者從不接觸每日的庶務性工作，怎麼可能擬定好全公司的預算？

2.由下而上

在採取由下而上的預算方式時，預算的程序是由組織的最基層開始，然後再彙總到上一個組織階層。採取由下而上的預算方式的邏輯是：組織基層是真正的付諸

行動的人，因此最能夠了解所需要的資源。然而，高階管理者常會認為較低階層的人會訂定超出實際需要的預算。

3.參與式

參與式預算可以克服由上而下、由下而上預算的缺點。（註⑥）參與式預算涉及到與預算有關的人士來參與預算的制定。這是一個諮商式的預算決定方式。中階經理扮演著舉足輕重的角色，因為他們可以「整合」高階管理者的長期觀點與基層經理的每日需求。圖12-2說明了參與式預算的過程。參與式預算的過程如下：

(1)由行銷部門做銷售預算開始。由行銷經理建立預測模式（forecasting model），再由行銷高階管理者做修正及核可。

(2)高階管理者在檢視這個預測之後，依據及主觀的判斷及其他因素，對銷售預測做調整。

(3)核可後的預算資料進入資源規劃模式（resource planning model）中，並將銷售目標轉換成每一個企業功能部門的資源需求。例如：如果企業預計明年銷售300,000個單位，必須再僱用8位銷售人員、2位財務人員，以及再添購新的網路設備、新的機具等。物料需求計畫可以是資源規劃模式的一部分，以協助決定所需的物料。

(4)資源規劃模式所做的預測再度交由各企業功能經理來評估。每位經理都要運用其專業知識來調整他們認為最適合的預算數量，並與其直屬主管共同商討最適當的、最可接受的預算水準。在圖中的上下方向箭頭表示，預算的決定來回於上下組織階層之間，直到達到共識時為止。

(5)最高主管綜合各企業功能的預算，並完成整個公司的作業預算。

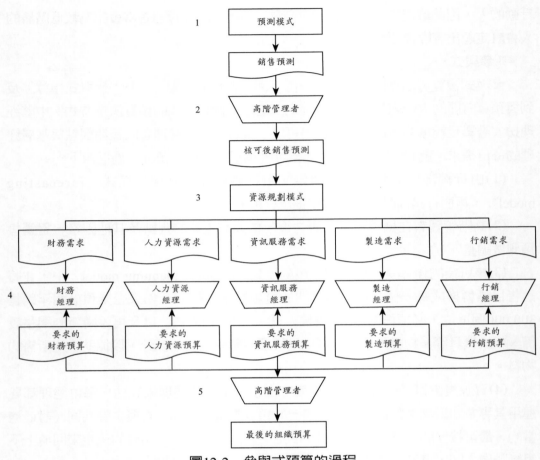

圖12-2　參與式預算的過程

二、標準成本分析

標準成本分析制度的目的,在於提供資訊以幫助管理者比較真實成本與標準成本的差異,進而採取適當的矯正行動。標準成本最先用在製造成本的控制方面,但是近年來,標準成本也被應用在銷售、一般及行政費用的管理方面。我們將討論標準製造成本。

製造成本的三個因素是直接人工、直接原料以及間接費用。管理者必須對上述的每一項目,估計其每單位產生的成本。例如:每一單位產出的人工成本,包括了人工的標準勞動量及人工的標準工資,因此可對此兩者的估計如下:

管理者必須比較所產生的成本與標準成本。假設在一段期間,產出200個單位的標準人工成本是$1,200（200×$6.00）,而標準材料費成本是$360

（200×$1.80）。如果在同一期間，實際人工成本為$1,500，而實際物料成本是$400，則實際人工成本與標準人工成本的差異為$300，實際物料成本與標準物料成本的差異為$40。管理當局必須了解造成此差異的原因，並採取適當的矯正行動。假設標準的設定是正確的，管理者就必須分析差異的所在，並且尋求解決之道。如果實際人工成本超過標準人工成本的原因，是由於工資是250實際工作小時或者每小時工資率為$7.5所造成的，此時管理者須解決之問題有二：(1)在這段期間使得每個人工小時的產出下降原因何在（200個單位產出需要250個人工小時）？(2)何以平均工資率會高於標準工資率？

　　管理者也可以用同樣的方式來分析物料差異的原因。第一步先找出實際及標準使用量、實際及標準價格的關係，然後再找出是否實際的使用量超過了標準使用量，以及（或者）實際價格超過了標準價格，然而間接費用差異（overhead variance）的原因分析較為複雜。

第 八 節　財務分析

一、財務比率

　　如果你對於主要財務比率有所了解，你就可以評估公司的整體狀況，並認明問題的所在。一般而言，財務比率包括：

　　1.流動比率（liquidity ratios）：可衡量公司履行義務的能力。

　　2.獲利率（profitability ratios）：可衡量公司達成利潤目標的能力。

　　3.資產管理比率（asset management ratios）：可衡量公司利用資源的程度。

　　4.槓桿比率（leverage ratios）：可比較公司自行融資與向債權人融資的情形。

　　5.市場比率（market ratio）：可衡量公司的市場價值與帳面價值的關係，進而評估公司未來成長的潛能。

　　你在做財務分析時，當然不必一定用到所有的比率，你只要計算出能夠反映公司問題的比率即可。

　　財務分析還包括銷售、利潤、每股盈餘、負債／權益比、投資報酬率的趨勢分析，以及與產業平均值的比較。

　　在開始分析時，你應檢視過去的資產負債表與損益表，它們提供了許多分析的

企業管理

數據,然後再比較報表中重要項目的變化(每年的變化及整個分析期間的變化)。你應計算出變化的比率及絕對值,並要考慮通貨膨脹來做調整。你也要考慮相關項目的變化,例如:在三年期間,10%的銷貨增加率似乎不錯,但是在同期,銷貨成本增加了15%,故結果可能不令人滿意。在這種情況下,你還要對製造程序加以檢視。

另外一個分析財務報表的方法,是將報表變成共同基礎報表(common-size statement)。在資產負債表中,將總資產或總負債訂為100%,並計算出每個項目占總資產或總負債的比率。在損益表方面,將銷貨淨額訂為100%,並計算出每個項目占銷貨淨額的比率。然後你再看幾年來這些有關比率的變化,以掌握問題的所在。你還要看產業平均值在這段期間的變化,以了解該公司的變化是產業趨勢使然,抑或是其他原因。如果該公司的變化趨勢及程度與產業平均值一致,則問題不大。在進行財務分析時,有關的財務比率如下:(註⑦)

(一)流動比率

1.流動比率(current ratio)

流動資產 / 流動負債

說明:以短期資產償還短期負債的能力。

2.速動比率(quick ratio)

(流動資產－存貨)/ 流動負債

說明:以不包括存貨的短期資產償還短期負債的能力。

3.存貨與淨營運資金比(inventory to net working capital)

存貨 /(流動資產－流動負債)

4.現金比率(cash ratio)

(現金＋現金等值)/ 流動負債

(二)獲利率

1.淨利潤邊際（net profit margin）

稅後淨利／淨銷售

2.毛利潤邊際（gross profit margin）

（稅後淨利－銷貨成本）／淨銷售

3.投資報酬率（return on investment）

稅後淨利／總資產

4.權益報酬率（return on equity）

稅後淨利／股東權益

5.每股盈餘（earning per share）

（稅後淨利－優先股息）／普通股平均數

(三)資產管理比率

1.資產週轉率（asset turnover）

銷售／總資產

2.固定資產週轉率（fixed asset turnover）

銷售／淨固定資產

3.存貨週轉率（inventory turnover）

銷售／存貨

4.應收帳款週轉率（account receivable turnover）

$$銷售／應收帳款$$

(四)槓桿比率

1.負債與資產比（debt to asset ratio）

$$總負債／總資產$$

2.負債與權益比（debt to equity ratio）

$$總負債／股東權益$$

3.長期負債與資本結構比（long-term debt to capital structure）

$$長期負債／股東權益$$

(五)市場比率

1.市價對帳面價值比率

$$公司市場價值／公司資產帳面價值$$

2.本益比

$$每股股價／每股盈餘$$

二、財務報表分析

　　企業的會計系統是提供評估歷史結果資訊的主要來源。在一段時間內，企業的財務會計部門會提供資產負債表（balance sheet）、損益表（income statement）以及現金流量表（cash flow statement），這些報表係對於企業的財務結構的主要因素（如資產、負債、權益、收入、費用）加以彙總及分類。

　　對於財務報表的資訊加以詳盡地分析之後，管理者便可決定企業的獲利能力（profitability）、流動性（liquidity）及償債能力（solvency）。同時管理當局必須考慮行業特性、產品發展等特性對上述指標設定標準。不適當的報酬率設定，會對

企業的吸收擴充資金造成不利影響，尤其在經濟景氣不振時，更是如此。

　　流動性可反映企業的短期償債能力，目前企業應用最普遍的衡量基礎是流動資產與流動負債的比率。比較嚴謹的流動性測試是速動比率（quick ratio），又稱酸性測試（acid-test），也就是速動資產（流動資產減去存貨及預付費用）的總額除以流動負債。

　　流動資產與流動負債的關係是決定流動性的重要變數，而流動資產的組成因素亦相當重要。應收帳款週轉率（account receivable turnover）的計算方式是賒銷金額除以平均應收帳款額，其週轉率過低，則表示企業在收取應收帳款時，有時間落後的現象，這種情形會影響企業償還短期債務的能力。企業的矯正行動可以是提高賒銷的標準，亦可以是對於債務人採取較為強硬的態度。存貨週轉率的計算方式是銷貨成本除以平均存貨，其週轉率愈高，則表示相對於銷售，存貨有偏低的現象，而週轉率偏低則表示對存貨的投資過度。週轉率過度偏高或偏低，皆非企業之福。因此，管理當局應考量產品特性、市場狀況、企業本身能力等因素，再決定適當的週轉率標準。

　　財務分析的另外一個基礎是償債能力，也就是償還長期債務的能力。企業應保持適當的償債能力，以便在維護債權人的權益之餘，亦能掌握長期負債的正面槓桿效果。企業通常以利息保障倍數（times of interest earned）亦即息前稅前盈餘（net income before interest and taxes）除以利息費用，來衡量償債能力。這個比率亦可表示安全邊際，愈高愈好，但是過高的比率再加上過低的負債權益比（debt-to-equity ratio），則表示公司的營運績效不彰。負債與權益的比率受許多因素影響，一般而言，負債比率應隨盈餘的穩定性之不同而異。

重要名詞

資本預算決策

對資本預算（capital budgeting）技術了解是相當重要的。有效的財務部門應能以額外的支出及收入，來分析及排列像土地、建築物、設備這樣的固定資產的投資。然後以一些標準（如還本期間法、會計報酬率、淨現值、內部報酬率）來評估（或排列）這些投資方案，並做成決策。資本預算的課題包括了：評估法則、現金流量的估計，以及風險評估。

企業管理

投資決策

企業的資本預算（capital budget）就是針對短期、中期、長期的資本來源及用途的計畫。以目前的基金交換長期資金，稱為投資決策（investment decisions），而對投資計畫的篩選大都必須基於經濟分析。

還本期間法

還本法（payback method）是最單純、運用得最廣泛的方法。這個方法是計算出資本的未來現金收入能抵償其原始成本的期間。

會計報酬率

在會計作業上常用於衡量獲利率的方法就是計算會計報酬率（accounting rate of return）。額外的稅後淨收入除以原始成本即得會計報酬率。計算出來的會計報酬率再與可接受的最低獲利率做比較，然後再做接受或拒絕此項投資的決定。此法的優點在於易於計算，而其缺點在於未考慮貨幣的時間價值，且非以現金基礎計算。

淨現值

淨現值（net present value, NPV）係以專案的折現率或資金成本將各期的現金流入（出）折算至基期，用以衡量專案所產生的淨收益。若淨現值為正，代表專案可以產生正面的收益，值得投資；反之，若淨現值為負，代表專案所產生的現金流入，在考量貨幣的時間價值後，小於所投資的現金，因此應放棄專案。

內部報酬率

內部報酬率（internal rate of return, IRR）是衡量獲利率的方法，並可做為篩選資本獲得的標準。內部報酬率可定義為使得專案淨現值為零的折現率。若內部報酬率大於專案的資金成本，則可接受，反之則否。

融資決策

長期融資管理的重點在於公司最適資本結構的探討，包含企業長期融資來源政策的研究，以及營運週期後剩餘資金的分配的權衡，即為股利政策。長期資金的來源包含：普通股（common stock）、長期負債（long-term debt）、特別股（preferred stock），而資本結構及股利政策的探討需以資金成本做為樞紐。

普通股

公司成長到某一階段時，為了籌措進一步擴充所需的資金，它通常會將股票上市或上櫃，以走向資本大眾化。投資者持有普通股後，就成為公司的所有者，可以享有公司控制權及優先認股權這兩種最重要的權利。

對發行公司而言，普通股具有以下的特點：(1)沒有固定的股利負擔；(2)沒有到期日；(3)能增加公司的舉債能力。但是它也會造成公司控制權的外流，其發行費用遠較其他證券

高，而且股利也無法抵減所得稅。

長期負債

傳統的長期負債融資工具包括：定期貸款與公司債。定期貸款通常由借款人直接發售給1-20位的貸款人，故有速度快、彈性高，以及發行成本低的優點。相反地，債券一般都由借款公司透過金融機構的承購而轉售給許多投資者。債券的類型有許多種，包括：抵押債券、信用債券、可轉換債券、附認股權證債券、收益債券與指數債券等。近年來，美國又出現了非常吸引投資者的創新負債融資工具，如零票面利率債券等。

特別股

特別股是被一些公司用來做為降低資金成本的長期融資工具之一。特別股對公司的盈餘與資產擁有優於普通股的求償權，不過特別股的股利通常固定不變，並且如果公司未能支付特別股股利，公司也不會因而破產。此外，特別股的股利可以累積，但公司不能將特別股股利當作費用處理，以抵減所得稅。

事業風險

對一家完全使用普通股融資的公司，它的總風險完全由事業風險所構成。但在公司開始使用負債後，它的總風險包括事業風險（business risk），也就是在未使用負債融資的情況下，公司營運本身所具有的風險，以及財務風險（financial risk）。事業風險的高低與公司的營運槓桿（operating leverage）有密切關係。

財務風險

財務風險（financial risk）亦即在公司決定使用負債融資後，普通股股東所必須承擔的額外風險。財務風險的高低與財務槓桿（financial leverage）有密切的關係。

營運槓桿

營運槓桿定義為銷售量變動百分比對公司息前稅前盈餘變動百分比的影響。經簡化後，公式變成：邊際貢獻／息前稅前盈餘。營運槓桿的關鍵在於固定費用，固定費用愈高，則營運槓桿愈大。

財務槓桿

財務槓桿定義為息前稅前盈餘變動百分比對每股盈餘變動百分比的影響。簡化後的公式為：息前稅前盈餘／稅前盈餘。財務槓桿的關鍵在於利息費用，利息費用愈高，則財務槓桿愈大。

損益兩平分析

損益兩平分析（break-even analysis）幾乎被80%以上的企業用來分析固定成本、變動成本以及利潤的關係。損益兩平點（break-even point, BEP）是指當總收入等於總成本時的銷售量或銷售額。決定損益兩平點的公式如下：

損益兩平點＝總固定成本／固定成本貢獻　　　　或者

損益兩平點＝總固定成本／（售價－每單位變動成本）

由以上公式可知，固定成本貢獻（fixed cost contribution）等於售價減去每單位變動成本。

股利

股利（dividend）是指公司對股東所做的支付。

股利政策

股利政策（dividend policy）是指公司對於到底要將多少盈餘當做股利發放給股東，或者有多少要保留下來做為再投資所做的決定。

股利無關論

股利無關論主張，股利政策不會影響公司的價值或資金成本，因此無所謂最佳的股利政策存在；換言之，每一種股利政策都是一樣好。

一鳥在手論

「二鳥在林，不如一鳥在手」，發生在未來的資本利得，其風險會高於已掌握在手中的股利。換言之，股利的風險比資本利得的風險低，所以為了使得資金成本能降到最低，公司應該維持高股利支付率，並且提供高股利收益率給投資者。

所得稅差異論

在股利稅率比資本利得稅率高的情況下，採取低股利支付率政策，公司才有可能使它的價值達到最大。

營運資金

營運資金（working capital）是指現金（cash）、有價證券（marketable security）、應收帳款（account receivable）以及存貨（inventory）等流動資產。營運資金有時又稱為毛營運資金（gross working capital），而淨營運資金（net working capital）就是指流動資產減流動負債的餘額。

現金管理

不論是滿足交易性的需求，或是滿足投機性的需求，公司都必須持有適當的現金。如果缺乏足夠的現金，公司將面臨週轉不靈的窘境及威脅，但是現金是無法產生盈餘的資產，如果持有過量的現金，公司將會負擔昂貴的成本。

企業必須擁有適當的財務資源，才能夠支付日常作業中衍生的費用，例如：企業必須採購原料、支付工資及利息及償還到期的貸款等。對財務資源的獲得及成本的控制稱為預算，尤其是現金及營運資金預算（work-capital budgets），對企業而言更是重要。

內部資金流動

資金管理涉及到公司內部資金流動的管理。財務經理有必要事先了解現金盈餘及短缺的情

形，以便做好財務規劃。

資金從環境中流到企業內，再流回環境是相當重要的過程。這個過程說明了資金的來源及去路的情形。良好的資金來源與去路的管理可以達到兩個目標：(1)確信利潤的流入比支出費用多；(2)確信這個這個情況在整個會計年度都很穩定。

有價證券管理

有價證券是指能夠在短期內以接近於市價的價格被賣掉的證券，如短期國庫券、商業本票、銀行定期存單，或上市公司的股票等。公司對持有有價證券的決策及運用，即為有價證券管理。

應收帳款管理

在應收帳款管理中，公司所涉及的問題是：是否允許客戶在購買後的某一段特定期間中才付款？允許客戶延遲付款的銷售方式稱為信用銷售（sale on credit）。由於信用的授與會對公司產生莫大的影響，例如：放鬆信用條款雖可刺激銷貨，但是投資在應收帳款的資金、壞帳費用都會增加，而緊縮的信用政策，除銷貨下降外，信用分析與管理的費用也會隨之增加，因此信用政策的判定與調整皆須通盤的考慮其淨效果，進而訂定最佳的信用政策（optimal credit policy）。

存貨管理

對於大多數製造業者而言，存貨可被細分為原料、在製品以及製成品三種類型。存貨管理主要探討下列三個基本問題：(1)公司應將每種產品的存貨存多少單位？(2)公司應該在某一個既定的期間中，訂購或生產多少存貨？(3)公司應該在存貨量下降到多少時，訂購或生產存貨？

財務情報

財務情報包括了有關影響其資金流程的企業外部元素的資訊，這些外部元素包括了財務機構、股東及政府等。許多公司也訂購電腦化的財務資料庫，來分析、了解企業的環境。

財務管理的功能在於控制企業內資金的流程，資訊的提供可以使得這個流程順利進行。如何了解多餘的資金來源，並決定其最佳的投資方案？為了要解決這個問題，財務情報子系統會從股東、財務機構蒐集資料及資訊，就像其他的商業資訊系統一樣，它也會蒐集政府資料。

財務預測

財務預測主要由銷售預測、資金需求預測，以及預估財務報表的編製等工作構成。財務預測是預測5到10年後的資金走向，以輔助公司的策略規劃。在企業的規劃上，預測是被使用得相當廣泛的技術。

短期預測

短期預測（short-term forecasting）是由企業功能部門來執行的。行銷部門會預測最近的未來（如1到3年）的銷售情形。所有的企業功能部門會以銷售預測為基礎，來決定所需要的資源，例如：製造部門的物料需求計畫（material requirement plans）、財務部門的資金需求計畫，都是以銷售的預測值作為規劃的基礎。

長期預測

長期預測（long-term forecasting）通常是除了行銷部門以外的部門，例如：財務部門、企劃部或者策略規劃群（strategic planning group）來執行的。

作業預算

作業預算說明了要達成作業目標所需要的資金。預算通常涵蓋一個會計年度（fiscal year）。

由上而下預算

由企業的高階管理者決定預算的總額，然後再由以下的各階層來分配。這種做法的邏輯是：高階管理者最能掌握企業的脈動及長期目標，因此理應由他來支配資金。然而，組織較低階層的人可能會認為這種做法不切實際。因為高階管理者從不接觸每日的庶務性工作，怎麼可能擬定好全公司的預算？

由下而上預算

在採取由下而上的預算方式時，預算的程序是由組織的最基層開始，然後再彙總到上一個組織階層。採取由下而上的預算方式的邏輯是：組織基層是真正的付諸行動的人，因此最能夠了解所需要的資源。然而，高階管理者常會認為較低階層的人會訂定超出實際需要的預算。

參與式預算

參與式預算可以克服由上而下、由下而上預算的缺點。參與式預算涉及到與預算有關的人士來參與預算的制定。這是一個諮商式的預算決定方式。中階經理扮演著舉足輕重的角色，因為他們可以「整合」高階管理者的長期觀點與基層經理的每日需求。

標準成本分析

標準成本分析制度的目的，在於提供資訊以幫助管理者比較真實成本與標準成本的差異，進而採取適當的矯正行動。標準成本最先用在製造成本的控制方面，但是近年來，標準成本也被應用在銷售、一般及行政費用的管理方面。例如：在標準製造成本方面，製造成本的三個因素是直接人工、直接原料以及間接費用。管理者必須對上述的每一項目，估計其每單位產生的成本。

流動比率

流動資產／流動負債，可衡量企業以短期資產償還短期負債的能力。

獲利率

可衡量公司達成利潤目標的能力。

資產管理比率

可衡量公司利用資源的程度。

槓桿比率

可比較公司自行融資與向債權人融資的情形。

市場比率

可衡量公司的市場價值與帳面價值的關係，進而評估公司未來成長的潛能。

獲利能力

公司達成利潤目標的能力。

流動性

流動性可反映企業的短期償債能力，目前企業應用最普遍的衡量基礎是流動資產與流動負債的比率。比較嚴謹的流動性測試是速動比率（quick ratio），又稱酸性測試（acid-test），也就是速動資產（流動資產減去存貨及預付費用）的總額除以流動負債。

流動資產與流動負債的關係是決定流動性的重要變數，而流動資產的組成因素亦相當重要。

償債能力

財務分析的另外一個基礎是償債能力，也就是償還長期債務的能力。企業應保持適當的償債能力，以便在維護債權人的權益之餘，亦能掌握長期負債的正面槓桿效果。

利息保障倍數

利息保障倍數（times of interest earned）是息前稅前盈餘（net income before interest and taxes）除以利息費用，可衡量償債能力。這個比率亦可表示安全邊際，愈高愈好，但是過高的比率再加上過低的負債權益比（debt-to-equity ratio），表示公司的營運績效不彰。負債與權益的比率受許多因素影響。一般而言，負債比率應隨盈餘的穩定性之不同而異。

 **企業管理**

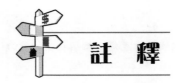 註 釋

①許培基博士（國立政治大學企管博士，主修財務，輔大企管所副教授）對本章提供了寶貴的意見及看法，特致謝忱。

②陳隆麒著，《現代財務管理——理論與應用》（臺北：華泰書局，1993年），頁3-4。

③有關的詳細內容，可參考：陳隆麒著，《現代財務管理——理論與應用》（臺北：華泰書局，1993年），第6章。

④W. A. Katz, *Introduction to Reference Work*, Volume I: Reference Services and Reference Processes, 5th ed. (New York: McGraw-Hill, 1987),p.125.

⑤詳細的討論可參考：Eugene F. Brigham and Louis C. Gapenski, *Financial Management-Theory and Practice* (Orlando, FL.: The Dryden Press, 1994).

⑥Peter Chalos and Susan Haka, "Participative Budgeting and Managerial Performance," *Decision Science* 20, Spring 1989, pp.334-347.

⑦Lawrence R. Jauch and William F. Flueck, *Strategic Management and Business Policy*, 3rd Edition (New York: McGraw-Hill Book Company, 1989), pp.186-195.

 自我評量

1. 身為公司的財務經理，你的主要工作是什麼？
2. 何謂資本預算決策？它涉及到哪些課題？
3. 試以模擬的數據，說明並比較資本預算決策的評估法則。
4. 長期融資決策的重點是什麼？
5. 試說明並比較長期資金的各種來源。
6. 試評論以下的說法對不對：財務槓桿的觀念，對於利用負債來增加普通股權益是相當有幫助的。當公司以銷售其證券（bonds）及票券（notes），而不是股票來融資其企業活動時，每股盈餘（earning per share, EPS）就會增加。因為利息

的支出會減少收入，進而減少了稅額，而且分享利潤的股東數目也減少了。如果資金全由內部籌措，那麼就會使得損益兩平點提高。在經濟繁榮及銷售量不斷增加的時代，高的財務槓桿可被視為公司的優勢，但在經濟蕭條及銷售量不斷下降的時代，則是弱點。

7. 財務槓桿是指公司使用負債與特別股等固定收益證券來融資的程度。公司可藉由財務槓桿的運用，將事業風險集中在普通股股東身上。你同意這種說法嗎？為什麼？

8. 試說明負債、特別股及普通股的資金成本。為什麼要計算加值平均的資金成本？試舉例說明。

9. 試說明三種股利政策理論。影響股利政策的因素有哪些？

10. 營運資金政策是指什麼？試詳加說明。

11. 試說明在Internet上的有關網站提供了哪些財務情報？

12. 如何獲得相關的財務情報？

13. 試比較短期與長期的財務預測。

14. 試說明並比較三種財務預算的過程。

15. 試以模擬的數據說明標準成本分析。

16. 試說明每項財務比率的意義及目的。

17. 財務報表分析的結果可協助企業了解哪些現象？可幫助企業做什麼財務決策？

18. 王作榮認為，臺灣金融機構及金融活動存在以下的特徵：

(1)金融法規不完密，執行不嚴格，不能發揮規範力量。

(2)各階層部分官員及從業人員操守不良，專業能力不足，無法負起管家之責。

(3)各級民意代表大量介入金融業務，政府沒有擔當處理。

(4)黑社會分子大量介入金融業務。

(5)大財團介入金融業務，政府無能力管理，出了事也沒有擔當處理。

你同意以上的看法嗎？為什麼？

第十三章

人力資源管理^(註①)

本章重點：

第 一 節　人力資源管理的意義

　　面對管理工作的挑戰，管理者必須了解人力資源的潛力，並發展這些資源——這就是人力資源管理功能的精神所在。

　　任何組織單位或部門（行銷、財務、會計、人事），均涉及「如何透過有技術、有才能的人來達成目標」的問題。準此，人力資源管理是直線管理者的責任，亦是幕僚的功能。（註②）

　　在任何規模的組織內，管理者均須對人力資源加以有效地充分運用。雖然小型企業沒有能力成立單獨的人力資源管理部門，但仍然要不斷地追蹤員工的進展和詳細檢討目標的達成。因此，每個管理者都有責任來發揮有技術、有才能的員工的潛力。較大的企業通常會設立一個人事部門來統籌整個公司的人力資源管理，不論在何種規模的企業，人員的僱用、訓練和績效考評等工作，都必然是相當重要的事。

　　成功的人力資源管理也必須獲得管理者的支持與合作，若無高階、中階和基層主管的支持，則人力資源管理很難奏效。因此，管理者充分了解如何配合人力資源管理部門是非常重要的。

　　人力資源管理（human resource management, HRM）為工作組織的一種價值活動，旨在藉助「計畫、執行與考核」的管理程序，運用於人力活動，發揮「適時適地、適質適量與適才適所」的人力供應效果，達到提升組織成員現有績效及未來發展潛力，進而強化組織的競爭優勢。（註③）

　　人力資源管理活動的開端就是人力資源規劃（human resource planning）。人力資源規劃乃指在配合未來發展的需要，運用定量、定性分析，藉以適時適地、適質適量、適職適格與適才適所的配置人力，促進組織目標的達成，永續發展。人力資源規劃必須偵測外界環境的變遷，保有敏感性，才能夠對外界人力供應掌握有效來源。而企業發展目標及內部企業文化與資源條件的限制，亦必須考慮，方能充分估算未來人力需求。

　　如前所述，人力資源規劃只是人力資源管理的開端，後續活動的配合（如人力招募、調遷晉升、培訓發展等）應該一致，才能達到人力供需平衡、發揮適時適地、適質適量與適才適所的最終目的。

　　對於任何組織而言，留才生根是相當重要的。如果人員不斷地離開組織，那麼公司必須經常找人來更替。這是費時費錢的事。就組織學習（organizational learning）（註④）的觀點而言，這些人才的離去，會造成組織記憶（organization memory）的喪失。如果組織事先建有完善的人力資源規劃及人事制度，則組織受到人才離去所影響的程度必然較低。

第 二 節　人力資源經理的工作

　　企業的人力活動是人力資源部門的職責，值得注意的是，每一個企業組織內的功能部門，也必須參與人力活動。人力活動可分為：選才、用才、育才、晉才、留才等。表13-1顯示了人力資源管理活動的分工表。

表13-1　人力資源管理活動分工表

人力活動 ＼ 分工項目	活動細項	功能部門職責	人力資源管理部門職責
選才	工作分析 人力預測 人力招募 面談遴選	整合策略計畫與人力計畫，協助提供分析的資料及甄才資格條件，並參與人員僱用決策	進行各項選才活動的規劃及追蹤，並協助招募、面談與測試等工作
用才	工作教導 溝通領導 授權賦能	實質進行工作指派 溝通協商 授權	協助建立企業內分層負責及溝通協調的規則與制度
育才	訓練與發展 人員發展技術	實際負責職內訓練及教導等活動	負責職外訓練活動及與其他活動的配套設計
晉才	績效考評 前程發展 事業生涯規劃方案	評估員工晉升表現及歷練調動等工作	建立各種與員工晉升及考績有關的制度與協調
留才	工資與薪資 福利與獎工制度	公平對待員工 解決衝突 實質建議薪資調整	研議薪資福利及紀律管理的體制與檢視修正
其他	人事行政研究 人力統計分析 人力資源資訊系統	參與提供資訊及實質凝聚共識 提供願景	協助進行人力管理研究，並進行變革的前置宣導作業

來源：簡化自吳秉恩，分享式人力資源管理（臺北：翰蘆圖書出版公司，1999年），頁53。

第 三 節 選才

選才包括工作分析、人力招募、面談遴選，茲將此三個活動說明如下。

一、工作分析

(一)意義

工作分析（job analysis）是指對職務與人員的內涵，進行記錄、檢視與鑑別的過程。詳言之，即對工作組織中各項職務有關的活動內容（如性質、職掌、權責等）及「人員」的必備條件（如知識、能力、資產等）加以記載、描述、分析與識別的過程，又稱為職務分析。

有許多方法可用來蒐集和分類與工作分析有關的資訊，面談、問卷、觀察、工作日誌等方式是比較通用的資料蒐集方法。吾人在做工作分析時，應取得四種資訊：

1.組織成員為何執行該工作（why）──即界定工作的目的。

2.組織成員要執行何種工作（what）──即界定工作的職掌及內容。

3.組織成員要如何執行工作（how）──即界定執行程序及方法。

4.組織成員需具備哪些技術（where）──即界定執行人員所需的專業技能與資格條件。

(二)工作分析之例

有效的工作分析計畫可提供資訊給人力資源管理部門的各單位使用。例如：為了有效率僱用和遴選人員，必須使得人員能配合工作要求。另外一個例子包括適當薪資制度的建立，假如欲建立公平的薪資制度，則完整的工作分析是必要的。工作分析的例子如表13-2所示。

表13-2　工作分析之例

工作：新產品發展經理　大海電子廠

新產品經理直接向產品規劃副總經理負責

新產品經理負責電子產品之規劃、組織、指揮及測試

責任範圍

1.依產品規劃副總經理的指示，負責電子產品之工作底稿建立至最後生產

2.在一定的時間及預算之下，建立適當的專案小組以執行計畫

3.在專案進行的各階段，向專案負責人提供指導及意見

4.對所有的新產品進行品管

5.準備每一個專案的成本效益分析

管理範圍

專案負責人（3人）　　　會計師／經濟人員（1人）

作業工程師（15人）　　撰稿員（1人）

程序技術員（3人）　　　祕書（1人）

實習作業工程師（3人）

協調範圍

1.在規劃文件的準備方面，與其他新產品發展經理協調

2.在購買專案所需物料方面，與採購部門協調

3.在所轄人員的僱用、遴選、訓練發展及獎酬方面，與人事部門協調

日期：

工作分析師：

產品發展副總經理：

人事部門經理：

（三）工作說明書及工作規範表

工作分析的具體結果稱為「工作說明書」（job description）及工作規範表（job specification），如表13-3所示。

表13-3　工作說明與工作規範

工作說明	工作規範
提供有關工作頭銜、義務、機具、所用物料、管理、工作條件、危險性的說明	對於完成工作所需資格的說明，這些資格包括：教育、工作經驗、判斷、技術、溝通技巧、責任等

　　雖然大多數的組織以面談、問卷、觀察、工作日誌等方式來蒐集工作分析資料，但有很多時候，這些方法並不完全適用。特別是當工作分析據以做為決定薪

企業管理

資時,則計量的工作分析方法較為有用。運用得相當廣泛、又具有系統性、計量性的工作分析法是職位分析問卷(position analysis questionnaire, PAQ)、職位頭銜字典(Dictionary of Occupational Titles, DOT)以及職能工作分析法(functional job analysis, FJA)。(註⑤)

(四)職位分析問卷

職位分析問卷著重於個體在執行某件工作時的真正行為。職位分析已受到研究者和實務專家相當的重視,他們相信職位分析所考慮的不僅是與工作有關的層面,也應考慮與工作者有關的層面。(註⑥)職位分析問卷係對下列六個層面加以確認:

1.對工作績效有關的資料來源。

2.對工作績效有關的資料處理及決策。

3.工作上所需要的身體活動和靈巧。

4.工作上所需要的人際關係。

5.身體的工作情況,以及個人對這些狀況的反應。

6.其他的工作特性,如工作時間表和工作責任。

(五)職位頭銜字典

在工作分析這個人事管理決策中,做得最完整的首推由美國就業服務處(US Employment Service)所編製的職位頭銜字典(Dictionary of Occupational Titles, DOT)。DOT以資料、人員、事件這三個層面來分析工作人員的活動。在這三個層面中,每個層面都有六到八個功能層級(functional level)。例如:「資料」的功能層級有下列七個(表13-4):

表13-4　資料的功能層級

功能層級	工作項目
0	綜合
1	協調
2	分析
3	彙總
4	計算
5	拷貝
6	比較

（六）職能工作分析法

職能工作分析法的重點是放在某個工作的四項構面：

1. 與工作者有關的資料、人員和工作是什麼？
2. 工作者所使用的方法和技術是什麼？
3. 工作者所使用的機器、工具和設備是什麼？
4. 工作者所產生的原料、產品、事務或勞務是什麼？

前三項層面涉及與工作績效活動（activities）有關的，第四項層面涉及結果（outcomes）。職能工作分析法所提供的各種工作敘述，可用上述四個基礎來加以分類。

職能工作分析法也可做為評估績效的基礎。例如：管理者能先行決定，個人應該用什麼方法和機械去達到一定水準的產出。職能工作分析法是一個廣泛運用、有系統的工作分析法，也可以做為列舉職位頭銜（occupational titles）的基礎。

職位分析問卷和職能工作分析法大部分是重疊的，兩者都企圖確認工作的活動和結果，但職位分析問卷額外考慮到員工對工作需求和心理反應。因此，職位分析問卷認為，個人在工作上的表現是工作層面和人性特徵的結合，它可使管理者設定標準，並獲得相關個人、工作績效和工作結果的資訊。

正確的分析工作是一項複雜的事，而且涉及相當複雜的思考和決策。然而，績效考評要是有意義的、公平的、可理解的話，則要進行有系統的工作分析，才會導致合理的評估標準。

二、人力預測

人力資源規劃包括估算人力的數量與素質，這些過程可幫助組織在需要時獲得正確的人員數目及種類。過去的經驗顯示，對未來人力需求的預測期間愈長，則正確性愈低。其他影響未來人力需求的因素，包括：經濟情況的改變、勞動力供給的變動和政治環境的改變。（註[7]）

企業可用正式的和非正式方法來估計未來的人力需求。例如：有些組織首先蒐集如資源的供給、勞動市場的組成、產品的需求和競爭性的工資、薪資等資料，然後再利用這些資料加上先前的紀錄，透過統計方法來做預測。當然，突發事件能改變過去的趨勢。

靠經驗做估計是一種較不正式的預測過程。（註[8]）例如：簡單詢問各部門經理有關於未來人力資源需要的意見，即是一種非正式的程序。

企業管理

三、人力招募

人力招募是人力資源管理中一個重要步驟，其基本目的乃是將最稱職的申請者填補某個空缺。（註⑨）透過工作分析，管理者可決定僱用何種人員。（註⑩）

(一)人力招募的法律面

負責招募的經理必須注意法律問題，例如：《勞動基準法》中對於童工、女性員工僱用的規定。（註⑪）

法律規定任何企業、機構、組織不得以種族、宗教、年齡、信念、性別、原籍或殘障等因素，歧視工作的申請者。

(二)招募的行動

如果確定人力資源不能從公司內部獲得，則必須開發外在資源。有些公司會對申請者建立檔案，即使申請人未被錄用，該公司仍會很積極的推薦給信譽良好的公司。在報紙、商業期刊及雜誌上登廣告，乃是獲得人力資源的工具。（註⑫）有時候企業會刊登郵政信箱的號碼，而不是公司的名稱——這種方式叫做隱藏式廣告（blind advertisement）。

刊登隱藏式廣告的目的，在於省掉必須連繫每個不合格的應徵者的麻煩。但是它不能以公司的名稱或商標做號召，因此喪失了促銷的機會。

僱用基層經理的重要來源是大學校園。許多大學及學院都設有就業輔導中心，這些中心常與企業保持連繫。

在尋找有經驗的人才時，企業可利用私人的徵才機構、獵人公司或是政府的就業輔導處，但是企業並沒有義務必須錄用上述機構所推薦的人選。近年來，由於網際網路的普遍發展，許多企業也漸漸地利用有關網站來尋才。有關線上求才的網站如下：

1111人力銀行	http://www.1111.com.tw
104人力銀行	http://www.104.com.tw
yes 123求職網	http://www.yes123.com.tw
518人力銀行	http://www.518.com.tw
臺北市勞工局求才網站	http://www.es.taipei.gov.tw
HOT人力網站	http://www.hot.net.tw/job/main5.htm

中時科技島求才網站　　　　http://www.techisland.com.tw/manpower/

四、面談遴選

人力的面談必須要有技術，而遴選也必須符合法律的規定。對於錄用、測驗及工作時的歧視行為是於法不容的。

遴選過程包括幾個步驟，第一個步驟是最初的篩選，最後則是對新進入員做講習。最初的面試是用來剔除不合格的申請者，通過面談的申請者即可填寫申請表格。

(一)申請表格

申請表格所提出的問題，應與日後工作有關的為主。在設計問題之前，應已做好詳盡的工作分析。申請表格必須夠詳盡，才能獲得必要的有用資訊，亦必須夠精簡，才不會蒐集到一大堆無用的資料。

(二)面談

在遴選的過程中常會使用到面談，面談的實施應注意下列三點：（註⑬）首先，面談者必須熟悉工作分析；第二，面談者必須分析申請表格上的資料；第三，面談者所問的問題，必須能補充申請表格上資料的不足。在進行這三個步驟時，面談者必須有禮貌、創造和諧的氣氛、向應徵者提供有關公司的資訊，並且建立良好的公司形象。（註⑭）

(三)測驗

數年來，遴選測驗是在甄試申請者方面被運用得最廣泛的工具。（註⑮）值得注意的是，適合甲公司的測驗工具未必適合乙公司。測驗雖有缺點，但仍是廣為沿用的一種工具。測驗的優點有：

1.**增加遴選的正確性**：個人在技術、智慧、激勵、興趣、目標上均有所不同。如果這些不同點可被衡量，而且又與工作成果息息相關的話，則測驗分數在某種程度上可用來預測工作績效。

2.**增加客觀的判斷**：受試者在同一情境之下，回答同樣的問題，因此，受試者的分數可以互相比較。

3.**提供有關目前員工需求的資訊**：從目前對員工所做的測驗中所獲得的資訊，

可供日後訓練、發展或諮詢之用。

不論上述優點如何,這幾年來,測驗引起了許多爭辯。反對者認為,測驗有下列缺點: (註⑯)

1.測驗並非完美的:測驗也許可顯露出受試者能做什麼,但它不能顯露出他將做什麼。

2.測驗所占的比重太高:測驗並不能衡量一個人的每件事情。測驗永遠不能測出個人的智慧、判斷力。

3.測驗的方式會歧視少數民族:例如:在美國的黑人及墨裔美人在閱讀測驗上的分數會比白人低,《公民權法》禁止故意以測驗來歧視受試者。

(四)評估中心

由AT&T首度使用的評估中心,是更進一步的甄選工具。在一個典型的評估中心(assessment center)中,大約10到15位管理職位的應徵者會參與為期數天的各種活動。在這段期間,企業會評估他們是否具備有效管理者所需的技術,例如:解決問題的技術、組織化的技術、溝通技術、解決衝突技術。有些活動是由個人完成;有些活動是由團體完成。在此過程中,目前的管理者會觀察每位應徵者的行為並衡量其績效,彙總的評估就會被用來做為遴選依據。

(四)錄用決定

在初試審查申請表格、面談、測驗之後,公司就可以決定是否錄用。在決定錄用之前,通常會審查應徵者的背景。通常可用信函、電話及親自拜訪應徵者先前雇主,來進一步了解、審查應徵者的背景。

第四節 用才

用才包括工作教導、溝通領導、授權賦能等活動。

一、工作教導

工作教導(job coaching)係管理程序中指導(directing)功能中的一環,意味著主管透過提示、輔導及引領,以提升部屬實質工作能力的過程,包括感性與知性

內涵。一般而言，工作教導具有以下特性：互動學習、動態情境、臨場感受、累積能耐。

二、溝通領導

溝通乃泛指二人以上或群體相互間交換訊息（包括觀念、知識及情感）的行為。領導是「在二人以上的人際關係，其中一人試圖影響他人，以達成既定目標的過程」，由此觀之，領導是一種影響過程。狹義而言，其為主管對部屬的影響；廣義而言，群體中任何一個人對另外一個人的影響即是。

三、授權賦能

授權乃是主管減輕工作負荷、提升部屬成長機會並加強團隊合作，將正式職位上之「決策權」分授給部屬的過程。授權的基本要素包括以下三項：

1.**派以職務**（duties）：旨在明確告知部屬達成組織目標的工作內容。
2.**授以職權**（authority）：指公開賦予部屬達成職務所需的正式權力。
3.**課以職責**（accountability）：為激發部屬有完成職務的承諾與交代，並承擔責任。

第 五 節　育才

育才包括訓練與發展、人員發展方法等活動。

一、訓練與發展

訓練及發展計畫包括：告知員工有關公司的政策及作業程序、培養他們的工作技術，以及發展其未來升遷所需的技能。申請者在被錄用之後，必須不斷地受到訓練和發展，才能夠使其需求與組織目標相互配合。（註⑰）

訓練過程

訓練是一個連續的過程，它可增進員工的工作績效。有效的訓練必須達成數個目標：(1)訓練必須滿足組織和個人的需求，為了訓練而訓練並不具任何意義，因

企業管理

此訓練必須先確認問題的所在;(2)訓練目標必須表明要解決什麼問題;(3)必須有效執行訓練計畫;(4)訓練的結果必須加以評估。（註⑱）

1.確認問題

在發展訓練計畫之前,必須確認問題所在。組織可利用數種來源以確認問題,包括檢討安全性的紀錄、缺勤率、資料、工作說明書,以及態度調查等,以了解員工對工作、主管及公司的感受。

2.設定目標

訓練的需要一經確定之後,就必須設定訓練的目標。這些目標是整個訓練計畫的基礎,目標必須言簡意賅、有意義,而且富挑戰性。目標通常可分為二類:技術目標（在於培養專業技術）及知識目標（在於增進員工的了解、培養觀念及態度）。

3.執行訓練計畫

達成技術及知識目標的方法有很多,人力資源經理應考量成本、可用時間、訓練人數、受訓者的背景以及技術等因素之後,再決定訓練方式。通常使用的訓練方式包括:

(1)職內訓練（on-the-job training）:如領班或管理員訓練新進員工如何操作等。

(2)職外訓練（off-the-job training）。

(3)教育研習（classroom training）:包括演講、簡報、會議及小組討論等。

4.訓練結果的評估

過去數年來,企業內部訓練活動的評估問題,一直為人事心理學家、人力資源經理所關注的課題。一般而言,他們對於評估的信度及效度,很少加以批評或提出異議,但對於評估的意圖,則多加鼓勵或讚揚。然而當學者專家開始注意到「訓練計畫的評估」這個問題時,又未能應用適當的分析工具,以獲得合理而有效的結論。（註⑲）

二、人員發展方法

人員的發展（或改變）方法,包括改善員工態度、提升其技能及知識基礎的技術。人員改變的主要目的,在於提升人員的生產力,並與他人協同一致的完成指派的工作。

在人員發展方面的早期研究,大多涉及科學管理中對工作及員工訓練方法的改

善。這些努力主要是針對改善員工的技術及知識基礎。根據霍桑研究（Hawthorne Studies）所衍生的員工諮詢計畫（employee counseling program）過去是，而且也一直是，有助於員工態度的改善。

肯特（Kanter, 1985）曾勾勒出在工作環境改善之後，如何增加員工承諾的情形。這些要點可做為管理者在做任何發展或改變（包括任務、人員及技術）時的指引方針。（註⑳）管理者如何做到有效的人員發展？其步驟如下：

1.允許有參與發展計畫的空間。

2.在所有的發展決策中容許有選擇。

3.清楚地描述發展的情形，並說明新情況的細節。

4.盡可能的分享發展計畫。

5.將一個大發展細分成許多熟悉的、可管理的步驟，讓員工先採取一個小步驟。

6.避免意外，使人員能夠未雨綢繆。

7.允許員工對變革有時間消化——在做承諾前，先有機會適應發展的觀念。

8.不斷地表明你自己對發展的承諾。

9.清楚地制定標準與條件，明確地全部告訴他們，在發展中對員工的期望。

10.提供明確的援助，並讓人員知道他們有能力做到。

11.尋找及獎勵開拓者、創新者和早期成功的人。

12.讓員工發現或感覺花費時間來求取發展是值得做的。

13.避免從發展中去創造明顯的「失敗者」（如果有，應誠實地告訴他們——愈早愈好）。

14.允許對過去的依戀，然後對未來創造興奮感。

（一）敏感訓練

敏感訓練這個方法是企圖使參加者更了解自己，以及他們的行為對其他人的影響。「敏感」（sensitivity）是指對自己和其他人關係的敏感。敏感訓練（sensitivity training）的前提是：工作績效不彰的原因，在於某些人的情緒問題，而這些人必須共同完成目標。如果這些問題消失了，則工作實施最主要的障礙也因此剔除了。敏感訓練所強調的是過程而不是內容，是情緒的而非概念性的訓練。（註㉑）

敏感訓練的過程包括一群管理者，或稱為會心團體（training group, T group），到一個工作場所以外的特定地方接受訓練。在訓練人員的指導下，群體

通常從事沒有議程、沒有焦點的對話,目的在於提供他們製造自我學習的環境。

在T群中的訓練者角色是促進學習過程的順遂,因此,訓練者的任務是「觀察、記錄、解釋、領導與學習」。對100篇研究所做的詳細分析發現,在個人的層次上,敏感訓練是最有效的。綜合言之,敏感訓練具有以下效果:

1.在溝通技巧上,能獲得短期的效果。

2.使受訓者相信自己能比其他人更能控制自己的行為舉止(建立受訓者的信心)。

3.使參與式領導方式變得更能奏效。

4.改善他人對受訓者的觀感(自己認為別人對你的看法改變了,自己的情緒也更平穩,或許會更快樂)。

(二)團隊建立

建立團隊是一種針對整體、群體(例如:營業單位、部門)的發展方法。圖13-1顯示在團隊建立時具有代表性的事件,首先必須確認問題的所在,然後整個群體成員參與診斷這個問題,以便確認造成此問題的主要原因。這個問題和原因明朗化之後,群體成員會討論各種解決的方法,以及正面、負面的結果,然後再從各個可行方案選擇一個最佳的去實現。團隊建立的一個重要的潛在利益,即是透過解決問題時的互動作用,使成員變得更加熟悉彼此,這會增加對於解決方案及執行的承諾與共識。

在管理者採用團隊建立做為變革策略之前,必須了解及克服障礙之所在,才能克竟其功。成功的團隊建立必須符合四種條件:

1.群體必須具有存在的自然理由(例如:必須完成某項任務)。

2.就任務的經驗及能力而言,群體成員必須彼此相互依賴,假如依賴性不存在,則承諾的程度必然不高。

3.群體的成員必須有相似的身分地位。

4.群體的溝通必須開放與信任。

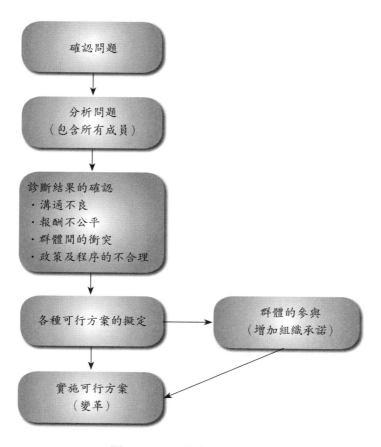

圖13-1　團隊建立的過程

第 六 節　晉才

晉才包括績效考評、前程發展、事業生涯規劃方案。

一、績效考評

法務部統計，因貪瀆罪被判刑的公務員中，逾五成的考績是「甲等」，平時考核的「品德操守」有八成被評「良好」，顯示主管考評與現實脫節，法務部已通函各機關加強考核作業。法務部清查發現，有公務員向知名業者索賄百萬元，主管在「品德操守」的考核項目上還勾選「優良」；也有曾數度涉貪瀆案件、不時爆出向

業者收賄、接受招待的公務員,竟被列為重點栽培對象。法務部為使平時考核制度發揮防貪功效,已將「落實公務員品德考核及輪調機制」列為「國家廉政建設行動方案」中,執行「落實公務倫理」具體策略作為之一,並籲請各機關落實平時考核及考績評核。(註②)

　　績效考評旨在測定員工於一段時間的工作表現,以做為人事決策的參考。績效考評在企業管理,尤其是人力資源發展方面的重要性自是不言而喻。一個良好的績效考評制度不僅可以激勵部屬,同時也是對於解僱、升遷、加薪(或減薪)等人事決策做公平、公正的處理。職是之故,績效考評的有關課題應值得重視。

(一)合理程序

　　績效考評具有以下的步驟:

　　1.主管應清楚地告訴部屬其所要求為何?並讓員工有參與工作要項及績效標準的機會。

　　2.定期(一年或半年)評估員工實際績效,基本上以能與員工懇談為原則。一方面減少猜忌,二方面減少員工與其他同仁之比較,三方面更可突顯雙方認知差異,預先防患。

　　3.依據上述評估的結果,擬定員工行為改善計畫,並輔導員工的行為缺失,如此方能達成開發員工潛能的目的。

　　4.考績作業的施行如有缺失,適時地反映給負責人或主管,以採取改善行動。

　　5.對員工績效基礎的認定,亦須重新檢討,以做為下一個循環的參考。

(二)績效考評的錯誤及偏差

　　在評估員工的績效時,主管往往多少會涉及以主觀因素(elements of subjectivity)來判斷。當事實資料無法蒐集時,或蒐集得不完全時,主管自然免不了要用主觀判斷。然而,主觀判斷的信度、效度較差,此乃不爭的事實。評估績效所可能產生的誤差(errors),包括:分配誤差、暈輪效應、自我中心效應、循序效應、評估者偏差。

　　1.分配誤差

　　分配誤差(distributional error)可分為仁慈誤差(error of leniency)、嚴峻誤差(error of severity),或稱負向仁慈誤差、中間傾向誤差(error of central tendency)。

　　特別「仁慈」的主管會將他的部屬評估得特別好,因此他所評估得最差的部屬

的績效，仍較「嚴峻」的主管所評估之最好的部屬績效為高。

　　主管不願反映出「管理不當」的情形，就容易產生仁慈誤差；而主管刻意反映出別的部門的管理不當，就容易產生嚴峻誤差。而中間傾向的誤差導致主管不願將部屬評估得特別好或特別差。這種情形如圖13-2示。

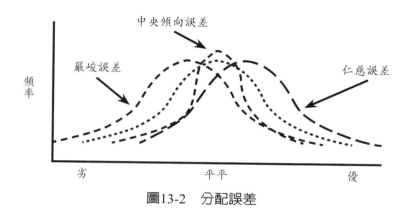

圖13-2　分配誤差

　　為了避免上述的誤差，企業可用強迫分配法（forced distribution of rating）。所謂強迫分配法乃是硬性規定績效最佳（7%）、次佳（24%）、平平（38%）、次差（24%）、最差（7%）的比率，如圖13-3所示。

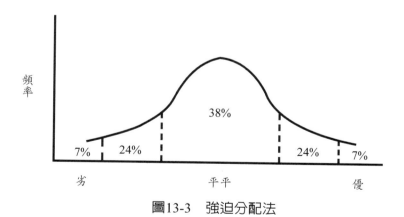

圖13-3　強迫分配法

2.暈輪效應

　　一般人常容易犯「類化」或「以偏概全」的錯誤，或是從對某人的某一個屬性的判斷，來推論此人其他的屬性——這就是人事心理學上所說的「暈輪效應」（halo effect）。評估者可用「水平式評估」（horizontal rating，每一次所有的受

評者在同一尺度上被評估）的方式，或「評估層面兩極端的調換」（reversal of the rating poles，有些題的「極同意」在最左邊，有些題的「極同意」在右邊）來減低暈輪效應對評估正確性的影響。

3.自我中心效應

自我中心效應（egocentric error）的產生，特別是因為評估者以其自我知覺（self-perception）做為評估標準，可細分為「對比效應」（contrast effect）及「類似效應」（similarity effect）。

對比效應所指的是，評估者由於受自我知覺的影響，會有此種傾向：將被評估者評估得與自我知覺的完全相反，這好像是在說：「由於我是一個卓越的主管，因此沒有任何一個部屬會比我行。」而類似效應所指的是，評估者將被評估者評估得與自我知覺的完全一致。這好像是在說：「由於我是一個卓越的主管，因此我的任何一個部屬都會和我一樣行。」

4.循序效應

在評估部屬的績效，主管會使用到若干個層面，這些層面出現的先後次序，亦可能造成評估的偏差。有時評估者對被評估者的第一個層面評估得很好（或過分好），就把被評估者在第二個層面的表現故意壓低，企圖「彌補」回來；或者有些主管想到由於某個部屬在第一個層面所表現得非常好，在第二個層面所表現得自然會好。不論是何種情形，只要是以後的評估受到先前所做的評估所影響，都可稱為循序效應（sequential error）。

改正之道可從評估表格的改進著手。如果用很多種表格，而這些表格的內容相同，但次序不同，就可以減低循序效應對評估正確性的影響。

5.評估者偏差

主管在評估部屬時，有意無意之間（通常應該是無意的），受到部屬的工作階層、工作分類、年齡、服務年數、性別、省籍、宗教等影響。

二、前程發展

個人的前程發展，涉及個人評估自己的能力或興趣，並考慮到事業生涯發展的各種活動。這個過程包括加入什麼組織、從事什麼職位的工作、接受或拒絕新的工作機會（晉升、調職、加入新公司），最後離開組織，另謀高就或退休。

事業（career）是個人在一生中擁有的一系列與工作有關的職位。通常我們用一個人在組織階梯中的步步晉升來看他的事業，但是，事業包括了與工作有關的活

動及經驗，以及工作態度、行為。一個人的事業生涯階段（career stage），是指在各個時段個人所擁有的獨特的、可加以預測的工作任務、關切的事情、需求、價值觀及活動。 (註㉓) 我們將從二個觀點來檢視個人的事業生涯階段：(1)組織中的事業生涯變化；(2)工作生活中的事業階段。

(一)組織中的事業生涯變化

一般人大多認為事業生涯變化是指晉升到經理或技術專職，薪水增加了，地位提高了，緊跟著責任也加大了。在組織中的異動情形有三個方向：垂直式異動（vertical movement）、水平式異動（horizontal movement），以及內向式異動（inclusive movement）。

垂直式異動是指正式組織層級中的職位上下變化。例如：從作業階層晉升到管理階層。水平式異動是指企業功能間的變化，例如：從財務職位異動到資訊管理職位。內向式異動是指向組織之權力核心移動的情形。當員工對組織有深入了解，並有意願及能力肩負更大責任時，就有可能因被高層賞識而進入權力核心，提供相關重要事件的意見。

(二)工作生活中的事業階段

在工作生活中，個人通常會歷經四個明顯的事業生涯階段：建立事業階段（establishment career stage）、實現事業階段（advancement career stage）、維持事業階段（maintenance career stage）以及退出（退休）事業階段（withdrawal career stage）。圖13-4顯示了這四個階段，以及個人在這些階段中的預期相對績效水準。值得注意的是，未必所有人的事業階段均像此圖所顯示的。有些人會比其他人花上更多的時間在建立事業上；有些人在其事業生涯的晚期階段，才開始轉換到不同的職業（也因此他必須學習新的技能）。Mary Kay化妝品公司的創始人Mary Kay Ash在從事銷售業務二十五年後，才開始自行創業。

1.建立事業階段

在加入組織後，我們會馬上面臨到許多挑戰。首先，新進人員必須學習到能夠勝任某些工作的技能，並且能夠了解事情的輕重緩急。同時，新進人員必須要有相當圓融的社交能力，利用正式的、非正式的溝通網絡去深入了解做事的方法。最後，新進人員必須在主管的監督下，完成所交辦的事情（這時候，主管會觀察這個新進人員有沒有潛力、能力）。

許多新進人員在建立事業階段都是在做那些例行性的瑣碎事情，即使是參與

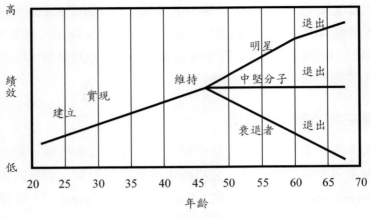

圖13-4　事業階段

某項專案，也是做那些無關痛癢的事。此時，許多人因深感「大材小用」、「懷才不遇」而求去。事實上，新進人員不應該因為做這些瑣事而感到憤憤不平或灰心喪志；反之，更應表現出積極主動的精神，努力從中學習，並思考現階段的問題，進而提出創新性的解決之道。如果憤而離職，則永遠無法累積經驗，成為一個不生苔的滾石。

2.實現事業階段

在實現事業階段，個人會獲得新的工作經驗，包括特別的工作指派、調職、晉升、同業挖角、做些比較能夠「動見觀瞻」的事情。在晉升到管理階層職務時，所管的是「人」，而不是「事」（事實上，職位愈高，涉及到「人」的問題愈多）。如果以管弦樂團來做比喻，以前是小提琴手，現在變成指揮家了。身為一個指揮家，在演奏不同的樂曲時，要了解每種樂器所扮演的角色，才能展現出完美的演奏。

在這個事業階段，個人必須適應管理者的現實生活——壓力大、緊張、工作時間長。他（她）必須承受及應付來自於上司、同僚、部屬的壓力，並對他們無窮的、甚至相衝突的需求做相當妥善地處理。他（她）必須責成其部屬擔負起責任；必須忍耐部屬的錯誤與無效率；必須展現出有效的領導以產生高的績效。

在這個事業階段，個人的事業重心是專業化的問題。專業化是指對專業領域（例如：人力資源管理、行銷管理、會計）的專精。值得注意的是，對某一領域太過專精，可能會有「以管窺天」的狹隘心態。

水平式異動可以擴展一個人的視野，並將原有的技術應用在新的企業功能領

域上。例如：電腦專家（如系統分析師）可以將其思考的邏輯性、解決問題的系統性，用在行銷、會計、人力資源、製造、財務等領域上。

年過四十時，許多員工都已經獲得某種專業技術。組織當然會了解這點，絕不希望這些技術從組織中流失（尤其是流到競爭者那裡），因此組織會提供金手銬（golden handcuffs）來留住有價值的員工。這些金手銬包括了薪資、特權（如俱樂部會員、豪華辦公室、公司車接送等）、福利（養老金計畫、入股權等）。當初加入公司時所有的自由性及獨立性已漸不存在；反之，對組織的承諾及依賴度則日漸加深。

3.維護事業階段

在進入維護事業階段時，個人會面臨許多挑戰。年過四十，視茫茫、髮蒼蒼、老態日漸浮現。除了這些外表上、體力上的特徵之外，約有35%的經理及人士會面臨所謂的中年危機（mid-life crisis）。中年危機大約發生在三十九歲到四十四歲之間，其結果會使得個人在行為上做很大的改變。如果事業不如意，人們會產生憤怒、憂鬱的心理以及嚴重的個人問題。許多歷經中年危機的人會辭去原來穩定的工作，或者遁世，或者因無法處理家庭問題而導致離婚的後果。

在這個階段，他（她）會面臨三個不同的事業道路：明星（stars）、中堅分子（solid citizen）以及衰退者（decliner）。被高階管理者選為明星的員工，將會繼續獲得晉升、新的工作指派、更重的責任以及更高的地位。這些人會覺得他們已經快到達事業的巔峰。此時他們的責任大多是涉及到組織以外的事情，如向政府機關及重要客戶打交道。

許多員工會成為中堅分子。他們是嚴守崗位、值得信賴的人，但是總因為某種原因，而沒有晉升到上一階層。他們也許是缺乏技術能力或人際關係能力；也許本身並不想晉升；也許在原職位最能發揮所長，對組織最有貢獻。

不論原因是什麼，有些中堅分子的事業已達巔峰（career plateau），因為他們晉升的希望非常渺茫。達到事業巔峰的員工並不是因為績效不彰，而是因為「粥少僧多」（合乎資格的人多，高階管理者的職位少）。中堅分子可能在原職位待上很多年，所以必須「堅此百忍」，不僅要繼續堅守崗位，還要提攜後進。許多人會培養工作以外的興趣，積極參與社區活動，多陪陪家人。

衰退者幾乎沒有晉升機會。他們通常被指派去做無關痛癢的幕僚工作。許多人把衰退者貼上「死胡同」的標籤。衰退者的績效會一直下降，但是總是在辭退邊緣，他們會一直混下去，直到退休為止。

4.退出（退休）事業階段

大多數人到六十多歲就會到達退休的事業階段。雖然在那個時候，他們還是精力充沛，但是大多數的人還是必須退休。從原職位退休之後，有些人還會在原組織擔任顧問或兼職的工作。有些人則妥善地安排其退休生活，或出國旅遊，或享受含飴弄孫之樂。

三、組織與個人需求的配合

有效的事業發展需要個人與組織的配合，個人的事業是與工作有關的一連串經驗。這個過程中，在試圖配合人們的需求及事業目標的發展方面，組織扮演著相當重要的角色。如果配合得當，則組織及個人會同蒙其利——組織會變得更有效能、更有生產力，而個人會變得更滿足、快樂、成功。

圖13-5顯示在個人事業規劃及發展中，相關的組織及個人議題，也顯示了在整合組織需求及個人需求方面所必須不斷配合的情形。

(一)組織的問題

一個社會的技術、文化價值、法律制度等，均會影響勞動市場的結構，進而影響職業結構。文化因素會擴展或縮小工作機會（試想在「笑貧不笑娼」中，人們的職業變化）。對組織而言，其重要的活動之一就是要確認人力資源需求，並計畫滿足這些需求。需要多少人力資源？何時需要這些資源？人力資源來自何處？他們需要具備什麼技術？組織必須持續不斷地僱用、發展、調用、晉升人員，以發揮組織的功能。

(二)個人問題

個人必須發展事業生涯計畫（career plan)，才能使自己成長茁壯。事業生涯計畫是個人對職業、組織及事業所做的選擇。

(三)配合的過程

圖13-5顯示了組織如何在員工的事業生涯中，配合（滿足）其人力資源需求的情形。大多數人在組織中的事業生涯可分為建立、實現、維持及退出（退休）這四個階段。組織成員的需求、價值及目標，均會隨著階段的不同而改變。組織在人力資源運用上的情形，也會隨著時間而改變。例如：企業重組或企業再造工程的實

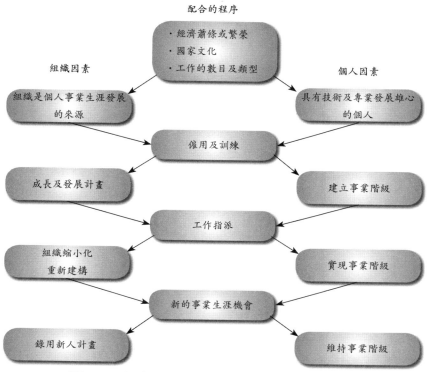

配合的程序
・經濟蕭條或繁榮
・國家文化
・工作的數目及類型

組織因素

個人因素

組織是個人事業生涯發展的來源

具有技術及專業發展雄心的個人

僱用及訓練

成長及發展計畫

建立事業階級

工作指派

組織縮小化重新建構

實現事業階級

新的事業生涯機會

錄用新人計畫

維持事業階級

圖13-5　個人事業生涯發展中，個人及組織的課題

現，使得組織將決策權盡量下授給工作團隊；在這種情形下，組織會遣散多餘的人力資源。換句話說，組織所需要的人員數目會減少，但對於人員技術能力及人際關係能力的要求卻會增加。組織會將其需求創造出許多機會，而每位員工可依照自己的需求及事業目標來掌握這些機會。

四、事業生涯規劃方案

組織的事業生涯規劃方案（career planning programs）可以幫助組織持續不斷地滿足其人力資源的需要。在大型的組織中，典型的事業生涯規劃方案包括以下各項：

1.由人力資源部門向員工提供事業生涯規劃諮詢。

2.成立工作坊以幫助員工評估他們的技術、能力及興趣，進而擬定其事業生涯發展計畫。

3.建立自治式方案（self-directed programs），讓員工有能力透過自我評估來發

展其事業生涯。

4.透過公告招貼、錄影帶以及內部刊物來傳遞工作機會的訊息。

組織在提供事業生涯規劃方案方面，有其正面效果，也有負面效果。提供事業生涯規劃方案，組織的人力資源部門會加重負擔。例如：人力資源部門要提供諮詢服務、在職訓練。員工也會經常要求組織提供事業生涯發展資源（career development resources），例如：訓練、教育津貼（如提供學費）及諮詢服務。員工可能要求組織提供相關工作機會、薪資實務以及事業生涯機會。員工騎驢找馬的結果，可能會產生焦慮感；如果事與願違，可能會無心工作，或另謀他職。

姑且不論以上的可能缺點，美國的許多大型組織，如美國航空公司、IBM、奇異公司、全錄公司、稅務機關等，均發展出事業生涯規劃方案，以減低離職率、提升工作生活品質、改善工作績效。（註㉔）這些組織充分了解，許多人終究會達到其事業巔峰階段。如果組織所提供的事業發展資訊偏重於個人成長、工作內容，以及工作重要性，而不是升遷機會，則對個人及組織而言，均可同蒙其利。

雙薪家庭

男主外、女主內的傳統式家庭已漸漸減少。雖然婦女仍然負擔大部分育兒、照顧家庭的重任，但在美國約有81%的家庭是屬於雙薪家庭。（註㉕）雙薪家庭的年收入或可超過5萬美元，但必須承受相當大的壓力。

1.壓力源

小孩小於6歲的雙薪家庭會面臨到相當大的家庭壓力（family stress）。要兼顧家庭及事業的確不是一件容易的事。根據研究顯示，女性主管比男性主管更不能承受家庭壓力。

當在組織中平步青雲時，則工作排程壓力（work schedule stress）會漸增。此時，工作要求愈來愈大，工作時間愈來愈長。工作壓力加上家庭壓力，常使人喘不過氣來，如果不能做適當的調整與平衡，往往會導致家庭問題。

工作角色壓力（work role stress）涉及角色模糊、角色衝突以及角色超載。組織壓力（organizational stress）涉及組織政治及升遷機會。男性比女性更容易產生這些壓力。

2.調職

雙薪家庭數目的增加，對許多組織的人力資源運用上，的確造成了許多困擾。在調查的企業中，有70%的受試者認為，配偶的工作是未來調職的重要考慮因素。（註㉖）

多國籍企業，例如：Mobil、Intel、3M，在選擇「明星」赴海外工作時，總希望這些明星在拓展事業之餘，能融入地主國的文化。對於雙薪家庭而言，調職到海外工作是一項重大挑戰。也許在地主國的海外公司並沒有同時適合夫妻二人的工作，雙薪家庭變成單薪家庭，可能會使許多家庭陷入財務困境。

為了鼓勵優秀員工赴海外工作，並滿足夫妻二人的需求，許多多國籍企業建立了完善的制度。例如：3M公司對赴海外任職的員工配偶給予5,000美元的津貼。如果配偶要赴海外探望此員工，他（她）將可獲得另外一筆津貼。如果配偶辭去原職而伴隨3M員工赴海外，則3M會支付他（她）的語言訓練及技術訓練費用。當3M員工返國述職時，3M會替其配偶找尋與原職相當的工作。（註㉗）

第 七 節　留才

留才包括工資及薪資管理、福利與獎工制度。

一、工資及薪資管理

在現代社會，不論就經濟上或心理上來看，金錢都是重要的。姑且不論「錢能通神」，但是金錢的確能購買產品及服務，使我們的生活更加舒適。金錢甚至與身分之間畫上等號。由於金錢如此重要，因此，員工對於所獲得的薪資、同事的薪資以及同業的薪資水準變得非常敏感。就人事管理的立場而言，重要的是使員工確信他們在這種努力、成效之下所獲得的薪資是公平的。（註㉘）

作業階層員工及管理階層員工（包括職員）所獲得的報酬，分別稱為工資（wage）及薪資（salary）。傳統上，藍領工人是以每小時、每天的工作量來計酬的，但是現在有些工人也領週薪、雙週薪（如在美國）或是月薪（如在臺灣）。

(一)工資

有些公司為了激勵員工的作業績效，所採取的是以單位生產數的計酬方式，這稱為計件制度（piecework system）。計件率（piece rate）的計算方式，是以每小時的薪資除以每小時應生產的單位數量。例如：假如每小時的工資是5元，而員工必須每小時生產25單位，則計件率是每單位20%，如果某員工每小時生產40單位，則他每小時的工資應是10元。

　　按日計酬的方式，比計件制度更容易了解及使用，因為前者不必去計算員工產出的時間標準。公司所訂的工資會受下列因素影響；人力市場的需求、工會的壓力、行業的工資水準。

　　許多企業利用工作評估制度來設定工作的相對價值。工作可依技術、困難度、工作情況、對產品及服務的貢獻及其他特性，從最高排到最低，然後再決定工作的相對價值。

　　許多國家的法律，明文規定最低工資的給予，同時約束雇主必須同工同酬，禁止性別歧視（如美國，1963年頒布實施的《公平報酬法》）。AT&T就曾因短付6,100名女性員工的工資，而被判處必須補發6.3百萬美元的工資。（註㉙）

(二)薪資

　　白領階級（領薪資的員工）對於如何執行工作的影響力大於藍領階級（領工資的員工）。（註㉚）在替主管設計一個公平的報酬制度時，必須：(1)依工作說明書所提供的資料來評估每個職位；(2)分析該工作所需的知識、解決問題能力及責任；(3)再將(2)的結果轉換成相對評點，然後再轉換成薪資數。

　　薪資結構（salary structure）可以分為基本給、津貼及獎金。基本給又稱底薪，可分為年功給（以年資或經驗決定薪資的等級）、職務給（以個人工作在質與量方面的相對價值決定薪資）以及職能給（以員工工作表現的能力或對某一職務的貢獻度來決定薪資）。

　　津貼則包括：物價津貼、眷屬津貼、房屋津貼、專業津貼、危險津貼、夜班津貼、交通津貼、職務加給、誤餐費、地域加給、超時津貼等。

　　獎金則包括：績效獎金、工作獎金、年終獎金、全勤獎金、提案獎金及考績獎金等。

二、福利與獎工制度

　　對企業而言，重要的是如何以適當的福利及獎工制度，來留住優秀的員工，因此福利及獎工制度必須要能滿足員工的基本需求（如安全需求）及社會需求。例如：在滿足員工的安全需求方面，企業應提供養老基金、殘障基金、死亡基金、醫療保險及教育補助等。

(一)福利制度

　　福利是一種輔助性的報酬，是員工在所獲得的薪資收入之外，所享有的利益（benefit）和服務。其中利益可以直接用金錢來衡量，例如：退休金、休假給付、保險等，而服務卻是無法直接以金錢來表示，例如：運動設施、宿舍、康樂活動、報紙等之提供。在實務上，利益和服務常常被視為是同義的。組織提供福利的目的，在於改善勞工生活、提高工作效率。

　　福利措施所包括的內容很廣，包括廣義與狹義的範圍。凡是能改善員工生活、提升工作情趣、促進身心健康者，均屬於廣義的範圍。狹義的福利措施是指政府所頒布的職工福利金條例，及相關規定提撥福利金而舉辦的活動與措施。

　　美國商業工會（The Chamber of Commerce of the United States）將福利區分為下列五類：

　　1.**法定給付**：如各種失業保險、老年保險及工作保險等。

　　2.**員工服務**：如退休金、醫療保險、儲蓄等。

　　3.**有給休息期間**：如午餐、準備時間等。

　　4.**有給休假**：如事假、病假、公假及休假等。

　　5.**其他各種給付**：如分紅、獎金等。

1.勞工保險

　　勞工保險是我國目前最重要的一種社會保險制度，基於互助原則，採用危機分擔方式，以保障勞工生活、促進社會安全。當被保險人遭遇到生、老、病、死及傷殘等事故時，被保險人或其家屬可領取勞工保險給付，以獲得經濟上的幫助。

　　1995年1月1日起，臺灣地區實施全民健康保險，由中央健保局統一辦理，全民健保施用的範圍包含勞工及家屬，保費由政府負擔10%，雇主負擔60%，勞工則負擔30%。

　　在勞工保險方面，共分為五種：(1)普通事故保險，分傷病、殘廢及死亡三種給付；(2)職業災害保險，分傷病、殘廢及死亡三種給付；(3)失業保險；(4)老年保險；(5)老年附加年金。

2.退休與撫恤

　　員工已經屆滿退休的年齡（稱為常態退休），或已經達到一定的年限不願繼續任職（稱為自動退休），或其他原因如心神喪失、身體殘廢無法繼續工作（稱為強迫退休），雇主依規定命令或同意其退休，並給予退休金。

　　撫恤是指員工死亡以後，由企業給付其遺族的一種施惠。撫恤金的支付方式與退休金的給付方式大致相同，亦即分為一次撫恤金、月（年）撫恤金、一次及月

（年）撫恤金三種。

(二)獎工制度

獎工制度（incentive-wage system），又稱獎金制度，是依照一般員工對工作品質或數量方面所表現的程度，分別給予報酬。獎工制度包括二個基本要素，即標準和獎金（或犒賞）。所謂標準是指在一個指定時間內所完成的生產量。若產出超過所訂的標準，或每單位所花的時間較標準為少，則對員工給予獎金。從這裡我們可以知道，獎金制度是具有激勵性質的輔助性薪資計畫。

重要名詞

人力資源管理

人力資源管理（human resource management, HRM）為工作組織的一種價值活動，旨在藉助「計畫、執行與考核」的管理程序，運用於人力活動，發揮「適時適地、適質適量與適才適所」的人力供應效果，達到提升組織成員現有績效及未來發展潛力，進而強化組織的競爭優勢。

人力資源規劃

人力資源管理活動的開端就是人力資源規劃（human resource planning）。人力資源規劃乃指在配合未來發展的需要，運用定量、定性分析，藉以適時適地、適質適量、適職適格與適才適所的配置人力，促進組織目標的達成，永續發展。人力資源規劃必須偵測外界環境的變遷，保有敏感性，才能夠對外界人力供應掌握有效來源。而企業發展目標及內部企業文化與資源條件的限制，亦必須考慮，方能充分估算未來人力需求。

工作分析

工作分析（job analysis）是指對職務與人員的內涵，進行記錄、檢視與鑑別的過程。詳言之，即對工作組織中各項職務有關的活動內容（如性質、職掌、權責等）以及「人員」的必備條件（如知識、能力、資產等）加以記載、描述、分析與識別的過程，又稱為職務分析。

工作說明

工作分析的具體結果稱為「工作說明書」（job description）及工作規範表（job specification），工作說明提供有關工作頭銜、義務、機具、所用物料、管理、工作條件、

危險性的說明。

工作規範

工作規範是對於完成工作所需的資格的說明，這些資格包括：教育、工作經驗、判斷、技術、溝通技巧、責任等。

職位分析問卷

職位分析問卷著重於個體在執行某件工作時的真正行為。職位分析所考慮的不僅是與工作有關的層面，也應考慮與工作者有關的層面。職位分析問卷係對下列六個層面加以確認：(1)對工作績效有關的資料來源；(2)對工作績效有關的資料處理及決策；(3)工作上所需要的身體活動和靈巧；(4)工作上所需要的人際關係；(5)身體的工作情況，以及個人對這些狀況的反應；(6)其他工作特性，如工作時間表和工作責任。

職位頭銜字典

在工作分析這個人事管理決策中，做得最完整的首推由美國就業服務處（US Employment Service）所編製的職位頭銜字典（Dictionary of Occupational Titles, DOT）。DOT以資料、人員、事件這三個層面來分析工作人員的活動。在這三個層面中，每個層面都有六到八個功能層級（functional level）。

職能工作分析法

職能工作分析法的重點是放在某個工作的四項構面：(1)與工作者有關的資料、人員和工作是什麼？(2)工作者所使用的方法和技術是什麼？(3)工作者所使用的機器、工具和設備是什麼？(4)工作者所產生的原料、產品、事務或勞務是什麼？

前三項層面涉及與工作績效活動（activities）有關的，第四項層面涉及結果（outcomes）。職能工作分析法所提供的各種工作敘述，可用上述四個基礎來加以分類。

人力預測

對未來人力需求的預估。人力資源規劃包括估算人力的數量與素質。這些過程可幫助組織在需要時獲得正確的人員數目及種類。過去的經驗顯示，對未來人力需求的預測期間愈長，則正確性愈低。其他影響未來人力需求的因素，包括：經濟情況的改變、勞動力供給的變動和政治環境的改變。

企業可用正式的和非正式方法來估計未來的人力需求。例如：有些組織首先蒐集如資源的供給、勞動市場的組成、產品的需求和競爭性的工資、薪資等資料，然後再利用這些資料加上先前的紀錄，透過統計方法來做預測。當然，突發事件能改變過去的趨勢。

靠經驗做估計是一種較不正式的預測過程。例如：簡單詢問各部門經理有關於未來人力資源需要的意見，即是一種非正式的程序。

人力招募

人力招募是人力資源管理中一個重要步驟，其基本目的乃是將最稱職的申請者填補某個空缺。透過工作分析，管理者可決定僱用何種人員。

遴選面談

人力的面談必須要有技術，而遴選也必須符合法律的規定。對於錄用、測驗及工作時的歧視行為是於法不容的。

遴選過程包括幾個步驟，第一個步驟是最初的篩選，最後則是對新進入員做講習。最初的面試是用來剔除不合格的申請者，通過面談的申請者即可填寫申請表格。

工作教導

工作教導（job coaching）係管理程序中指導（directing）功能中的一環，係主管透過提示、輔導及引領，以提升部屬實質工作能力的過程，包括感性與知性內涵。一般而言，工作教導具有以下特性：互動學習、動態情境、臨場感受、累積能耐。

溝通領導

溝通乃泛指二人以上或群體相互間交換訊息（包括觀念、知識及情感）的行為。我們在第7章也說明過，領導是「在二人以上的人際關係，其中一人試圖影響他人以達成既定目標的過程」，由此觀之，領導是一種影響過程。狹義而言，其為主管對部屬的影響；廣義而言，群體中任何一個人對另外一個人的影響即是。

授權賦能

授權乃是主管減輕工作負荷、提升部屬成長機會並加強團隊合作，將正式職位上之「決策權」分授給部屬的過程。授權的基本要素包括以下三項：(1)派以職務（duties），旨在明確告知部屬達成組織目標的工作內容；(2)授以職權（authority），指公開賦予部屬達成職務所需的正式權力；(3)課以職責（accountability）。為激發部屬有完成職務的承諾與交代，並承擔責任。

訓練與發展

訓練及發展計畫包括了這些活動：告知員工有關公司的政策及作業程序、培養他們的工作技術，以及發展其未來升遷所需的技能。申請者在被錄用之後，必須不斷地受到訓練和發展，才能夠使其需求與組織目標相互配合。

訓練是一個連續的過程，它可增進員工的工作績效。有效的訓練必須達成數個目標：(1)訓練必須滿足組織和個人的需求，為了訓練而訓練並不具任何意義，因此訓練必須先確認問題的所在；(2)訓練目標必須表明要解決什麼問題；(3)必須有效地執行訓練計畫；(4)訓練的結果必須加以評估。

人員的發展（或改變）方法，包括改善員工態度、提升其技能及知識基礎的技術。人員改

變的主要目的，在於提升人員的生產力，並與他人協同一致地完成指派的工作。

敏感訓練

敏感訓練這個方法是企圖使參加者更了解自己，以及他們的行為對其他人的影響。「敏感」（sensitivity）是指對自己和其他人關係的敏感。敏感訓練（sensitivity training）的前提是：工作績效不彰的原因，在於某些人的情緒問題，而這些人必須共同完成目標。如果這些問題消失了，則工作實施最主要的障礙也因此剔除了。敏感訓練所強調的是過程而不是內容，是情緒的而非概念性的訓練。

團隊建立

建立團隊是一種針對整體、群體（例如：營業單位、部門）的發展方法。首先必須確認問題的所在，然後整個群體成員參與診斷這個問題，以便確認造成此問題的主要原因。這個問題和原因明朗化之後，群體成員會討論各種解決的方法，以及正面、負面的結果，然後再從各個可行方案選擇一個最佳的去實現。團隊建立的一個重要的潛在利益，即是透過解決問題時的互動作用，使成員變得更加熟悉彼此，這會增加對解決方案及執行的承諾與共識。

績效考評

績效考評旨在測定員工於一段時間的工作表現，以做為人事決策的參考。績效考評在企業管理，尤其是人力資源發展方面的重要性自是不言而喻。一個良好的績效考評制度不僅可以激勵部屬，同時也是對於解僱、升遷、加薪（或減薪）等人事決策做公平、公正的處理。職是之故，績效考評的有關課題應值得重視。

仁慈誤差

特別「仁慈」的主管在對員工的績效考評上所造成的誤差。他會將他的部屬評估得特別好，因此他所評估得最差的部屬的績效，仍較「嚴峻」的主管所評估得最好的部屬之績效為高。

嚴峻誤差

特別「嚴格」的主管在對員工的績效考評上所造成的誤差。主管刻意反映出別的部門的管理不當，就容易產生嚴峻誤差。

中間傾向誤差

「不置可否」的主管在對員工績效考評上所造成的誤差。中間傾向的誤差導致主管不願將部屬評估得特別好或特別差。

暈輪效應

一般人常容易犯的「類化」或「以偏概全」錯誤，或是從對某人的某一個屬性的判斷，來推論此人其他的屬性，這就是人事心理學上所說的「暈輪效應」（halo effect）。

企業管理

自我中心效應

自我中心效應（egocentric error）的產生，特別是因為評估者以其自我知覺（self-perception）做為評估標準，可細分為「對比效應」（contrast effect）及「類似效應」（similarity effect）。

循序效應

在評估部屬的績效，主管會使用到若干個層面，這些層面出現的先後次序，亦可能造成評估的偏差。有時評估者對被評估者的第一個層面評估得很好（或過分好），就把被評估者在第二個層面的表現故意壓低，企圖「彌補」回來；或者有些主管想到由於某個部屬在第一個層面所表現得非常好，在第二個層面所表現得自然會好。不論是何種情形，只要是以後的評估受到先前所做的評估所影響，都可稱為循序效應（sequential error）。改正之道可從評估表格的改進著手。如果用很多種表格，而這些表格的內容相同，但次序不同，就可以減低循序效應對評估正確性的影響。

評估者偏差

主管在評估部屬時，有意無意之間（通常應該是無意的），受到部屬的工作階層、工作分類、年齡、服務年數、性別、省籍、宗教等影響。

事業生涯階段

一個人的事業生涯階段（career stage）是指在各個時段個人所擁有的獨特的、可加以預測的工作任務、關切的事情、需求、價值觀及活動。我們將從二個觀點來檢視個人的事業生涯階段：(1)組織中的事業生涯變化；(2)工作生活中的事業階段。

垂直式異動

垂直式異動是指正式組織層級中的職位上下變化。例如：從作業階層晉升到管理階層。

水平式異動

水平式異動是指企業功能間的變化，例如：從財務職位異動到資訊管理職位。

內向式異動

內向式異動是指向組織之權力核心移動的情形。當員工對組織有深入了解，並有意願及能力肩負更大責任時，就有可能因被高層賞識而進入權力核心，提供相關重要事件的意見。

建立事業階段

在加入組織後，我們會馬上面臨到許多挑戰。首先，新進人員必須學習到能夠勝任某些工作的技能，並且能夠了解事情的輕重緩急。同時，新進人員必須要有相當圓融的社交能力，利用正式的、非正式的溝通網絡去深入地了解做事的方法。最後，新進人員必須在主管的監督下，完成所交辦的事情（這時候，主管會觀察這個新進人員有沒有潛力、能力）。

許多新進人員在建立事業階段都是在做那些例行性的瑣碎事情，即使是參與某項專案，也是做那些無關痛癢的事。此時，許多人因深感「大材小用」、「懷才不遇」而求去。事實上，新進人員不應該因為做這些瑣事而感到憤憤不平或灰心喪志，反之，更應表現出積極主動的精神，努力從中學習，並思考現階段的問題，進而提出創新性的解決之道。如果憤而離職，則永遠無法累積經驗，成為一個不生苔的滾石。

實現事業階段

在實現事業階段，個人會獲得新的工作經驗，包括特別的工作指派、調職、晉升、同業挖角、做些比較能夠「動見觀瞻」的事情。在晉升到管理階層職務時，所管的是「人」，而不是「事」（事實上，職位愈高，涉及到「人」的問題愈多）。如果以管弦樂團來做比喻，以前是小提琴手，現在變成指揮家了。身為一個指揮家，在演奏不同的樂曲時，要了解每種樂器所扮演的角色，才能展現出完美的演奏。

在這個事業階段，個人必須適應管理者的現實生活——壓力大、緊張、工作時間長。他（她）必須承受及應付來自於上司、同僚、部屬的壓力，並對他們無窮的、甚至相衝突的需求做相當妥善地處理。他（她）必須責成其部屬擔負起責任；必須忍耐部屬的錯誤與無效率；必須展現出有效的領導以產生高的績效。

在這個事業階段，個人的事業重心是專業化的問題。專業化是指對專業領域（例如：人力資源管理、行銷管理、會計）的專精。值得注意的是，對某一領域太過專精，可能會有「以管觀天」的狹隘心態。

水平式異動可以擴展一個人的視野，並將原有的技術應用在新的企業功能領域上。例如：電腦專家（如系統分析師）可以將其思考的邏輯性、解決問題的系統性，用在行銷、會計、人力資源、製造、財務這些領域上。

維護事業階段

在進入維護事業階段時，個人會面臨許多挑戰。年過40，視茫茫、髮蒼蒼、老態日漸浮現。除了這些外表上、體力上的特徵之外，約有35%的經理及人士會面臨所謂的中年危機（mid-life crisis）。中年危機大約發生在39歲到44歲之間，其結果會使得個人在行為上做很大的改變。如果事業不如意，人們會產生憤怒、憂鬱的心理以及嚴重的個人問題。許多歷經中年危機的人會辭去原來穩定的工作，或者遁世，或者因無法處理家庭問題而導致離婚的後果。

在這個階段，他（她）會面臨三個不同的事業道路：明星（stars）、中堅分子（solid citizen）以及衰退者（decliner）。

退出事業階段

大多數人到60多歲就會到達退休的事業階段。雖然在那個時候，他們還是精力充沛的，但

是大多數的人還是必須退休。從原職位退休之後,有些人還會在原組織擔任顧問的工作,或兼職的工作。有些人則妥善地安排其退些生活,或出國旅遊,或享受含飴弄孫之樂。

事業生涯規劃方案

組織的事業生涯規劃方案(career planning programs)可以幫助組織持續不斷地滿足其人力資源的需要。在大型的組織中,典型的事業生涯規劃方案包括以下各項:(1)由人力資源部門向員工提供事業生涯規劃諮詢;(2)成立工作坊以幫助員工評估他們的技術、能力及興趣,進而擬定其事業生涯發展計畫;(3)建立自治式方案(self-directed programs),讓員工有能力透過自我評估來發展其事業生涯;(4)透過公告招貼、錄影帶以及內部刊物來傳遞工作機會的訊息。

雙薪家庭

丈夫、妻子都在外工作賺錢的家庭。男主外、女主內的傳統式家庭已漸漸減少。雖然婦女仍然負擔大部分育兒、照顧家庭的重任,但在美國約有81%的家庭是屬於雙薪家庭。雙薪家庭的年收入或可超過5萬美元,但必須承受相當大的壓力。

家庭壓力

小孩小於6歲的雙薪家庭會面臨到的壓力。要兼顧家庭及事業的確不是一件容易的事。根據研究顯示,女性主管比男性主管更不能承受家庭壓力。

工作排程壓力

工作要求愈來愈大,工作時間愈來愈長,所產生的壓力。

工作角色壓力

工作角色壓力(work role stress)涉及角色模糊、角色衝突以及角色超載。

組織壓力

組織壓力(organizational stress)涉及組織政治及升遷機會。男性比女性更容易產生這些壓力。

事業

事業(career)是個人在一生中擁有的一系列與工作有關的職位。通常我們用一個人在組織階梯中的步步晉升來看他的事業。但是,事業包括了與工作有關的活動及經驗,以及工作態度及行為。一個人可以在原職位待上一段很長的時間,從中獲得及發展新的技術;雖然未曾晉升,我們可以說他的事業相當成功。他也可以在不同的領域或者不同的組織中,發展他的事業。

個性

何蘭(John Holland)曾將個性與職業行為的關係做過深入研究。他提出了六個基本的個性類型:務實的、探求的、藝術的、社會的、企業的、傳統的。(可參考:榮泰生著,組

織行為學，臺北：五南圖書出版公司，1998年，第19章）

工資

有些公司為了激勵員工的作業績效，所採取的是以單位生產數的計酬方式，這稱為計件制度（piecework system）。計件率（piece rate）的計算方式，是以每小時的薪資除以每小時應生產的單位數量。例如：假如每小時的工資是5元，而員工必須每小時生產25單位，則計件率是每單位20%，如果某員工每小時生產40單位，則他每小時的工資應是10元。

按日計酬的方式，比計件制度更容易了解及使用，因為前者不必計算員工產出的時間標準。公司所訂的工資會受下列因素影響：人力市場的需求、工會的壓力、行業的工資水準。

許多企業利用工作評估制度來設定工作的相對價值。工作可依技術、困難度、工作情況、對產品及服務的貢獻及其他特性，從最高排到最低，然後再決定工作的相對價值。

薪資

白領階級（領薪資的員工）對於如何執行工作的影響力大於藍領階級（領工資的員工）。在替主管設計一個公平的報酬制度時，必須：(1)依工作說明書所提供的資料來評估每個職位；(2)分析該工作所需的知識、解決問題能力及責任；(3)再將(2)的結果轉換成相對評點，然後再轉換成薪資數。

薪資結構

薪資結構（salary structure）可以分為基本給、津貼及獎金。基本給又稱底薪，可分為年功給（以年資或經驗決定薪資的等級）、職務給（以個人工作在質與量方面的相對價值決定薪資）以及職能給（以員工工作表現的能力或對某一職務的貢獻度來決定薪資）。

津貼則包括：物價津貼、眷屬津貼、房屋津貼、專業津貼、危險津貼、夜班津貼、交通津貼、職務加給、誤餐費、地域加給、超時津貼等。

獎金則包括：績效獎金、工作獎金、年終獎金、全勤獎金、提案獎金及考績獎金等。

福利制度

福利是一種輔助性的報酬，是員工在所獲得的薪資收入之外，所享有的利益（benefit）和服務。其中利益可以直接用金錢來衡量，例如：退休金、休假給付、保險等，而服務卻無法直接以金錢來表示，例如：運動設施、宿舍、康樂活動、報紙等之提供。在實務上，利益和服務常被視為是同義的。組織提供福利的目的，在於改善勞工生活、提高工作效率。

福利措施所包括的內容很廣，包括廣義與狹義的範圍。凡是能改善員工生活、提升工作情趣、促進身心健康者，均屬於廣義的範圍。狹義的福利措施是指政府所頒布的職工福利金條例，及相關規定提撥福利金而舉辦的活動與措施。

勞工保險

勞工保險是我國目前最重要的一種社會保險制度,基於互助原則,採用危機分擔方式,以保障勞工生活、促進社會安全。當被保險人遭遇到生、老、病、死及傷殘等事故時,被保險人或其家屬可領取勞工保險給付,以獲得經濟上的幫助。

1995年1月1日起,臺灣地區實施全民健康保險,由中央健保局統一辦理,全民健保施用的範圍包含勞工及家屬,保費由政府負擔10%,雇主負擔60%,勞工則負擔30%。

勞工保險分為五種:(1)普通事故保險,分傷病、殘廢及死亡三種給付;(2)職業災害保險,分傷病、殘廢及死亡三種給付;(3)失業保險;(4)老年保險;(5)老年附加年金。

退休

員工已經屆滿退休的年齡(稱為常態退休),或已經達到一定的年限不願繼續任職(稱為自動退休),或其他原因如心神喪失、身體殘廢無法繼續工作(稱為強迫退休),雇主依規定命令或同意其退休,並給予退休金。

撫恤

撫恤是指員工死亡以後,由企業給付其遺族的一種施惠。撫恤金的支付方式與退休金的給付方式大致相同,亦即分為一次撫恤金、月(年)撫恤金、一次及月(年)撫恤金三種。

獎工制度

獎工制度(incentive-wage system),又稱獎金制度,是依照一般員工對工作品質或數量方面所表現的程度,分別給予報酬。獎工制度包括二個基本要素,即標準和獎金(或犒賞)。所謂標準是指在一個指定的時間內所完成的生產量。若產出超過了所訂的標準,或每單位所花的時間較標準為少,則對員工給予獎金。從這裡,我們可以知道,獎金制度是具有激勵性質的輔助性薪資計畫。

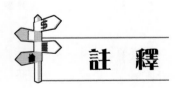

註　釋

①吳秉恩博士(國立政治大學企管博士,主修人力資源管理,輔大管理學院前院長)對本章提供了寶貴的意見及看法,特致謝忱。

②J. M. Ivancevich and William Glueck, *Foundations of Personnel*, 3rd ed. (Plano, Tex: Business Publications, 1986), p.7.

③吳秉恩,分享式人力資源管理(臺北:翰蘆圖書出版公司,1999年),頁43。

④有關組織學習的討論，可參考榮泰生著，組織行為學（臺北：五南圖書出版公司，1998年），第16章。

⑤M. J. Wallance, .J., N. Fredric Crandall, and Charles H. Fay, *Administering Human Resources* (New York: Random House, 1982), pp.187-97.

⑥E. J. McCormick, P. R. Jeannered and R.C. Mecham, "A study of Job Characteristics and Job dimensions as Based on the Position Analysis Questionnaire (PAQ)," *Journal of Applied Psychology*, August 1972, pp.347-68.

⑦L. J. Harvey, "Effective Planning for Human Resource Development," *Personnel Administrator*, October 1983, pp.45-52, p.112.

⑧G, Dessler, *Personnel Management* (Reston, Va: Reston Publishing, 1984), p.120.

⑨A, Coil, "Job Matching Brings Out the Best in Employees," *Personnel Journal*, January 1984, pp.54-61.

⑩S, Gael, *Job Analysis* (San Francisco: Jossey-Bass, 1983), p.35.

⑪在美國的有關法律是由「公平就業機會委員會」（Equal Employment Opportunity Act, EEOC）來執行。詳細資料可參考：*Correspondence and discussions with EEOC*, Washington, D.C. September 1985.以及Greenlaw, P.S. "Affirmative Action or Reverse Discrimination," *Personnel Journal*, September 1985, pp.84-86.

⑫A. Halcrow, "Anatomy of a Recruitment Ad," *Personnel Journal*, August 1985, pp.64-65.

⑬W. L. Donoghy, *The Interview. Skill and Applications* (Glenview, Ill: Scott, Foresman,1984), pp.18.

⑭R. A. Fear, *The Evaluation Interview* (New York: McGraw-Hill, 1984), p.78.

⑮A. Anastasi, Psychological Test (New York: Macmillan, 1982), p.12.

⑯D. Yoder and Paul D. Standoher, "Testing and EEO: Getting Down to Cases," *Personnel Administrator*, February 1984, pp.67-76.

⑰D. F. Jones, "Developing a New Employee Orientation Program," *Personnel Journal*, March 1984, pp.86-87.

⑱E. I. Berke, "Keeping Newly Trained Supervisors from Going Back to Old Ways," *Management Review*, February 1984, pp.14-16.

⑲有關訓練績效評估的詳細說明，可參考：榮泰生著，管理學（臺北：五南圖書出版公司，1997）第11章。

⑳R. M. Kanter, "Managing the Human Side of Change," *Management Review*, April 1985, pp. 52-56.

㉑G. L. Lippit, "Managerial Guidelines to Sensitivity Training," *Training and Development Journal*, June 1981, pp.144-50.

㉒蕭白雪，2010.2.8，聯合報，A8版，綜合。

㉓M. London, Relationship Between Career Motivation, Empowerment and Support Career Development, *Journal of Occupational and Organizational Psychology* 66, 1996, pp.55-69. 有關個人事業生涯規劃（career planning）的詳細說明，可參考：榮泰生著，《組織行為學》（臺北：五南圖書出版公司，1998）第19章。

㉔L. S. Richman, How to Get Ahead in America, *Fortune*, May 16, 1994, pp.46-54.

㉕R. Karanhayya, and A. H. Reilly, Dual Career Couples: Attitude and Actions in Restructuring Work for Family, *Journal of Organizational Behavior* 13, 1992, pp.585-603.

㉖R. A. Noel, and A. E. Barker, Willingness to Accept Mobility opportunities: Destination makes a Difference, *Journal of Organizational Behavior* 14, 1993, pp.159-175.

㉗C. Reynolds, an dr. Bennett, The Career Couple Challenge, *Personnel Journal*, March 1991, pp.46-50.

㉘G. Milkovich and Jerry M. Newman, *Compensation* (Plano, Tex: Business Publications, 1984), pp.269-87.

㉙M. F. Carter, "Comparable Worth: An Idea whose time Has Come!," *Personnel Journal*, October 1981, pp.792-94.

㉚P. G. Engel, "Salaried Plants: Panacea for Productivity?" *Industry Week*, January 21, 1985, pp.39-42.

1. 每個企業在發展人力資源管理計畫時，必先考慮規模、技術需求的形式、員工的數量，工會組織、客戶和顧客、財務情況和地理位置等。你同意這個說法嗎？為什麼？

2. 試說明並比較人力資源規劃與人力資源管理。

3. 何以說人才的離去，會造成組織記憶的喪失？何以組織被人才離去所影響的程度，端視其所建立的人事制度、人力資源規劃而定？

4. 留住人才的相反當然是解僱。這是管理者最不願做，但又不得不做的一件事。但是當員工破壞紀律，無法達成目標時，則必須依契約的規定處理。辭退必須是最後一條路。試說明我國的《勞動基準法》對於解僱的規定。

5. 人力資源經理的工作包括了哪些重要的工作活動？

6. 你以後想要從事什麼工作？試對這個工作進行工作分析，並寫出工作說明書與工作規範表。

7. PC Home電腦雜誌家庭招兵買馬，在其電子報上刊登了如下的廣告：「廣告AE：行動力強、頭腦靈活、具有旺盛企圖心、喜歡與人溝通、抗壓性高、具有基礎電腦操作能力、願意接受公司長期培訓、30歲以下者。」以上描述何者應是工作說明書中的內容？何者應是工作規範書中的內容？何者都不是？

8. 試說明並比較PAQ、DOT與FJA。

9. 試以職能工作分析法和職業分析問卷中所提的主要層面分析大學教授的工作。

10. 在人力招募中如何獲得有關工作資源的資訊？

11. 在人力招募中應注意哪些法律問題？

12. 如何遴選優秀人才？遴選方式與工作性質有何關係？

13. 試扼要說明企業的招募過程，並且比較下列三項甄選技術的優缺點：(1)面談（Interviews）；(2)人格測驗（Personality Tests）；(3)評估中心（Assessment Center）。

14. 籃球教練應如何教導球隊球員？

15. 試解釋「系主任授權給某專任老師」的真正意義。

16. 人員訓練及發展的目的是什麼？

17. 如何擬定一個好的人員訓練計畫？

18. 人員發展的方法，有哪些？

19. 在某財物金融機構中，做為主管的你，發現到某甲的工作心態是「混個經歷」，以便他申請國外企管研究所入學。要改變他的心態，你會怎麼做？

20. 敏感訓練能夠解決什麼問題？如何解決？

21. 試說明一個沒有團隊精神的團體，透過團隊建立之後，這個團體會變得怎樣？

22. 如何增加訓練活動的內部效度？

23. 近代的西洋大思想家培根（Francis Bacon）在其名著《學習的進展》（*The Advancement of Learning*）中，曾精闢的討論思想錯誤的原因。Condillac推崇道：「世人了解思想錯誤原因者，莫過於培根」。培根認為思想錯誤的原因可歸納為四種：第一種錯誤稱為「部落的偶像」（idols of the tribe）。也就是說對於一個問題，先照自己的意見決定好了，然後才去尋找支持的證據或經驗，再把經驗捏揉得和自己的意見相同。他不是由一系列的邏輯線索來求得結果，而是由結果來尋找線索。第二種錯誤稱為「山洞的偶像」（idols of the cave）。

這與個人的性格有關。有些人會在他的潛意識中形成「洞」或「巢」，這個「洞」或「巢」常會把自然光線遮住，於是在判斷事物時，就戴上了有色眼鏡（這就是所謂的「刻板印象」）。第三種錯誤稱為「市場的偶像」（idols of the market）。起源於語言文字的「失真」，人類同聚一處，賴語言文字傳遞訊息及意見。文字語言的創造，貴在群眾對此文字語言之理解力的正確性，否則容易產生「以訛傳訛」的情形。第四種錯誤為「戲院的偶像」（idols of the theater），可謂學統之蔽。有些人可能固著於某些傳統信條而深信不疑。古今以來各種學派的哲理，往往像一齣一齣的戲劇，在舞臺上一幕一幕的呈現著，如果對某一劇深信不疑，做為一切思考的前提，則容易固執偏見，抹煞其他思考性觀念架構。試說明在進行績效考評時，常會受到哪些思想錯誤的影響？

24.在進行績效考評時，常會有哪些偏差？如何避免這些偏差？

25.試說明如欲建立公平的薪資制度，則完整的工作敘述是必要的。

26.無庸置疑的，最重要也是最困難的控制是員工的績效考評，重要原因在於人員是組織內最重要的資產，而人力資源利用的得當與否，則決定了企業的績效。困難的原因在於這種評估多少會有些主觀，而且許多管理或非管理性的工作並不會產出可以計算、稱重以及以課稅標準衡量的實體。你同意以上的說法嗎？為什麼？

27.下列是有關「前程發展」的有關問題：

(1)試比較組織中事業生涯變化。

(2)試分別說明工作生活中的事業階段。

(3)何以事業生涯規劃方案中的各項活動非常重要？

(4)何以在事業生涯規劃中要討論到雙薪家庭？

(5)試說明組織應如何排解雙薪家庭所受到的壓力？

28.試評論「員工在薪資及福利方面得到滿足，企業才有長期發展的可能」。

29.試說明我國《勞動基準法》對薪資（包括工資）、福利措施、獎工制度的規定。

30.下列是有關個人事業生涯發展的問題（可參考：榮泰生著，組織行為學，臺北：五南圖書出版公司，1998年，第19章）：

(1)何謂事業生涯規劃？

(2)個人的心理類型有哪幾種？每種人格偏好（personality preference）所適合的工作是什麼？

(3)事業選擇有何理論基礎？

(4)何以工作調整是有必要的？如何有效的進行工作調整？

(5)事業規劃循環包括哪些步驟？

(6)試以一個主管的觀點，說明如何幫助部屬做好事業生涯規劃。

(7)你自己如何做事業生涯規劃？

第十四章

資訊管理

本章重點：

1. 資訊經理的工作
2. 資訊部門管理
3. 資訊資源管理
4. 資訊科技的策略運用
5. 倫理與資訊科技

第 一 節　資訊經理的工作

　　資訊科技的發展一日千里，不論個人、企業，甚至整個社會，無不受到資訊科技的影響，在這資訊導向的企業環境中，企業欲獲得經營的效率、作業的合理化、決策的有效性以及競爭優勢，資訊主管必須有效地管理資訊部門，運用資訊資源，發揮資訊科技的策略影響力。準此，資訊部門主管必須了解及發揮管理的功能（規劃、組織、領導、激勵、控制），以及團體與工作團隊、溝通與團體決策、權力、衝突與政治行為等有關課題，以做到有效的資訊部門管理；必須了解有關資訊資源的獲得、資訊資源的管理、專案管理、資訊系統安全的課題，以便對於資訊資源做有效運用。

　　同時，資訊部門主管必須了解資訊科技在增加競爭優勢中所扮演的關鍵性角色，以及如何利用策略資訊系統、電子資料交換與組織間的資訊連線作業，來增加企業經營的效能。

　　職是，資訊管理（information management）應包括三個範疇：

1.資訊部門管理（information department management, IDM）；

2.資訊資源管理（information resource management, IRM）；

3.資訊科技的策略運用（Strategic Applications of Information Technology）。

第 二 節　資訊部門管理

　　資訊部門的管理涉及資訊系統規劃、資訊部門的正式組織結構、激勵資訊人員、控制。

一、資訊系統規劃

　　資訊系統（information system, IS）規劃分為策略性IS規劃、戰術性IS規劃、作業性IS規劃。

（一）策略性IS規劃

　　在今日的電腦化世界中，資訊（information）是相當寶貴的企業資源。企業只

有透過周密的策略規劃，才能有效的掌握資訊，增加企業決策的效率及效能。

企業必須重視策略性IS規劃（information systems strategic planning）的另外一個重要理由，是因為有效資訊的獲得是很昂貴的。事實上，電腦處理的總支出每年都有遞增趨勢。在對資訊需求與日俱增時，企業分配在資訊系統上的預算便會愈來愈多。透過策略性IS規劃，將資訊資源做最佳的利用，企業才可望在資訊系統的投資中獲得報酬。

在IS部門的使命及IS規劃目標確立之後，就要進行策略性IS規劃。策略性IS規劃可分為以下主要步驟：設定目標、進行外部及內部分析、策略擬定。雖然我們是依序說明以上的步驟，但是在實務上，這些步驟是「反反覆覆」的。

如前所述，將IS計畫配合組織計畫是IS計畫的目標之一。如何做到呢？策略組轉換（strategy set transformation）是相當重要的觀念及做法。首先，先確認組織的策略性目標，然後透過策略性IS規劃程序，將組織的策略組轉換成IS策略組，如圖14-1示。

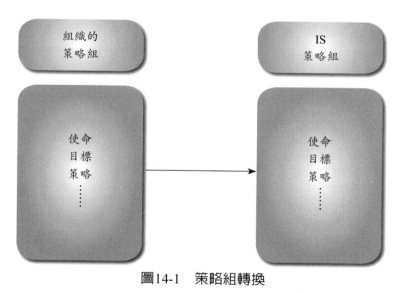

圖14-1　策略組轉換

來源：William R. King, "Strategic Planning for Management Information Systems," *MIS Quarterly* 2, March 1978, p.28.

1.設定目標

IS部門所設定的目標涵蓋了這樣的範圍：服務形象、IS人員生產力、資訊科技的適當應用、效能提升及使用者參與程度提高等。IS部門的策略目標如表14-1所示。

表14-1　IS部門的策略目標

範圍	2009年目標	2009年績效	2012年目標
使用者對服務的一般滿意度	80%	70%	85%
使用應用軟體及工作站的人數	200	250	290
在某些時段內，網路資料能夠提供給使用者的比例	85%	85%	90%
IS人員週轉率	8%	3%	7%
應用方式	個人資訊應用	個人資訊應用	網路服務

2.進行外部及內部分析

這個步驟涉及檢視企業的策略計畫及對IT（資訊科技）做評估。外部分析的結果，會產生對機會及威脅的陳述。機會是指IS部門可以採取行動，以獲得長期優勢的地方；威脅是指IS部門必須採取矯正行動以進行「反制」的地方。內部分析的結果可知道IS部門的長處及弱點。

3.擬定策略

在此階段，IS策略是比較廣泛的。IS部門所要擬定的是IS策略議程（strategy agenda）或者策略動力（strategy initiatives）。IS部門所擬定的策略議程之例，如表14-2所示。

表14-2　IS部門的策略議程

1.管理網路的發展及作業；維護網路安全。
2.協助各部門擬定其IS計畫，以充分地活用IS部門的專業知識及技術。
3.安裝網路軟體、添購必要設備，使得各部門的使用者都能有效使用，以滿足其資訊需求。
4.與其他部門協調，共同評估及設計通訊系統（這些系統可滿足企業的資訊需求）。
5.透過訓練計畫及輔助教學，鼓勵使用者使用網路，以提升公司整體決策過程的效能及效率。
6.進行部門重組，以便更能實現IS部門的使命。
7.擬定結構性的時間表，使得系統發展的延遲情形減到最低程度。
8.對系統發展建立文書化的標準作業程序。

（二）戰術性IS規劃

戰術性IS規劃（tactical information systems planning）的目的是實現策略性IS計畫中的IT策略。戰術性IS規劃就是要對新的IS或要改善的IS提出各種專案說明書（project proposals），然後對這些專案加以評估及排定優先次序。戰術性IS規劃也要對分配於各專案的IS資源（例如：軟體、硬體、人員、排程及維護）、財務承諾

及組織改變加以說明，以落實策略性IS計畫。

以時間幅度來看，戰術性IS規劃通常是規劃三到五年後的事情，所以許多企業亦將戰術性IS規劃稱為長期IS規劃（long-term information systems planning）。長期IS規劃在著重點上、時間幅度上、與企業目標的配合程度上（直接配合或間接配合），均不同於策略性IS規劃及短期IS規劃。長期IS規劃著重於：(1)專案的選擇及優先次序的排定；(2)專案之間的資源分配；(3)專案順利進行的工具。

長期IS規劃包括以下步驟：

1.明確的目標陳述。

2.分析目前及未來的環境，包括商業、IT及使用者環境。

3.擬定IT行動計畫（專案），包括硬體（網路及設備）、軟體應用、人員、資料庫等。

4.對所需的資源及資金提出合理化的說明。

5.對執行計畫、組織改變及人員訓練的說明。

擬定長期IS規劃的第一步，就是要界定長期的IS營運目標。然後要認明企業經營方向的改變，並評估這些改變對IS活動的可能影響。接著要檢視現有的、可利用的資源，以研判目前可滿足哪些資訊需求，以及在資源不足的情況下，有哪些替代方案。

然後就要界定及選擇專案。評估專案的標準有：資源的可利用性、風險程度、提升組織價值的潛力。不可否認的，政治因素在選擇各種專案中是不容忽視的。

長期IS規劃者可以擬定一個專案組合（project portfolio）。在這個組合內，應包括哪些專案呢？考慮的因素有：在組合內各種專案的風險程度、專案完成的預期日期、與其他專案的互動因素、專案的性質（例如：是作業支援或管理支援類的專案）、（註①）所需的資源等。長期IS規劃者應在此組合內求得專案的平衡——如果各專案都屬於作業支援性質的，很可能會使企業喪失競爭優勢；如果各專案的風險程度都很高，專案完成的日期又遙不可及，則很可能會使企業面臨「萬劫不復」的厄運。

對於在專案組合內的每一個專案，都要進行詳細的專案規劃程序（project planning process）。專案的規劃可分為三大階段：界定（definition）、建構（construction）及執行（implementation）。在界定階段，要進行可行性分析（feasibility studies）。（註②）

可行性分析之後，專案計畫書就出爐了。專案計畫書將呈交給有關人士做評

估，評估後如認為可行，則可繼續進行專案建構及執行的工作。在評估專案計畫書時，大多數企業會採用許多決策法則（標準），例如：預期投資報酬率、成本效益分析、預期回收期分析等。

專案在被批准之後，要向整個組織宣布。如同其他企業功能一樣，要定期檢討專案計畫（至少每年一次）；如有必要，還要做大幅調整。

(三)作業性IS規劃

作業性IS規劃（operational information systems planning）的主要目的，是對IS專案發展的順利完成做詳細說明。作業性IS規劃，包括對年度營運預算（annual operating budget）的編列。年度營運預算應包括對系統發展及維護所需的財務及其他資源。當然也應包括對各部門在「個人資訊應用」上提供服務所衍生的費用。

在許多企業中，作業性IS規劃所規劃的是一年內所發生的事情，所以又稱為短期IS規劃。

二、資訊部門的正式組織結構

正式組織結構（formal organization structure）所描述的是部門化的基礎、權責及直線與幕僚的關係。在一般公司內，MIS經理之下有系統分析人員、程式設計人員、資料輸入員和一或多個電腦操作者（圖14-2）。

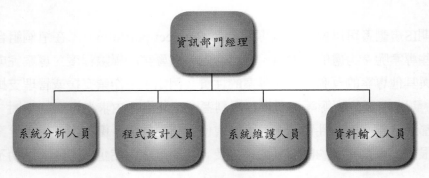

圖14-2 一般公司中典型的MIS部門結構圖

在規模較大的組織中，在資訊部門經理之下可再進行功能分組（例如：系統發展、系統設計），並設有組長職位，負責管理該功能。

另一種選擇是以產品別來組織。例如：一個公司有視窗程式發展部門、商用程

式發展部門,而每個部門都設有功能人員(系統分析師、程式設計師)。這種方式比較能夠反映使用者的需求。

在MIS部門中有許多管理的、專業的職位,當然這些職位隨著組織規模不同而異。在管理階層,主要職位有:

1.**電腦運作管理者**:其職責在維護資料中心的硬體、周邊設備和軟體。這類管理者需要具備有關硬體和軟體的知識及人際交往的能力。

2.**資料庫管理者**:管理、協調和控制公司的資料庫,並確保資料庫資料存取的安全。這類管理者需要具備有關資料庫結構和設計的專業技術。

3.**網路及通訊管理者**:與系統分析師、電腦運作管理者一起工作,其職務在評估、安裝和操作通訊系統或網路。這類管理者需要具備資料通訊硬體和軟體的專業技術及知識。

4.**資料輸入管理者**:負責管理資料輸入的過程,並確保合格的資料輸入員。這類管理者需要具備資料輸入設備的知識和基本管理技巧。

5.**操作指導員**:其職責為電腦操作、排程、周邊設計和品質控制。

6.**程式設計管理者**:指導並協調新程式的應用和維護。這類管理者應擁有專業程式設計技術、冷靜的、邏輯的思考。

7.**專案管理者**:負責有關新專案產品的發展及落實。他應建立專案的目標,決定和協調系統發展的優先次序、維持並激勵適當的人員。這類管理者需要具備專業技術、溝通技巧,以及對使用者的業務的了解。

專業職位主要有:

1.**系統分析人員**:負責現有系統的評估、問題領域的界定、分析硬軟體的規格,以配合使用者的需求。這類人員需要具備專業知識、對組織和使用者環境的了解、與人相處的能力、溝通的技巧,以及有關資訊系統的基本知識。

2.**系統設計人員**:負責程式的撰寫、除錯和測試,並製作系統說明書。在資料庫設計方面,他應負責資料庫的設計(包括資料庫的輸入結構、輸入螢幕、查詢、報表及標籤等)。這類人員需要具備資料庫管理方面的知識、專業的程式設計技術,以及至少精通一項高階的程式語言。

3.**網路及通訊設計人員**:負責資料通訊網路的設計。他(她)應具有區域網路的知識、資料通訊方面的背景、硬體/軟體、及分散資料處理等知識。

4.**程式維護人員**:維護或增強應用程式。需要具備使用程式語言的工作技巧。

從這些職位中,我們可看出每個職位都需要某些技巧和能力。系統分析師與程式設計師就需要不同的技巧,系統分析師較常處理人的問題而非程式問題,而程式

設計師的工作離不開程式語言和邏輯步驟。

　　在某一個組織中，並不是所有的職位都存在，某些職位（如分析師和程式設計師）在一個較小的MIS部門是由一個人來擔負。但在大型組織中，也許一個職位又被細分成若干個小職位。

三、激勵資訊人員

　　如何激勵資訊人員是相當複雜的問題。有些研究指出，資訊系統人員的流動率過高，因此很難設計出適當的激勵方法。（註③）系統分析師和其他IS人員認為，他們自己是專業人員，因此傾向於認同外部的專業團體（如資訊經理人協會），而比較不認同於受僱的組織，這表示對職業的承諾多於對組織的承諾。相關研究指出，系統人員對電腦領域有所承諾，並期望被指派到具有挑戰性的系統發展工作。（註④）

　　另一個激勵問題是在系統設計和系統維護間的變化。對大多數分析師而言，接觸到維護工作是一個恥辱，它被認為是一個很俗氣的工作——缺乏創造力、無法一展專業能力。一般而言，資訊人員較喜好發展系統而非維護系統。既然在管理資訊系統領域中，有超過70%以上的工作是維護，因此這是需要注意到的激勵問題。

　　另一個研究發現，對程式設計或分析的工作而言，系統維護工作只能激發1/2或2/3的潛能。當維護工作量增加時，此工作的激勵潛能會降低，且「修理」的活動特別容易降低激勵潛能。（註⑤）

　　由於資訊人員的高成長需求和對維護工作的「不屑」，激勵資訊人員便成為一個挑戰。我們可用評估員工職業上的需要和每個工作所能提供以滿足這些需求的情況來減少流動率。

四、控　制

　　為了獲得高品質的資訊系統，企業必須要不時地對資訊系統的有關因素加以評估，這個評估稱之為資訊系統績效評估（information systems performance evaluation）。

　　評估是指對於評估項目的預期績效與實際績效的比較，如果實際績效低於先前設定的標準，就須採取矯正的行動。績效評估的作業是一個動態的過程（dynamic process），因為資訊硬體、軟體新科技不斷推陳出新、企業環境及文化也不斷的在改變，資訊負荷量的與日俱增、使用者需求的改變、對系統的要求與日俱增等因素，都會使得企業對於硬體、軟體、資料、人員進行不斷評估，才能夠充分地發揮

資訊系統的功能。唯有資訊系統發揮了功能，企業的經營才會有效率、合理化及增加競爭優勢。

　　績效評估是一種控制機能。令人驚奇的是，許多企業對於財務、行銷、生產製造等設計出許多評估的做法，但對於資訊系統的績效卻是漫不經心、不聞不問。原因之一，可能是對資訊系統績效評估方法及步驟不甚明瞭所造成的。

　　資訊系統績效評估的步驟包括：

　　1.認明應評估的因素。

　　2.建立評估標準（指標）。

　　3.評估的組織（由誰來評估）。

　　4.蒐集績效資料。

　　5.保留歷史資料。

　　6.分析績效資料。

　　7.提出建議並採取矯正行動。

　　8.對評估步驟加以檢討。

第 三 節　資訊資源管理

　　資訊資源管理包括：資訊資源的獲得、資訊資源管理、資訊系統的安全。

一、資訊資源的獲得

　　在資訊資源的獲得方面，涉及硬體、軟體及資訊人員的獲得。

(一)硬體的獲得

　　在實務上應考慮的因素有：(1)使用者的目的；(2)硬體廠商的目的；(3)採購單位的組成；(4)評估單位所屬的組織階層。

　　1.使用者的目的

　　使用者採購硬體設備的基本目的，無非是：

　　(1)在符合經濟性的原則之下，以最有效率的方式來處理其業務。

　　(2)藉著資訊化，使得企業內的運作合理化，並增加決策能力。

　　(3)增加企業的競爭優勢。

但是，有些中小企業購買電腦的原因在於「充面子」或「趕時髦」，因此他們對電腦的新鮮感冷卻之後，便將電腦束之高閣，或者將人工處理比較經濟的工作，硬是用電腦化處理。

2.硬體廠商的目的

硬體廠商的目的，無非是求得利潤的最大化。他們會顯示其設備的優異之處，並特別強調其設備與眾不同的地方。他們通常先以「競爭價格」吸引客戶，「先跨進門檻」再說，然後他們就設法如何「鎖住」或「套牢」使用者，使得使用者愈陷愈深，必須負擔更大量的轉移成本。顯然，企業對於硬體廠商目的之了解，會影響其對於硬體選擇的方式。

3.採購單位的組成

進行電腦採購作業的組織，可分為臨時性的（ad hoc）及永久性的（standing）；前者是由各有關部門的專家所組織成的臨時性小組，專為解決硬體選擇的這個問題而成立，當任務達成後，他們就各自回到原來的工作崗位。後者顧名思義是一個正式的部門，除了負責購買電腦的作業之外，還負責公司內其他各種採購作業。前者的組織結構較具有彈性，但可能在採購經驗方面稍嫌缺乏。

在準備取得電腦時，重要的考慮因素是採購作業是否應由委員會來負責，或是授權給需要此電腦的部門來決定。分權的方式有一個好處，就是可滿足部門的資訊需求，並且迫使各部門熟悉電腦。

然而分權的方式也有一些缺點：

(1)每個部門都要做採購作業，對公司而言，無疑是資源（時間資源）的浪費，而且每個部門重蹈了其他部門的覆轍。

(2)通常所選擇的硬體或軟體容易造成和組織中其他系統不相容的現象。

(3)假如由無經驗的使用者來採購電腦硬軟體，他（她）與廠商所簽訂的契約，可能無法保護組織權益。

如果公司的政策完善，也有契約範例可供遵循，而且管理當局會對電腦的採購詳加審核的話，則上述的問題就可減到最低。這也就明了為什麼電腦的選購過程要結合分析師、顧問、稽核單位和公司法律單位等共同參與。

4.評估單位所屬的組織階層

如果企業有正式的採購部門，而且此單位所做成的採購案是由正式的評估單位所審核，那麼這個評估單位應該被置於組織的較上階層，以免受到層層節制，無法進行公正的判斷。其所做成的結論，應直接向最高主管報告。

（二）軟體的獲得

企業獲得軟體的來源有三種，分別為：

1. 自行發展（in-house）。
2. 購買（off-the-shelf）。
3. 契約式取得（contractor）。

（三）資訊人員的獲得

在遴選資訊人員時，有五項指導方針要遵循：

1. 重質不重量。
2. 使工作能與應徵者的技術、興趣、性向相配合。
3. 增進面談的技巧。
4. 發展溝通技巧。
5. 及時的做成遴選決策。

二、資訊資源管理

MIS階段理論

　　諾蘭（R. Nolan, 1973）所提出的階段理論（stage theory），最能解釋一家公司循序而進的發展其MIS的階段。（註⑥）企業的MIS成長需歷經六個階段，每一個階段均有其特性。以資訊資源的觀點來看，階段理論是一個相當好的參考架構，因為它可使企業明瞭在MIS演進中，資源被利用的情形，進而使得資源利用、MIS發展更為有效，同時它可以使得未來欲發展MIS的企業，可鑑往以策勵未來，增加系統發展的效能與效率。

　　所有的資訊系統總會具有「隨著時間推移而持續成長」的傾向。在每一個成長的階段中，該資訊系統的目標、功能及活動，皆會有所改變。這個對階段式改變所做的假設，稱為「階段假設」（stage hypothesis）。

　　電子資料處理（electronic data processing, EDP）的預算，會隨著時間的推移，呈現出S狀，而在此曲線中有三個明顯的轉換，每一個轉換都會形成一個階段（每個階段代表著資訊系統演進過程中的主要改變及事件），共有四個階段。（註⑦）諾蘭又將第三個階段再加以細分成三個階段，結果共產生六個階段。這六個階段是：

1.啟始期（initiation）；

2.擴展期（expansion）又稱蔓延（contagion）；

3.控制期（control）；

4.整合及成熟期（integration and maturity）；

5.資料管理期（data administration）又稱建構期（architecture）；

6.成熟期（maturity）。

這六個階段可從圖14-3看出。曲線表示各階段EDP預算變化的情形，在第一、二階段，預算增加得非常快速，到了第三階段稍漸緩和，在第四、五階段又開始飛揚，到了第六階段則再度平穩。

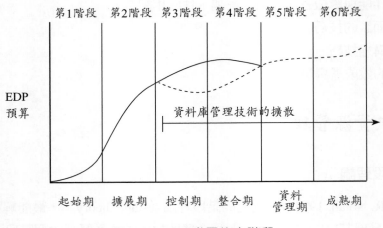

圖14-3　MIS成長的六階段

階段理論如此普及的原因，主要是因為它具有實證性（亦即具有實證研究的支持），並能適切地描述電腦發展、組織成長的實際情況。

Nolan的階段模式，具有以下的重要涵義：

1.在認明所處階段時，不同於以單一構面（成長要素）來研判，要以整合性的方式來做研判。

2.要認明各個資訊系統所處的階段（例如：會計資訊系統處於第三階段，而行銷資訊系統處於第五階段），並以適當的管理方式加以管理。因為不同階段要有不同的管理方式，同時無法配合資訊系統發展階段的管理者，會被潮流所淘汰。

3.前三個階段著重在電腦設備的管理，後三個階段著重在以資料庫科技、通訊網路來有效達成資訊資源的管理。Nolan是針對美國的企業加以研究，國內企業可從該階段理論中獲得資訊資源管理的實質效益嗎？（註⑧）當然可以。欲進行資訊化

的國內企業可以不必重蹈覆轍（不必再造成預算如脫韁野馬似的難以駕馭、管理鬆弛的現象）；建立「資訊即是資源」的觀念及做法，並導入資料庫管理系統，以整合性的觀點來發展公司的各資訊系統。換言之，國內企業可從階段理論中，吸收別人寶貴的經驗、減少摸索的時間，使組織學習更為有效。

三、資訊系統的安全

在今日的企業經營中，電腦與通訊是不可或缺的。如果電腦故障、通訊不靈，小則造成經營上的不便，大則使得企業淪落到萬劫不復的地步。由於企業對於電腦及通訊的依賴日殷，因此我們有必要對於企業風險（corporate risk）重新加以界定，現今的管理者深深地體會到，企業所受的威脅，除了來自於企業環境、競爭者因素之外，科技問題的威脅也如芒刺在背。根據最近的一項調查顯示，高度依賴資料處理系統的美國保險業者，有九成會因資訊設備及系統受到破壞而慘遭倒閉的噩運。（註⑨）由此可知，保護企業的資訊系統及維護資料的安全，值得管理當局的重視。

管理者對於資訊系統安全在資訊管理的領域，被認為是第十四個重要的課題，1985年它躍升到為第五；1986年滑落到第十八；1989年更降到第十九。這些現象可能顯示出管理者認為資訊安全不是什麼大不了的事，或者是對資訊安全已胸有成竹。根據美國國家研究委員會（National Research Council）在1989-2009年做的調查顯示，美國的電腦安全措施簡直是亂象叢生。

第四節　資訊科技的策略運用

一、資訊科技的衝擊

以下我們將討論電腦化所造成的改變、辦公室自動化的影響、電腦對管理者工作的影響、電腦對管理功能的影響。

(一)電腦化所造成的改變

在現代的企業經營中，幾乎沒有任何企業不被電腦革命所波及。薪資及電腦化

的會計處理就是最明顯的例子。辦公室的傳統作業均已被文書處理系統、快速的資料處理及檢索系統（如Microsoft Access）所取代，而資訊儲存及資料的傳遞，則已被光碟或電子郵件所取代。機器人、數據控制（numeric control）以及製程控制更是對工廠作業造成了深遠的影響。電腦的引進會改變組織結構嗎？它們會取代人類做決策嗎？電腦專業人才是高階管理者不可或缺的左右手，還是「必要之惡」？

美國著名的學者李維特及惠斯勒（H. Leavitt & T. Whisler）曾預測1980年代以後，電腦對企業管理所造成的影響。（註⑩）在1960年代，電腦部門只是隸屬某個企業功能部門（例如：會計部門），而其作業大多是在做資料處理的事情。他們預測將有集中式電腦中心的需要，因為在資訊的大量充斥之下，有必要對資料做統籌性的控制，因此集中式資訊應用（centralized computing）將成為主流。

李維特及惠斯勒的預測中，只有部分是正確的。集中式資訊應用是60及70年代許多企業所樂於採用的方式。但是他們並未想到這幾年來在微電腦及通訊科技上的突破，使得分散式資料處理（distributed data processing）大行其道。現在的企業隨著其組織特性及目的，有的採取集中式的資訊系統，有的採用分散式的資訊系統，有的採用兩者的混合。電腦科技的進步使得企業主管，在決定其最適當的資訊系統結構，乃至於組織結構時，有「新的組織選擇」（new organizational option）。

(二)辦公室自動化的影響

企業在實施辦公室自動化之後所獲得的好處不勝枚舉。大體而言，它可以提高企業的形象、幫助企業提升生產力及工作品質、便於組織內的溝通等。基本上，辦公室自動化的技術功能，就是企業可從辦公室自動化中所能獲得的好處。

企業在實施辦公室自動化之後，可能產生的影響是什麼？我們可以歸納出以下幾點：組織結構的改變、資料的安全性問題、管理較無彈性，須配合機器運作、人際關係疏離。

1.組織結構的改變

使得組織中階經理的人數減少，組織變成扁平化，由資訊科技取代的工作人員，可能會被訓練從事其他更具生產力的工作，或面臨著失業、被裁員的壓力。

2.資料的安全性問題

由於資料均建立在電腦化的檔案中，並透過電腦網路傳遞，如果沒有周延的管理及控制，則資料的安全性、隱密性會受到考驗。

3.管理較無彈性、須配合機器運作

　　由於要獲得決策、工作的效能及效率，所有的決策方式、工作流程及方法，必須加以定型化，因此管理上的彈性（或可看成是隨著情境、對象的不同而做改變的程度）便大為降低。

4.人際關係疏離

　　以前「見面三分情」、「人際互動及溝通」的情形，隨著通訊科技、區域網路、電子郵件的普及，漸漸地變成沒有這個必要性，因此人際關係變得愈來愈淡薄。

(三)電腦對管理者工作的影響

　　李維特、惠斯勒及其他的評論者也曾預測電腦將是未來的管理者，但是還未發生。管理者還是不可或缺的（也就是不被電腦所取代），尤其是組織中的高階管理者。不可諱言的，電腦已改變了企業中管理者風格（style of management）。由於許多問題的解決可交由電腦來做，同時電腦也可以及時地提供高品質的有效資訊，使得管理者可依據這些資訊來做決策，否則如果管理者還是像以前一樣，必須事事依賴直覺及經驗來做決策，則每個人都會有一套解決問題的觀念及方法，使得組織的人治色彩過於濃厚。

　　大約50%到80%的管理決策是定型化（programmable）或是部分定型化的（semi-programmable），尤其是在會計、財務及製造方面。但在實務上，這個比例可能更低，但隨著產業的不同而異。我們可以從以下三點來探討電腦對管理者工作的影響：(1)控制幅度與工作內容的改變；(2)高階管理者工作所受到的影響；(3)專家系統與人工智慧對管理者工作的影響。

1.控制幅度與工作內容的改變

　　在許多自動化的工廠中，電腦不僅改變了管理者的控制幅度（span of control，一位主管所管轄的層級），也改變了他（她）的工作內容。例如：工廠的工人依照工規來操作鑽孔機，但當這個工作由數據控制（numerical control）的機器人操作時，則鑽孔的工人就被機器人所取代了。既然工作由機器人來做，則原先管理機器的組長工作由這個工人來接辦就可以了，在這種情形之下，組長就可以有更多的時間從事思考的工作。

　　電子辦公室（electronic office）的出現，也改變了管理者的控制幅度與工作內容。文字處理器（word processing）已取代了傳統的文件、報告及連絡單的處理方式。快速的電子資料處理取代了傳統的人工計算（例如：在薪資處理方面）。電子

郵遞取代了傳統的溝通形式。電子會議使得管理者免於舟車之苦。由於電腦的引進，使得辦公室掀起了重大的革命，情形如表14-3所示。

表14-3　電腦造成辦公室工作改變的情形

項目	在沒有電腦的情況下	在有電腦的情況下
資料處理	打字	文字處理器、排版系統（如Microsoft Word）
記憶	人員	電腦的輔助記憶體
紀錄保持	人工檔案	電腦化的資料庫（如Microsoft Access）
資料檢索	人工尋找、人員的回憶	電腦化的尋找及檢索（如Microsoft Access）
日曆管理	人工	電腦化的日曆管理（如Microsoft Office的 Outlook，及Lotus的Organizer）
文書傳遞	郵務	電子郵遞（如Microsoft Exchange）
估計	基於經驗	基於數量化的模式
監督及控制	人工的勤快	數據控制、例外報告
任務指派	靠對任務的專業性	靠電腦化的工作規格分析
決策	判斷、直覺與經驗	模擬、規劃模式、最佳化求解
圖形	手工技能	互動式的電腦繪圖
資料庫	舊的、目前的資料	及時資料
會議	親自參與	電傳會議

來源：K. M. Hussain, *Managing Computer Resources* (Homewood, Il.: Richard D. Irwin,Inc., 1990) p.564.

　　總之，電腦使得職員、祕書及行政助理的工作產生重大改變，進而改變了管理者的管理方式。

　　提升生產力的工具，不僅能嘉惠於工廠的工人及辦公室的職員，組織內各個管理階層的管理者莫不受其「恩澤」。由於資訊系統可在協調及控制方面發揮很大功用，因此，同樣管理一個龐大的企業，現在要比以前需要更少的人。

　　2.高階管理者的工作

　　與中階及基層主管相較，高階管理者受電腦的影響比較小，因為在組織高層的決策是「非程式化」或者「非定型化的」（non-programmed）。這些決策是「非結構化的」（ill-structured）、複雜的及不易加以量化的，例如：相關於企業政策及目標的決定，或者人事決策（聘用及辭退人員）的決策即是。高階管理者在激發創新上的先知先覺、在激勵員工方面的努力及解決衝突的思考過程等，都是不能加以程式化的。事實上，商業上的許多活動永遠沒有自動化的可能。表14-4顯示，組織中三個階層的工作受電腦所影響的情形。（註⑪）

表14-4　一些受電腦影響比較小的管理工作

管理工作	高階層管理者	中階層主管	基層主管
認明問題	很少	很少	很少
分析問題	無	很少	有一些
發展可行方案	很少	中等	中等
評估可行方案	很少	中等	中等
決策的執行	有一些	中等	很多
工作的內容	有一些	中等	很多

　　高階管理者會閱讀有關作業及績效資訊的電腦報表，同時他們使用電腦化的規劃及控制模式的情形，也會變得愈來愈普遍。電腦化的決策支援系統（decision support systems, DSS）對於高階管理者解決半結構化的（semi-structured）問題特別有幫助，所謂半結構化的問題是指需要管理者主觀判斷及分析的問題。

　　與其他的資訊系統相較，DSS的特點有三：(1)DSS的目的在於幫助管理者做決策，其所強調的是解決策略性的、非結構性的或半結構性的決策；(2)DSS利用到複雜的建立模式技術；(3)DSS係由特定的DSS工具所建立，而這些工具可使設計者以最低的成本設計出具有彈性的系統。（註⑫）

　　由於使用者只要改變幾個參數，就可以產生許多不同的報表，因此DSS的使用常會造成資訊的膨脹。管理者常在評估及吸收資訊方面花了不少時間。這也說明了何以圖形（長條圖、圓形圖、趨勢圖等）的顯示受到管理者歡迎的原因。

(四)電腦對管理功能的影響

　　電腦對管理的影響可加以量化嗎？肯特（Kanter,1982）將管理分成五個功能（規劃、組織、用人、指揮及控制），並分別給予數目，表示這些功能受電腦化影響的程度。（註⑬）他也估計出高階管理者、中階主管及基層主管在這五個功能所花的時間百分比。然後再對五個功能分別給予不同的權數，因此，每個階層的電腦化係數（computerized coefficient）就可以估計出來了。

　　根據肯特的計算，29%的高階管理者的功能，43%的中級管理者的功能，及61%的基層管理者的功能，都可以加以電腦化（表14-5）。

　　表14-5是一個相當簡化的計算，因為它既沒有考慮到產業的差別，也沒有考慮到隨著時間而變化的情形。再者，它也是根據肯特的主觀判斷。然而有許多公司認為肯特的估計是合乎實際的。

表14-5　各個管理階層電腦化係數的計算

功能	受電腦影響的%	高階管理者		中階主管		基層主管	
		總工作的%	加權值	總工作的%	加權值	總工作的%	加權值
規劃	30	70	21.0	20	6.0	5	1.5
組織	15	10	1.5	10	1.5	5	1.0
用人	25	10	2.5	10	2.5	5	1.5
指揮	5	5	-	20	1.0	20	1.0
控制	80	5	4.0	40	32.0	70	56.0
電腦化係數		29		43		61	

　　這個分析提供了一個重要的訊息：並非所有的管理功能都能夠加以電腦化，以及在某個管理階層的管理功能比例（亦即有多少百分比的時間，用在各個管理功能上，例如：高階管理者有70%的時間用在規劃上）決定了電腦化的程度。

　　在未來，由於更多的作業研究模式（例如：等待線理論、競賽理論等）會落實於企業實務之中，也由於人工智慧技術的突破，愈來愈多的企業功能會加以電腦化。肯特的比例可能會有顯著的變化。但是要達到韋納（Norbert Weiner）所說的：「凡是人類可以做的，電腦都能夠做到」之境界，還有一段漫長的路要走。管理者仍然必須認明非量化的變數（例如：許多有關「人」的變數），然後再做適當的推論，進而解釋資訊、評估預期績效與實際績效差異的原因，以及採取矯正的行動。即使是定型化的決策問題，仍需管理者的思考，然後建立更佳的解決問題（做決策）的規則。

　　Peter Drucker（1970）曾說過：「……我們開始體認到，電腦並不做決策；它只是依指示做事。它愚蠢無比，它迫使我們去思考，去建立標準。電腦愈笨，它的主人就要愈聰明……它是我們所擁有的最笨的工具。它迫使我們去想清楚我們所做的事情。」（註⑭）

二、資訊科技的策略運用

　　電腦科技在企業上所造成的最重大影響，也許是它替企業及管理者創造了無限的契機。資訊科技改變了產業的本質、市場結構、產品設計及行銷的日常運作方式。

　　在企業競爭日趨白熱化的90年代，資訊系統是在商戰中制敵機先的有利武器。本節將討論企業如何利用現代的資訊技術來增加現有產品的價值，進而創造競爭優勢。

　　梅派斯（Metpath）是一家大型的病理檢驗所，由於差異化的程度不高，因此在激烈的市場競爭中，不僅無法獲得顧客的長期惠顧，而且也必須靠削價才能與同業競爭。醫生在將化驗品交給這個檢驗所之後，所冀望的是信度高、又能掌握時效的報告，以便及時進行診斷及治療。有鑑於此，該檢驗所就將其電腦系統與各醫院的電腦加以連線，使得檢驗報告能及時透過電腦傳送到醫生那裡。

　　從純技術的觀點來看，這是一個線上資料庫（on-line database）的應用。然而從企業策略的角度而言，梅派斯顯然是在利用資訊系統做為競爭的武器：(1)該檢驗所透過資訊系統的建立，來向新的、現有的競爭者提高進入此一行業的障礙，(2)將一個平淡無奇的服務加以差異化，以獲得競爭優勢；該檢驗所將病歷加以電腦化建檔，並實施電腦化的發票作業及應收帳款作業。這種差異化的實施能夠增加醫生的忠誠度，否則他們必然會去惠顧收費低廉的檢驗所。

　　梅派斯檢驗所所採取的策略，正是對傳統的資訊系統所欲達成的目的敲了一記當頭棒喝。傳統上，資訊系統所扮演的角色，不外乎將企業的基本商業資料處理，例如：薪資、訂單登記、應收帳款等加以自動化處理，並且滿足經理及專業人員的資訊需求，以增加他們做決策的品質。

　　像這樣跳出傳統式資訊處理「束縛」的公司比比皆是，舉其犖犖大者如美國航空公司（American Airline）、聯合航空公司（United Airline）的SABRE及APOLLO電腦化訂位系統。這些於1970年代中期開發完成、耗費3億美元的系統，不僅是用來做為「能夠改善自動化訂位」的工具，而且也用來做為獲取競爭優勢的有利武器。

　　當各旅行社利用其終端機向美國航空公司查詢資料時，SABRE及APOLLO就會優先提供有關該公司航線及訂位的資料。例如：某一個旅行社利用SABRE查詢有關「從紐約到洛杉磯，中途所停靠之城市」的資訊，該系統就會先在螢幕上顯示美國航空公司及聯合航空公司的航線，之後才顯示其他最直接的航線、或最廉價的航線。在已實施電腦化的旅行社行業中，美國及聯合航空公司是稱霸群雄的，其市場占有率分別為41%及39%（在美國的二萬家旅行社中，有80%以上是實施電腦化的，它們銷售的航空機票至少占機票銷售總數六成以上）。這種「優先顯示」的資訊功能，使得這二家航空公司的業績提高了20%。

　　上述二個例子所要告訴我們的就是「策略資訊系統」的意義與功能。策略性資訊系統的目的，在於以電腦化資訊系統來支援公司的競爭策略，以獲得競爭優勢。

　　拜資訊處理科技（包括通訊）之賜，及透過重新塑造產業結構競爭力的影響，策略性資訊系統以嶄新的方式，突破了傳統資訊系統的限制。本章在於闡述如

企業管理

何利用現代的資訊系統技術，來提高產品及服務的價值，並確認獲得競爭優勢的機會。

企業應從三種基本的競爭策略中，擇一加以實踐。這三種策略是差異化策略、成本策略，以及創新策略。

實施差異化策略的重點在於：

1.減少供應商、顧客或競爭者在差異化方面所造成的優勢。

2.增加企業本身差異化的程度。

實施成本策略的重點在於：

1.協助供應商減低成本，以便從他們那裡獲得更優惠的待遇。

2.增加競爭者的成本。

創新策略的目標在於透過資訊系統的使用，來發掘企業經營的新方式，例如：改變在產業中增加附加價值的步驟、採取多角化策略向新行業或新市場進軍、重新界定現有的事業、或創造新的事業。資訊科技在成本與差異化策略中所發揮的功能，如表14-6所示。

表14-6　資訊科技在成本與差異化策略中所發揮的功能

策略　　企業功能領域	成本策略	差異化策略
行政管理	規劃及預算模式、自動化的行政作業電子郵遞	整合性的辦公室功能
產品設計與發展	產品工程控制系統、產品預算控制系統、電腦輔助設計	電腦輔助設計「研發資料庫」的使用及檢索
生產	成本控制系統、製程控制系統、物料需求計畫、存貨控制系統	電腦輔助製造、品管系統、顧客訂單管理系統
行銷	市場研究報告分析、市場配銷控制	電傳行銷系統、服務導向的配銷系統
銷售	銷售控制系統、銷售激勵系統、廣告管理系統	顧客支援系統、經銷商支援系統
電腦服務	預算控制、成本控制	競爭優勢分析

在美國利用策略資訊系統造成競爭優勢的例子不勝枚舉，茲將幾個具有代表性的實例，說明如下：

(一)在差異化策略方面

美國政府利用所建立的策略性資訊系統，克服了航空管制人員的罷工要脅，使

得航空管制作業不因罷工而停止。在這種情形之下，航管人員的議價能力便大為降低。美國政府的措施，減低了航管人員在差異化方面所造成的優勢。

位於加州的東方運輸公司（Pacific Intermountain Express）利用策略性資訊系統來追蹤、查詢各運輸卡車的狀況，因此對於延遲的情形均能緊急加以處理，這種「差異化」的服務，使得該公司的業績蒸蒸日上。

(二)在成本策略方面

哈特福保險公司（Hartford Insurance Company）透過其電腦化的「損失控制系統」分析，使得該公司能充分掌握以地區、日期及意外事件為基礎的有關資訊，從而採取預防措施，以免意外事件的發生。該公司並將在這方面所獲得的利益，反映在客戶保費方面。保費一經降低之後，投保的人數便增加了。

(三)在創新策略方面

玩具反斗城（Toy "R" Us）長年以來均執美國玩具業的牛耳，它擁有165家連鎖店，市場占有率在11%之譜。該公司所建立的策略性資訊系統，能夠追蹤任何玩具項目的銷售、成本、售價、存貨狀況，更重要的是，當策略性資訊系統顯示某項玩具的銷售狀況不盡理想時，該公司便可迅速採取因應措施（例如：削價競爭）。同時，由於策略性資訊系統功能的充分發揮，該公司在進入兒童服裝業時，更是有恃無恐。當然，玩具反斗城所獲得的競爭優勢除了拜策略性資訊系統之賜外，寬敞的停車空間、卓越的管理也居功厥偉。

第 五 節　倫理與資訊科技

在有關倫理與資訊科技的討論方面，所涉及的是倫理原則（ethical principles）與資訊倫理（information ethics）。

一、倫理原則

在利用資訊科技時，有四個倫理原則必須遵守：（註⑮）
1.比例性（proportionality）原則
利用資訊科技所獲得的利益，必須超過其成本與風險，而且這種差距是最大的

企業管理

（換句話說，利用其他的方法不會產生更大的利益及更低的成本／風險）。

2.能知（informed consent）原則

凡是受到資訊科技影響的人員，都應該了解到這種情形，並且願意承擔這些風險。

3.正義性（justice）原則

資訊科技所帶來的利益及負擔，必須加以公平的分配。獲益較多者應承擔較多的風險；毫無獲益者則不應承擔任何風險。

4.風險極小化（minimized risk）原則

即使能夠確實掌握以上三項原則，也要在利用資訊科技時，避免任何不必要的風險。

二、資訊倫理

了解資訊科技的倫理涵義（ethical dimensions of IT）或簡稱資訊倫理的方法之一，就是去了解在蒐集、處理、儲存及分配資訊時的倫理問題。梅森（Richard Mason）提出了有關資訊倫理的四個課題：隱密性（privacy）、正確性（accuracy）、資產性（property）以及可接近性（access）。這四個字的英文字首合起來剛好是PAPA。（註⑯）

1.隱密性

個人所向別人透露的有關其個人的資訊，哪些可以透露？在什麼情況下可以透露？有沒有完全保護的措施？什麼資訊可保為己有，不得被脅迫揭露？

2.正確性

誰要替資訊的真實性、忠實性、正確性負起責任？如何確保資訊的正確性？

3.資產性

誰保有資訊？資訊交換的公平價格（fair price）是多少？誰保有傳遞資訊的媒介？如何使得有關人員共享稀有的資源？

4.可接近性

個人及組織有權獲得什麼資訊？在什麼情況下？有什麼安全措施？

在回答這些問題時，梅森提出了社會契約（social contract）的概念。他認為，在社會契約下，資訊系統要設計得能夠確保隱密性、正確性、資產性以及可接近性。在社會契約下，個人的智慧財產（intellectual capital，即指個人所擁有的資訊）不會被非法的暴露與剝奪。最終使用者、管理者及資訊專業人員都要為社會契

約的擬定、保護及落實，共同肩負起責任。

三、DPMA法典

　　身為一個使用者、管理者及資訊專業人員，在使用資訊科技時必須遵守《DPMA法典》（Data Processing Management Association，即「資訊處理管理協會」所提出的法典）。例如：該法典中載明，身為一個使用者、管理者，我們要成為「負責任的使用者」（responsible end user）。如何才能成為「負責任的使用者」呢？我們要：

1.展現正誠的行為。
2.增加專業能力。
3.獲得高標準的個人績效。
4.負起工作所賦予的責任。
5.增進大眾的福祉。

　　這樣的話，我們就可以表現出倫理行為、避免電腦犯罪，以及增加資訊系統的安全性。（註⑰）

第六節　釋例

　　管理資訊系統的引進，對企業內部經營效能及效率的提升自不待言。例如：在一個專案導向的廣告公司，其平面廣告的製作共分四組。每組設組長一人，負責某廣告製作的所有活動（例如：企劃、設計、文案、完稿、攝影、插畫、翻拍、道具、模特兒、噴修、打字）。另設一個製程管制組，負責製作進度的掌握。當一個專案產生時（例如：義美食品公司委託製作一個廣告），製程管制組就會開立工作單，記錄工作的類別（例如：比稿、綜合廣告促銷方案、年度延續工作、單一突發稿件、單純製作物、製作物修改、支援業務等），一聯交給負責製作的組，一聯自存。

　　在「製程管制資訊系統」引進之前，該廣告公司對於廣告製作時效上的掌握非常困難，主要因為當工作單數目累積到一定數量時，由人工去判斷有哪些工作單落後進度等事宜，變成相當繁瑣的事。

　　但在資訊系統開發成功並且實際運作之後，該廣告公司在經營上產生了相當大

的變化，如下所述。

(一)經營效率的增加

在以往以人工處理的時代，工作單的編製顯然浪費許多人工時間，例如：工作單的開立，如係針對同一客戶的五個不同專案，則客戶名稱必須抄寫五次。在「製程管制資訊系統」引進之後，不僅製作工作單的效率增加（例如：客戶檔只要建立一次，在螢幕上移動游標，就可將所選擇的客戶項目讀入工作單的資料檔中），而且也可簡易地在螢幕上或列印出有關接單日期、工作袋編號、產品別、媒體、預定完成日、實際完成日等資訊。

(二)工作指派的公平性

「製程管制資訊系統」可顯示各組工作量，使管理者了解各組織間工作負荷的情形，並做為工作分派的參考。

(三)工作進度的掌握

「製程管制資訊系統」可顯示有哪些工作應完成而未完成，並提出有哪些工作必須在哪一天完成的預警，以使各組未雨綢繆，提早擬定因應之道。

(四)增加對協力廠的了解及評估

對於有些外包的作業，該廣告公司可了解各協力廠的工作進度、有無延誤、外包金額等訊息，這些訊息有助於該公司在協力廠選擇的參考。

(五)個人的貢獻決定其報酬

從某個角度來看，每個人都在從事相同的工作——一個專案接著一個專案，貢獻他們的專業技術。從另外一個角度來看，每個人的工作又相當具有獨特性——具有不同專長的個人，將會從事不同的專案。資訊系統將會記錄每個人的專長及所提供的貢獻。

傳統的情形是這樣的：假若公司欲對一特別人員給予獎賞，必然會受到既有報酬制度的束縛。要調高某位人員的薪資，企業經常必須調高所有比這個人職位更高者的薪資。彈性及動態性的獎酬方式，使得公司得以視個人為單一貢獻者，並以其特殊才能為基礎來獎賞及給予報酬。

「製程管制資訊系統」可顯示在一段期間內，每一個工作者從事了哪些工

作，貢獻了多少工時，因此，個人所獲報酬的高低，是依其技能、參與能力及貢獻的情形而定。

(六) 明確的責任歸屬

在製程尾端的工作者，常必須因為在製程前端的工作者的延誤而漏夜趕工，因為如果延誤了對客戶所承諾的交期，公司會受到很大的處罰。然而在資訊系統引進之後，此工作的延誤究竟是因為何人造成，自然很容易地查詢出來。明確的責任歸屬不僅具有警惕作用，而且也可達到公平公正的理想。

重要名詞

資訊部門管理

資訊管理（information management）應包括三個範疇：(1)資訊部門管理（information department management, IDM）；(2)資訊資源管理（information resource management, IRM）；(3)資訊科技的策略運用（Strategic Applications of Information Technology）。

資訊資源管理

有關資訊資源的獲得、資訊資源的管理、專案管理、資訊系統安全的課題，以便對於資訊資源做有效運用。

資訊科技的策略運用

資訊科技在增加競爭優勢中所扮演的關鍵性角色，以及如何利用策略資訊系統、電子資料交換與組織間的資訊連線作業，來增加企業經營的效能。

策略性IS規劃

策略性IS規劃可分為以下主要步驟：設定目標、進行外部及內部分析、策略擬定。雖然我們是依序說明以上的步驟，但是在實務上，這些步驟是「反反覆覆」的。

戰術性IS規劃

戰術性IS規劃（tactical information systems planning）的目的是實現策略性IS計畫中的IT策略。戰術性IS規劃就是要對新的IS或要改善的IS提出各種專案說明書（project proposals），然後對這些專案加以評估及排定優先次序。戰術性IS規劃也要對分配於各專案的IS資源（例如：軟體、硬體、人員、排程及維護）、財務承諾及組織改變加以說明，以落實策略性IS計畫。

作業性IS規劃

作業性IS規劃（operational information systems planning）的主要目的，是對IS專案發展的順利完成做詳細說明。作業性IS規劃，包括對年度營運預算（annual operating budget）的編列。年度營運預算應包括對系統發展及維護所需的財務及其他資源，當然也應包括對各部門在「個人資訊應用」上提供服務所衍生的費用。

正式組織結構

正式組織結構（formal organization structure）所描述的是部門化的基礎、權責及直線與幕僚的關係。

激勵

刺激員工工作動機的方法或內容。

資訊系統績效評估

為了獲得高品質的資訊系統，企業必須要不時地對資訊系統的有關因素加以評估，這個評估稱之為資訊系統績效評估（information systems performance evaluation）。評估是指對於評估項目的預期績效與實際績效的比較，如果實際績效低於先前設定的標準，就須採取矯正的行動。績效評估的作業是一個動態的過程（dynamic process），因為資訊硬體、軟體新科技不斷推陳出新、企業環境及文化也不斷地在改變，資訊負荷量的與日俱增、使用者需求的改變、對系統的要求與日俱增等因素，都會使得企業對於硬體、軟體、資料、人員進行不斷評估，才能夠充分地發揮資訊系統的功能。唯有資訊系統發揮了功能，企業的經營才會有效率、合理化及增加競爭優勢。

MIS階段理論

諾蘭（R. Nolan, 1973）所提出的階段理論（stage theory），最能解釋一家公司循序而進的發展其MIS的階段。企業的MIS成長需歷經六個階段，每一個階段均有其特性。以資訊資源的觀點來看，階段理論是一個相當好的參考架構，因為它可使企業明瞭在MIS演進中資源被利用的情形，進而使得資源利用、MIS發展更為有效，同時它可以使得未來欲發展MIS的企業，可鑑往以策勵未來，增加系統發展的效能與效率。

所有的資訊系統總會具有「隨著時間推移而持續成長」的傾向。在每一個成長的階段中，該資訊系統的目標、功能及活動，皆會有所改變。這個對階段式改變所做的假設稱為「階段假設」（stage hypothesis）。

電子資料處理（electronic data processing, EDP）的預算，會隨著時間的推移，呈現出S狀，而在此曲線中有三個明顯的轉換，每一個轉換都會形成一個階段（每個階段代表著資訊系統演進過程中的主要改變及事件），共有四個階段。諾蘭又將第三個階段再加以細分成三個階段，結果共產生六個階段。這六個階段是：啟始期（initiation）；擴展期

（expansion），又稱蔓延（contagion）；控制期（control）；整合及成熟期（integration and maturity）；資料管理期（data administration），又稱建構期（architecture）；成熟期（maturity）。

資訊系統安全

維護電腦硬體、軟體安全的政策及做法。

分散式資料處理

是一種資訊系統結構（information systems configuration）。工作站安置在組織各處，並與伺服器連接。分散式資訊系統結構被稱為是「主從」（peer to host）系統，它擁有多個終端機，而終端機是中央處理單元的輻（spokes）。而且，終端機可以擁有自己的處理器，執行自己的運算功能和建立資料庫。終端機的使用者能和其他使用者進行資料流通，但必須經過中央處理器。

決策支援系統

幫助高階管理者解決半結構化的（semi-structured）問題的資訊系統。所謂半結構化的問題，是指需要管理者主觀判斷及分析的問題。DSS的特點有三：(1)DSS的目的在於幫助管理者做決策，其所強調的是解決策略性的、非結構性的或半結構性的決策；(2)DSS利用到複雜的建立模式技術；(3)DSS係由特定的DSS工具所建立，而這些工具可使設計者以最低的成本，設計出具有彈性的系統。

差異化策略

以獨特性及高價來競爭的方法。實施差異化策略的重點在於：(1)減少供應商、顧客、或競爭者在差異化方面所造成的優勢；(2)增加企業本身差異化的程度。

成本策略

以量產、低成本來競爭的方法。實施成本策略的重點在於：(1)協助供應商減低成本，以便從他們那裡獲得更優惠的待遇；(2)增加競爭者的成本。

創新策略

創新策略的目標在於透過資訊系統的使用，來發掘企業經營的新方式，例如：改變在產業中增加附加價值的步驟、採取多角化策略向新行業或新市場進軍、重新界定現有的事業、或創造新的事業。

倫理

在有關倫理與資訊科技的討論方面，所涉及的是倫理原則（ethical principles）及資訊倫理（information ethics）。

在利用資訊科技時，有四個倫理原則必須遵守：比例性（proportionality）原則、能知（informed consent）原則、正義性（justice）原則、風險極小化（minimized risk）原則。

了解資訊科技的倫理涵義（ethical dimensions of IT），或簡稱資訊倫理的方法之一，就是去了解在蒐集、處理、儲存及分配資訊時的倫理問題。梅森（Richard Mason）提出了有關資訊倫理的四個課題——隱密性（privacy）、正確性（accuracy）、資產性（property）以及可接近性（access）。這四個字的英文字首合起來剛好是PAPA。

比例性原則

利用資訊科技所獲得的利益，必須超過其成本與風險，而且這種差距是最大的（換句話說，利用其他的方法不會產生更大的利益及更低的成本／風險）。

能知原則

凡是受到資訊科技影響的人員，都應該了解到這種情形，並且願意承擔這些風險。

正義性原則

資訊科技所帶來的利益及負擔必須加以公平的分配。獲益較多者應承擔較多的風險；毫無獲益者則不應承擔任何風險。

風險極小化原則

即使能夠確實的掌握以上三項原則，也要在利用資訊科技時，避免任何不必要的風險。

隱密性

個人向別人透露有關其個人的資訊，哪些可以透露？在什麼情況下，可以透露？有沒有完全保護的措施？什麼資訊可保為己有，不得被脅迫揭露？

正確性

誰要替資訊的真實性、忠實性、正確性負起責任？如何確保資訊的正確性？

資產性

誰保有資訊？資訊交換的公平價格（fair price）是多少？誰保有傳遞資訊的媒介？如何使得有關人員共享稀有的資源？

可接近性

個人及組織有權利來獲得什麼資訊？在什麼情況下？有什麼安全措施？

社會契約

社會契約（social contract）就是資訊系統要設計得能夠確保隱密性、正確性、資產性以及可接近性。在社會契約下，個人的智慧財產（intellectual capital，即指個人所擁有的資訊）不會被非法暴露與剝奪。最終使用者、管理者即資訊專業人員，都要為社會契約的擬定、保護及落實，共同肩負起責任。

DPMA法典

《DPMA法典》（Data Processing Management Association）是資訊處理管理協會所提出的法典。身為一個使用者、管理者及資訊專業人員，在使用資訊科技時必須遵守。例如：

該法典中載明，身為一個使用者、管理者，我們要成為「負責任的使用者」（responsible end user）。如何才能成為「負責任的使用者」呢？我們要：展現正誠的行為；增加專業能力；獲得高標準的個人績效；負起工作所給予的責任；增進大眾的福祉。這樣的話，我們就可以表現出倫理行為、避免電腦犯罪，以及增加資訊系統的安全性。

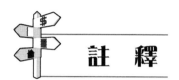

註　釋

①有關作業支援及管理支援的系統，可參考：榮泰生編著，管理資訊系統（臺北：華泰書局，1997），第一章對資訊系統分類的說明。

②進行可行性分析的範圍及步驟，可參考：榮泰生編著，管理資訊系統（臺北：五南書局，2006），第八章。

③J. Baroudi, "Job Satisfaction, Commitment and Turnover Among Information System Development Personnel: An Empirical Investigation," *Unpublished doctoral dissertation*, New York University,1984.

④J. Couger and R. Zawacki, *Motivating and Managing Computer Personnel* (New York: John Wiley & Sons,1980).

⑤J. Couger, "Motivating Maintenance Personnel," *Computerworld*, August 12,1985, pp.6-8.

⑥Richard L. Nolan, "Thoughts About the Fifth Stage," *Data Base*, 7, no.2, Fall 1975, p.9.

⑦C. F. Gibson and Richard L. Nolan, "Managing the Four Stages of EDP Growth," *Harvard Business Review*, 52, no.1, January-February 1974, pp.76-88.

⑧美國企業引進資訊科技的過程大致是：大型主機、批次作業、循序及索引檔。國內企業引進資訊科技的過程大致是：微電腦、工作站、資料庫、網路、線上及及時作業。

⑨R. Carter, "Dependence and Disaster-Recovering from EDP Systems Failures," Management Services (UK) (32:12), December 1988, pp.20-22

⑩Harold J. Leavitt and T. L. Whisler, "Managing in the 1980s," *Harvard Business Review*, November-December 1985.

⑪Jerome Kanter, *Management-Oriented Management Information Systems* (Englewood Cliffs, N. J.: Prentice-Hall,1982).

⑫有關DSS的詳細討論，可參考：榮泰生編著，管理資訊系統，五版（臺北：華泰書局，1999

年），第3章。

⑬Jerome Kanter, *Management-Oriented Management Information Systems* (Englewood Cliffs, N. J.: Prentice-Hall, 1982).

⑭Peter Drucker, *Technology, Management and Society* (London, Heineman, 1970), pp.147-48.

⑮Michael McFarland, "Ethics and the Safety of Computer Systems," *Computer*, February 1991.

⑯同註①。

⑰Bruce E. Spiro, "Ethics in the Information Age," *Information Executive*, Fall 1989, p.40.

自我評量

1. IS規劃有何重要？試比較說明進行、不進行IS規劃所造成的後果。

2. IS規劃的先決條件是什麼？何以稱為先決條件？

3. 在陳述IS使命時，我們可用什麼角度來思考？為什麼？

4. IS規劃的目標是什麼？為什麼要有這些目標？

5. 以下是有關策略性IS規劃的問題：

    (1)何以必須擬定策略性IS計畫？

    (2)何謂策略組轉換？為什麼要做此轉換？

    (3)策略性IS規劃的步驟有哪些？

    (4)IS部門的策略目標有哪些？

    (5)試替一個中型廣告公司的IS部門進行SWOT分析（情況可自行假設）。

    (6)試簡述IS部門的策略議程。

6. 策略性IS規劃的工具有哪些？

7. 在Nolan的階段理論中，每一個階段的規劃重點是什麼？

8. 試說明並比較BSP與CSF。

9. 由上而下、由下而上的規劃方法有何不同？各有何優點、缺點？

10. 試說明資訊部門的CSF，並解釋原因。

11. 試說明長期IS規劃的目的及步驟。

12. 試評論以下有關有效IS長期規劃所具備的優點敘述：

    (1)能有效率地分配組織的資源。因為事先決定出IS發展的優先次序，可使資源

能在長的時間區隔內做最有效的分配。

(2)改善使用者與設計分析者的關係。若IS的建立無法滿足使用者的要求，則對未來組織資訊系統的建立會有負面影響，而長期規劃能提高使用者與設計者在規劃階段的合作關係。

(3)績效及利潤的追求。MIS的長期規劃能協調未來的IS活動，以妥善運用人力及其他資源，同時也提高了組織內資訊的流通。

(4)控制的基礎。由於績效的標準事先已制定好，MIS專案的經理必須了解要做哪些事、誰負責完成，以及何時要完成等，準此可對這些事項做到完全控制。

13.試說明短期IS規劃的目的及步驟。

14.何以IS規劃應配合企業規劃？企業的策略性規劃與IS規劃的參與人員有哪些？

15.IS規劃可能有哪些問題？如何避免或克服這些問題？

16.你與你的朋友曾討論過社會變遷對其資訊部門管理工作的影響。以下是你們在看法上有差異的政策課題。試就每個議題寫下政策，以做為決策的指導原則。

(1)系統分析師應僱用科班出身的人（如資管系畢業生）。

(2)多僱用女性。

(3)給予資訊部門經理最高的優先次序。

17.你是軟體設計的專家，想在某個大城市中成立一家軟體公司，為使用者設計應用軟體程式。在這個大城市中已有二家軟體公司成功地闖出名號，並有幾家小型公司為銀行業發展應用軟體。初步分析這些市場情況之後，你發現還沒有一家軟體公司專為教堂設計應用軟體，例如：教友分析、布道及獻金等方面的管理工作。問題：

(1)如果你為教堂建立資訊系統，你所設立的使命為何？目標為何？

(2)說明軟體公司尚未跨入的領域。

(3)說明你會擬定哪些系統發展策略，並解釋為何選擇這些策略。

18.PIMS（Profit Impact of Market Strategy，市場策略對利潤的影響）是由位於麻州的策略規劃會（Strategic Planning Institute, SPI）所發展出來的。在它的資料庫中，建有2,500個策略事業單位（Strategic Business Unit, SBU）的資料檔。其為客戶提供的服務，包括回答像「如果我們改變 x 變數（例如：價格），那麼對 y 變數（例如：利潤）的影響如何」這樣的問題。電腦就會在資料庫中尋找類似此客戶的公司（例如：產品、顧客類型及競爭情況與此客戶類似的公司），再提出解答。易言之，PIMS係利用別家公司的經驗，來分析策略決策的影響。PIMS方法源自於1960年代的GE公司，彼時GE公司正企圖尋找市場的法則（laws

企業管理

of marketplace）。在1970年代，哈佛大學商學院繼續強化這個方法。今日這項服務是由SPI所提供。SPI是一個非營利機構，其客戶不下200家企業。問題：

(1)PIMS是否為有效的規劃模擬工具，為什麼？

(2)你用什麼決策規則決定以模擬方式來做規劃是適當的？

(3)誰有責任決定要測試的變數？MIS規劃委員會、專案小組或管理者？為什麼？

(4)此模式的服務對象是誰？規劃者、高階管理者或兩者？試討論。

(5)在設計、產生及分析規劃模擬結果時，系統分析師扮演何種角色？

(6)模擬是管理者必須熟悉的工具，或是系統分析師必備的工具？試解釋。

19.大海公司有三個部門生產不同的小家電用品。這家公司成立於1934年，其經營方式都是傳統的老方法。至1980年早期，還是守住傳統市場，以舊式機器生產，同時資料處理還是採人工方式。會計部門副總裁引進了一部二手迷你級電腦來處理會計資料，他親自閱讀使用手冊，並撰寫及使用會計處理應用程式。他也鼓勵其他部門來使用電腦以發揮系統的功能，最後所有部門都使用這套電腦，並使用那些適合他們的應用程式。五個月後，財務報表及成本分析報表已經無法準時產生。因為系統過度使用的結果不是延誤了報表的產生，就是錯誤百出，已經失去了提供決策的功能。試以IS規劃的觀點，提出解決之道。

20.試舉例說明，IT（information technology，資訊科技）已成為許多公司的產品及服務的一部分。

21.試以不同的產業說明：資訊科技影響了競爭領域，並改變了產品在滿足顧客的需求方面的方式。

22.阿諾公司是一個多國性軟體發展公司。很多年以前，一群女程式設計師控告公司不願升遷婦女為系統分析師的職位，公司為了安撫她們這種階級意識的控訴，曾應允舉辦一些訓練計畫，以使這些女程式設計師能有機會升遷到系統分析師的職位。在控訴以前就已待在公司至少三年以上、大概受過一年以上的專科教育的女性，都是適合接受訓練的人。為了鼓勵全程參與訓練，公司對結訓人員提供2,000美元的獎金。

在這六個月的訓練計畫中，包含一些進階的大學課程，如系統設計、軟體工程、資料庫管理系統與管理理論。大多數的學員發現，他們必須在夜晚與週末工作，才能趕上別人。

MIS部門因在這個計畫上費了太多的時間，而未能在政府軟體契約上得標，再加上套裝軟體銷售的失敗，造成公司雙重的打擊。結果，管理當局無法確定如何去安排這過剩而績效良好的學員。曾經參與訓練的有41人，結訓的有27人，並等待

新任務的指派。為了獲得升遷，她們曾不遺餘力地工作。

她們其中的多數人都是將近40歲，並且視訓練為其事業前程規劃中的晉升階梯。

問題：

(1)既然訓練計畫是在未能獲得政府契約之前進行的，管理當局應採取何種方法來解決目前的困境？

(2)你認為通過訓練的激勵方式適當嗎？為什麼？

(3)你覺得六個月的訓練計畫適當嗎？為什麼？訓練的內容適當嗎？

23.企業為什麼要組織化？在什麼情況下，組織化變得特別重要？

24.試說明資訊部門的正式組織結構，以及各種相關管理及專業的職位。

25.試比較各種部門化基礎的優缺點。

26.試評論下列對功能式結構描述的正確性：

(1)功能式結構是組織中最常見的一種結構。在功能式結構下，依照相近的工作和資源，而將員工聚集在同一組內。工作性質相近的組，劃入相同的部門。所有功能相近的部門對同一個上級經理做報告。

(2)在功能式結構之下，功能的相似性（functional similarity）是組（group）一直到最高階層（the top of the hierarchy）的劃分基礎。

(3)功能式結構有時也叫「集權式結構」（centralized structure）。

(4)此種結構適用於中、小規模的組織。因為較小的組織只生產一種或少數幾種產品，所以部門間不會複雜到難以協調的地步。

(5)當組織僅需在部門內做一些重要、基本的合作時，功能式結構是相當適合的。例如：在工程部門內，電子組、機械組和製造組必須密切合作，才能達成部門的任務。

27.正式組織結構的觀念，如何應用在資訊部門的組織結構設計上？

28.在何種狀況之下，直線與幕僚人員的角色容易混淆？

29.組織結構的構面分為複雜性、正式化及集權化。試分別說明這些構面的意義，並以這些構面說明微軟公司、IBM公司。

30.對於高成長需求的資訊人員，有何特殊激勵方法？

31.何以必須做資訊系統績效評估？何以這是一個動態的過程？

32.試分別討論資訊資源（硬體、軟體及資訊人員）的獲得目的及有效方法。

33.MIS階段理論對於欲進行電腦化的企業有何重要的啟發性？

34.試提出若干原則，說明如何維護資訊系統的安全？

35.試說明資訊科技對於企業及管理者的影響。

企業管理

36.試說明資訊科技在成本及差異化策略上所發揮的功能。

37.何謂資訊倫理？為什麼資訊倫理在現代企業經營中特別重要？

38.亞馬遜網路書店最近在網路上公布數百家知名公司、學校及非營利團體內部員
工購買各種書籍、錄影帶及錄音產品的詳細資料。這種促銷廣告行為令提倡隱
私權的人士深感震驚，試提出你的看法。

第十五章

研究發展管理

本章重點：

1. 高科技公司與傳統企業

2. 研發經理的工作

3. 環境偵察

4. 策略形成

5. 策略執行

6. 評估與控制

7. 重要課題，包括智慧財產、創新與創意

企業管理

第 一 節　高科技公司與傳統企業

　　這些年來臺灣產業最大的發展，是出現一群以高科技為主的公司，這些公司與傳統企業有截然不同的風貌。傳統的臺灣產業多是家族經營的中小企業，依循既往的道路前進，企業員工通常無法自公司股份分紅獲利，董事會只是家族經營者的圖章，財務也不公開。（註①）

　　現在的高科技公司雖然多是中型的企業，但有些成長較快，例如：台積電在七、八年間營業額從2億美元成長到10億美元，這些公司強調專業的經營和創新，依照員工的表現分紅，公司股票價值也與員工共享，董事會成員多為專業人士，財務也較透明。

　　傳統的公司通常視員工的忠誠度為美德，高科技公司員工則只忠於公司的理念及價值。傳統的公司多為集團形式，以持股方式擁有多家公司，每家公司經營的領域大異其趣，現在的高科技公司通常以個別公司的型態出現，且只專注於某一領域。傳統的企業資訊化程度較低，且缺乏全球性的視野及思考，現代化的高科技公司卻是以資訊化的方式管理，且放眼全球。

第 二 節　研發經理的工作

　　微軟公司的總裁Bill Gates說：「軟體行業是一個步調神速的行業，我無法想像微軟由五十歲的人掌舵，無論這個人是我或是別人。」他補充說明道：「軟體工業是一個非常危險的行業，和別的行業相較，可以說是步步凶險。想要在業內持續領先二十年，需要有許多奇蹟的配合才有可能。」

　　對高科技公司而言，由於競爭的激烈、產品發展週期的縮短，研發變成了公司成功的關鍵性因素。但是研發的投資報酬率有多少，卻是研發經理相當棘手的問題。

　　高階管理者對技術及創新的重視，才能產生「上行下效」的效果。IBM在1993年出現財務危機時，觀察家很驚訝地發現，其高階管理者群中鮮少有使用個人電腦者，更遑論對這個技術的深入了解。分析家評論道：「如果高階管理者本身對這個關鍵產品領域及相關技術所知有限，那麼如何讓其他的管理者重視？」（註②）

　　研發經理不僅有義務鼓勵新產品發展，並且必須發展出一套制度以確保技術能夠商業化。為了要達成這些目標，研發經理必須要做好環境偵察、形成研發策略，並有效執行研發策略。

第三節 環境偵察

　　21世紀是高科技的時代，一點也不言過其實。以各種尺度來看，2000年以來科技的突飛猛進，較人類自有歷史以來至2000年更為輝煌。

　　「高科技」行業指的是新產品及新製程開發的增加率最為快速、集中的行業。在實務上，「高科技」一般指某個行業而言，例如：電腦及辦公室設備、醫療用品、通訊器材、電子組件、飛機以及導向飛彈等，或者是以研究發展的經費支出與銷售（利潤）的比率做為界定的基礎。

　　高科技環境的特色是：其產品及製造的基本技術無時無刻不在改變。微電腦的優勝劣敗，像IBM的體質蛻變、微軟的崛起、英特爾（Intel）成就全球半導體霸業，即是一齣齣驚心動魄、高潮迭起的戲碼。這個高科技行業，例如：汽車、大眾傳播業、太空設備業、合成纖維業、半導體業、電腦軟體業等，所有的改變可以說是以「十倍速」進行。如同前英特爾總裁葛羅夫（Andrew S. Grove）所言：「我們身處在十倍速時代，一切變化都以從前的十倍速前進」。

一、外部環境偵察

　　如果只注意自己所處產業的發展，是一件相當危險的事。歷史告訴我們，大多數威脅到某一產業的新技術發展，都不是來自於本身的產業。（註③）能以低成本、高品質來取代現有技術的新技術（這些新技術通常來自於別的產業），會改變本產業的競爭本質。例如：在積體電路（IC）發明之後，電子廠商如德州儀器公司便可利用此技術大量製造低成本的電子錶，對傳統機械式的手錶業者（如天美時、精工錶及瑞士錶業者）造成極大的威脅。這些傳統廠商必須投注大量的資金購買新技術，並更新其生產設備，才可望抗衡利用IC技術的廠商。

　　向來以投資利潤豐厚、技術及製程改善著稱的摩托羅拉公司（Motorola），曾建立一套相當精緻的環境偵察系統。其情報部門（intelligence departments）會監視最近在科學會議、期刊上所發表的新技術，並利用這些資訊來建立「技術地圖」

（technology roadmaps），以估計在什麼地方會有技術突破，什麼時候可將此技術導入到新產品中，發展新產品的成本是多少，以及競爭者目前使用此技術的情形如何等。

（一）技術不連續性的影響

研發經理必須決定何時放棄目前的技術，以及何時發展或採用新技術。新技術取代舊技術，稱為技術不連續性（technological discontinuity），是一個屢見不鮮的現象，在策略上尤其具有重要性。當新技術無法用來提升目前技術績效，而實際的取代目前技術以獲得更佳績效時，技術的不連續性就發生了。

對一個產業的某特定技術而言，以研發努力／支出為橫軸，以產品績效為縱軸，可以繪出S形狀的圖形。在技術發展的早期，知識基礎（knowledge base）剛剛建立，技術的推展需要相當大的努力及支出，接著進步會愈來愈容易，這就是產品創新（product innovation）階段。但是當技術到達極限之後，進步的腳步便趨緩，此時廠商的研發努力應投注在製程創新（process innovation）上，或者將研發支出投注在更具潛力的新技術。這樣的情形如圖15-1所示。

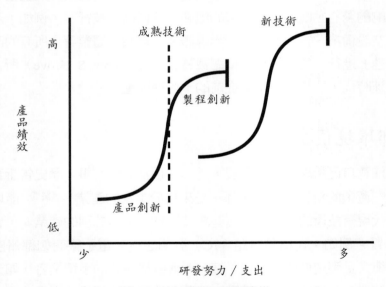

圖15-1　技術的不連續性

來源：P. Pascarella, "Are You Investing in the Wrong Technology?" *Industry Week* (July 25, 1983), p.38.

在面臨技術取代（技術不連續性）的情況下，研發經理必須：(1)不斷地尋求可能產生新技術的資源；(2)當新技術浮現檯面時，要及時獲得此技術，不然乾脆

準備退出此市場；(3)當新技術到達商業化階段時，將原先專注於舊技術製程導向的資源，轉移到專注於產品導向的新技術發展。（註④）

（二）急進改變與漸進改變

分辨急進改變（radical change）與漸進改變（incremental change），對研發經理了解高科技環境是很重要的。急進改變是釜底抽薪式的改變了產品及製程的基本觀念（例如：發明了一個新的技術，並使得現有的競爭者毫無用武之地），而漸進改變只對產品及製程的基礎做某種修正而已。

對研發經理而言，急進改變是一個獨特的挑戰，因為這些改變所代表的是某種原則、績效或成本關連性的斷層現象；易言之，原有的競爭規則不再適用，原有的績效標準、成本控制的方法亦已如同明日黃花，因此，研發經理不能再依靠過去的經驗法則來制定策略。

急進改變是由技術所驅動的，而漸進改變則是由市場所驅動的（圖15-2），因此以整體而言，漸進改變是比較能夠預測的。

就漸進改變而言，由於在引介階段（introduction stage）新的技術非常粗糙，因此常會受到商業團體（通常也包括政府機構）的評估，在此階段技術會有某種程度的改良，這些新技術在被市場接受之後，改良的速度便大為增加，進而形成一股漸趨激烈的競爭壓力。在此新技術的潛力發揮得淋漓盡致時，便進入了成熟階段，漸進式的改變速率便會緩慢下來，這種漸進式的創新會形成一個S形曲線。

漸進式創新的改變頻率是這樣的：最初當產品的績效不彰，而競爭者也在進行產品的差異化時，漸進式的創新著重於產品設計的改良，之後當技術的擴散愈來愈廣，產品的應用愈來愈普及之後，產品的設計便成為標準化，此時價格及交貨的可靠度便成為競爭的重要武器。當產品設計的創新率愈來愈慢時，製程的創新便愈來愈快，如圖15-3所示。

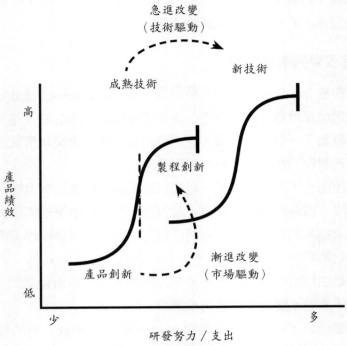

圖15-2　急進與漸進改變

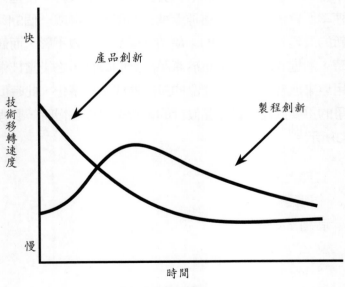

圖15-3　產品創新及製程創新的變率

二、內部環境偵察

研發經理要以下列的問題來估計自己的創新能力：

1.公司是否具有嘗試新構想的資源？

2.管理者是否允許對新產品或服務做實驗？

3.公司是否鼓勵冒險、容忍錯誤？

4.員工關心的是創新（新構想的產生）還是守成？

5.是否很容易地成立自主性的專案小組？（註⑤）

除了要仔細地回答上述問題外，研發經理還必須考慮到公司內部資源分配的問題、技術移轉、進入市場的時機問題。

(一)資源分配

公司必須提供有效進行研發所需的資源。研究顯示，公司的研發密度（R&D intensity，研發費用占銷售利潤的比例），是在全球競爭中獲得競爭優勢的關鍵因素。研發費用投注的多寡，隨著產業的不同而異。例如：在1993年，電腦軟體業及製藥業的平均研發密度分別為13.2%及11.5%，但是在食品業、貨櫃業、包裝業，其平均研發密度均低於1%。一個有效的拇指法則是：在某一特定產業中，研發密度應維持在「正常」水準。根據PIMS資料分析，研發密度高於或低於產業平均1%的公司，其投資報酬率較低。（註⑥）研究亦顯示，在事業單位間研發策略與資源分配保持一致（如甲事業單位採取技術領導者策略，則分配給它比較多的資源），會提升公司的績效。（註⑦）

(二)技術移轉

只將金錢投注在研發或新專案上，並不能保證成功。技術轉移（technology transfer），也就是將新技術從實驗室帶到市場的過程，近年來受到相當大的重視。研究顯示，雖然大公司獲得每一項專利所投入的研發費用高於小公司二倍，但是小公司從專利中所獲得的利益卻比大公司多。另外一項研究也發現，在許多產業中，最大的創新者通常是中型公司，這些中型公司在技術轉移上更有效能及效率。在技術轉移速度與公司規模之間，呈現著一個倒U字型關係，如圖15-4所示。在到達某一門檻規模（threshold size）之前，公司會有某一程度的彈性與反應性，但是超過這個規模之後便會產生惰性（inertia）。（註⑧）

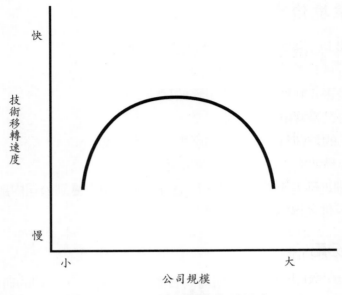

圖15-4　公司規模與技術移轉率

（三）進入市場的時機問題

　　除了金錢之外，有效研發管理的另外一項重要考慮因素就是時間因素。十年前，一個特定的研發專案從引介到獲利大約要七到十年的光景。（註⑨）但是在現在的競爭環境之下，競爭者不會讓公司有這麼長的時間來「享受」投資的回收。在過去，新產品取代既有產品的時間大約是十到十五年，但是現在只要四到五年的光景，新產品便如明日黃花。（註⑩）進入市場的時機是相當重要的考慮因素，因為有六成的專利新產品會在四年內受到威脅（而競爭者的產品成本只有創新者的65%）。（註⑪）1980年代，日本汽車製造商在美國市場獲得競爭優勢的主要原因，在於它們將進入市場的時間縮短到三年，而美國汽車製造商卻要五年的時間。（註⑫）

第 四 節　策略形成

　　研發策略所涉及的不僅是在技術及進入市場方面，要做為領導者或跟隨者，而且也涉及技術來源的問題。公司要自行發展技術或向外購買？這個策略也應考慮到公司應從事基礎技術或應用技術，也就是要從事產品研發或製程研發？最適的策略

組合,應能配合產業發展階段,以及公司策略和事業策略。(註⑬)

一、產品研發與製程研發

如圖15-5所示,在產品發展的不同階段,產品研發及製程研發的比例會有所不同。在早期階段,產品創新(**product innovation**)是最重要的,因為產品的實體屬性(如尺寸、顏色、形狀等)及功能,對財務績效的影響最大。然後,製程創新(**process innovation**),例如:改善製造設備、加強產品品質、更快的配銷等,在維持產品的經濟報酬上變得更為重要。一般而言,產品研發是實施差異化策略的功臣,而製造研發是實現成功成本策略的利器。

歷年來,美國公司在製程創新方面,不及德國與日本公司。主要原因是投資在此二類研發方面的比重不同。平均而言,美國公司用在產品研發的費用比例是70%,用在製程研發的費用比例是30%。德國公司用在這二方面的比例是各半。日本公司則是30%的費用花在產品研發上,70%的費用花在製程研發上。

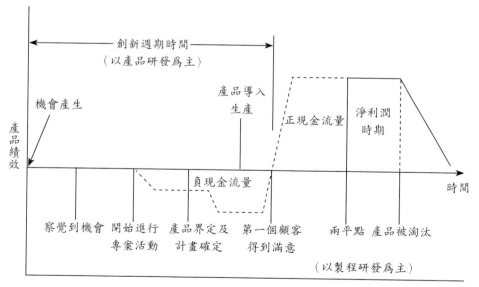

圖15-5　創新生命週期的產品及製程研發

來源:M. L. Patterson, "Lessons From the Assembly Line," *Journal of Business Strategy* May/June 1993, p.43.

二、急進改變與漸進改變策略運用

前述的技術改變型態——急進式的改變（斷層式的）、漸進式的改變（著重產品設計）以及漸進式的改變（著重製程）——對研發經理而言，有著極為不同的涵義。

(一)急進式創新策略

製程「發明」（process invention）是很難預測的。即使某公司在「發明」方面有了突破，但是能夠將此種「發明」配合其策略性目標的機會是非常渺茫的。美國電話及電報公司（AT&T）的貝爾實驗室（Bell Lab），成功地開發了一個新的半導體技術，但是早期的商業化利益卻由其他公司（如Raytheon、RCA、Sylvania）所獲得。事實上，貝爾實驗室從未以半導體製造廠商的身分進入市場。

利用其他公司所開發的技術再加以商業化的公司，所遭遇到的風險也不容小覷。以急進的創新性技術為基礎，採取攻擊性策略的廠商所遭遇到的最大危險是，在早期可能針對「錯誤的」技術進行了大量投資，造成血本無歸的困境。例如：RCA多年來耗費鉅資所開發的影碟機，結果還是不被市場所接受。新力公司在錄影機市場企圖以Beta系統（俗稱「小帶子」）造成產業標準的努力也是枉然。

但是如果創新技術能被市場所接受的話，那麼結果必定非常樂觀。值得注意的是，公司在投入了大量資源，並且對新技術以及潛在市場進行深入了解及分析，如此才庶幾可被市場所接受。

對大多數的公司而言，對競爭者急進技術的改變，應採取何種因應之道？這些公司必須針對新技術及傳統技術分別做策略性思考，以使得現有技術不受新技術的威脅，如表15-1所示。

表15-1　技術受威脅的公司所應回答的策略問題

技術種類	總公司的策略問題	事業單位的策略問題
傳統技術	本公司是否較以前投入更多（或更少的）資源？ 如果要做大幅度改變的話，應在何時進行？	只要公司不撤資的話，過去的競爭策略（及資源分配的方式）要加以調整嗎？ 如果要，應如何調整？
新技術	本公司是否應利用新科技來開發及行銷產品？ 如果要，應在何時進行？	如果公司採用了新技術，應採取何種資源分配形式，以建立及維持競爭優勢？

根據Cooper與Schendel（1976）的研究發現，受新技術威脅的廠商所應採取的策略可歸納如下：

1.不採取任何行動。

2.改善現有產品線的績效。

3.透過法律行動及公共關係，企圖阻擾新科技。

4.透過非技術性的行動（例如：削價、增加廣告及促銷的支出），來維持現有產品線的銷售業績。

5.購併小型公司，以獲得規模經濟及行銷優勢。

6.強化環境偵測的行動，以掌握新技術發展的動向，辨認不受新技術衝擊的市場區隔，並在此區隔內求發展。

7.改變總公司策略，發展出截然不同的、不受新技術威脅的產品及服務。

我們可以預料到，規模較小、體質較弱的廠商在初期會採取策略1到4，但是到最後可能會被大型公司所購併，而被迫停止營運。採取策略7的公司為數不多。大多數體質較強的公司採取策略2到6（或其中的各種組合），都表現得不錯。

(二)漸進式創新策略

與急進式創新不同的是漸進式的改變，即使在一段時間內彙總起來，並不會將整個產業做釜底抽薪式的改變，但是它會改變產業的結構，以及公司與公司之間的相對競爭優勢地位。

根據聖地牙哥大學蘇克教授（William Soukup）的研究發現，在此情況下的企業所採取的策略共有五種。前三種涉及產品的創新，稱之為產品創新策略（product innovation strategy）；而後二種涉及到製程的創新，稱之為製程創新策略（process innovation strategy）。

在產品創新策略方面，包括：

1.技術領導者策略（technological leadership）。

2.快速的追隨者（fast follower）策略。

3.市場區隔專家策略（market segment expert，以產品設計為主）。

在製程創新策略方面包括：

1.成本極小化策略（cost minimization）。

2.市場區隔專家策略（market segment expert，以製造技術為主）。

一般而言，此五種策略的潛在獲利性、風險程度、資源投入的程度及緊迫性依序遞減。易言之，技術領導策略的實施如果成功的話，則獲利甚豐，但是它需要大

量的投資，而且愈早愈好，而且其失敗的風險也大。茲將上述策略概述如下。

1.技術領導者策略

英特爾前執行長貝瑞特表示，網際網路在教育、娛樂和商務上的應用層面愈廣，愈有助於個人電腦的普及，因而也對電腦功能產生了不同的需求，例如：傳輸內容從平面轉為立體，傳輸方式從有線到無線，傳輸速度不斷加快等。這些基本需求都有賴電腦擁有功能強大的微處理器，目前英特爾針對聯網電腦（connected computers），進行微處理器、網路和應用三大領域之研發。貝瑞特指出，英特爾透過購併、合作的方式，投入網路及應用領域，現階段分別著重於資訊容量較大、傳輸速度更快的寬頻網路環境，以及電腦操作簡化等目標。英特爾計畫為網路環境制定技術標準，除了鞏固市場領導者地位外，更希望藉此解決因為標準不一導致網路無法普及的問題。

由於技術領導者是第一個將新產品結構引領到市場的企業，因此它就有機會：

(1)設定產品的標準。

(2)選擇最佳的配銷通路，包括最稱職的獨立經銷商。

(3)與主要的客戶建立良好的關係。

(4)取得稀少的資源與設備。

(5)獲得成本的優勢（因為可獲得學習曲線的效果）。

(6)提升其領導者的聲譽。

整體而言，這些優勢可以使得技術領導者以「暫時獨占者」的身分獲得早期的超額利潤，在市場的滲透方面獲得長期競爭優勢，同時在配銷及生產方面獲得經濟規模。

然而，技術領導者也有不利的地方：

(1)高額的開發成本，包括為了刺激初級需求（primary demand）、發展配銷通路，以及有時為了獲得政府機構核准而花費的開支。

(2)為了建立生產的產能，而忽略了市場的實際需要。

(3)最初發展的產品或製程，也許會與日後改良的產品不能相容。

為了要充分發揮優勢，並且把不利的情形減到最低，技術領導者必須具備下列條件：

(1)對市場有深入的了解。

(2)調整現有通路以及創造新通路的能力。

(3)優異的產品設計能力，配之以具有高度彈性的產品設計。

(4)非常優異的財務情況。

(5)高階管理者對新產品開發的支持與承諾。

如果學習曲線非常陡直（亦即下降得非常快），而且顧客轉而向競爭者購買的成本（稱為轉移成本，switching cost）也非常高的話，則技術領導者所採取的策略的成功性會非常高。

2.快速的追隨者策略

在技術領導者進入市場之後，才進入市場的企業，其所具有的優勢是它們可以先觀察技術領導者的行動，以免重蹈覆轍，同時可減少投資的成本，並將資源投入在產品工程及行銷上。快速追隨者的成功條件如下：

(1)優異的行銷研究技術及能力。

(2)密切注意技術領導者的行動以及這些行動的結果，以決定是否應「如法炮製」或「另闢蹊徑」。

(3)取得潛在顧客的信任，尤其是在產品昂貴或者該產品是顧客的產品主要構成要素（例如：映像管之於電視機）時，更應如此。

(4)生產能量的彈性；換句話說，有能力在必要時擴充產能。

(5)具有優越的配銷通路。

(6)充裕的財務資源。

3.市場區隔專家策略（以產品設計為主）

市場區隔專家策略是指大多數小型或是大型企業高度自主化的事業部所採取的策略。這些企業跟隨在技術領導者以及快速的跟隨者之後，以小量的投資，尤其是在製造設備方面的投資，專注於某個市場區隔。當然它的獲利潛力亦是有限的。市場區隔專家成功的條件如下：

(1)對某個市場的特性要有深入了解。

(2)與目標市場的顧客建立良好關係。

(3)具有優異的工程應用能力。

(4)具有可靠的小量生產能力。

4.成本極小化策略

當產品的設計漸趨標準化時，價格就成為在大多數市場區隔中重要的競爭基礎。這時候，有些技術的領導者及快速的跟隨者就會轉移方向，採取「薄利多銷」的競爭策略。在此產品生命週期的早期階段，沒有加入這個行業的企業，這時候也紛紛加入。這些「後來居上」的企業技術能力平平，但規模倒是滿大的；它們雖然缺乏在動盪的環境中應有的彈性和機動性，但是它們的大量生產、行銷及配銷方面

的能力，足以使它們在平穩的環境中運作自如。

除了受到技術過時的威脅之外，採取成本極小化策略的企業所承擔的風險相對較低，其成功的條件如下：

(1)具有優異的製造工程能力。

(2)具有高效率的製造過程。

(3)具有卓越的行銷、推銷能力以及良好的配銷系統。

(4)充裕的現金流量。

採取成本極小化策略的企業，其有利的市場條件是：穩定的產品設計、大量而「識貨」的顧客以及低轉移成本。

5.市場區隔專家策略（以製造技術為主）

如前所述，有些企業以其產品創新技術，針對某一個市場區隔來獲得競爭優勢。然而亦有一些企業透過其專業化的製程，針對某一個市場區隔來獲得優異的競爭地位。有時其優勢得自於地理的近便（例如：接近原料供應地，或接近顧客），但其優勢主要還是來自於專門的製造技術。

除了創新活動以及潛在的獲利性不同之外，以產品為導向的市場區隔專家，在基本特性上，與以製程為導向的市場區隔專家並無不同。

如果存在有一個或若干個高度差異化的市場區隔，則以製程為導向的市場區隔專家必定有利可圖。

三、自行發展或外購

在公司的研發策略中，自行發展或外購是相當重要的考慮因素。雖然在傳統上，自行研發是獲得技術知識的主要來源，但是近年來，許多公司也透過授權、研發協議以及聯合投資來獲得新技術，以期與競爭者、供應商的技術水準並駕齊驅。在技術生命週期比較長的時期，公司比較可能採取自行研發的策略，因為在競爭者仿冒之前，有比較長的利潤期間，而且也比較能獲得長期利潤。但在技術生命週期短，又面臨全球競爭的今日環境，公司大概沒有等待獲得長期利潤的福氣。(註⑭)

在產業中出現技術不連續的情況時，公司只有購買新技術一途（如果它想保持競爭力的話）。無法獨自負擔龐大新技術發展費用的公司，可以與其他公司進行研發策略聯盟（strategic alliance），形式包括：(1)共同進行研發專案；(2)聯合投資建立一個獨立公司；(3)向創新公司做小量投資，並向它提議有價值的研究計畫。

公司應自行研發還是購買新技術？對於稀少、價值高、難以模仿、無相近替

代品的技術，應自行研發比較好。對於共通性高的普通技術，購買比較好。除此以外，以下情況均適合技術的購買：

1.該技術對於獲得競爭優勢的重要性不大。

2.該技術是屬於專有（專利）技術（proprietary technology）。

3.在經費有限的情況下，可輕易的將該技術納入本公司的既有系統中。

4.本公司的經營重心是系統設計、行銷、配銷及服務，而不是研發及製造。

5.該技術的發展過程需要特別的專業技能。

6.該技術的發展需要新人及新資源。（註⑮）

第五節　策略執行

要有效落實策略，必須創造「創業家精神」文化、為創新而進行組織化活動、做有效的行動規劃。

一、創造「創業家精神」文化

如果公司決定要自行開發技術，則必須確信公司制度及文化能夠充分配合這個策略的實施。如果公司文化是僵硬的、科層式的（bureaucratic），則不利於自行開發技術專案的實施。

創業者的行為特性

一個成功的創業家，具備以下的個人特性：

1.觀察敏銳，尋找及掌握機會：他們所注意的是「機會」，而不是「問題」。他們會從失敗中記取教訓。

2.急性子、行動導向：相當高的成就取向，使得他們有很大的動機，將「點子」化為行動。

3.對於在產業中的成功因素能夠瞭若指掌。

4.具有無窮的精力，是一個「工作狂」。

5.尋求外界的協助，以補足自己在技術、知識及能力上的不足。由於他（她）的熱心及執著，因此可以吸引許多投資者、合夥人、債權人及同僚的出資及投入。

二、為創新而進行組織化活動

　　欲獲得創新的公司，必須採取事業單位的結構，並使得這些事業單位在總公司某種程度的控制之下，有充分的自主權。這也說明了為什麼創業性的專案（entrepreneur project）必須脫離現有的部門而獨立。由於大型公司具有強調效率的科層式結構，因此會與能夠孕育創新的、自由的、「鬆散的」公司文化格格不入。

(一)評估策略與文化的共容性

　　在執行新策略時，管理者必須考慮下列與公司文化有關的問題：

1.此策略是否與公司目前的文化共容？

2.如果策略與公司目前的文化不相容，是否可以調整文化？以使得文化能配合策略實施？

3.如果文化不能輕易地改變以配合策略，管理當局是否有意願及能力進行大幅度的組織改變，並接受可能的執行延誤及成本？

4.如果管理當局不願意進行重大的組織改變，則有必要執行這個策略嗎？

(二)透過溝通進行改變

　　在對文化做改變的有效管理中，溝通（訊息的傳遞）扮演著相當重要的角色。曾經觀察過100家公司文化的哥登（G. G. Gordon）認為，在進行文化改變時，做得好的公司具有以下特性：

1.高階管理者對於「公司將會變得怎樣」有策略願景（strategic vision）。

2.這個願景會轉化成實現此願景的關鍵性因素。例如：如果公司的願景是成為品質及服務的佼佼者，則提升品質及服務的主要因素就會被勾勒出來，適當的衡量制度也會建立起來。這些衡量標準會透過正式的、非正式的管道、競賽、報酬等活動傳遞給所有成員。

3.高階管理者及各級主管不遺餘力地向所有員工傳遞以下三個重要訊息：(1)與競爭者相較，公司目前的處境，以及公司的願景；(2)公司所要達成的願景，以及如何達成此願景；(3)在助於達成願景的各項因素上進度如何？

三、行動規劃

　　策略執行的二個典型問題就是：(1)活動間協調的無效率；(2)對重要的執行工

作及活動界定不清。

　　然而，透過行動規劃（action planning）就可以將活動導向於策略目標的達成。行動計畫（action plan）確認了必須要落實的行動、誰負責執行、完成的時間及期待的結果。在擬定了執行某策略的方案之後，員工就要擬定行動計畫以落實這些方案。

　　小傑公司（Little Jay）藉著購併一家零售連鎖店大海（DaHai），進行其向前垂直整合，進而實現其成長策略。在購併之後，大海公司必須將零售出口整合到公司營運體制之內。其中一個方案就是製作一個新的廣告，這個方案所涉及的行動計畫，包括以下各要項：

　　1.**落實此方案的特定行動**：行動之一就是要連絡三家聲譽良好的廣告公司，要他們準備好簡報。此廣告要出現在廣播、電視及雜誌媒體上，所以廣告要為這三個不同的媒體分開製作。廣告的主題是：「DaHai is now a part of Little Jay. Prices are lower. Selection is Better.」

　　2.**每項行動的啓始及結束日期**：何時開始連絡廣告公司，到什麼時候要敲定。要廣告公司準備簡報的時間從什麼時候到什麼時候。評議及選擇廣告公司是從什麼時候到什麼時候。

　　3.**落實這項行動的人是誰**：例如：責成廣告經理陳中秋去落實這個行動。

　　4.**誰負責監督這個行動的成效（有效性、及時性）**：例如：陳中秋必須確認廣告公司的簡報會有相當高的品質，而且所提費用在小傑公司的預算之內。陳中秋是連繫三家廣告公司的主要窗口，並且要每週一次向行銷主管報告進度。

　　5.**每項行動的預期及實質結果**：估計廣告公司什麼時候可向高階管理者做簡報。如果高階管理者批准了，什麼時候可在媒體播放或登出。同時也要估計播放或登出的六個月後所造成的銷售效果。說明要以「回憶測試」（recall test）來衡量廣告效果，並說明如何、何時、由誰來蒐集這些回憶資料。

　　6.**權變計畫**：如果這三家廣告公司的簡報都不能接受，那麼另外一個廣告計畫書何時可呈給高階管理者？

　　在策略執行及控制方面的權威J. C. Camillus認為，行動計畫是非常重要的，因為：

　　1.它們是策略形成、執行的媒介。

　　2.它們對於既有的做事方式提供了一個新的方法。

　　3.在評估及控制階段，行動計畫可使績效評估做得更完整、更公平，並可確認任何矯正行動。

4.賦予某些人在執行及監督方案方面的責任，會產生激勵作用。(註⑯)

第 六 節　評估與控制

許多公司都希望有高研發生產力，也就是從研發到銷售的速度要快。但是公司要如何衡量研發的效能及效率呢？

有些公司的衡量方式是看「銷售利潤中有多少百分比可以歸因於新產品的推出」。例如：惠普公司估計，有22%的銷售利潤得利於過去三年來所推出的產品。Bell Core（貝爾電話總公司的地區性公司，專司研發）估計其研發效能的標準是「其研究被多少位科學家所引述」。也有些公司評斷其研究品質的標準是：「每年獲得多少專利」。

一項針對十五個具有成功研發的多國公司研究顯示，這些公司利用以下三項來衡量研發成功的情形：

1.將研發轉移到事業單位的速度。

2.將新產品及製程導入市場的速度。

3.跨功能領域參與研發的制度化程度。(註⑰)

第 七 節　重要課題 —— 智慧財產

隨著科技的發展，臺灣已成為世界主要高科技產業國家的競爭對手，商業戰爭及市場爭奪必然達到白熱化。這些年來，臺灣大廠經常被外國公司控告侵權，南亞、華邦等公司，皆受到外國公司的侵權指控。預料在以後，類似的指控必然層出不窮。

一、新遊戲規則

「21世紀是知識世紀，腦力勝過一切」，美國麻省理工學院教授梭羅觀察全球政經發展趨勢，預估人類社會已經從蒸汽機的工業革命時期，邁向資訊科技主導的第三次工業革命。資訊社會智慧財產將取代石油、黃金或是鑽石，成為人類社會最重要的資源。現代社會的成功關鍵莫不仰賴其所擁有的智慧財產。

臺灣製造業已從過去勞力密集的低層次加工，提升到腦力密集的資訊、生化高科技產業，技術研發和智慧財產保護則是臺灣參與全球競爭，必須學習的新遊戲規則。

二、專利與改良

臺灣廠商科技技術來源，除了依靠本身研發團隊自行開發、取得專利所有人授權之外，透過合資或買斷的方式以取得技術，已經成為臺灣企業跨國投資合作重要的一環。然而，不論透過何種方式獲得技術，都潛藏著難以估計的可能陷阱。

由於臺灣尚未累積堅實的基礎研究，廠商所專注的研發環節，多半集中在產品的應用層次，而在專家眼中，許多廠商宣稱的專利，充其量只是「改良」而非「研發」。

過去曾發生某家企業研發人員利用多次出國參展機會，蒐集國外業界研發專利，回國再「綜合各家之長」，略加修改並據此申請專利。但這項產品外銷時，卻遭受國外廠商控告侵權，產品不得在當地販售。

三、權利金

臺灣運用自身研發實力在高科技領域摸索時，每年還要付出巨額權利金。根據工業局估計，臺灣電腦曾經為了取得IBM的DOS作業系統使用權，就必須付出8,000萬美元，而付給美國微軟公司的權利金也高達1億美元。

先進工業國家也因此得以坐享智慧財產權的金山。以美國為例，1997年，美國包括技術、專利、商標、著作權、電影、積體電路、營業祕密的出口額即接近300億美元，和汽車、電子、航空工業產品的總和不相上下。

四、工業國家的智財權協定

為了防堵新興工業國家截取其高科技領域的龐大智慧財產權利益，1993年關貿總協烏拉圭回合談判結束時，在美國、日本、歐盟主導下，會員簽署《與貿易有關的智慧財產權協定》，對全球智慧財產權採取極為嚴格的保護標準，例如：在世界貿易組織下，根據《伯恩公約》、《巴黎公約》和《羅馬公約》規定，智慧財產權可享有二十年的保障，積體電路設計及營業祕密也都列入保護中。

發展高科技的困難度本來就比較高，如今再加上智慧財產權保護的層層障

企業管理

礙，往往會導致類似臺灣，急於進入高科技產業的國家，稍不留意就撞得鼻青臉腫。以一個拇指大小的IC晶片為例，就包含千個電源發流體，每一個發流體的佈局，從產品到製程都有專利保護。臺灣的晶圓廠從事開發新產品時，稍不留意就很可能觸犯到別人的智慧財產權。

五、先進工業國家的伎倆

國際智慧財產權訴訟已成為國際企業獲得多重目標時的手段。高科技產業生命週期短、競爭激烈，專利認定又牽涉複雜的檢驗程序，提出專利訴訟，除了可保護自己的智慧財產權外，還可阻嚇競爭對手。

先進工業國家控訴競爭對手侵權或從事商業間諜活動，早已司空見慣，希望藉此打擊對手商譽、商機，以便伺機占取市場先機，臺灣這幾年在高科技領域的發展漸成氣候，特別是半導體產業，已經成為全球市場的主要競爭者，也因此被各國列為打擊目標。

廠商一旦惹上智慧財產權官司，如果被判有罪，可能被處以十幾年的徒刑，或科以上億美元罰金。即使無罪，也已經承擔了起訴期間所耗費的大量時間、心力和訴訟費。最傷的是，法庭可依原告要求，下令被告提供公司必要的商業機密，證明自己無罪，如此一來自己的商業機密全部洩漏出來。最後就算判被告無罪，還了被告清白，也無法彌補被告所喪失的商機。

第 八 節　重要課題──創新與創意

臺灣積體電路公司董事長張忠謀曾提出十項企業的社會責任，其中一項是「創新」。他說，創新是台積電的核心價值，重視主管員工創新能力，創新失敗絕對不會處罰任何人。張忠謀表示，臺灣科技產業主要社會責任是協助、加快臺灣社會的進步。以台積電而言，採取十個方式，包括：對社會、股東、民眾開誠布公，尊重法治精神、不抄襲、重視公司治理、不參與政治、提供好的工作機會、重視環保、創新、綠色業務、對文化教育工作發展有貢獻等十項。（註⑱）創造力（creativity）是對問題做原創性的、新穎的反應能力。管理者不僅要培養自己的創造力，而且也要使部屬具有創造力。

一、創新的來源

Peter Drucker在其《創新與創業精神》一書中，提出了創新機會的七個來源。前面四個來源是源於產業，而後面三個來源則來自於社會環境。這七個來源是：意外、不相容性、作業及製造過程、產業或市場結構改變、人口統計變數、認知的改變、新知識。（註⑲）

1.意外

意外的成功或失敗事件，源自於「獨特的」機會。例如：在1950年代，大多數的日本電視製造商均針對廣大的城市居民進行行銷，但是在彼時不起眼的Matsushita（松下），只得在鄉村市場尋找機會，因此以逐戶推銷的方式，滲透鄉村市場。這樣它打下了早年的基礎。若干年後，它逐漸地變成了揚名國際的多國公司，並以Panasonic、National品牌行銷全球，這項成就不得不歸因於它早年的「不得已」。

2.不相容性（incongruity）

在「實際情況」或「理想狀況」之間的差異，或「是什麼」及「應該是什麼」之間的差異所造成的問題、不方便，都是創新主要的來源。

3.作業及製造過程

在整個過程中（作業及製造過程）比較微弱、不方便的地方就是創新的機會。

4.產業或市場結構改變

在產業或市場結構改變時，在產品、服務及企業營運方面必有創新的機會。例如：競爭的本質、顧客的偏好改變時，便是創新的契機。

5.人口統計變數

人口大小、年齡結構、人口組成、就業人數、教育程度及所得等改變，均為創造創新的機會。例如：美國的嬰兒潮對美國經濟的影響即是一例。當這些人到二十歲左右時，滿足這個市場需求的產品服務（如滑雪、啤酒、足球、搖滾樂等）便如雨後春筍般地蓬勃發展。

6.認知的改變

當社會上的一般人對於其生活的態度、信念等改變時，就會產生創新的機會。例如：人們對於吃的習慣從「吃飽」（以最簡單、便宜的方式填飽肚子）到「享受」（在優雅的環境下，享受精緻的食物）；以及從「儉是美德」到「及時行樂」等。由於這些改變，高雅的餐廳、烹飪的課程及專書、刺激的活動、旅遊等，便成了市場的寵兒。

7.新知識

科學、非科學的進步會創造新的產品及服務。例如：微軟公司視窗作業軟體（Windows 2000）的出現，使得「第三廠商」（不具有製造契約關係的協力廠商）趨之若鶩，紛紛發展在視窗環境下操作的軟體（如繪圖、統計分析、試算表、資料庫管理、專案管理、動畫、字型、排版系統等）。同時，二個不同領域的科技突破，可能成為另一個嶄新產品的基礎。例如：在電腦硬體、動畫軟體、聲光科技的同步發展及突破，可被整合成一個新產品──多媒體電腦。

Peter Drucker所提出的「創新五原則」（five principles of innovation），可使創業家把握創新的來源：

(1)分析機會。

(2)看人們是否有興趣使用這個創新的東西。在好玩的、具有親和力的軟體出現之前，很難刺激一般玩家購買電腦硬體。

(3)創新必須單純，必須針對社會大眾的需要。自黏標籤、迴紋針便是例子。

(4)從小規模開始。由於在開始時，所針對的是小規模的、有限的市場，因此在製造方面可節省所需要的金錢及人員。隨著市場、技術、經驗的累積，再漸漸地調整營運規模。

(5)做市場領袖，支配一個市場利基。

二、創意的激發

靈感怎麼來？全球著名的設計師艾瑞克・史皮克曼（Erik Spiekermann）認為：有壓力就行！他說道：「如果沒有壓力，我幹嘛要做？我不是藝術家，不是隨隨便便就會有靈感。要有問題、有客戶，我才會有靈感。」（註⑳）

史丹福大學教授傑爾（Richard N. Zare）認為，創造力就是一連串解決問題、形成原初構想的過程，但他認為創造力與天賦、技巧或智力無關，且創造力並不是有些人做得比其他人好，「創造力是思考、探索、發現與想像」。他覺得創造的過程就像是一道螺旋，一開始是模仿，進而靠直覺、想像、靈感，最後變成一種慣性。有時候創造力是「意外的發現」，所以一定要對自己有信心：問題一定會解決。他認為，培養創造力，首先要跳脫框架思考，且要像小飛俠彼得潘一樣：「永遠不想長大」，保有一顆赤子之心。（註㉑）

高科技公司的組織決策要能影響環境，進而獲得競爭優勢，就必須具有創意或創新性（creativity）。因循舊習的組織在環境穩定時，或許尚有立足之地，但當環

境不斷變化時，則必為競爭的潮流所淹沒。

組織創新性（organizational creativity）是透過組織中的個人或群體所提出之新奇而有用的構想所產生的。這個過程的實現，必須透過電腦化的資訊科技（computer-based information technology）。

創新性能夠幫助員工發覺問題、確認機會以及從事新奇的行動方案以解決問題。組織可透過名義團體技術（nominal group technique）以及電子化腦力激盪（electronic brain storming）來增加創新性。

組織在創新性實現的過程中，不免會遭遇到知覺障礙（perceptual blocks）、文化障礙（cultural blocks）以及情緒障礙（emotional blocks）。所謂知覺障礙是指未能利用感官來觀察、未能察覺出明顯的現象、未能界定事物之間的關係（例如：循序、因果關係等）。文化障礙是指未能符合約定俗成的常模（禮儀、語言、風俗習慣等）。情緒障礙是指害怕犯錯、懼怕或不信任別人等情形。

三、思考法

思考的方式可分為水平式思考法、垂直式思考法。水平式思考法（lateral thinking method）是指在處理及儲存資訊方面，改變個體或群體典型的（既有的）思考邏輯。相形之下，垂直式思考法是藉由點滴資訊，一步一步的透過邏輯步驟來產生構想。表15-2顯示了水平式思考法與垂直式思考法的特性。

表15-2　水平式思考法、垂直式思考法的特性

水平式思考法	垂直式思考法
企圖尋找看事情的新方法；涉及到改變及移動	企圖發現判斷關係的絕對標準；涉及到穩定的問題
避免以「是」或「非」來看事情；企圖發現不同點在哪裡	在每個邏輯步驟中，找出證實「是」或「非」的理由。企圖發現什麼是「對」的事情
分析構想，並想辦法利用這些構想來產生新的構想	分析構想，並了解何以構想行不通
藉由跳躍式思考，企圖造成不連續性	藉由循序的邏輯步驟來尋求連續性
在產生新的構想時，歡迎隨機插入新的資訊；考慮不相關的資訊	在產生新構想時，有選擇性的考慮資訊；剔除不相關的資訊
避免顯而易見的事情	利用既定的形式，考慮顯而易見的事情

來源：E. De Bono, *Lateral Thinking: Creativity Step by Step* (New York: Harper & Row, 1970).

水平式思考法有許多種類，其中較為普遍的有：逆向思考法（reverse）、交流法（cross-fertilization）、類比法（analogies），以及隨機字彙刺激法（random-word stimulation）。

(一)逆向思考法

逆向思考法是將現有問題加以組合——上下、前後、左右加以顛倒。例如：在Conono公司的工程師逆向思考這樣的問題：「有毒的廢棄物有什麼用途？」結果他們從廢棄物中提煉出某種物質，並將之轉化成潤滑合成劑。

(二)交流法

交流法就是將問題交由此問題領域以外的人士來評論、提供意見。這些人士的專業領域要與原問題領域愈不同愈好。

(三)類比法

類比法就是利用對事物、人員及情境的類似性來陳述的方法。一些類比法的例子是「組織像蜂窩」、「組織像瑞士錶」。類比法是將問題轉換成某種類比（某種事物、人員及情境），然後再將此類比加以精緻化，最後再將此類比轉換成問題，以評斷此類比的合適性。如果類比與原問題太相近，則效益是微乎其微的。所選擇的類比要具體明確，不要抽象籠統。例如：對一個不能因應環境變化而改變的機械式組織而言，適當的類比是「像一個將頭埋在砂子裡的鴕鳥」。

(四)隨機字彙刺激法

隨機字彙刺激法是從字典中隨機挑選一個字，然後再找出此字與問題的關連性。

以上我們只是舉幾個水平思考的技術。聯合碳業公司、奇異公司、殼牌石油、3M公司等，都已經廣泛地採取水平式思考法來訓練員工。

(五)魔鬼代言人法

魔鬼代言人法（devil's advocate method）是指個人或小團體針對所提議的行動計畫來發展一個有系統的評論方法。此法目的是挑出計畫書的弱點（其背後假設的弱點）、內部的不一致性，以及可能導致運作失敗的問題。

魔鬼代言人應輪流擔任，要避免獨霸的情形發生。採用魔鬼代言人法可以增加員工的表達能力及辯論技巧。只有在面臨重重的邏輯思考挑戰時，才會仔細地思考

問題的所在；也只有在通過這些嚴酷的考驗之後，才能成為浴火鳳凰，達到爐火純青的地步。藉著魔鬼代言人法的使用，組織可以避免嚴重錯誤發生。

　　此外，魔鬼代言人法的實施會增加產生創新性解決方法的可能性，並減少產生群體盲思的可能性。（註②）群體盲思（group thinking）是指群體成員為了和諧（或一致性）而刻意讓步，因此失去了評估決策情況的客觀性。

重要名詞

高科技公司

強調公司員工只忠於公司的理念及價值，通常以個別公司的型態出現，且只專注於某一科技領域，是以資訊化的方式管理，且放眼全球的公司。

傳統公司

通常視員工的忠誠度為美德，多為集團形式，以持股方式擁有多家公司，每家公司經營的領域大異其趣，資訊化程度較低，且缺乏全球性的視野及思考的公司。

環境偵察

對企業內外環境的檢視。在外部環境偵察方面，企業不僅必須檢視自己所處的產業，還必須檢視相關的產業。大多數威脅到某一產業的新技術發展，都不是來自於本身的產業。在內部環境偵察方面，企業也必須估計自己的創新能力。

技術地圖

估計在什麼地方會有技術突破，什麼時候可將此技術導入到新產品中，發展新產品的成本是多少，以及競爭者目前使用此技術的情形如何等之藍圖。

技術不連續性

新技術取代舊技術，稱為技術不連續性（technological discontinuity）。研發經理必須決定何時放棄目前的技術，以及何時發展或採用新技術。當新技術無法用來提升目前技術績效，而實際取代目前技術以獲得更佳績效時，技術的不連續性就發生了。

急進改變

急進改變（radical change）是釜底抽薪式的改變產品及製程的基本觀念，例如：發明了一個新的技術，並使得現有的競爭者毫無用武之地。急進改變是由技術所驅動的。

漸進改變

漸進改變（incremental change）只對產品及製程的基礎做某種修正而已。漸進改變是由市

場所驅動的。

內部環境

公司內部的創新能力、公司內部資源分配。

技術轉移

技術轉移（technology transfer）就是將新技術從實驗室帶到市場的過程。研究顯示，雖然大公司獲得每一項專利所投入的研發費用高於小公司二倍，但是小公司從專利中所獲得的利益卻比大公司多。另外一項研究也發現，在許多產業中最大的創新者通常是中型公司，這些中型公司在技術轉移上更有效能及效率。在技術轉移速度與公司規模之間，呈現著一個倒U字型關係。再到達某一門檻規模（threshold size）之前，公司會有某一程度的彈性與反應性，但是超過這個規模之後便會產生惰性（inertia）。

產品研發

對產品的實體屬性，如尺寸、顏色、形狀等之創新。一般而言，產品研發是實施差異化策略的功臣。

製程研發

改善製造設備、加強產品品質、更快的配銷等，在維持產品的經濟報酬上變得更為重要。製造研發是實現成功本策略的利器。

急進式創新策略

將現有技術做釜底抽薪式的改變之方法。

漸進式創新策略

將現有產品加以改良，以因應某些市場區隔之需要的方法。

技術領導者策略

第一個將新產品結構引領到市場的企業所採取的策略。此技術領導者可以「暫時的獨占者」的身分，獲得早期的超額利潤，在市場的滲透方面獲得長期的競爭優勢，同時在配銷及生產方面獲得經濟規模。

如果學習曲線非常陡直（亦即下降得非常快），且顧客轉而向競爭者購買的成本（稱為轉移成本，switching cost）也非常高的話，則技術領導者所採取的策略之成功性會非常高。

快速的追隨者

在技術的領導者進入市場之後，才進入市場的企業。它具有的優勢是，它們可以先觀察技術領導者的行動，以免重蹈覆轍，同時可減少投資的成本，並將資源投入在產品工程及行銷上。

市場區隔專家策略

市場區隔專家策略是指大多數小型的、或是大型企業高度自主化的事業部所採取的策略。

這些企業跟隨在技術領導者以及快速的跟隨者之後，以小量的投資，尤其是在製造設備方面的投資，專注於某個市場區隔。當然它的獲利潛力亦是有限的。

有些企業以其產品創新技術，針對某一個市場區隔來獲得競爭優勢。然而亦有一些企業透過其專業化的製程，針對某一個市場區隔來獲得優異的競爭地位。有時其優勢來自於地理上的近便（例如：接近原料供應地，或接近顧客），但其優勢主要還是來自於專門的製造技術。

策略聯盟

在產業內各企業的合作。在產業中出現技術不連續的情況時，公司只有購買新技術一途（如果它想保持競爭力的話）。無法獨自負擔龐大新技術發展費用的公司，可以與其他公司進行研發的策略聯盟（strategic alliance），形式包括：(1)共同進行研發專案；(2)聯合投資建立一個獨立公司；(3)向創新公司做小量投資，並向它提議有價值的研究計畫。

創業家精神

一個成功的創業家所具備的個人特性，包括：(1)觀察敏銳，尋找及掌握機會。他們所注意的是「機會」，而不是「問題」。他們會從失敗中記取教訓；(2)急性子、行動導向。相當高的成就取向，使得他們有很大的動機，將「點子」化為行動；(3)對於在產業中的成功因素能夠瞭若指掌；(4)具有無窮的精力，是一個「工作狂」；(5)尋求外界的協助，以補足自己在技術、知識及能力上的不足。由於他（她）的熱心及執著，因此可以吸引許多投資者、合夥人、債權人及同僚的出資及投入。

評估

許多公司都希望有高研發生產力，也就是從研發到銷售的速度要快。但是公司要如何衡量研發的效能及效率呢？有些公司的衡量方式是看「銷售利潤中有多少百分比可以歸因於新產品的推出」。例如：惠普公司估計，有22%的銷售利潤得利於過去三年來所推出的產品。Bell Core（貝爾電話總公司的地區性公司，專司研發）估計其研發效能的標準是：「其研究被多少位科學家所引述」。也有些公司評斷其研究品質的標準是：「每年獲得多少專利」。一項針對15個具有成功研發的多國公司研究顯示，這些公司利用以下三項來衡量研發成功的情形：將研發轉移到事業單位的速度；將新產品及製程導入市場的速度；跨功能領域參與研發的制度化程度。

控制

對於研發設定目標，發展衡量方法，檢視實際研發績效，並採取矯正之道。

智慧財產

取代石油、黃金、或是鑽石，成為人類社會最重要的資源，是現代社會的成功關鍵。

專利

依靠企業本身研發團隊自行開發，或向專利所有人取得的授權，所獲得的科技技術。由於臺灣尚未累積堅實的基礎研究，廠商所專注的研發環節多半集中在產品的應用層次，而在專家眼中，許多廠商宣稱的專利，充其量只是「改良」而非「研發」。

改良

在產品的外觀、形式、顏色、使用方法上加以改善。

權利金

獲得專利的使用所付的費用。

組織創新性

組織創新性（organizational creativity）是透過組織中的個人或群體，所提出的新奇而有用的構想所產生的。這個過程的實現，必須透過電腦化的資訊科技（computer-based information technology）。

創新性能夠幫助員工發覺問題、確認機會以及從事新奇的行動方案以解決問題。組織可透過名義團體技術（nominal group technique）以及電子化腦力激盪（electronic brain storming）來增加創新性。

組織在創新性實現的過程中，不免會遭遇到知覺障礙（perceptual blocks）、文化障礙（cultural blocks）以及情緒障礙（emotional blocks）。所謂知覺障礙是指未能利用感官來觀察、未能察覺出明顯的現象、未能界定事物之間的關係（例如：循序、因果關係等）。文化障礙是指未能符合約定俗成的常模（禮儀、語言、風俗習慣等）。情緒障礙是指害怕犯錯、懼怕或不信任別人等情形。

水平思考法

水平式思考法（lateral thinking method）是指在處理及儲存資訊方面，改變個體或群體典型的（既有的）思考邏輯。

垂直思考法

垂直式思考法是藉由點滴資訊，一步一步地透過邏輯步驟來產生構想。

逆向思考法

逆向思考法是將現有的問題加以組合——上下、前後、左右加以顛倒。

交流法

交流法就是將問題交由此問題領域以外的人士來評論、提供意見。這些人士的專業領域與原問題領域愈不同愈好。

類比法

類比法就是利用對事物、人員及情境的類似性來陳述的方法。一些類比法的例子是「組織

像蜂窩」、「組織像瑞士錶」。類比法是將問題轉換成某種類比（某種事物、人員及情境），然後再將此類比加以精緻化，最後再將此類比轉換成問題，以評斷此類比的合適性。如果類比與原問題太相近，則效益是微乎其微的。所選擇的類比要具體明確，不要抽象籠統。例如：對一個不能因應環境變化而改變的機械式組織而言，適當的類比是「像一個將頭埋在砂子裡的鴕鳥」。

隨機字彙刺激法

隨機字彙刺激法是從字典中隨機挑選一個字，然後再找出此字與問題的關連性。

魔鬼代言人法

魔鬼代言人法（devil's advocate method）是指個人或小團體針對所提議的行動計畫來發展一個有系統的評論方法。此法目的是挑出計畫書的弱點（其背後假設的弱點）、內部的不一致性，以及可能導致運作失敗的問題。

魔鬼代言人應輪流擔任，要避免獨霸的情形發生。採用魔鬼代言人法可以增加員工的表達能力及辯論技巧。只有在面臨重重邏輯思考挑戰時，才會仔細的思考問題的所在；也只有在通過這些嚴酷的考驗之後，才能成為浴火鳳凰，達到爐火純青的地步。藉著魔鬼代言人法的使用，組織可以避免嚴重的錯誤發生。

此外，魔鬼代言人法的實施會增加產生創新性解決方法的可能性，並減少產生群體盲思（groupthink）的可能性。

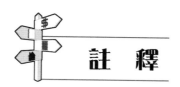

註　釋

①本節內容採自台積電董事長張忠謀應邀參加1999年5月17日國際新聞協會年會「臺灣新面貌——啟望與挑戰」研討會的主要內容，由張英姿整理報導。

②J. H. Dobbrzynski, "These Board Members Aren't IBM-Compatible," *Business Week* (August 2, 1993), p.23.

③N. Synder, "Environmental Volatility, Scanning Intensity and Organizational Performance," *Journal of Contemporary Business* (September 1981), p.16.

④H. I. Ansoff, "Strategic Management of Technology," *Journal of Business Strategy* (Winter 1987), p.35.

⑤D. F. Kurato, "Implement Entrepreneurial Thinking in Established Organizations," *SAM Advanced*

企業管理

Management Journal (Winter 1993), p.29.

⑥M. J. Chussil, "How Much to Spend on R&D?" *The PIMSletter of Business Strategy*, NO. 13, (Cambridge, Mass.: The Strategic Planning Institute, 1978), p.5.

⑦J. S. Harrison, "Resource Allocation as an Outsourcing of Strategic Consistency: Performance Implications," *Academy of Management Journal* (October 1993), pp.1026-1051.

⑧M. A. Hitt, "Strategic Competitiveness in the 1990s: Challenges and Opportunities for U.S. Executives," *Academy of Management Executive* (May 1991), p.13.

⑨E. F. Kinkin, "Developing and Managing New Projects," *Journal of Business Strategy* (Spring 1983), p.45.

⑩M. Silva and B. Sjogren, *Europe 1992 and the New World Power Game* (New York: John Wiley & Sons, 1990), p.231.

⑪E. Mansfield, "Imitation Costs and Patents: An Empirical Study," *Economic Journal* (December 1981), pp.907-918.

⑫G. Stalk. Jr., and A. M. Webber, "Japan's Dark Side of Time," *Harvard Business Review* (July-August 1993), p.99.

⑬可參考：榮泰生著，策略管理學（臺北：三民書局，2006）。

⑭W. Shan and W. Hamilton, "Profiting form International Cooperative Relationship," *Handbook of Business Strategy, 1992/93 Yearbook*, edited by H. E. Glass and M. A. Hovde (Boston: Warren, Gorham and Lamont, 1992), pp.6.1-6.14.

⑮P. R. Nayak, "Should You Outsource Product Development?" *Journal of Business Strategy* (May/June 1993), pp.44-45.

⑯J.C. Camillus, *Strategic Planning and Management Control* (Lexington, Mass.: Lexington Books, 1986), pp.170-172.

⑰I. Krause and J. Liu, "Benchmarking R & D Productivity," *Planning Review* (January/February 1993), p.16021.

⑱林思宇，中央社，2009/11/13。

⑲Peter F. Drucker, *Innovation and Entrepreneurship* (New York: Harper and Rows, 1985), pp.30-129.

⑳艾瑞克・史皮克曼（Erik Spiekermann）是全球知名的字體平面設計師兼字體開發人員。1990年成為德國目前最大的設計公司之一──MetaDesign的共同創辦人。摘自：羅雅萱譯，靈感的法則，原作者：帕許（Pash），原點出版，大雁發行，2009.11。

㉑李承宇，聯合報，2010.2.2。網站：http://udndata.com/。

㉒R. A. Cosier, and C. R. Schrivenk, Agreement and Thinking Alike: Ingredients for Poor Decisions,

Academy of Management, Feruary 1991, pp.69-74.

自我評量

1. 試做表説明高科技公司與傳統企業的不同。傳統企業應如何脱胎換骨而獲得高科技公司的經營特色？
2. 試説明高科技公司的管理者應有的風格或特色。
3. 試説明高科技產業的環境特性，以及這些特性如何影響高科技公司。
4. 飛機製造公司如何進行外部環境偵察？
5. 試分辨急進改變與漸進改變的產業環境，做此分類對研發經理有何重要？
6. 一個製造通訊器材的公司，如何進行內部環境偵察？
7. 如何決定進入新市場的契機？
8. 試説明創新生命週期的產品研發與製程研發的情形。
9. 試説明急進改變與漸進改變策略，以及其運用時機。
10.試説明以下的現象是屬於急進改變或漸進改變，並説明原因。
    (1)電燈之於煤油燈。
    (2)電燈之於蠟燭。
    (3)Windows之於DOS。
    (4)毛筆之於原子筆。
    (5)電子書之於線裝書。
    (6)電子報之於傳統報。
    (7)計算器之於算盤。
    (8)電視遊樂器之於傳統玩具。
11.技術應自行發展或外購？試提出一個權變性的看法。
12.何以説科層式的公司文化不利於公司自行開發技術？
13.試説明研發經理如何落實策略？
14.試説明高科技公司如何做好評估與控制。
15.試説明有關智慧財產的課題對高科技公司營運所造成的影響。
16.有人説：「有創意的個體才有活潑的社會，因為創意活動是必須全心全力投入

的構思工作，因此熱情是創意的推動力量」。你同意嗎？為什麼？

17.「創意的工作是高層次的內在動機，低層次的外在動機。創意是以想像超越知識，創造新的目標，進而再以行動完成目標，於是人類文明就往前一步」。試舉例說明以上説法。

18.何謂創造力（creativity）？如何提升一個組織的創造力？

19.試説明創造力的意義、創造者所具有的特質與創新過程，並説明如何強化組織中的創造力。

20.試評論：有人將「創意」與「創新」混為一談，以為凡事創新、不落俗套便是，甚至誤認即使作奸犯科的手法創新，就可稱為創意，那就大大的誤解了創意一詞了。真正的創意是為了人類生活更幸福及人類文明的再進步，所構思的各種意念。

21.有人説，創意的原動力是「愛」與「幽默」。你同意嗎？為什麼？

22.試用一個實例比較水平式與垂直式思考法。

23.水平式思考法的總類有哪些？試分別舉例説明。

24.智得溝通公司的董事長沈呂百認為：「這世界上，最困難的事情是：把自己腦袋的思想，裝進別人的腦袋裡；把別人口袋裡的錢，裝進自己的口袋裡。」試問這是從什麼思考法而得？如果逆向思考這句話，會獲得怎樣的結論？

25.何謂魔鬼代言人法？想要有效地運用這個方法，須注意哪些事情？

國家圖書館出版品預行編目資料

企業管理 / 榮泰生著. -- 二版. -- 臺北市：
五南圖書出版股份有限公司, 2021.06
　　面；　公分.
ISBN 978-986-522-586-5(平裝)
1.企業管理
494　　　　　　　　　　110003862

1FRD

企業管理

作　　者 ― 榮泰生

發 行 人 ― 楊榮川

總 經 理 ― 楊士清

總 編 輯 ― 楊秀麗

主　　編 ― 侯家嵐

責任編輯 ― 鄭乃甄

文字校對 ― 許宸瑞、石曉蓉

封面設計 ― 王麗娟

出 版 者：五南圖書出版股份有限公司

地　　址：106台北市大安區和平東路二段339號4樓

電　　話：(02)2705-5066　　傳　　真：(02)2706-6100

網　　址：https://www.wunan.com.tw

電子郵件：wunan@wunan.com.tw

劃撥帳號：01068953

戶　　名：五南圖書出版股份有限公司

法律顧問　林勝安律師事務所　林勝安律師

出版日期　2011年 8 月初版一刷
　　　　　2018年 9 月初版三刷
　　　　　2021年 6 月二版一刷

定　　價　新臺幣580元

經典永恆·名著常在

五十週年的獻禮──經典名著文庫

五南，五十年了，半個世紀，人生旅程的一大半，走過來了。

思索著，邁向百年的未來歷程，能為知識界、文化學術界作些什麼？

在速食文化的生態下，有什麼值得讓人雋永品味的？

歷代經典·當今名著，經過時間的洗禮，千錘百鍊，流傳至今，光芒耀人；

不僅使我們能領悟前人的智慧，同時也增深加廣我們思考的深度與視野。

我們決心投入巨資，有計畫的系統梳選，成立「經典名著文庫」，

希望收入古今中外思想性的、充滿睿智與獨見的經典、名著。

這是一項理想性的、永續性的巨大出版工程。

不在意讀者的眾寡，只考慮它的學術價值，力求完整展現先哲思想的軌跡；

為知識界開啟一片智慧之窗，營造一座百花綻放的世界文明公園，

任君遨遊、取菁吸蜜、嘉惠學子！